A Study on Management Mechanisms of R&D Programs in Developed Countries

发达国家科技计划管理机制研究

发达国家科技计划管理机制研究课题组○编著

科学出版社
北 京

图书在版编目（CIP）数据

发达国家科技计划管理机制研究 / 发达国家科技计划管理机制研究课题组编著.
北京：科学出版社，2016.4
ISBN 978-7-03-047744-6

I. ①发… II. ①发… III. ①发达国家-科技计划-计划管理-研究 IV. ①G321

中国版本图书馆CIP数据核字（2016）第052047号

责任编辑：邹　聪　邵　华 / 责任校对：赵桂芬
责任印制：赵　博 / 封面设计：有道文化
联系电话：010-64035853
电子邮箱：houjunlin@mail.sciencep.com

科学出版社 出版
北京东黄城根北街16号
邮政编码：100717
http://www.sciencep.com

天津市新科印刷有限公司印刷
科学出版社发行　各地新华书店经销

*

2016年4月第　一　版　开本：787×1092　1/16
2025年2月第六次印刷　印张：22
字数：520 000

定价：148.00 元

（如有印装质量问题，我社负责调换）

发达国家科技计划管理机制研究
编　委　会

前言

国家科技计划是实施创新驱动发展战略、促进社会经济发展的关键工具和重要投资。2014年，中央全面深化改革领导小组第五次会议审议《关于深化中央财政科技计划（专项、基金等）管理改革的方案》（简称《方案》），在科技计划体制方面，我国在体系布局、管理体制、运行机制、总体绩效等方面都存在不少问题，突出表现在科技计划碎片化和科研项目取向聚焦不够。会议指出，要彻底改变政出多门、九龙治水的格局，坚持按目标成果、绩效考核为导向进行资源分配，统筹科技资源，建立公开统一的国家科技管理平台，构建总体布局合理、功能定位清晰、具有中国特色的科技计划体系和管理制度，以此带动科技其他方面的改革向纵深推进。

《方案》提出，建立根据国家战略需求和社会经济发展需求对科技计划的制订有效引导和约束的机制，建立对各类科技计划统筹协调的建制化、规范化、高效化、公开化机制，保证国家科技资源配置有效聚焦国家重大需求，各类科技计划布局合理、分工有序、有机衔接，既注重全面布局、又讲究重点突破和非对称发展，既避免九龙治水、又充分发挥各方面专业行业优势，既避免重复申报与资助、又根据不同创新性质和参与者提供合适的资源支持。会议还要求，建立科技计划管理的专业化、规范化、公开化、高效化体系，建立对科研项目评审和执行过程的公开化、规范化、可审计、可问责的监管机制，建立决策、咨询、执行、评价、监管各环节职责清晰、相对独立、协调衔接的科技计划管理体系，发挥政府、科研机构、企业、社会和科研计划管理机构各自优势与能力，发挥市场机制、信息公开、合规监管问责等机制的制约效力，建立专业高效、廉洁公开的科技项目管理规范与流程。

20世纪40年代以来，发达国家将科技计划作为组织国家科技活动的重要形式，在长期实践中积累了丰富的经验，对我国正在进行的科技计划体系改革具有重要的借鉴意义。为此，课题组在国家层面，对美国、日本、英国、德国、法国等的科技计划管理体系进行全面调研；在领域层面，分别对生命科学、环境与生态、能源、资源海洋、制造业、农业等领域的重大科技计划的发起、立项、组织运行、项目管理、过程监督、后期评估等全过程进行调研；同时，对各发达国家科研项目的申请受理、评审、立项、实施过程管理、结题验收，以及评估等的专业机构及其管理机制进行深入分析。

本研究集中中国科学院文献情报中心及各分中心的科技战略情报研究力量，按照问题导向原则设计研究框架，根据国家科技体制整体框架和科技计划全生命周期组织调研分析，在国别和领域调研基础上总结分析共通性问题和规律，形成了关于发达国家科技计划宏观管理机制、发达国家科技计划专业管理机构、发达国家科技计划项目管理机制的研究结果。

本书共十三章，第一章提出我国科技计划管理的挑战及存在的问题，总结了发达国家科技计划全过程管理中的主要机制。第二章梳理了美国科技管理体制及科技计划的制订体系，总结分析了科技计划管理、协调、实施与绩效评估过程，以及美国能源部、农业部、国家航空航天局、国立卫生研究院、国家标准与技术研究院的科技计划管理及典型计划。第三章总结了日本科技计划的管理体系，研究了科技计划预算组织实施机制，分析了日本科技计划的专业管理机构及典型计划。第四章概括了英国科技计划管理体系，总结了科技计划预算组织实施机制，分析了英国科技计划的专业机构及典型计划。第五章介绍了德国科技计划管理体系，总结了科技计划预算组织实施机制，分析了科技计划的专业机构及典型计划。第六章描述了法国科技计划管理体系，总结了法国科技计划预算组织实施机制，分析了法国科技计划的专业管理机构及典型计划。第七章分析了韩国科技计划管理体系，总结了科技计划预算组织实施机制，介绍了韩国科技计划的委托管理、监督、评估与协调机制。第八章阐述了欧盟的科技规划决策机制，总结了欧盟框架计划的组织实施机制，总结了科研专业管理机构的运行机制。第九章针对重点研发计划的全过程管理，总结美国全球变化研究计划等的提出、管理与协调、资金来源与管理以及评估等机制。第十章针对发达国家基地型、人才型和技术创新型科技计划的全过程管理，总结了美国长期生态研究计划等，对其管理与协调、资金来源与管理及评估机制进行解析。第十一章侧重介绍发达国家的科技计划专业管理机构，归纳分析了国家专业管理机构、靠挂部门但独立运行的专业管理机构、兼具研究与对外资助功能的专业管理机构及接受委托的社会化非营利管理机构的特点。第十二章着重介绍发达国家科技项目管理机制的优化，包括指南制订、项目评审、评审管理、监督等。第十三章在总结发达国家科技计划全过程管理经验的基础上，提出了改革创新我国科技计划全过程管理机制的若干建议。

本书由中国科学院发展规划局资助，课题组组长张晓林研究员负责本书总体框架设计、组织协调及终审，胡智慧研究员负责内容体系研究与撰写的具体组织及修改审核等工作，裴瑞敏副研究员参与了本书汇总。具体章节撰写人员包括：张晓林、胡智慧、裴瑞敏、李宏、王建芳、汪凌勇、张秋菊、陈伟、李桂菊、张军、董瑜、袁建霞、杨帆、韩淋、惠仲阳、葛春雷、陈晓怡、任真、徐萍、万勇、曲建升、曾静静、唐川、郑军卫、谭宗颖、陶斯宇、王海涛、王小理、许丽、阮梅花、黄菲、于建荣、苏燕、李祯祺、王玥、王金平、刘学、熊燕、刘晓、王慧媛、田倩飞等。全书由张晓林、胡智慧、裴瑞敏审查统稿。中国科学院科技战略与咨询研究院潘教峰院长、张凤副院长、刘清副院长，中国科学院发展规划局蔡长塔处长和陶诚处长多次对本书框架及文字进行指导，并提出了宝贵的修改意见。在此，一并表示感谢。由于能力及时间关系，本书难免存在不足之处，敬请广大读者和专家批评指正。

发达国家科技计划管理机制研究课题组

2015年12月

目录

第一章
国家科技计划的全过程管理

第一节　国家科技计划管理的挑战

科技计划是影响科学技术及相关环境未来发展的行动方案，是政府组织科学研究和技术开发活动的基本形式，也是政府弥补市场调节科学研究之不足、合理配置科技资源、促进科技进步和经济社会发展的有效手段。成功实施科技计划项目，对于发挥科技计划宏观调控和引导作用，实现国家重要发展战略，提高我国科技水平，推动社会经济发展与科技自身进步，增强市场竞争与国际接轨的能力等具有重大意义[1]。

当前，创新驱动发展战略成为基本战略，我国科技计划层出不穷，全球科技投入不断攀升，各国大力发展科技计划以抢占科技制高点。与此同时，我国也处于科技蓬勃发展、科技投入不断加大、科技体制深化改革的关键时期。然而，落后的科技管理体制成为阻碍科技计划实施效率的关键环节，其中，科技计划管理问题面临着重大的挑战。

一、发达国家科技投入展现新一轮增长趋势

科学技术和创新对产业绩效和经济增长的贡献与日俱增，世界各国对科技的投入都在不断加大，全球研发投入总量迅猛增长（图 1-1），美国仍是全球科技投入的最大国，其研发经费远大于位于第二的中国。然而在 2000 ～ 2013 年，中国的研发总经费增速较快。

国际上通常用研发投入占国内生产总值（GDP）的比重来衡量一个国家的科技投入水平。发达国家的研发投入占 GDP 的比重一般在 2% 以上（世界平均水平为 1.6%），随着新科

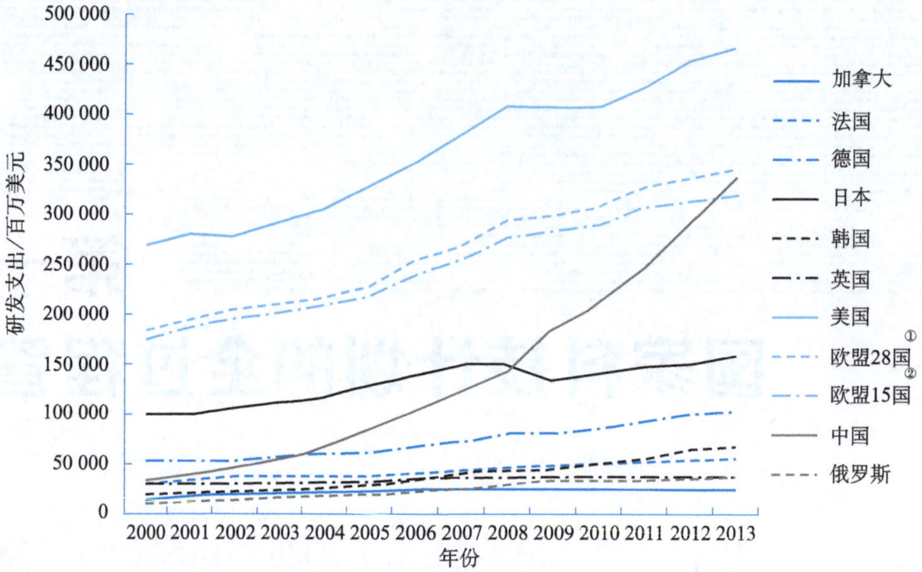

图 1-1　主要发达国家科技投入发展趋势（2000 ～ 2013 年）

资料来源：经济合作与发展组织（OECD）统计数据，美国 2014 年数据为预测数据

技革命浪潮的兴起，美国、欧盟和一些新兴工业化国家的科技投入开始了新一轮的增长。研发投入又在大幅增加，研发投入占 GDP 的比重在较高的基础上呈现进一步快速攀升的趋势。美国的研发经费投入一直是全球最高的，其研发投入占 GDP 的比重一直保持在 2.5% 以上。欧盟国家平均的研发投入占 GDP 的比重在 2% 左右，其中德国和法国要显著高于英国。2013 年，以色列以 4.21% 成为研发投入占 GDP 的比重最高的国家，韩国以 4.15% 的比重排在第二（图 1-2）。

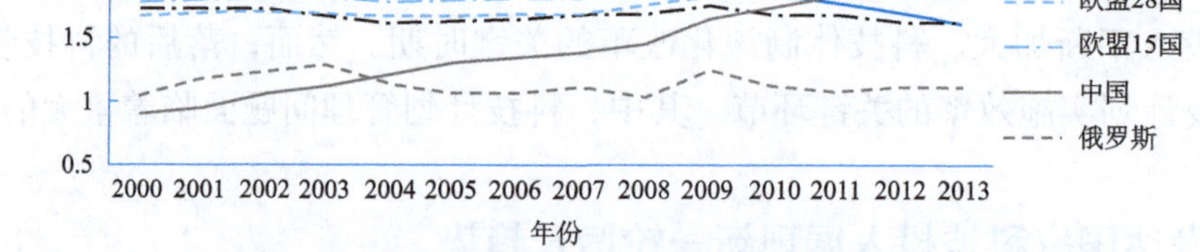

图 1-2　主要发达国家研发强度发展趋势（2000 ～ 2013 年）

资料来源：OECD 统计数据，美国 2014 年数据为预测数据

① 欧盟28国：奥地利、比利时、保加利亚、克罗地亚、塞浦路斯、捷克、丹麦、爱沙尼亚、芬兰、法国、德国、希腊、匈牙利、爱尔兰、意大利、拉脱维亚、立陶宛、卢森堡、马耳他、荷兰、波兰、葡萄牙、罗马尼亚、斯洛伐克、斯洛文尼亚、西班牙、瑞典、英国。

② 欧盟35国：奥地利、比利时、丹麦、芬兰、法国、德国、希腊、爱尔兰、意大利、卢森堡、荷兰、葡萄牙、西班牙、瑞典、英国。

二、我国科技投入不断加大

科技具有举足轻重的作用，为实现创新驱动发展战略，建设创新型国家，我国政府加大了对科学技术与创新的投入。图 1-3 给出我国 2002 ～ 2013 年各类型研发支出的情况，由此可以看出，我国总体研发支出增幅较大，其中试验发展经费支出占据了较大的份额。

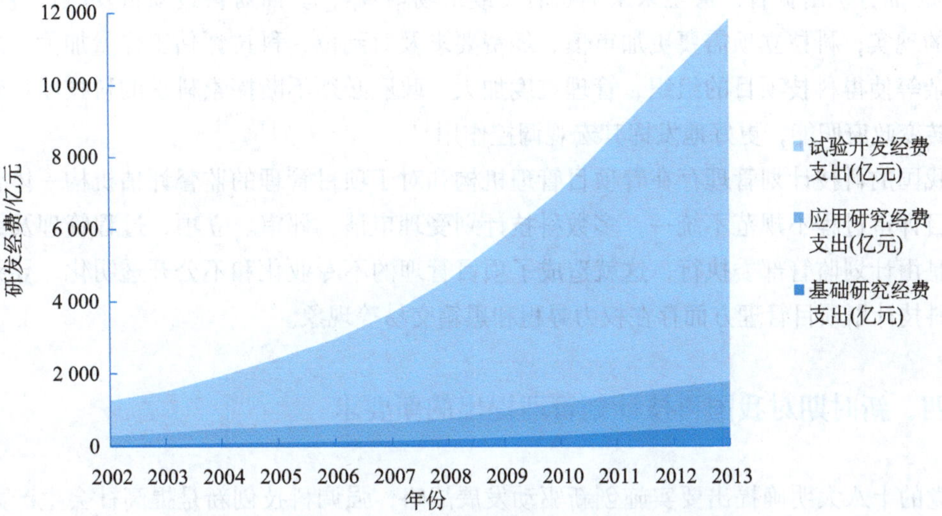

图 1-3　我国各类型研发支出情况（2002 ～ 2013 年）

资料来源：国家统计局 .http://data.stats.gov.cn/workspace/index?a=q&type=simple&dimension=zb&dbcode=hgnd&m=hgnd&code=A 0 N01

我国研发经费来源主要来自企业，企业的研发经费主要用于试验开发，其次来自政府，而来自其他的经费所占份额非常少（图 1-4）。

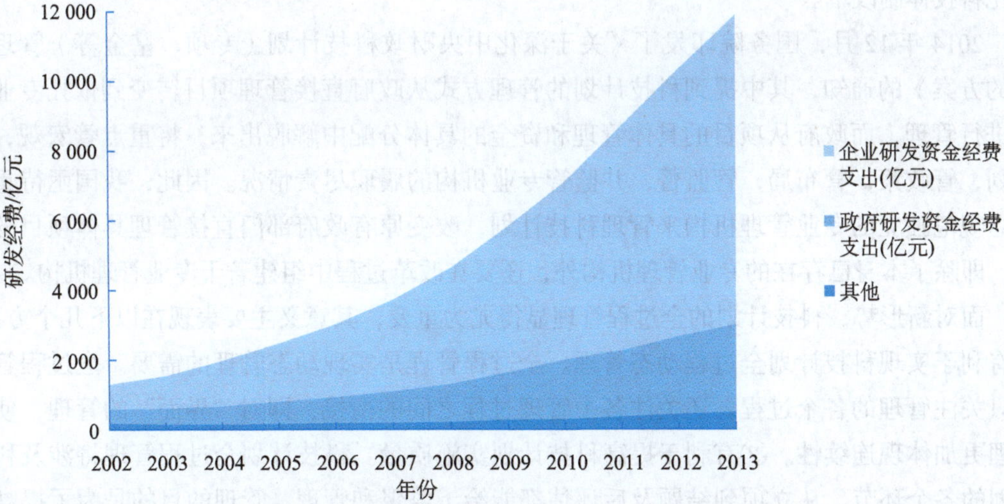

图 1-4　我国研发经费来源（2002 ～ 2013 年）

资料来源：国家统计局 .http://data.stats.gov.cn/workspace/index?a=q&type=simple&dimension=zb&dbcode=hgnd&m=hgnd&code=A 0 N01

三、我国科技管理与科技计划管理面临诸多挑战

目前，科技发展向大科学过渡，越来越多的科技项目趋于复杂化、巨型化和集成化。科技发展出现向大科学方向过渡的趋势是20世纪科技革命的一个重要成果，并对社会经济发展产生了巨大的影响。

政府在大科学项目中往往扮演着第一风险承担人的角色，充当着科技项目倡导者、组织者、（部分）出资者，甚至未来消费者（或市场培育者）。面对科技项目发展日益庞大和复杂的现实，科技立项需要更加审慎、经费要求及时到位、科技评估工作量加大、成果转化复杂等使得科技项目的组织、管理难度加大，政府必须不断探索科学的科技项目管理办法，转变政府职能，更好地发挥其宏观调控作用[1]。

我国的科技计划管理存在着项目管理机构和对于项目管理的监督评估机构一体化，科技项目评审过程不规范不统一，多数科技计划受理申请、评审、立项、过程管理及结题验收都是由计划监管部委执行，这就造成了项目管理的不专业化和不公开透明化，导致了我国在科技计划项目管理方面存在权力寻租和黑箱交易等现象。

四、新时期对我国科技计划管理提出的新要求

党的十八大明确提出要实施创新驱动发展战略，强调科技创新是提高社会生产力和综合国力的战略支撑，必须摆在国家发展全局的核心位置。

中国国家领导人习近平提出中国科技发展的四个不相适应，分别是：我国科技发展水平与经济社会发展要求还不相适应、科技体制与科技快速发展要求还不相适应、科技领域布局与发展要求还不相适应、科技人才队伍建设与人才强国要求还不相适应。因此，亟待深化科技体制改革。

2014年12月，国务院印发了《关于深化中央财政科技计划（专项、基金等）管理改革的方案》的通知，其中提到科技计划的管理方式从政府直接管理项目转变到依托专业机构进行管理，而政府从项目的具体管理和资金的具体分配中解脱出来，将重点管宏观，管规划，管政策，管布局，管监督，并监管专业机构的履职尽责情况。因此，我国亟待重整建立规范独立的专业管理机构来管理科技计划，改变原有政府部门直接管理具体项目的局面，即除了本身已存在的专业管理机构外，还要在改革过程中组建若干专业管理机构。

面对新形势，科技计划的全过程管理显得尤为重要，其意义主要表现在以下几个方面：①有利于实现科技计划全过程动态管理。全过程管理是实现动态管理的需要。全过程管理不只关注管理的各个过程，还关注各个管理过程之间的衔接，即对“界面”的管理，使得管理更加体现连续性。②有利于提高科技计划实施质量。科技计划全过程管理将涉及科技计划的各个环节，从立项到结题及后评估都能给予监督和管理，管理的目的是为了提高效率、控制风险、降低成本、保障质量。

第二节　国家科技计划全过程管理

国家科技计划全过程管理包括科技计划的提出、计划具体实施方案的制订、计划的过程管理以及评估。

一、科技计划的提出

国家科技计划的提出一般要经历动议与决策过程，虽然各个国家对科技计划的启动过程有所差异，但大体上讲，科技计划的提出是由国家政府、科学家或科学顾问、咨询机构等提出的。

美国的国家科技计划由政府部门、国家科学院、咨询机构等提出动议。总统科技顾问委员会（President's Council of Advisors on Science and Technology，PCAST）和国家科学技术委员会（National Science and Technology，NSTC）通过战略咨询论坛、公众咨询等提出重大科技计划建议，在科技计划的动议、咨询、论证和协调等方面发挥关键作用。白宫科技政策办公室（Office of Science and Technology Policy，OSTP）担当全面协调国家科技计划的角色。

英国通常由英国皇家学会等四大国家科学院、科学技术委员会，以及其他咨询机构、研究机构等来组织各相关方代表提出初步建议报告；政府科学办公室（Government Office for Science，GOS）代表内阁组织相关方代表组成评议小组，对上述初步建议报告进行讨论和聚焦，提出科技计划的内容和执行框架，形成建议报告。

日本的国家科技计划几乎都包含在其基本科技计划中，日本负责制订“科学技术基本计划”的机构是隶属于内阁府的综合科技创新会议（Council for Science，Technology and Innovation，CSTI），在下一个计划正式开展的前一年，CSTI 向首相提议，组建由 CSTI 的 7 名领域专家委员和其他 29 名外部专家（由大学校长、企业 CEO、科研机构负责人、律师、大学知名教授等）组成“基本计划专门调查会”，启动新一期科技基本计划的制订工作。

法国也是相对集中的国家，2009 年出台的“未来投资计划”（Programme Investissement d' avenir，PIA）是类似于日本科学技术基本计划的综合性科技计划，其科技计划的制订也是自上而下的。

二、科技计划的具体实施方案制订

科技计划的具体实施方案制订多由具体负责该计划的政府部门进行，对于跨部门的国家科技计划，由国家高层科技管理机构进行管理和协调，如美国的 NSTC。OSTP 在 NSTC 的帮助下，综合协调各方面的科技计划建议，制订年度科技优先领域备忘录，作为各联邦部门编制科技计划预算的指南。

美国政府部门科技计划的动议、决策与管理主要通过部门研发预算的审批和评估来体现。美国白宫管理与预算办公室（Office of Management and Budget，OMB）与 OSTP 会同各部门一起编制每年的研发计划和预算，具体过程为：OMB 与 OSTP 联合发布预算优先领域备忘录，各部门根据指南提出计划及其预算，经 OSTP 和 OMB 统筹后纳入总统向国会提出的预算建议，国会批准后形成正式科技计划，OMB 负责按计划分配资金并监督各部门的预算执行（图 1-5）。

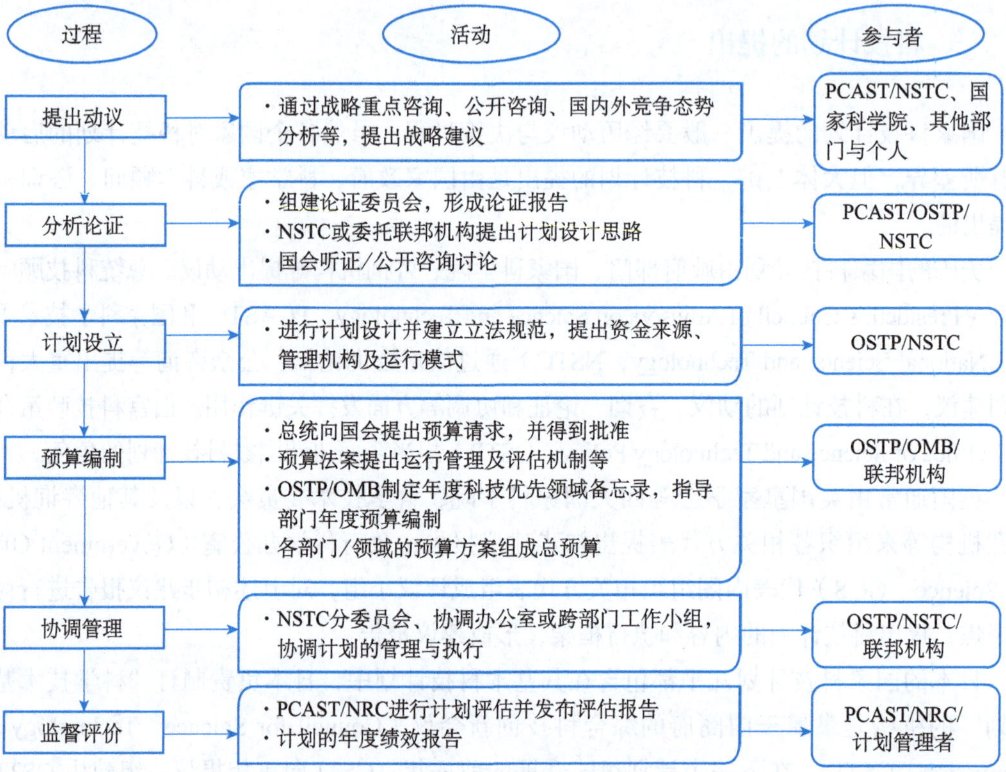

图 1-5　美国跨部门计划的动议、决策与管理

美国跨部门计划的动议、决策与管理见图 1-5。PCAST 和 NSTC 等针对国家重大需求提出重大科技战略建议。通过 OSTP 把战略建议落实为具体的科技计划、责任体系和执行机制，通过与部门沟通协商变为部门的科技计划、执行机制和预算。即使是由单一部门提出或负责的科技计划，如美国能源部先进能源研究署（Advanced Research Projects Agency-Energy，ARPA-E）和脑科学计划（Brain Research Through Advancing Innovative Neurotechnologies，BRAIN），也通过 NSTC 等的咨询论证机制纳入优先领域备忘录，然后才纳入部门的计划与预算建议中，由 OSTP 和 OMB 统筹协调为总统预算案中的具体预算提案，其中包括对计划的评估和调整机制。

三、科技计划的过程管理

科技计划的过程管理是指科技计划从计划指南发布到后期评估的整个过程，发达国家科技计划的过程管理执行者一般分为两类：科技计划的专业管理机构和由专业管理机构委托的项目主管或专题小组。科技计划的过程管理环节包括科技计划项目指南制订、项目评审专家组织、项目评审过程管理、项目全过程监管与评估。

（一）项目指南制订

由专业管理机构制订项目指南的典型是法国未来投资计划的项目招标指南。这类科技计划的项目指南是在法国高等教育研究部提出招标建议后，通过部际讨论修改，由法国科研署各司局组织项目官员实际编写项目招标指南。该指南在经高等教育研究部审议、未来投资总署确认后，由法国科研署公开发布。这种方式的优点在于专业管理机构的官员由于长期从事项目管理工作，他们所制订的项目指南目标更为明确、条款更为严密，更能够体现国家科技计划的研究目标。

由专业管理机构授权项目主管或专题小组具体负责制订项目指南的情况更为常见。这种方式的优点在于指南制订过程更接近于各相关方，但项目指南的最终确定仍需专业管理机构来审批。由于项目主管或专题小组在项目指南制订过程中的权力较大，需要对其做出制约。例如，日本"革新的研究开发推进项目"（Impulsing Paradigm Change through Disruptive Technologies Program，ImPACT）计划就要求其项目经理（project manager，PM）明确界定自己的利益攸关方，在项目招标和管理中进行回避。

（二）科技项目评审专家组织

发达国家科技计划的项目评审多采取专家评审制，并建立了评审专家遴选制度、评审专家轮换制度、评审专家回避制度等机制规范对项目评审专家的组织方式，以保证评审的公正性。

1. 评审专家遴选制度

为避免同行专家形成小圈子，许多专业管理机构从各种角度平衡专家的来源。例如，美国农业与食品研究计划（Agriculture and Food Research Initiative，AFRI）在评议项目时，明确要求评审小组成员在地理位置（不能只来自一个州）、机构（不能只来自一个机构）、性别、职级及种族方面保持均衡分布。

对于技术创新、商业开发和社会应用类项目，为考察科研项目对社会和经济的可能贡献，专业管理机构扩大了评审专家的遴选范围，有意识地选取来自企业和社会的专家，专门从可转移性、可应用性及社会经济价值等方面进行评价。

2. 评审专家轮换制度

为避免少数专家把持项目评审工作，许多专业管理机构都设立广泛专家数据库，对项目评审定期实行专家轮换。例如，AFRI 的评审专家小组每年都重新组建，只邀请 30% ～ 50% 的前一年评审专家，且尽量不邀请已连续参加三年以上的专家继续参与。英国自然环境研究理事会的同行评议院建立于 2003 年，取代了之前的五个固定的同行评议委员会，目前有大约600名成员，每年都通过严格的审查吸收新成员，随着老成员的退休或违规辞退，其组成人员保持着流动性。德国科学基金会（Deutsche Forschungsgemeinschaft，DFG）则采用每四年一次的学会推荐和匿名投票选举方式来推选专家。

3. 评审专家回避制度

利益关联或冲突将极大影响专家对项目评审的公正性，多数专业科研管理机构建立了相应的评审专家回避制度。美国国家科学基金会（National Science Foundation，NSF）的项目申请人需要说明自己的导师、曾合作对象、曾就业机构等，作为审查程序监督人员选定评审人员的重要参考意见。为规避利益关联或冲突，NSF专门制订了《NSF雇员利益冲突及道德行为准则》（*NSF Manual*，*Number 15*：*Conflicts of Interest and Standards of Ethical Conduct*），还在各学部设立由学部负责人担任的利益冲突咨询官员，对工作人员提供利益冲突情境下如何行动的指导。

英国各研究理事会制定了《同行评议框架》建立了自己的评审专家回避制度。

四、科技计划的监督评估

科技计划监督评估贯穿科技计划管理的全过程，也是科技计划监管、保障科技计划质量、控制科技计划成本的重要手段。20世纪80年代以来，随着科学技术在社会、经济发展中的作用越来越显著，主要发达国家在重视实施科技计划的同时，也开始重视科技计划实施效果、影响方面的监督评估工作[2]。

以美国为例，美国已经形成计划评估制度，将科技计划评估作为科技管理的重要组成部分，保证科技计划科学、有序、高效推进。美国根据“分权与制衡”的理念设计对政府行政行为的监督评估和问责，由政府牵头组织实施的科技重大计划和专项无疑是监督评估的重点。作为一种被证明行之有效的纠错和倒逼机制，监督评估不仅纳入立法机构以及联邦系统常规的监督和评估体系，而且依法指定专门机构进行专业评估，具有组织性、强制性、规范性和透明性的特点，不仅有利于与各方沟通以获取监督评估所需信息，而且使得监督评估结果具有可靠性、权威性和效用性。监督评估通常采用听证制度、报告制度、审计制度、调查和评估等方式进行，内容涉及计划和专项规划的制订、预算的安排与使用、部门组织管理职责的履行、任务的落实、目标的实现情况等，同时重视监督评估结果的快速反馈和有效运用，一旦计划的执行被评定为低效，有关机构可提请国会终止计划。

例如，依照相关法案要求，美国国家纳米技术（National Nanotechnology Initiative，NNI）分别由总统科技顾问委员会和美国国家科学院对NNI计划进行定期评估。同时，白宫管理与预算办公室（OMB）和国会政府问责办公室（Government Accounting Office，GAO）也从各自工作的视角，采用计划评级工具（PART）和《政府绩效与结果法案》（*Government Performance and Results Act*，*GPRA*），对NNI的执行情况进行监督评价。一些非政府组织则受邀参与国会组织的NNI立法听证、监督听证、调查听证等活动。总统科技顾问委员会的成员来自产业界、大学、科研院所和非政府机构，作为中立组织的国家研究理事会的评估成员的构成常常既有赞成方，也有反对方，而独立于政府的世界技术评估中心及其他的非政府组织参与对 NNI 的咨询、评估与监督，使 NNI 的制订与实施更具全面性和客观性。而且，来自国会、联邦机构和非政府组织的评估与监督常常是互动的，体现了重大专项的监督评估已经不再是传统的科技系统内部的自我管理与监督，而是一种政治化的科学技术治理[3]。

第三节 发达国家科技计划全过程管理中的主要机制

发达国家科技计划全过程管理过程中，在宏观管理机制、具体的项目管理等方面都呈现出一些特点，如采用专业管理机构对项目进行管理。以下将从宏观管理机制、专业管理机构、项目管理机制三个方面进行分析。

一、发达国家科技计划的宏观管理机制

美国政府部门科技计划的动议、决策与管理主要通过部门研发预算的审批和评估来体现，跨部门计划则通过高配协调机构进行有效协调。总统科技顾问委员会和国家科学技术委员会作为提议者，在重大科技计划的动议、咨询、论证和协调中发挥关键作用。OSTP 在国家科学技术委员会帮助下担当全面协调国家科技计划的角色，负责制订年度科技优先领域备忘录，作为各联邦部门编制科技计划预算的指南。跨部门科技计划的管理协调依靠白宫科技管理机构主导的协调机制来实现，国家科学技术委员会作为计划执行的最高协调机构，设立相应协调办公室负责对计划实施过程的协调与评估。跨部门计划的协调机制大都在计划立项时的立法中予以确认并预先制订协调保障规则，保证协调机制有效发挥作用。

英国科技计划动议与决策的主导角色是政府科学办公室及商业、创新与技能部，在咨询机构建议的基础上，政府科学办公室及商业、创新与技能部组织开展论证，在英国研究理事会、高等教育资助委员会、技术战略委员会的协助下负责科技计划的聚焦、制订和落实。跨部门科技计划的管理协调通常委托科研管理部门或机构来实现。

日本“科学技术基本计划”的制订是依据《科学技术基本法》，由隶属内阁府的 CSTI 负责，由其主导科技计划的动议、审议论证、计划制订，乃至预算编制；计划实施中，由 CSTI 在“科学技术基本计划”中提出具体政策目标与项目清单，明确研究领域的主题及其责任部门，相关省厅作为计划执行部门。跨部门计划的协调与管理主要由 CSTI 任命的协调员和专家工作组来负责。

法国“未来投资计划”作为综合性计划，由总统提出，由总理组建的专门大型国债委员会进行论证并确定经费、执行模式、子计划等。为实施未来投资计划，专门设立未来投资总署作为独立管理机构。该计划的经费由法国 2010 年预算修正案批准。

韩国“科学技术基本计划”由国家科学技术审议会负责制订，由未来创造科学部组织具体计划的论证与设计，再由国家科学技术审议会审查批准。各部委根据科学技术基本计划制订本部门科技计划。根据韩国《科学技术基本法·实施令》，国家科学技术审议会还负责每年对各部委的中长期科技计划进行调查评价。

二、发达国家科技计划的专业管理机构

在科技计划的具体管理方面，发达国家大都由专业管理机构负责，这些专业管理机构具有科研管理经验和能力，主要负责科研项目的申请受理、评审、立项、实施过程管理、结题验收，以及组织对计划的评估等。从性质和功能看，发达国家科技计划专业管理机构大致可分为四种类型：独立的国家专业管理机构、挂靠部门但独立运行的专业管理机构、兼具研究与对外资助功能的专业管理机构、接受委托的社会化非营利管理机构。

国家专业管理机构是由中央政府直接授权和监管的独立法人机构，主要支持自由探索的基础科学研究。这些机构深度参与科技计划的制订，有些还负责细化科技计划内容，在国家资助管理体系中起着举足轻重的作用。美国国家科学基金会、德国科学基金会、法国科研署和韩国国家研究基金会等科学基金会均属这一类型。

挂靠部门但独立运行的专业管理机构属于政府部门内的二级机构，但负责人多由总统或总理任命，有法律授权，相对独立地管理特定的科技计划，并接受政府、议会或第三方机构监督评估。例如，美国国防部先进研究计划局办公室、美国能源部先进能源研究计划署等。

兼具研究与资助功能的专业管理机构除承担国家科技计划的项目资助与管理外，自身还拥有科研机构或研究部门，进行某些领域的科研工作。这类机构的国家计划管理和自身机构管理相分离，明确区分对内资助和对外资助，对外资助按照政府或议会规定的机制运行。例如，美国国立卫生研究院、美国国家标准与技术研究院等。

有些国家将一些科技计划委托社会化的非营利机构具体管理，如德国教研部等部门的计划或者跨部门的计划大都委托建立在研究机构、大学或私营企业中的项目管理机构进行管理。这些机构符合特定资质要求，通过周期性竞标获得计划管理资格，遵循规范的项目管理流程，接受政府、科技界和第三方的监督评估。澳大利亚大陆结构与演化计划由政府授权建立的非营利公司进行管理。

各国专业管理机构体系不尽相同，美国国家科技计划主要委托各类国家资助机构和挂靠部门但独立运行的计划办公室或计划署进行管理；日本、英国、法国的国家科技计划管理体系则主要依靠其已有的资助机构，如日本的学术振兴会、科技振兴机构和新能源产业技术综合开发机构，英国的各研究理事会、高等教育拨款委员会和技术战略理事会，法国的国家科研署、创新署等；德国的国家竞争性科技计划管理机构包括国家研究基金会和社会化项目管理机构。专业管理机构都具有受委托管理计划、独立运行、接受监督等特点。

三、发达国家科技计划项目管理机制

项目指南是规范开展项目征集和评审的起点。发达国家科技计划的项目指南制订者可分为两类：科技计划专业管理机构；由专业管理机构委托的项目主管或专题小组。指南编制的要点包括：专业管理机构定期咨询各方意见，细化、补充优先领域；建制化、规范化听取科学家和其他项目合作方的意见；在每个分领域或主题设有负责人或工作小组，负责具体指南编制；涉及技术创新、商业开发和社会应用的计划，吸收企业和社会专家参与指南编制；指南编制过程公开并提供反馈渠道。

发达国家科技计划的项目评审多采取专家评审制，建立评审专家遴选、轮换和回避制度，规范对项目评审专家的组织方式，保证评审的公正性。

发达国家采取多种措施对科技计划项目评审进行过程监管、事后检验和问责，以纠正专家评审可能出现的偏差。例如，一些科技计划允许项目申请者对评审专家意见进行抗辩；对部分项目实施二级评审制度，避免临时参加的评审专家因对项目战略目标了解不够而做出有偏差的判断；对项目评审全过程进行记录与监督，保留完整的评审信息，支持对评审决策的检验和问责。

发达国家科技计划的专业管理机构正在逐步推广对科研项目的全过程监管，项目监管方式可分为三种类型：一是专业管理机构直接监管，可能会造成项目监管的官僚化，目前在发达国家已不多见；二是外部专家监管，相应外部专家需对所属领域有相应学术知识，并具备科研项目管理经验；三是第三方机构监管，针对研究成果密集、庞杂的大型科技计划，邀请独立咨询机构或监理企业以第三方身份，对科研项目的质量、进度、效率和效益等进行监管。

（执笔：中国科学院文献情报中心　裴瑞敏、张晓林）

参考文献

[1] 胡骏红．科技计划项目全过程管理研究．北京交通大学硕士学位论文，2007

[2] 欧阳进良，李有平，邵世才．我国国家科技计划的计划评估模式和方法探讨．中国软科学，2008（12）：139-145

[3] 张义芳．国家重大科技计划和专项监督评估实践的探讨．科技管理研究，2015（8）：17-20

第二章
美国科技计划的全过程管理

第一节　美国科技管理体制及科技计划制订体系

一、科技管理体制概况

美国是一个三权分立的国家。行政、立法、司法三个系统不同程度地参与国家科技政策的制订和科技工作的管理。联邦政府不制订综合性科技发展规划和计划，国家科技政策（含预算）只是有关部门科技政策（预算）的汇总。

国会是立法机构，国会在全国科学技术事务中的作用集中体现在制订有关法律方面。通过其对全国科学技术的立法权、大型科研项目的拨款权、政府各部门科研经费的审批权来保障科技的发展。国会审计办公室负责科技预算与计划的审计。

联邦政府行政部门对科学技术的作用和影响要比国会更加直接和密切。在科学技术发展方面，总统集中了全国科学技术活动的最高决策权与领导权。与科技相关的联邦部门很多，包括国防部、卫生与人类服务部、能源部、国家航空航天局、商务部、农业部、运输部、环保局、国家科学基金会等，各部都有与本部门相关的科学技术预算和计划。

白宫科技管理部门是政府最高科技决策管理机构，包括白宫科技政策办公室（OSTP）、国家科技委员会（NSTC）和总统科技顾问委员会（PCAST）。OSTP 由总统科技顾问兼任主任，负责向总统提供科学技术方面的咨询和信息，协助总统处理全国科学技术问题，并阐述在经费分配中政府应进行的选择；NSTC 由总统主持，由内阁级别与科技相关的部门领导和白宫官员组成，便于协调各联邦部门，并从政府角度制订符合国家目标的科技发展计划；PCAST 主要司职于科技咨询和辅助决策，总统科技顾问为 PCAST 联席主席之一，其他成员主要来自产业界、教育界、研究院所及非政府机构，以便于从民间、私营及非政府部门的角度提供关于对科技计划的反馈意见，并向 NSTC 提出事关国家发展的科技问题的建议。

白宫科技政策办公室

白宫科技政策办公室（OSTP）依据 1976 年《国家科技政策、组织和重点法令》成立，由总统科技顾问兼任主任，是向总统提供科技政策咨询的办事机构，它的主要任务是就联邦政府制订主要政策、计划和项目时向总统提供科技分析和判断基础。这一机构负责协调各政府部门制订和实施科技预算和政策；与私营部门合作，保证联邦政府在科技研发上的投资有利于经济繁荣、环境质量和国家安全；在联邦、州和地方政府之间以及与各科研机构、外国建立良好的伙伴关系；评估联邦政府科技政策和投入的规模、质量和效果。[1]

国家科技委员会

国家科技委员会（NSTC）于 1993 年由克林顿总统签署行政命令成立，是总统协调联邦政府科学、空间探索和技术政策的工具，其重要使命是为国家科技发展确立明确的目标，并确保有关科技发展工作朝此目标进行。NSTC 由总统挂帅，成员包括副总统、总统科技顾问、商务部部长、国防部部长、能源部部长、卫生与人类服务部部长、国务卿、内务部部长、农业部部长、劳工部部长、交通部部长、教育部部长及国家航空航天局、国家科学基金会等政府机构负责人，负责制订跨部门的研发战略和相应的投资计划。[2]

总统科技顾问委员会

根据 2010 年《关于建立总统科技顾问委员会的行政命令》，PCAST 由不多于 21 名成员组成，其中一名成员为总统科技顾问，其余成员由总统任命，由联邦政府以外的个人和代表组成。主要职能：为总统提供咨询，应总统或总统科技顾问的要求提供信息、分析、评价和建议；面向社会，广泛收集信息和思想；承担总统创新与技术咨询委员会和国家纳米技术咨询小组的角色。另外，应 NSTC 要求向其提供来自联邦政府以外的建议。在 PCAST 的管理运行方面，该命令规定：在法律许可范围内，应 PCAST 联合主席的要求或为执行 PCAST 职能，其他各行政部门与机构的首脑应向 PCAST 提供相关科技事务信息；经与总统科技顾问协商，PCAST 可授权建立执行分委员会和顾问组，以协助 PCAST 工作；应 PCAST 要求，OSTP 应为其提供资助、管理和技术等方面的支持。[3]

二、科技计划与预算制订体系

美国联邦研发预算和计划是根据部门定位、总统科技政策及国家和社会需求确立的。多元分散的美国体制决定了其科技计划与预算的制订具有如下特点：①有效的分权与制衡。各联邦部门在国家目标和白宫发布的预算优先领域的指导下，在白宫科技管理机构的指导和协调下，根据部门的实际情况编制本部门的研发预算和计划。国会负责预算和计划的审批和调整。预算权力在立法机构、白宫科技管理机构和各联邦部门这三类机构之间合理分配，并形成相互制约的机制。②科技预算与计划具有较强的连续性和稳定性。研发预算与计划制订以联邦部门为基础，保持稳定和一贯的格调；跨部门研发计划通常具有较长的时间周期，且各参与部门在不同执行年度的研发子计划和预算往往保持较强的延续性，从而确保了联邦研发预算与计划的总体稳定性。任何部门内或跨部门的新研发计划的提出和预算增减（特别是大幅度增加预算）都需要经过国会的严格认证和审批，并必须给出令人信服的理由。

白宫科技管理机构中，与研发预算关系最密切的是 OMB 和 OSTP。OMB 的职责主要是通过评估各部门上报的计划、政策、报告、规定、提议的立法等来制订预算优先领域，编制联邦政府预算与计划草案，根据各联邦机构提出的各自预算与计划方案，经核查后统一汇编成联邦预算，并负责后期预算的监督执行。OSTP 在制订预算过程中负责向总统、OMB 和各联邦部门提供帮助和提出建议，其使命是保证科学技术计划和预算反映联邦政府的优先领域和实现协调发展，并在 NSTC 的帮助下领导和协调跨部门研发计划与活动。概言之，后者主要起决策咨询作用，而前者则是唯一重要的执行机构。

联邦各部门在研发预算和计划制订过程中实际权限最大。研发预算与计划的制订是以联邦部门为基础的，由各部门向 OMB 呈报所需经费的估计数字，这个估计数字是按照总统规定的方针和限制来计算的，同时综合了部门下属各局提出的要求和建议。各部部长是这些上报数字的最后决断人和仲裁人。各部对于本部门的研究领域和研究方向最了解，在部门研发预算和计划的制订过程中具有最大发言权。

OMB 与 OSTP 会同联邦各部门一起编制每年的研发预算和计划，并提交总统审核。预算编制和执行程序：①在各部门制订本部门预算和计划前，OMB 与 OSTP 会先联合发布预算优先领域备忘录，以便为各部门提供指导和依据；②各部门根据优先领域备忘录在 OMB、OSTP 和 NSTC 指导和协调下制订并向总统提交本部门预算和计划，在此过程中 OMB 负责执行，OSTP 提供决策信息和咨询，NSTC 则主要负责跨部门计划协调；③由总统根据各部门预算申请向国会提交当年度联邦研发预算请求；④最终预算由国会做出决策，参、众两院的每次审核都会基于各类科技预算和计划的功能描述和以往执行情况对预算进行一定的调整；⑤在预算经国会批准后，OMB 负责按计划分配资金，并监督各部门的预算执行，以保证其达到预算目标。

美国联邦科技计划和预算制订体系可以用图 2-1 表示。

确立科技计划的判断标准包括相关性、质量和绩效三个方面，这些标准同时也用于对科技计划进行事中和事后绩效评估。①相关性：研发计划必须有完整的目标和明确的优先领域；计划必须说明其潜在的公共利益；计划必须证明其与总统特定的优先任务相关，以便得到特殊考虑；必须利用事前外部评价来评价计划与国家需要、科技领域的需求和客户需求的相关性；必须定期利用事后外部评价，评价计划与国家需要、科技领域需求和计划客户需求的相关性。②质量：采用以价值为基础的竞争方式分配资金，对于不以这种方式分配资金的，必须证明资助方式的合理性，并说明如何保证质量；必须通过事后专家评议定期评估计划质量。③绩效：每年跟踪和报告相关计划的投

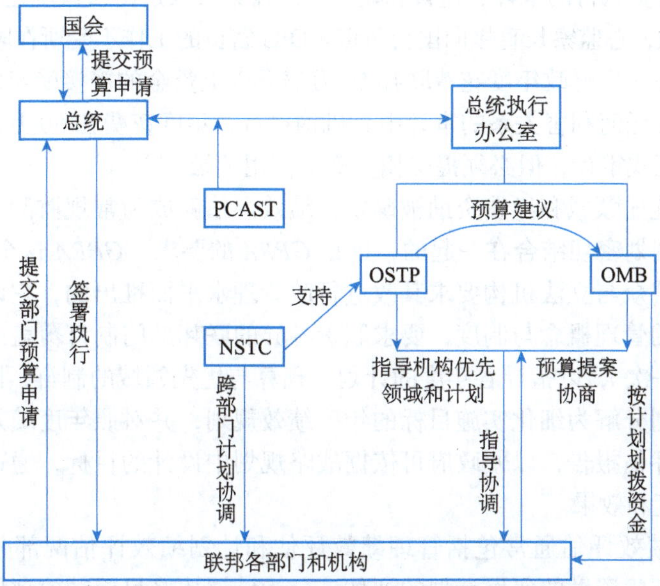

图 2-1 美国科技计划与预算制订体系

入；规定适当的产出和成果考核指标、进度和关键点；每年必须在事后证明计划绩效。[4]

对于跨部门的研发计划，通常成立由总统科技顾问领衔、合作各方首脑联合组成的高级领导小组制订政策，共商计划研究优先领域和预算，并确定战略规划，高级领导小组下设计划工作小组，负责计划、预算的制订和各部门间的协调，以避免部门间的重复研究。

（执笔：中国科学院文献情报中心 汪凌勇）

第二节 美国科技计划预算与组织实施机制

一、部门科技计划的执行、经费管理与绩效评估

各联邦部门的研发计划一旦确定，依据计划的性质不同，由相应部门选择不同机构来执行，并采取不同的管理方式。基础研究类计划主要由政府部门下属实验室和高校执行；而技术开发与推广类计划，多通过有关部门与企业签订合同来委托公司承担，或由政府实验室与公司签订合作研究开发协议来共同承担。对于基础研究计划和基础性的应用研究计划，一般采取专家管理模式；对于涉及经济发展的技术开发计划，多采用部门与专家相结合，或部门、专家与产业界结合的管理模式。

在计划经费管理方面，根据《1978 年总监察长法案》和 1982 年的修正案，联邦政府一些重要的资助机构，包括国防部、卫生与人类服务部、国家航空航天局、能源部和国家科

学基金会等部门内都设有独立的总监察长办公室（Office of the Inspector General，OIG），负责对部门科技计划经费执行的审计、监督和调查。总监察长人选由参议院建议，由总统任命并经参议院批准生效，总监察长直接向国会负责。OIG 官员的工作不受所在联邦部门干扰。

受资助机构在一个财政年度花费联邦 50 万美元以上资金的需接受年度审计，审计由本单位之外的与其无任何利害关系的审计中介机构执行。年度花费在 50 万美元以下的机构在该年度不需接受正式审计，但必须提交相关资金使用记录。[5]

一旦计划的优先领域和经费资助被确定，绩效评估就成为常规监测任务。绩效评估是与各部门的战略规划密切结合在一起的，这是 *GPRA* 的要求。*GPRA* 这个法案是 1993 年克林顿政府为回应公众与立法机构要求其改进行政管理水平而推出的，它以立法形式引入了绩效评估这一新的管理概念与制度，要求职责各异的联邦部门制订覆盖未来五年的战略规划（每三年修订一次），以指导各年度的计划、预算与优先领域的制订，同时要求各部门每年提供将战略规划分解为细化实施目标的年度绩效规划，并对照年度绩效规划中的定量目标形成年度绩效评估报告，以便政府可依据战略规划中设计的目标，通过绩效评估检查战略规划的实施进度和效果。

联邦部门的绩效评估通常包括管理绩效评估和计划绩效评估两部分，其中计划绩效评估就是对联邦部门资助的研发计划的评估，分为计划战略目标绩效评估和计划年度绩效（进展）监测评估。被资助方要提交年度进展报告，这些信息将被考核以对其绩效进行评价，必要时将会采取下一步行动。除此之外，还有其他监察考评机制，如对特别项目的考核和评估，包括对研究进展正式的科学评议、研讨会，以及特定领域研究的其他学术会议等。

为进一步强化绩效评估在科技计划与预算管理分配中的作用，2002 年，OMB 开发并实施了计划分级评价工具（PART）。[6] PART 实际上就是一套标准化的调查问卷，由四个部分组成，针对每个计划的绩效和管理情况，设计了大约 30 个问题（问题数量根据项目类型不同而有所区别），对每个问题，都要有简短的回答和有证据支撑的详细解释。

PART 的四个组成部分分别是：①计划的设计和目标，用于评估计划设计和目的是否清晰与合理；②战略规划，用于评估计划是否制订了长期 / 年度措施与目标；③计划管理情况，用于评估计划的财务管理状况与改进措施；④计划结果与绩效，根据战略规划和其他评估情况，评估计划绩效。前三部分以是 / 否的形式回答和记分，第四部分的问题可将实际效果划分为四个层次回答——是、很大程度上是、很少程度上是、否——以反映目标的实现程度和相关证据的充分适当性。

所有接受绩效评估的计划都需要根据评估结果制订改进计划，从而优化绩效管理。通常由 OMB 和各相关机构共同制订改进计划，并共同跟踪进展情况。有些计划需要在某一两个具体方面做出改进，而有些计划则需要在多方面做出改进。如果评估结果认为某计划跟其他计划存在重复交叉，即使该计划已经实现了目的，仍然会宣布结束或者中止该计划。

二、重大跨部门计划的管理、协调与评估机制

与其科技体制相适应，政府一般不统一制订领域无所不包的综合性科技计划，而是由各联邦部门分别制订本部门的研发预算和计划，然后汇总成政府的研发预算和计划。当计

划的研究优先领域跨越了某一部门的界限，并且非常重要时，政府会考虑制订跨部门计划。所谓跨部门计划，实际是各参与部门相关预算汇总到一个大的计划下，这个大的计划并没有单列的预算，而是在每一年度各计划参与部门的预算中得到反映，各参与部门相关预算总和即构成跨部门计划的预算。

目前执行的重大跨部门计划主要包括国家纳米技术计划（NNI）、网络与信息技术研发计划（Networking and Information Technology Research and Development，NITRD），以及气候变化科学计划（CCSP）。这三大跨部门计划在每年的联邦预算支出中并不是单列的项目，而是分列于与该计划相关的各联邦部门预算当中。计划参与部门每一年度相关研发预算的总和即构成该计划当年的年度预算。

三大跨部门计划在经费管理及项目执行方面仍然由各参与的联邦部门分别负责。与部门内计划有别的是，三大跨部门计划建立了良好的部门间协调运作机制，这一机制主要由白宫科技管理机构主导来实现：NSTC 作为最高协调机构协调计划的管理与执行，通常在计划牵头部门设立计划协调办公室，由 OSTP 具体管理该协调办公室和任命协调办公室的主任和副主任，负责各计划实施情况的汇总、分析、协调与评估等。

以 NNI 为例，NSTC 下设的国家纳米科学、工程与技术分委员会（Nanoscale Science，Engineering and Technology，NSET）是相关规划制订、预算、实施和评审工作的主要协调者，负责指导参与部门项目官员的相互交流与合作，定期举行管理会议和项目评议会议，以及召开科学和工程研讨会。各联邦部门支持与实现本部门使命有关的项目，根据各自经费情况和 NNI 的建议控制如何分配资源，并按照 *GPRA* 规定的有关内容和程序在 NNI 的框架范围内评议自己的研究活动。

根据 2003 年通过的《21 世纪纳米技术研究与发展法案》（*21st Century Nanotechnology Research and Development Act*）[7]，NNI 评估体系由国家纳米技术咨询组（National Nanotechnology Advisory Panel，NNAP）和国家科学院研究理事会（National Research Council，NRC）构成，它们负责相关咨询与计划评估工作，为计划提供有价值的意见和建议。NNAP 没有专设机构，而是由总统指定 PCAST 承担这一职责。

该法案建立了 NNI 的年度报告评价机制，即通过总统每年向国会提交的《总统预算补充》以提供跨部门的进展分析，特别是分析 NNI 在实现目标和优先领域方面所取得的进展。

该法案确定了对 NNI 的两种外部咨询评估机制，即由 NNAP 和 NRC 分别对 NNI 进行独立评估，并提出具体的改进建议，以便为 NNI 战略规划的制订提供强有力的支持。其中，NNAP（由 PCAST 行使职责）必须每两年对 NNI 评估一次（目前，NNAP 共完成五次评估，分别于 2006 年、2008 年、2010 年、2012 年、2014 年完成。其中，NNAP 2014 年完成的第五次评估报告建议将评估周期改为三年一次，以减轻计划负担）[8]，在评估时会成立一个工作组，其中约 1/5 的成员来自 PCAST，其余 4/5 由纳米技术专家组成；NRC 每三年对 NNI 评估一次，评估小组由具有纳米技术专门知识的跨部门技术专家构成。

该法案要求，NNI 战略规划必须每三年更新一次。战略规划的制订与计划评估密切联系，并充分吸收评估的结果和建议。

需要指出的是，由 NSTC 和 OSTP 在跨部门计划中发挥指导和协调作用，由其下属机构和办公室负责具体执行，这个机制虽然在一定程度上有效，但也绝非是完美的。如前所述，美国体制的特点是多元分散和各联邦部门权力大，由于各部门自主决定预算，而 NSTC 下属的计划协调机构没有资源决策权，因此它们难以充分有效地发挥对参与跨部门计划的各联邦部门的指导和协调作用。这一点在 NNAP 对 NNI 的第五次评估报告中突出重点指出，PCAST 在报告中提出建立一种面向应用和社会需求、研究目标更易分解和易于评估的“重大挑战”计划，通过这样一种新的机制以加强对计划的管理和协调。

（执笔：中国科学院文献情报中心　汪凌勇）

第三节　美国能源部的科技计划管理及典型计划

按照美国国会 1975 年通过的《能源部组织法》，能源部（Department of Energy，DOE）作为重要的联邦政府机构之一，负责联邦政府核安全管理能源政策制订、能源行业管理、核武器研制、核能研发、能源技术研发、清洁能源生产与利用、环境保护等，下设能源效率与可再生能源办公室、核能办公室、化石能源办公室、电力运输与能源保障办公室、科学办公室、先进能源研究计划署、国家核安全管理委员会、环境管理办公室。

一、DOE 的计划管理体系

美国能源科技计划的组织实施包括决策、咨询、管理、执行四个层次（图 2-2）。在管理层面，除了美国国家科学基金会对包括能源领域在内的基础研究进行资助管理外，DOE 作为归口单位，负责统筹协调管理能源科技创新工作，负责能源科技计划的实施以及多部门之间的战略合作。DOE 的使命是“通过利用革新的科学和技术方案来应对能源、环境和核挑战，保障美国的安全和繁荣”。在组织架构上，DOE 依靠其业务局、行政支撑机构、能源信息署、国家核安全局、若干区域运营管理机构及国家实验室系统来履行其使命，通过制订战略规划对国家实验室的研究布局进行战略调整，并确定研究重点方向，通过相应的业务局的研究计划对实验室进行资助。

DOE 以贯穿创新价值链的研究项目和计划管理为主要运行形式，设置了相应的业务管理部门（如科学办公室、化石能源办公室、核能办公室、能效与可再生能源办公室等），来管理从基础研究到应用研究资助直到早期产业发展的贷款担保。在各业务局每年提供给 DOE 汇总的下一财政年度预算申请报告中，都会对项目或计划的实施进度和业绩进行详细说明，并且会列出量化的可考核成果目标，为申请经费提供支持。在整个美国，受国家财政拨款资助的机构每年都要经历这些程序，这也是美国政府管理国家项目的有效措施。科学办公室与先进能源研究计划署作为能源部专职负责计划管理的机构，分别负责管理能源部的基础研究计划与高风险高回报能源技术早期开发计划（图 2-3）。

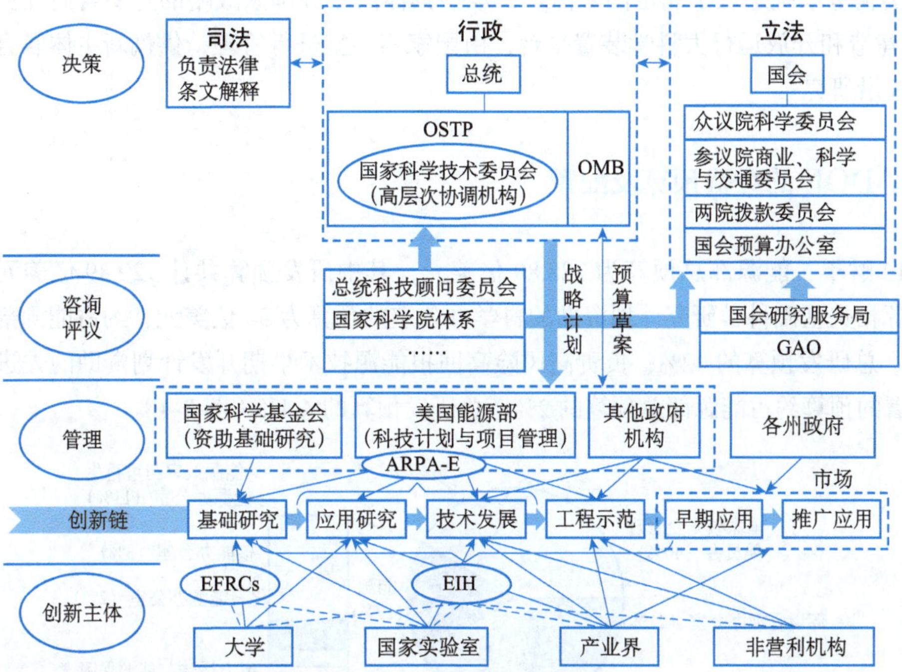

图 2-2　美国能源科技计划组织实施体系

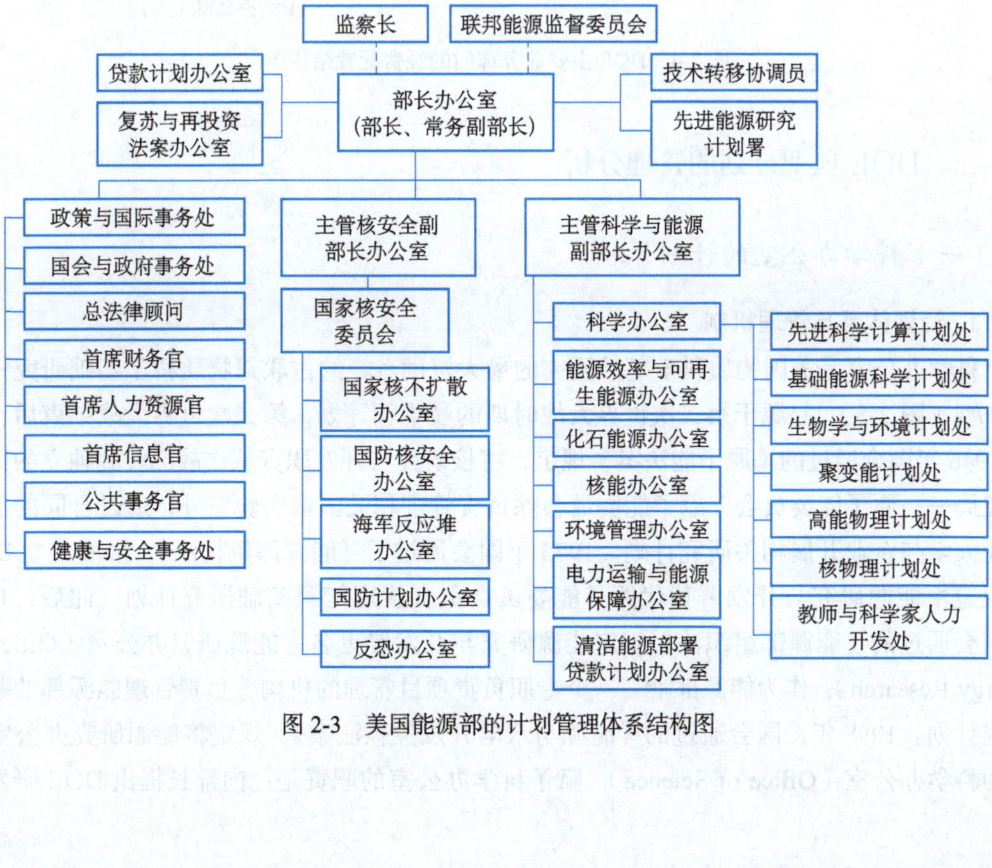

图 2-3　美国能源部的计划管理体系结构图

在执行层面，产学研各创新主体通过承担相应项目来开展能源科技创新活动。DOE下属国家实验室系统定位于满足国家需求，承担具体的服务国家战略的重要科研任务；同时DOE还建造和开放运行大科学装置平台，由国家实验室进行管理，供创新主体联合开展综合交叉前沿研究。

二、DOE的经费预算及配置

2012财年，能源部总预算为288.89亿美元，其中研发预算共计129.89亿美元，专门负责能源相关基础科学研究计划资助的科学办公室的预算为54亿美元，约占能源部总预算的19%、总研发预算的42%；负责高风险高回报能源技术早期开发计划资助的先进能源研究计划署的预算约占能源部总预算的2%、总研发预算的4.4%（图2-4）。

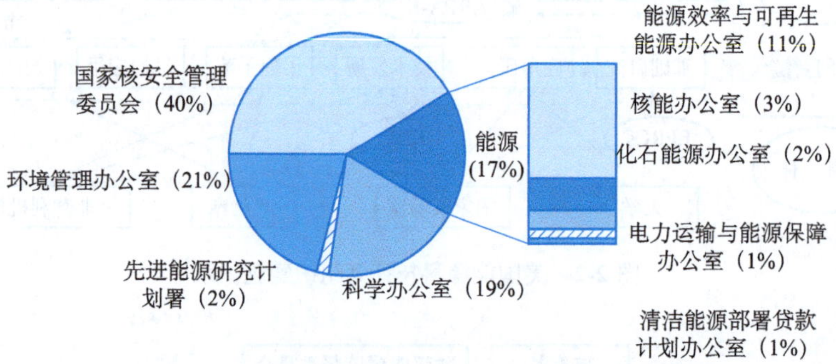

图2-4　DOE主要业务部门的经费配置结构图

三、DOE典型计划的管理分析

（一）科学办公室的计划管理

1. 计划体系与管理机制

科学办公室是美国物质科学基础研究的最大资助者，约占联邦物质科学基础研究资助的47%（图2-5），起源于第二次世界大战时期的曼哈顿计划，第二次世界大战结束后，按照1946年国会通过的《原子能法案》规定，将核研究与开发职责从作战部转到独立的民事研究局——原子能委员会，原子能委员会除负责管理相关国家实验室外，通过合同的形式委托大学与企业开展相关研究计划。1975年国会通过了《能源部机构法》，批准成立DOE并规定由能源研究与开发署替代原子能委员会负责管理能源基础研究计划。此后，1977年国会通过的《能源部组织法》规定能源研究与开发署更名为能源研究办公室（Office of Energy Research），作为能源部唯一一个专职负责项目管理的机构，负责管理能源部的基础研究计划。1998年，国会通过的《能源与水电开发拨款法案》，规定将能源研究办公室更名为科学办公室（Office of Science），赋予科学办公室的职责是：向部长提出DOE研发计划建议，找出 DOE 的研发计划的空白与重复；指导 DOE 的教育活动，管理研究项目基金与其他研究活动资助形式[9]。

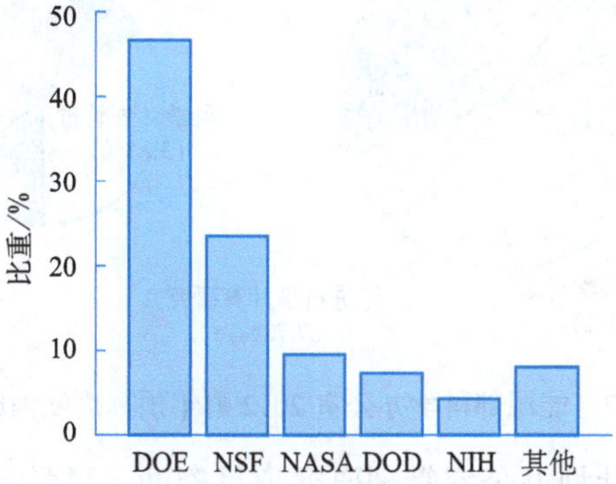

图 2-5 2012 财年主要联邦部门物质科学基础研究资助占联邦比重

科学办公室预算申请的两大原则是[10]：支持科学研究；支持大科学设施的开发、建设与运行。为此，科学办公室的资助项目分为面向国家实验室的管理与运行合同（包括设施建设与设施运行项目）、研究基金项目；以及面向大学的研究基金项目、合作协议。2012 年能源部科学办公室预算拨款总计 54 亿美元，其中科学研究占其总经费 46%，设施运行占 38%、设施建设占 7%，此外，主要设备项目（包括参加国际热核聚变实验反应堆计划等）占 6%（图 2-6）。能源部所属的国家实验室不是按机构式拨款、而是围绕各科学计划、通过实验室管理与运行合作，以设施建设与研究基金项目等形式向各国家实验室分配预算拨款。

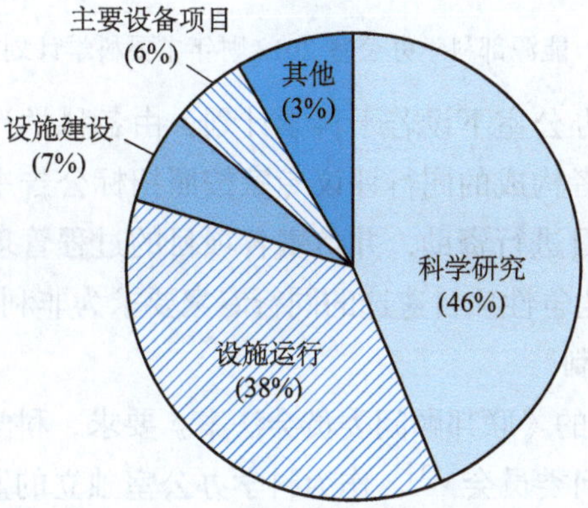

图 2-6 能源部科学办公室 2012 财年预算拨款构成[10]

科学办公室下设先进科学计算计划、基础能源科学计划、生物与环境研究计划、聚变能源科学计划、高能物理计划、核物理计划六大科学计划（图 2-7），此外，还按照 1982 年国会通过的《小企业创新发展法》要求设立面向中小企业，鼓励小企业技术创新的竞争择优性资助计划、小企业创新研究计划与小企业技术转移计划、面向科学家个人的杰出青年科学家计划（Early Career Research Program），以及面向教师与学生设立的能源教育计划。

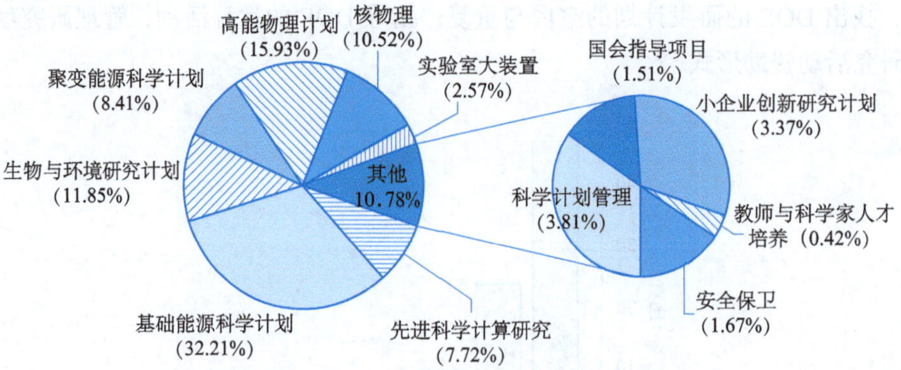

图 2-7　能源部科学办公室 2012 财年预算拨款构成[11]

科学办公室六大科学计划办公室管理研究项目资助，科学设施运行、建设与主要设备项目等都有机地融入各研究计划之中（图 2-8）。其中，核物理与基础能源科学研究拨款中科学设施运行、建设与主要设备项目占其总预算的 50% 以上。

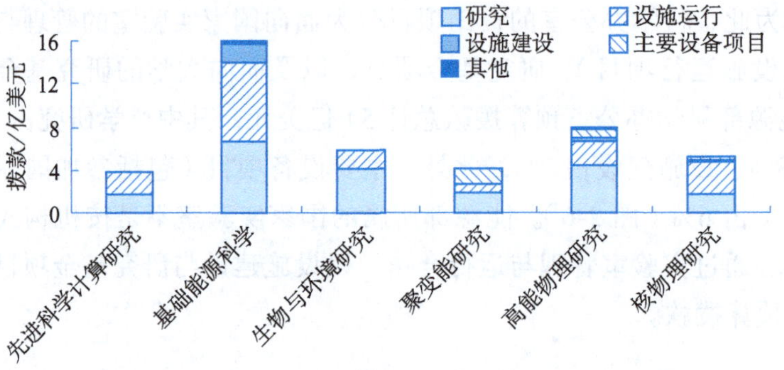

图 2-8　能源部科学办公室 2012 财年主要科学计划拨款[2]

科学办公室的各计划办公室下设若干科学计划，由各科学计划负责人负责发布项目招标、组织外部非利益相关者构成的同行评议专家按照招标公告中说明的遴选标准，通过竞争择优的方式对所遴选项目进行资助，并负责各项目的过程管理，新资助计划需报联邦顾问委员会审议讨论。负责竞争性项目遴选的同行专家要求为非利益相关者。

2. 计划监督与咨询机制

按照 1972 年国会通过的《联邦顾问委员会法案》要求，科学办公室下设的六大科学计划办公室都成立了联邦顾问委员会[12]，作为科学办公室独立的监督与咨询机构，负责对影响科学办公室规划、管理与研究计划实施的科学与技术问题提出建议。联邦顾问委员会的成员由未参与相关计划科学研究的大学、国家实验室与企业代表组成，委员会成员中不能包括联邦政府官员或职员。联邦顾问委员会的成员由主管科学的副部长代表 DOE 任命，作为政府特殊雇员。

为开展工作，根据《联邦顾问委员会法案》，科学办公室主任可授权科学办公室各计划联邦顾问委员会组建由具有技术知识背景与大型研究计划管理经验的非利益相关者组成的访问者委员会（Committees of Visitors，COV），负责评估项目申请、评审、项目监管、科学计划的国内外地位等。按照要求，COV 每年召开 2 ～ 3 次会议，会议的议程、委员会成员信息、会议记录要公开，评估报告上报联邦顾问委员会，再由联邦顾问委员会上报科学办公室主任，并向社会公开，主管科学副部长在 30 天内对评估报告作出回应，并将回应报告公开。

3. 能源前沿研究中心计划

2009 年以来，科学办公室基础能源科学计划处推出了能源前沿研究中心（Energy Frontier Research Center，EFRC）计划，该计划是依据 2007 年通过的《美国竞争力法案》、2009 年奥巴马总统发布的《美国创新战略》《美国清洁能源发展战略》、2009 年《美国经济复苏与再投资法案（复苏法案）》而设立。

能源前沿研究中心计划是主要依托大学、国家实验室挂牌建立的若干小型非法人知识发现平台，实质是 DOE 以重大基础前沿研究项目形式进行定向资助，其规模比单个首席研究员或课题组大，特征为多首席研究员、跨学科，研究力量由多个科研机构相关领域研究人员跨学科自由组合形成，科研队伍规模较小（12 ～ 20 人），由科学办公室基础能源科学处全权管理，单个中心累计经费资助体量最高达千万美元，第一批五年期已投入 7.77 亿美元，资助了 46 个 EFRC，第二批资助了 32 个 EFRC（其中有 10 个首次申请获批，其余 22 个在第一批已入选，因绩效考核和未来研究方案卓越而获得延续资助），基于两年后的同行评议中期考核结果，第二批 EFRC 最多可获得为期四年、每年 200 万～ 400 万美元不等的资助。DOE 计划今后每两年开放新的 EFRC 申请。

（二）ARPA-E 的计划管理

为快速响应支持高风险、高回报的具有颠覆性创新潜力的能源技术开发，DOE 设立了直接隶属于部长的先进能源研究计划署（ARPA-E），帮助技术开发者加速跨越创新“死亡之谷”。

ARPA-E 的成立充分体现了美国能源科技计划组织实施体系的特点（图 2-9）。2005 年，美国国会委托国家科学院分析“美国在保持关键技术领域领先地位上所面临的最迫切挑战”。美国国家科学院在提交的《在风暴之上崛起：开创美国经济的光明未来》[13] 报告中，建议布什政府仿效国防部先进研究计划署（Defence Advanced Research Profects Agency，DARPA）的成功模式在 DOE 设立 ARPA-E，借此推动革命性能源技术的开发。2007 年，《美国竞争力法案》[14] 授权 DOE 创建 ARPA-E，以立法形式明确了机构使命、职责、人员权责利，使得有法可依，避免了政府换届产生的不确定性。2009 年，《美国经济复苏与再投资法案（复苏法案）》专门为 ARPA-E 拨款 4 亿美元正式开展工作。截至 2014 年 9 月，ARPA-E 已为 19 项主题领域研究计划和 2 轮开放式申请下的 375 个项目提供了超过 10 亿美元的资助[15]。

1. 资助范畴与资助模式

ARPA-E 的使命是快速支持高风险、高回报的能源技术早期开发，利用变革性方案解决三大挑战：能源独立、温室气体排放与气候变化，以及保持美国的技术领先地位。其只

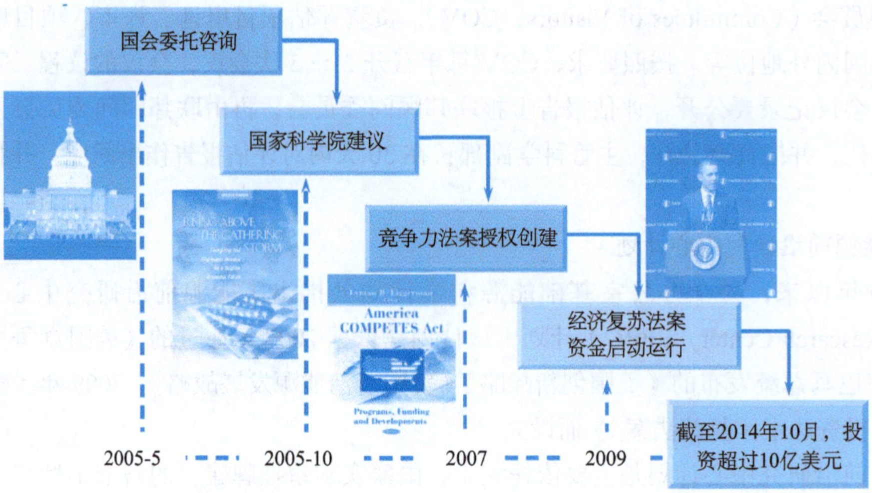

图 2-9　美国 ARPA-E 的成立过程

投资和关注那些有潜力对美国能源现状产生巨大影响的革命性能源技术，特别是帮助受资助者跨越创新价值链上的“死亡之谷”，推动其进入市场开拓阶段，带来巨大经济和社会效益（图 2-10）。简言之，ARPA-E 的投资方向为寻求高影响力、颠覆性创新项目，投资于最优创意和团队，容忍和控制高技术风险，加速科学向市场的转移，概念验证和原型开发。ARPA-E 不资助增量创新、基础研究、长期项目或大体量资助、大规模示范项目。

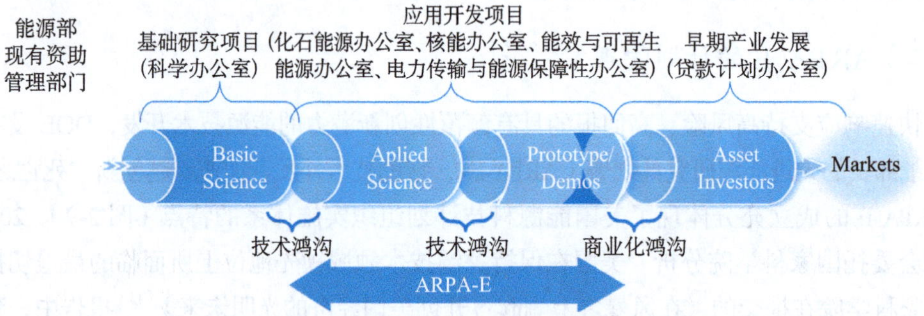

图 2-10　ARPA-E 在创新价值链上的主要布局

资料来源：ARPA-E. 2011-05-24. ARPA-E：Launching Energy Innovation in the 21st Century. http：//www.arpa-e.energy.gov/sites/default/files/documents/files Toone_Bio_Tool_Intro_Pres_10_6_11.pdf

按照九级技术成熟度（TRL）来划分，ARPA-E 资助的项目通常在“技术概念阶段”到“实验室验证阶段”之间（图 2-11），投资风险非常高，ARPA-E 就是要为这些处于前期阶段、很难找到其他投资渠道的革命性能源研究项目提供资金支持。为减轻资助这类研究的高风险，ARPA-E 采取一系列措施来确保投资的商业价值，如在制订一项新的主题研究计划时，首先考虑其潜在的市场影响，其次通过结合与市场相关的成本和性能标准对每个项目申请进行严格的评估和遴选，据统计在第一轮开放式项目申请中中标率仅有1%[16]；建立扁平化组织架构高效管理风险；开展主动项目管理等。在 ARPA-E 的支持下，项目开发的技术通常能够进展到“模拟环境验证阶段”至“实际运行环境系统原型示范阶段”之间，最终目的是推动技术快速获得私人或公共资本下一步投资以进入市场阶段。

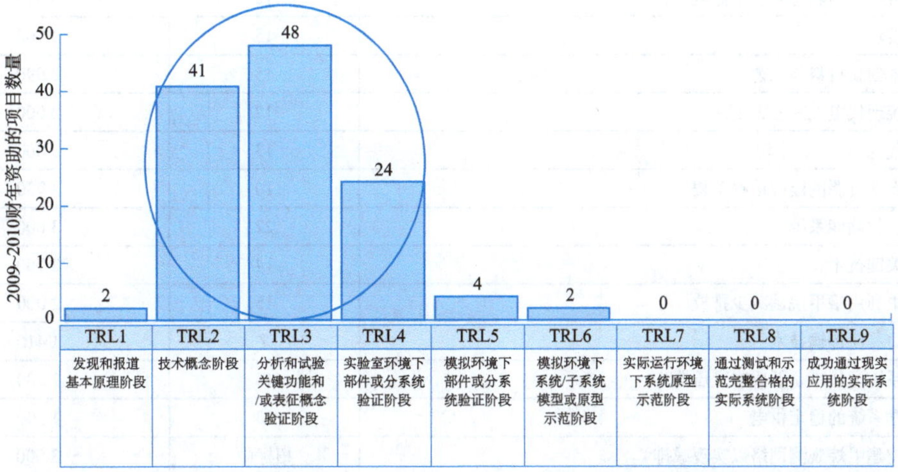

图 2-11　2009 ～ 2010 财年 ARPA-E 资助项目技术成熟度水平分布情况

资料来源：ARPA-E. 2011-06-22. FY2010 Annual Report. http：//arpa-e.energy.gov/sites/default/files/ARPA-E%20FY%202010%20Annual%20Report_1.pdf

ARPA-E 有两种资助途径：①制订领域主题研究计划，在主题计划下采用指向性的资助模式支持创新者高风险、高回报、具有颠覆性创新潜力的能源技术开发项目。②定期开展开放式申请，快速支持非共识探索和机会型探索，避免遗漏在主题研究领域之外的创新思想。一项主题计划经费总额一般在 3000 万美元左右，资助 10 ～ 15 个项目，资助周期为 1 ～ 3 年，单个项目资助额在 50 万～ 1000 万美元，平均为 200 万～ 300 万美元。截至 2014 年 10 月，ARPA-E 资助的项目集中在 24 项主题计划和两轮开放式申请下（表 2-1）。ARPA-E 资助项目的承担机构主要是企业，其次是大学、国家实验室，见图 2-12。

表 2-1　ARPA-E 资助项目概况

主题计划	项目数	资助金额 / 万美元
电力灵便传输技术	14	3 770
储能设备先进管理与保护①	14	4 400
车用储能电池	10	3 550
建筑节能创新热能设备	14	3 440
利用微生物将 CO_2 转化为液体燃料	13	4 830
全光谱优化转换与利用计划	12	3 000

① 包括7个小企业新研究资助与小企业技术转移资助（SBIR/STTR）项目，总额1300万美元。

续表

主题计划	项目数	资助金额 / 万美元
绿色电网集成	15	3 900
电网规模可扩展间歇可调度式储能	12	3 310
高能先进蓄热	15	3 760
碳捕集技术创新材料与工艺	15	3 990
轻金属系统现代电 / 热化学发展	17	2 000
车用天然气	13	3 000
旨在替代石油资源的能源植物工程	10	3 730
低成本下一代储能系统	22	3 600
稀土替代关键技术	14	2 760
交通能源中利用嗜甲烷菌减少排放	15	2 000
太阳能电力灵便传输技术	7	1 410
高效控制系统宽禁带、低成本变压器①	14	2 700
基于电化学系统的稳定供电	13	3 300
创新技术构建甲烷观测网络以实现减排	招标中	～3 000
高效局部化热管理系统	招标中	～3 000
干冷先进研究	招标中	～3 000
可再生农业交通用能源	招标中	～3 000
加速低成本等离子体加热和组装	招标中	～3 000
首批开放式申请	37	16 720
第二批开放式申请	66	13 000

资料来源：ARPA-E. FY2011-2013 Annual Report

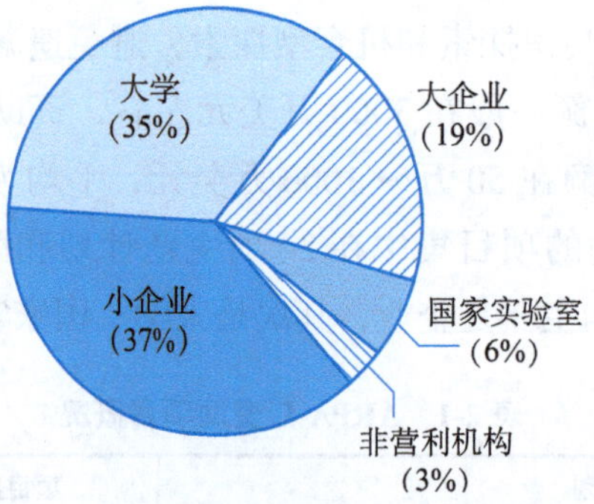

图 2-12　ARPA-E 资助项目承担机构构成（按资助金额）

资料来源：ARPA-E. 2014-09-12. The ARPA-E Funding Process. http: //arpa-e.energy.gov/sites/default/files/documents/files/The%20ARPA-E%20Funding%20Process%20（ER%20v2）.pdf

2. 机构运行管理

ARPA-E 采用非常灵活的组织和管理模式（图 2-13），其扁平化高效运营模式已经成为美国政府内部小型资助机构的典范，其管理费用只占机构总经费的 8% 左右[17]。人员组成

① 包括8个SBIR/S项目，总额1400万美元。

中政府公务员占少数，而主要聘用限定期限的专业人员开展具体项目的技术和市场转化方面的管理工作。

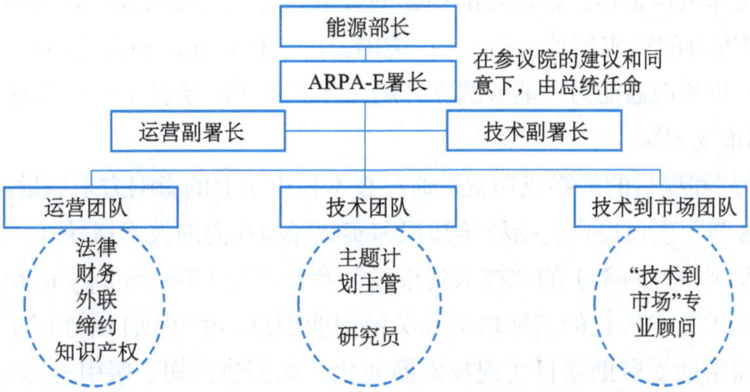

图 2-13　ARPA-E 扁平化管理架构

1）高级管理层

ARPA-E 的高级管理层包括署长和副署长。署长一职在参议院的建议和同意下，由总统任命，其直接向能源部长汇报工作，其下分别设有运营副署长（Deputy Director for Operations）和技术副署长（Deputy Director for Technology）各一名，辅助署长在机构主题计划运营和技术方面进行监管和决策。署长的职责包括[18]：批准所有新设立的主题计划；制订资助准则，并通过技术里程碑评估计划的成功与否；向获得项目资助的机构拨付经费；终止没有实现目标的主题计划。

2）技术团队

主题计划主管（Program Director）：ARPA-E 从科学、工程和商业领域招聘若干顶尖人才，担任限定期限（通常为 3 年）的主题计划主管，负责主题计划的创建、设计、实施和其中项目的具体管理，计划主管的上级就是副署长和署长，直接就主题计划的进展情况定期向 ARPA-E 署长汇报工作。目前，ARPA-E 聘有 16 名计划主管[19]。ARPA-E 招聘计划主管的资质要求包括[20]：美国公民；拥有能源相关科学与工程领域的博士学位；对 ARPA-E 适合投资的特定领域具有远见卓识；至少在能源相关行业（学术界、工业界和 / 或技术投资界）拥有 6～8 年工作经验；在项目管理和技术转移方面均具有深厚背景；丰富的技术和产业知识；至少熟悉一个或更多的特定能源技术领域，并且在能源相关问题上具有宽广、跨学科的洞察力。计划主管对各项目"亲身参与"（hands-on engagement），与项目承担者共同解决技术问题，确保项目按照预定的方向前进。为确保"亲身参与"的高效，ARPA-E 运营团队的法律、财务、缔约、知识产权等专业支撑人员，与计划主管同地协作进行及时沟通，避免项目管理陷入烦琐冗长的官僚模式。

研究员（Fellow）：ARPA-E 还聘用若干研究员，来协助机构开展独立的技术和经济分析，研究员不开展实验室研究，不直接参与决策，聘期通常为两年。目前，ARPA-E 聘有 5 名研究员[21]。研究员的职责包括：识别高影响力能源技术：开展独立的技术和经济分析以识别高影响力能源技术和机构资助空白，发表原创研究论文与综述；支撑主题计划主管工作：通过技术分析、讨论和研讨会帮助制订未来的主题计划，协助管理现有项目，包括现场考察等；支撑机构工作：评议资助招标的提案，为建立机构战略方向和愿景提供建议。ARPA-E 招聘研究员的资质要求包括[22]：美国公民；拥有能源相关科学与工程领域的博士学位；优秀的分析和沟通能力；能够独立开展工作和着手跨学科工作；具有一定领导能力。

3）技术到市场团队

ARPA-E计划和项目的最终成功就是通过技术在市场上的影响力来衡量。除了有主题计划主管“亲身参与”项目提供包括科学知识和实践经验在内的技术指导外，ARPA-E还聘用限定期限（聘期至少为两年）的“技术到市场”专业顾问（Technology to Market Advisor），负责向承担方提供技术转化的实际培训和关键商业信息，使得项目承担方能够清楚认识到市场需求，从而帮助受资助项目实现技术商业化，如创建公司、吸引外部投资等。项目承担方在获得资助之前需要提交一份技术到市场计划书，并在项目全过程中与 ARPA-E 的技术到市场顾问密切合作，制订客户策略将项目推向市场。技术到市场顾问还有一个职责是基于全球市场数据与趋势分析为计划主管建立新的主题计划提供协助。目前，ARPA-E 聘有 9 名技术到市场顾问[23]。

技术到市场顾问将结合直接项目管理和更广泛的市场开发活动，开展以下工作：向项目团队在市场战略、商业规划、知识产权、产品开发和供应链考量方面提出建议；评估客户需求，开展市场研究；开展技术经济分析报告给新的计划或资助项目；锁定公共和私人下一步投资来源；通常与主题计划主管共同进行现场考察与项目团队会面；推动和组织商业化研讨会和导师计划；在一系列利益相关方（投资者、企业、政府机构合作伙伴等）面前代表 ARPA-E；支持 ARPA-E 在规划、筹备和实施技术商业化政策与战略上起到领导作用。

ARPA-E 招聘技术到市场顾问的资质要求包括[24]：美国公民；5 ～ 25 年工作经验，包括结合技术 / 研究和商业经验，优先考虑具有新兴企业 / 创业经验；拥有 MBA 学位；优先考虑具有深厚的技术背景，包括工程、技术开发或科学研究类；在市场研究、财务分析、产品开发和 / 或供应链 / 制造业等领域经验丰富，具有卓越的分析能力；具备优秀的写作和口头表达能力，包括能够向广泛受众清晰表述技术和 / 或财务观点和概念；在能源和能源技术领域显示出有兴趣 / 专长。

ARPA-E 聘用的主题计划主管和技术到市场顾问来自学术界、产业界、国家实验室等不同背景，均是各自领域的领军人物，采用固定聘期限制以促使形成紧迫感，在严格的时间限制下完成目标和使命，同时人员定期更新也有助于保持对技术和市场发展现状的新鲜洞察力。

4）运营团队

ARPA-E 运营团队包括法律、知识产权、采购、缔约、财务、人事等运营管理人员，提供专业事务性服务，向运营副署长汇报工作[25-26]。外联人员负责协调与所有利益相关方（学术界、私营投资、政府机构、国会等）的联系，并审慎利用媒体进行宣传[27]。

3. 立项实施流程

ARPA-E 资助项目实施特点是快速高效，从主题计划启动到资助项目开始执行一般为 6～8 个月，最快为 2 个月，项目执行期为 1～3 年[28]。ARPA-E 资助项目实施的全流程如下：主题计划启动（创意、构思提出）→内部研讨→主题计划批准→编写发布项目招标公告→评审小组评议提案→申请者抗辩→项目遴选确定→合同协商和拨款→持续进展评估→项目移交进一步投资→市场开拓（图 2-14）。下文进行具体介绍。

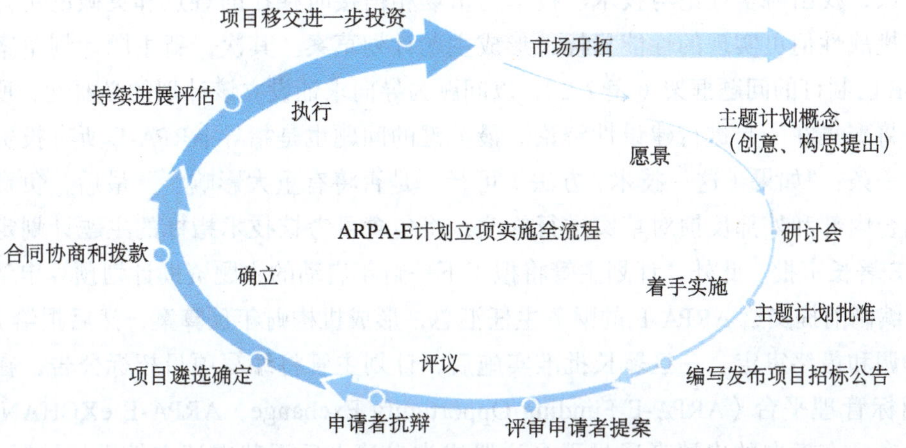

图 2-14　ARPA-E 资助项目实施全流程

资料来源：ARPA-E. 2013-10-17.ARPA-E Strategic Vision 2013. http：//arpa-e.energy.gov/sites/default/files/ARPA-E_Strategic_Vision_Report_101713_0.pdf

1）主题计划愿景形成阶段

不同于 DOE 现有的各业务局按照技术领域条块分割管理，ARPA-E 面向能源全领域开展具体的业务活动实施矩阵式组织结构（图 2-13），在应用科学与技术“横轴”和集成能源系统“纵轴”的交叉点寻找新的资助机会。应用科学与技术“横轴”从技术角度出发，着眼于那些可集成到不同能源应用系统中的平台性技术；而集成能源系统“纵轴”从应用角度出发，着眼于将这些技术集成到智能、高效和经济的各类型能源系统，具有直接的市场影响力。ARPA-E 公开招聘若干具备不同能源技术背景的主题计划主管，进行内部“技术深潜”研讨，在技术轴和应用轴的各个交叉点构思潜在的主题计划概念，一个主题计划概念可能涉及多个交叉点。这一矩阵式结构能够激发内部智慧碰撞和有益的竞争与合作，促使形成最有意义的主题资助领域，这一阶段 ARPA-E 署长建立的高级技术顾问小组（PASTA）①也将参与，以发现 DOE 现有投资的空白，并避免重复资助。根据技术和应用范围的不同，一个计划主管可能提出并负责管理一个或多个主题计划，反之，一个主题计划可能由一个或多个计划主管来负责管理。技术轴和应用轴涵盖的范围将随着 ARPA-E 招聘新的计划主管和机构运行的逐渐成熟而有所变化。现有主题计划或开放招标框架下的项目取得突破也有可能激发新

① 该小组人员由DOE相关应用能源业务局局长助理（或其指定人）以及科学局所有相关处室主任组成。

的主题计划概念产生。

2）主题计划着手实施阶段

在提出主题计划概念后，负责的计划主管首先就此召集科学、技术和商业领域顶尖专家参与的开放式技术研讨会（一般为期 1 ～ 2 天，参与人数在 40 ～ 60 人）[29]，需要对该研究领域面临的挑战和商业效益展开严格的辩论。主题计划主管通过研讨会听取业内顶尖专家对于当前新技术及其发展机会的评估，汇总科学、技术和商业领域众多专家的建议，找出科学理论与技术、技术与市场相衔接时存在的难点和突破的可能性，确定具有挑战性但可实现的性能目标，形成主题计划草案。其次，新主题计划草案需对照 ARPA-E 已制订的问题框架（表 2-2），以问题为导向求证设立该计划的必要性，所有的计划主管将聚集在一起进行建设性辩论。最关键的问题也是指导 ARPA-E 所有投资的最高准则就一条："如果（这一技术 / 方法）可行，是否将有重大影响？"最后，负责的计划主管结合内部和外部反馈对草案进行修改，将包含可考核技术指标的主题计划定案报给 ARPA-E 署长审批。此外，计划主管将拟于下一财年启动的主题资助计划预算申请在每财年预算编制前提交给 ARPA-E 的财务主任汇总，形成机构财年预算案，然后报给 ARPA-E 署长协调和最终审定。一旦署长批准实施后，计划主管将编写项目招标公告，在统一的项目招标管理平台（ARPA-E Funding Opportunity Exchange，ARPA-E eXCHANGE）上公开发布，有意向的申请者通过平台注册成为申请人后下载申请文件模板填写申请书，并在线提交。

3）项目遴选评议阶段

ARPA-E 资助项目的遴选基于下列要素（图 2-15）：对美国的经济和能源安全具有潜在重大影响，确保美国在先进能源技术研发与应用方面的领先地位；目前市场中尚不存在、但可以淘汰现有低效技术、非增量改进的突破性能源技术；尚未得到其他援助、有潜力吸引成本共担或下一步投资的早期革命性技术研发；必须由来自科学、技术和商业领域的精英组成最优研发团队，迅速推进能源技术创新。

表 2-2　ARPA-E 以问题为导向设立主题投资计划

在正式设立主题投资计划前需要求证的问题
● 主题计划要解决什么问题？这一问题是否表述清晰能够易于理解？
● 如果成功，提议的主题计划将怎样影响 ARPA-E 的一项或更多的使命：减少能源进口，提高能源效率，降低能源相关排放等？
● 主题计划的目标是什么？如何衡量目标进展？
● 该领域目前的研究开发现状是什么？相对于现状，提议的主题计划采用了何种变革性和颠覆性方法？
● 为什么现在是解决这一问题的恰当时机？
● 需要汇集哪些研究团体来建立项目团队以解决主题计划目标？

- 主题计划如何与 DOE 其他业务口、其他联邦机构以及私营部门的研发工作互为补充?
- 主题计划结束时会发生什么?计划如何移交?谁将是早期应用者?商业化的障碍是什么,如何来解决这些问题?

资料来源:ARPA-E. 2013-10-17. ARPA-E Strategic Vision 2013.http://arpa-e.energy.gov/sites/default/files/ARPA-E_Strategic_Vision_Report_101713_0.pdf

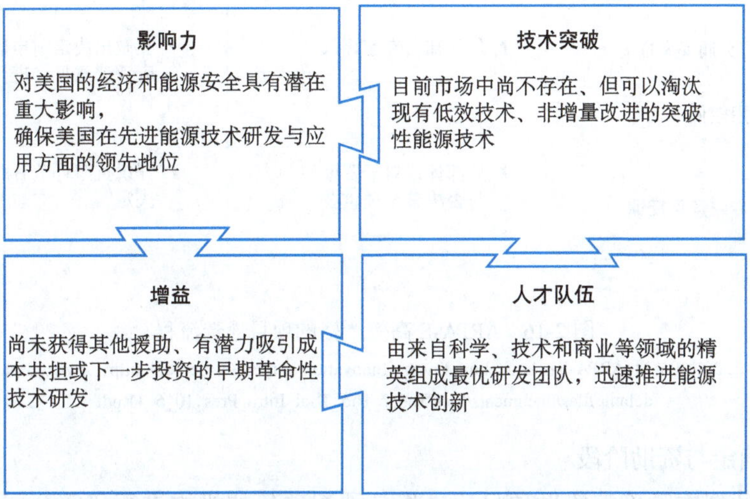

图 2-15 ARPA-E 项目遴选评议要素

资料来源:ARPA-E. 2011-05-24. ARPA-E:Launching Energy Innovation in the 21st Century. http://www.arpa-e.energy.gov/sites/default/files/documents/files/Toone_Bio_Tool_Intro_Pres_10_6_11.pdf

ARPA-E 从项目招标公告发布到确定资助项目流程耗时短、效率高,均通过 ARPA-E eXCHANGE 平台操作,平台上提供了模板文件,每个环节都规定了明确的截止日期,审查严格慎重(图 2-16)。在招标公告发布后,首先要求每个申请者在线提交 5 ~ 7 页的概要文件,多个专家根据四方面遴选评议要素(图 2-15)对项目申请书提出意见以及存在的问题;随后要求初审通过的申请者在线提交完整申请书,多个外部知名专家进行同行评议和会商提供评议结果讨论,统一通过 ARPA-E eXCHANGE 平台将评审专家的意见反馈给申请方,具体意见仅对申请方公开;此间较为独特的环节是申请者可进行抗辩,将其对同行评议结果的回应说明在线提交上来以进行进一步的专家评议,以致给出项目最终选择建议供 ARPA-E 主题计划主管做出资助决定。参与主题计划立项前期研讨的人员将被邀请作为主题计划下项目申请的评审专家。此外,个人也可通过项目招标管理平台进行注册自荐成为评审专家,ARPA-E 将从专业知识和经验方面对自荐人进行严格审核。评审专家需要签署利益冲突认证和保密协议。在项目评议期间,计划主管、评审专家禁止与项目申请方发生直接联系,项目申请方通过统一的邮箱(ARPA-E-CO@hq.doe.gov)向 ARPA-E 运营团队的缔约人员(Contracting Officer)进行项目招标流程相关问题咨询。

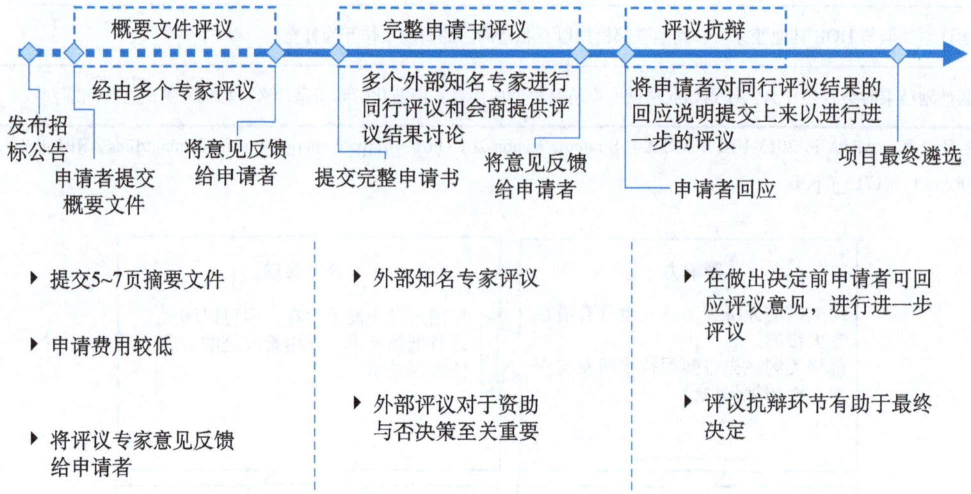

图 2-16　ARPA-E 高效严格的项目遴选流程

资料来源：ARPA-E. 2011-05-24. ARPA-E：Launching Energy Innovation in the 21st Century. http：//www.arpa-e.energy.gov/sites/default/files/documents/files/Toone_Bio_Tool_Intro_Pres_10_6_11.pdf

4）项目确定与资助阶段

ARPA-E 计划主管确定资助项目后，将与承担项目的机构进行研究合同协商，包括计划任务书细节、知识产权条款、成本共担要求、预算信息等，过程非常高效（图 2-17）。ARPA-E 的技术、缔约、知识产权、财务和法律团队将联合办公，减少官僚程序，并通过提供详细的合同协商指南文件和规范化的协议与预算材料模板简化流程。计划主管还与项目负责人协商在项目申请书中列出季度、年度和项目终期量化可考核的成本和性能目标，必要时要求项目负责人进行修改或新增。最终由计划主管将资助项目情况报给 ARPA-E 署长批准，向承担项目的机构拨款。

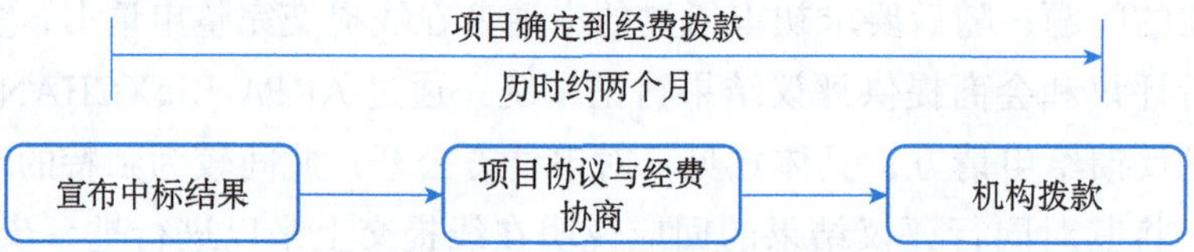

图 2-17　ARPA-E 简化的项目协议与经费协商流程

资料来源：ARPA-E. 2011-05-24. ARPA-E：Launching Energy Innovation in the 21st Century. http：//www.arpa-e.energy.gov/sites/default/files/documents/files/Toone_Bio_Tool_Intro_Pres_10_6_11.pdf

5）项目执行阶段

受资助项目承担方按照计划任务书开展研究工作，在执行期间首席研究员需定期提交详细的技术、财务预算等执行报告，将受到计划主管的持续评估，具体参见评估模式一节。DOE 监察办公室、GAO 都对项目财务情况进行独立审计。

为帮助项目承担方加速技术转移、转化，包括接受公共或私人机构进一步投资发展，成立公司实现技术市场化等，ARPA-E 在每年 2～3 月会定期召开年度能源创新峰会，邀请政产学研各界知名人士与会，进行能源相关主题演讲，研讨通过创新方法解决美国能源挑战，并重点展示部分经过严格审查的资助项目技术成果，促进形成交流与合作网络。ARPA-E 模式的成功即是通过将革命性新能源技术推向市场来体现，从实际运行效果来看已初见成效：ARPA-E 的前期投资已调动了更多的私营部门投资，截至 2014 年 2 月，有 22 个 ARPA-E 提供了总计约 9500 万美元经费的研究项目已获得了超过 6.25 亿美元的私营部门进一步投资，即每 1 美元公共投资调动了超过 6 美元私人资本投入。此外，至少 24 个项目已成立了新的公司来推进技术商业化，超过 16 个项目已与其他政府机构合作进一步发展，至少有 4 项技术已发展到初步商业化规模[30]。

（执笔：中国科学院文献情报中心　张秋菊，
中国科学院武汉文献情报中心　陈伟、李桂菊、张军）

第四节　美国农业部的科技计划管理及典型计划

农业是美国经济的重要支柱之一，为美国的出口和就业做出了巨大贡献。2010 年和 2011 年，美国农产品出口贸易顺差分别达到 340 亿美元和 370 亿美元[31]，美国每 12 个就业职位中就有一个由农业相关行业提供[32]。美国强大的农业实力得益于其悠久的农业研发历史及其对农业研发的长期支持。

一、美国农业部的科技计划管理

美国农业部（United States Department of Agriculture，USDA）是美国联邦管理机构，主要负责食品、农业、自然资源、农村发展、营养及其他相关事务[33]。USDA 根据任务领域设置了相关组织机构，在部长、副部长之下设立了七位次长（Under Secretary），分别负责“自然资源与环境”“农场和海外农业服务”“农村发展”“食品、营养和消费者服务”“食品安全”“研究、教育与经济”，以及“营销和监管”七个任务领域[34]（图 2-18）。次长之下又分别设立了若干机构，来组织实施各个任务领域的工作。其中，“研究、教育与经济”（Research，Education and Economics，REE）领域的主要任务是科技管理和研究，即通过农业研究、教育和推广活动及经济研究和统计来领导和管理农业科学知识和技术的发现、应用和传播。其工作主要由四个机构来承担，分别是国家食品和农业研究院（National Institute of Food and Agriculture，NIFA）、农业研究局（Agricultural Research Service，ARS）、经济研究局（Economic Research Service，ERS）及国家农业统计局（National Agricultural Statistics Service，NASS）[35]。

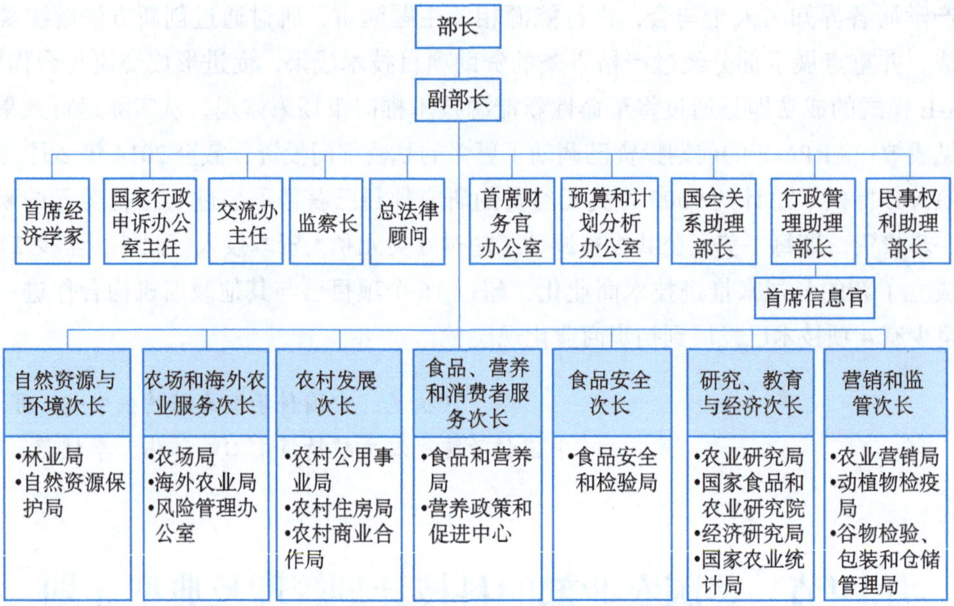

图 2-18 美国农业部的组织机构设置

NIFA 是农业部主要的对外资助机构，通过有针对性地资助研究、教育、推广等计划项目促进农业、环境、人类健康等相关知识的产出，其中一些计划项目专门支持赠地大学系统，其他的则面向全社会公开资助。ARS 是农业部下属的农业研究机构，主要承担农业部内部的研究计划，以及开展不适合竞争性资助、长期和具有高风险的项目及应急响应研究。ERS 是农业部的经济与社会科学研究机构，主要任务是分析与食品、农业、环境及农村发展相关的经济问题和政策问题，以及开展支持公共计划和决策的研究；NASS 的任务是开展农业普查，提供农业生产统计数据，及农业部门的经济和环境福利指标[36]。

除了上述四个具体执行机构外，REE 次长还负责领导首席科学家办公室（Office of the Chief Scientist，OCS）和国家农业研究、推广、教育和经济咨询委员会（National Agricultural Research，Extension，Education and Economics Advisory Board，NAREEEAB）。OCS 的主要职能是向农业部部长提供科学咨询建议，确定研究、教育和推广需求并进行优先级排序和评估等，并对整个农业部的科学研究发挥战略协调作用[37]。OCS 由 REE 次长和 OCS 主任领导，除主任外还有八名工作人员，分别负责不同领域方向的咨询建议，包括动物健康和产品、植物健康、食品安全和营养、生物能源、地球观测、经济、科学诚信政策等。OCS 还通过定期召集农业部科学理事会（USDA Science Council）会议，来促进内部机构间的科学协作[38]。科学理事会下设教育协调理事会、科学数据管理委员会和统计委员会，分别负责不同的任务分工[39]，成员包括农业部所有任务领域、机构和计划办公室的负责人或高级职员代表。

NAREEEAB 由国会通过农业法案授权成立，主要负责向农业部长和赠地学院、大学提供针对食品、农业研究、教育、推广及经济领域重点任务和政策的咨询，以促进联邦农业研究、教育和经济计划地有效执行。NAREEEAB 由 25 名成员组成，每位成员都代表特定的一类农业利益相关者，如种植业或畜牧业从业者，食品生产与加工商，林业研究人员，作物与动物研究人员，赠地大学，历史上承诺开展食品和农业研究的非赠地学院或大学，食品零售与营销商，农村经济发展团体、自然资源和消费者利益群体等。NAREEEAB 的成员由各组织、学 / 协会、理事会、联合会、团体和公司提名，由农业部长从中遴选杰出人士进行任命，每位成员的任职期限是三年[40]。

NIFA 是农业部 REE 任务领域的重要执行机构，主要负责面向农业部外的科研资助，同时负责管理多项研究计划。NIFA 由《2008 年美国农业法案》(*Food, Conservation, and Energy Act of 2008*) 授权成立，目前约有员工 350 名，内设 12 个部门 (图 2-19)[41]。

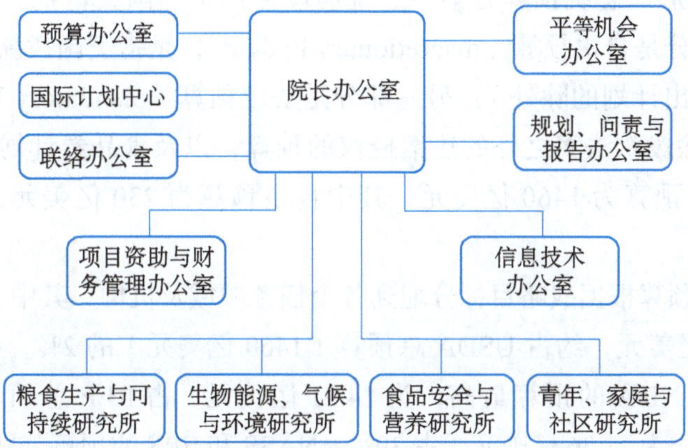

图 2-19 美国农业部国家食品和农业研究院的组织机构设置

院长办公室 (Office of Director) 负责对 NIFA 进行全面管理和领导，设有院长一名，项目副院长一名，运营副院长一名，以及办公室主任一名。院长负责监督 NIFA 的资助资金，办公室主任支撑院长的工作，并与 NIFA 领导层紧密合作，充当 NIFA 与 OCS 的联络员，协调 NIFA 内部项目间及部门间的活动等。

规划、问责和报告办公室 (Planning, Accountability and Reporting Staff, PARS) 负责制订 NIFA 的战略规划、绩效测定及评价；负责 NIFA 项目组合 (program portfolios) 的评估，每年进行一次内部评估，每五年开展一次外部评估。此外，PARS 还负责编制 NIFA 预算中的绩效部分。

项目资助与财务管理办公室 (Office of Grants and Financial Management, OGFM) 负责监督管理项目资助、合作协议及其他联邦支持经费。OGFM 下设三个部，分别是资助管理部 (Awards Management Division, AMD)、财务运营部 (Financial Operations Division, FOD) 和政策与监督部 (Policy and Oversight Division, POD)。AMD 负责开发、执行和管理合作协议和项目资助，包括审核财务数据，进行实地考察以确保资助的项目符合规定，并管理用于审计的正式资助文件。FOD 负责批准所有新项目的经费拨付，管理官方会计记录及监督财务报告。POD 负责制订法规、政策以及与联邦财政支持有关的程序，执行行政 / 财务审核，审计决议及相关活动。

国际计划中心，生物能源、气候与环境研究所，食品安全与营养研究所，粮食生产与可持续研究所，以及青年、家庭和社区研究所这五个部门负责相应领域计划项目的管理。

二、美国农业部的经费预算及配置

农业部的财政预算以每年 10 月 1 日至次年 9 月 30 日为一个财年周期[42]，编制过程大致包括以下程序：农业部根据联邦管理与预算办公室发布的预算编制指导方针，将各部门的预算提交给部长办公室→部长审定综合预算→上报 OMB →农业部与 OMB 对预算进行分析和讨论后形成总统预算方案→总统向国会提交→国会审批。农业部的预算经费包括两部分：一部分是自由预算（discretionary budget），是指美国拨款法案中提供的预算资源（资助法定支出计划的除外）；另一部分是法定预算（mandatory budget），又称“强制性预算”，是指除拨款法案之外的法案授权的预算，以及食品券计划预算两部分。2015 财年，农业部的总预算为 1460 亿美元，其中自主预算为 230 亿美元，法定预算是 1230 亿美元[43]。

农业部的经费预算根据战略目标分配到各个任务领域及机构，其中 REE 任务领域 2015 财年的预算为 29 亿美元，约占 USDA 总预算（1460 亿美元）的 2%。在具体执行 REE 任务的四个机构中，NIFA 的预算最高，为 14.91 亿美元，占 REE 总预算（29 亿美元）的 52%，其次是 ARS，为 11.36 亿美元，占 39%，NASS 和 ERS 的预算分别是 1.79 亿元（6%）和 0.83 亿元（3%）（图 2-20）。

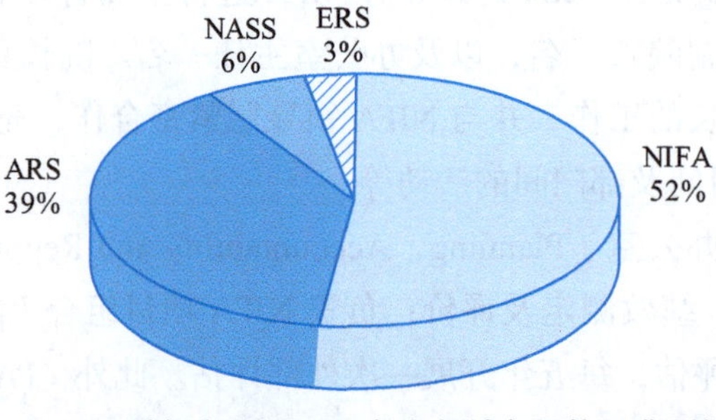

图 2-20　2015 财年农业部 REE 任务领域各机构经费预算占比

资料来源：USDA FY 2015 Budget Summary and Annual Performance Plan. http://www.obpa.usda.gov/budsum/FY15budsum.pdf

NIFA 的预算由其预算办公室（Budget Staff）和 PARS 负责编制。其中，预算办公室直接参与联邦预算过程，主要负责制订总统预算请求中 NIFA 的部分，监控国会的预算行动以及执行 NIFA 支持计划的拨款预算[44]，PARS 负责编制 NIFA 预算中的绩效部分[45]。

NIFA 每个财年的预算主要是根据其执行的计划进行配置，其 2015 财年的预算为 14.9 亿美元，约 90%（13.4 亿美元）为自主预算，10%（1.5 亿美元）为法定预算。在自主预算中，除 7.74 亿美元的各种财政补贴外，其余 5.67 亿元主要用于资助各种计划（表 2-3）。

表 2-3　2015 财年 NIFA 自主预算在部分计划的分配

资助计划	预算 / 百万美元
农业与食品研究计划	325
创新研究机构	75
害虫管理 / 作物保护活动	29
可持续农业研究、教育与推广	23
高等教育计划	34
食品与农业防御计划	7
食品安全宣传计划	3

资料来源：USDA FY 2015 Budget Summary and Annual Performance Plan. http：//www.obpa.usda.gov/budsum/FY15budsum.pdf

三、典型计划的管理分析

农业与食品研究计划（Agriculture and Food Research Initiative，AFRI）是美国农业领域首要的竞争性同行评议研究计划，由《2008 年美国农业法案》授权设立，主要面向农业部以外的研究机构进行资助。AFRI 由 NIFA 负责管理，资金来自联邦政府，根据农业法案和政府预算拨付。该计划资助范围广泛，从基础科学到农场管理和社区问题，集研究、教育和推广于一体，支持农业部的所有战略目标[46]。

（一）AFRI 的设立

AFRI 的提出和设立主要基于两个咨询小组开展的研究及提供的咨询建议，一个是农业部研究、教育和经济任务小组（USDA Research，Education，and Economics Task Force，REE 任务小组），另一个是"创建 21 世纪优秀的研究、推广和教育"（CREATE-21）项目咨询组。

REE 任务小组是农业部在国会要求下成立的，旨在分析农业和食品部门在研究、推广和教育方面的公共竞争性资助计划如何更好地服务于社会利益。该小组共有八名成员，其中三名是大学的农业研究教授，三名是大学的行政管理人员，分别是名誉校长、副教务长和农业研究部主任或副院长，一名是公司总裁，最后一名来自农业相关委员会。CREATE-21 是公共及赠地大学协会（Public and Land-grant Universities，APLU）农业大会董事会的一个项目组，同样致力于研究农业公共竞争性资助计划如何更好地服务于社会利益问题，负责向 APLU 报告。小组成员由来自赠地大学和相关大学的代表组成，旨在加强农业部与美国赠地大学及其他大学的合作伙伴关系[47]。

2004 年，REE 任务小组向农业部提交了《国家食品和农业研究院：一份建议》(*National Institute for Food and Agriculture*：*A Proposal*）的报告，建议加强农业部的竞争性资助计划，并建立新的基金来扩大竞争性基础研究，在农业部加强基于科学的文化，建立一个独立的农业科学决策机构来专门管理竞争性资助计划。与此同时，CREATE-21 也发布报告建议加强农业部的竞争性资助计划，并在 2008 年农业法案大会上公开支持 REE 任务小组的报告。

主要基于上述两份咨询报告,《2008 年美国农业法案》授权成立了 NIFA 和 AFRI。

(二)AFRI 资助类型

AFRI 目前设有两种领域计划，一是基础领域计划(foundational-area program)，该计划是研究人员驱动型计划，由 2008 年法案授权建立，法案同时还确定了六个优先领域——植物健康、生产和植物产品，动物健康、生产和动物产品，食品安全、营养与健康，可再生能源、自然资源与环境，农业系统与技术，农业经济与农村社区。

二是挑战领域计划(challenge-area program)，该计划是任务驱动型计划，2010 年设立，旨在促进跨学科研究和集成研究、教育和推广解决一些受关注的问题。挑战领域计划目前设立了气候易变性和气候变化、儿童肥胖预防、食品安全、粮食安全、可持续生物能源、水和水资源六个优先领域，这些优先领域要在系统水平上解决相关问题与挑战，并要立足于上述六个基础优先领域。

(三)AFRI 的经费预算与配置

AFRI 是 NIFA 最大的资助计划，2015 财年的经费预算为 3.25 亿美元，约占 NIFA 总预算的 21.8%，从变化趋势(图 2-21)来看，AFRI 的预算一直呈上升趋势，从 2010 年的 2.62 亿美元增加到 2015 年的 3.25 亿美元。

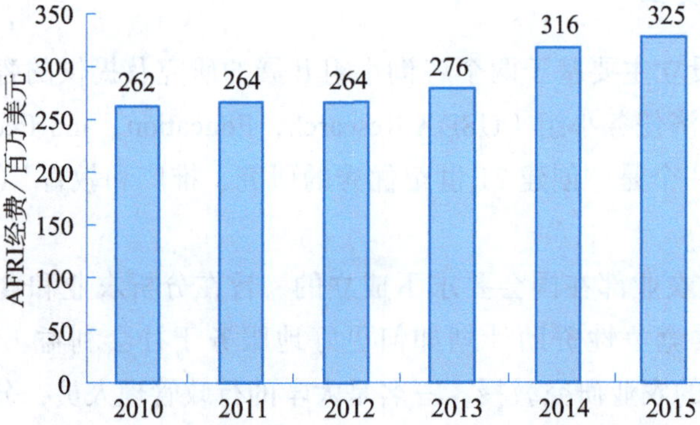

图 2-21　2010 ~ 2015 财年 AFRI 经费预算变化

资料来源：USDA FY 2015 Budget Summary and Annual Performance Plan. http://www.obpa.usda.gov/budsum/FY15budsum.pdf

AFRI 的经费按计划领域进行配置，其中用于基础研究的经费最多(图 2-22)，2015 财年约 40% 的经费用来支持基础研究，约 1.3 亿美元；用于粮食安全研究的经费为 0.4 亿美元，占 12.3%；可持续能源生产的预算为 3638.5 万美元，占 11.2%。

(四)AFRI 资助研究重点的确定

AFRI 基础领域计划资助的研究重点每年确定一次，挑战领域计划的研究重点每三年确定一次。国家项目管理人员(National Program Leader，NPL)负责执行研究重点的确定(图 2-23)。

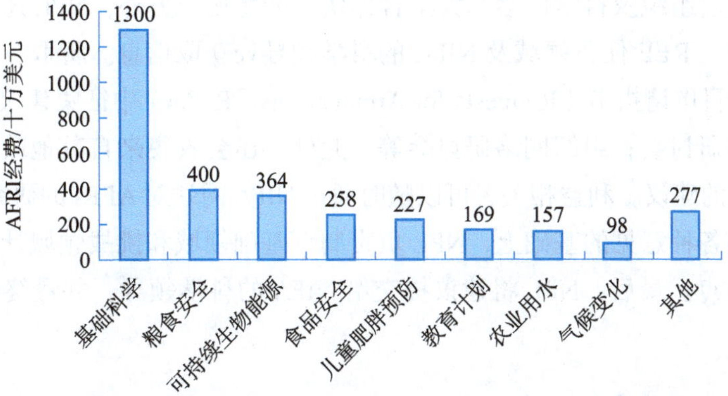

图 2-22　2015 财年 AFRI 对其各计划项目领域的资助

资料来源：NIFA FY2015 President's Budget Proposal（Brochure）. http：//www.nifa.usda.gov/about/offices/pdfs/fy2015_pres_budget_pro.pdf

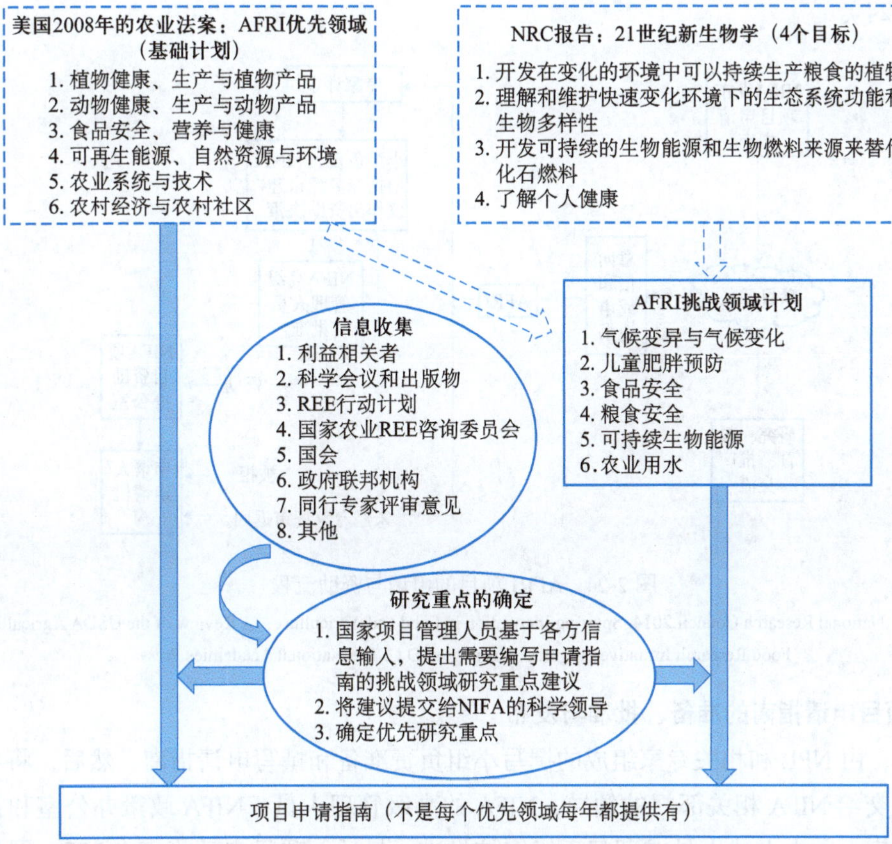

图 2-23　AFRI 挑战计划资助研究重点的确定流程

资料来源：① National Research Council.2014. Spurring Innovation in Food and Agriculture：A Review of the USDA Agriculture and Food Research Initiative Program. Washington DC：The National Academies Press.

② http://nifa.usde.gov/program/agriculture-and-food-research-initiative-afri

首先，NPL 会听取来自各方的意见，特别是来自商业界、机构间联邦工作组、美国国家科学院、非政府组织及科学协会和大学合作伙伴的意见。另外，NPL 还从国会、联邦机构、NAREEEAB、REE 任务领域及 NIFA 的科学领导处获取信息。听取各方意见的途径包括：在所有的项目申请指南（Requests for Applications，RFAs）中征集建议；召开利益相关者意见听取会或研讨会；组织网络研讨会等。此外，还会收集来自其他政府部门、私人部门等利益相关者的建议。利益相关者可以随时通过 NIFA 网站对 AFRI 的研究重点进行评议。

在考虑上述各种意见的基础上，NPL 负责制订基础领域和挑战领域计划的未来研究建议，确定资助重点。最后，NPL 将建议提交给 NIFA 的科学领导，并最终确定项目申请指南的主题。

（五）AFRI 项目的组织实施

在资助研究重点和项目申请指南主题确定后，就进入了项目的组织实施过程，具体环节包括：项目申请指南的准备、批准和发布，申请书的评审和资助决策，及资助后的管理等（图 2-24）。

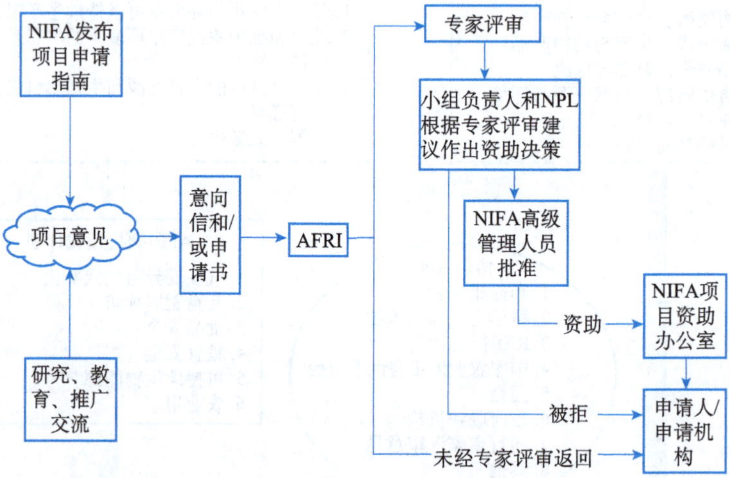

图 2-24 AFRI 项目的申请与资助流程

资料来源：National Research Council.2014. Spurring Innovation in Food and Agriculture：A Review of the USDA Agriculture and Food Research Initiative Program. Washington D C: The National Academies Press.

1. 项目申请指南的准备、批准与发布

首先，由 NPL 和相关专家组成的撰写小组负责准备和撰写申请指南。然后，将申请指南依次提交给 NIFA 相关部门的领导，NIFA 的高级管理人员，NIFA 政策办公室和首席科学家办公室，并由上述人员或部门逐级审核批准。最后，项目申请指南在 NIFA 网站和政府资助网站（www. grants.gov）上即时发布，同时还提供一个网址供相关人士提交评论。

2. 项目申请书的评审

收到项目申请书后，相应计划项目的小组负责人和 NPL 负责组织本计划领域的专家评

审。小组负责人和NPL根据申请书内容来确定和召集相关专家，组成评审专家小组，并确保专家成员在技术专长、性别、机构类型、职级及其他方面的均衡分布。评审专家小组每年都重新构建，为保持每年的连续性，AFRI通常的做法是邀请30%～50%前一年参与评审的专家，但尽量不邀请已连续参加三年以上的专家继续参与评审。评审专家的数量根据申请书的多少来确定，当申请数量较多时，一个计划及相关项目可以组织多个评审小组来评审；相反，如果申请书较少的话，一个评审小组可以评审两个或两个以上科学主题相近的计划和项目。

评审小组专家成员根据公布的评估标准进行评审，并在召开现场小组会议之前将书面评审意见提交给小组负责人和NPL，然后，小组负责人和NPL根据评审意见列出获得一致差评的申请书清单。在小组会议开始阶段，小组负责人会提出这份清单并咨询全体专家意见是否需要再讨论，若没有反对意见，将不再在小组会议上讨论这些申请书。表2-4提供了2009～2012财年AFRI申请书评审活动的相关数据。

表2-4　2009～2012财年AFRI计划申请书评审活动相关数据

财年	项目申请指南数量	项目数量	申请书数量	评审专家小组成员数量	总评审专家数量
2009	1	40	2335	29	517
2010	7	51	1571	39	551
2011	3	24	1904	21	382
2012	5	17	960	12	165

资料来源：National Research Council. 2014. Spurring Innovation in Food and Agriculture：A Review of the USDA Agriculture and Food Research Initiative Program. Washington DC: The National Academies Press

3. 资助决策

NIFA政策规定每份项目申请至少需要三份独立的专家书面评审意见，小组负责人和NPL在充分考虑评审专家建议的基础上，最终作出是否资助的决策建议。其中受资助的申请由NIFA的高级管理人员批准后，由NIFA的资助办公室负责与申请者联系等事宜。

4. 资助后管理

项目获得资助后的管理工作（post-award management）由NPL负责。根据项目类型（基础领域或挑战领域计划）、资助规模（标准或是协调农业项目）和项目的复杂程度，一位NPL可以在项目管理中发挥不同的作用。大部分NPL既负责前期申请书评审等工作，又负责资助后的项目进展管理，资助后的项目管理活动主要包括审查年度报告、实地考察、召集研究人员开会等。

此外，在资助后管理阶段，PARS的问责和报告团队负责在线接收受资助者提交的报告，并进行数据分析。该办公室的规划和评价团队会负责监测知识产权情况，管理NIFA成果数据库。项目资助和财务管理办公室的资助管理部负责审核项目每年的财务数据，进行实地考察以确保资助项目符合规定，以及管理用于审计的正式资助文件。

（六）AFRI 的评估

AFRI 计划每年进行一次投资组合（多个目标一致或涉及同一领域主题计划的综合）的内部评估，由 NIFA 的 PARS 的规划和评价团队负责，具体评估由 NPL 执行。外部评估一方面邀请国家研究理事会每五年评估一次，另一方面根据美国 OMB 要求，利用绩效评估分级工具（PART）每年进行定期评估。下文重点介绍 NRC 开展的评估。

1. 评估的组织

2012 年，NIFA 的 PARS 邀请 NRC 对 AFRI 进行独立评估。评估专家委员会由 16 名成员组成，主要来自学术和非营利机构、联邦机构或州政府、产业界及农业生产领域。专家团队在竞争性资助计划管理与审查、项目申请和评议及投资收益评估方面拥有丰富的经验。在评估中，资助者、受资助者、研究人员和研究成果用户的观点均会得到体现，最后形成的评估报告会公开出版。

2. 评估的实施

NRC 对 AFRI 的评估主要基于评估专家委员会成员的专门知识和从多种途径收集的信息，信息主要来源于相关研究文献，提出建立和实施 NIFA 和 AFRI 的相关人员、政府机构、专业协会、受资助者，NIFA 工作人员，以及网络问卷调查（面向研究人员、学术负责人和推广负责人、评论家及 AFRI 的用户和受益者等征集信息）。

3. 评估的内容

评估专家委员会并不对单个研究项目的质量进行评估，而是对 AFRI 计划进行宏观评估。评估内容包括：

（1）AFRI 的价值、相关性、质量、公平性和灵活性；

（2）NIFA 的资助机制，包括优先领域的设置流程、挑战领域资助与基础领域资助之间的平衡，能否满足 AFRI 的预期目标和成果等；

（3）项目数量、经费、时限变化与成果之间的关系；

（4）是否有迹象表明 AFRI 能够实现其既定目标；

（5）明确 AFRI 有效且高效运作的措施，包括从项目申请指南的确定、专家评审到最后资助整个过程；

（6）获得资助的人员和机构的多样性，及 NIFA 促进个人和机构多样化参与的方法。

相对农业部内部其他研究和资助计划，AFRI 在促进科学发展中的作用，及其如何与其他联邦机构（如 NSF、NIH、DOE 等）的研发计划互补。

（执笔：中国科学院文献情报中心　袁建霞、董瑜）

第五节　美国 NASA 的科技计划管理及其典型计划

空间是美国的重要战略和科研领域。经过数十年的发展和演变，美国已经形成较为完善的航天管理体制，其中美国总统和国会为最高决策层，美国国家航空航天局（National Aeronautics and Space Administration，NASA）和国防部（Department of Defense，DOD）等为计划管理层，工业界、科研机构、大学等为实施层。总统负责确定空间政策的整体方向。白宫内的国家安全委员会（National Security Council，NSC）、科技政策办公室（Office of Science and Technology Policy，OSTP）、管理和预算办公室（Office of Management and Budget，OMB），以及国家经济委员会（National Economic Council，NEC）共同为总统起草空间政策。NASA 局长可直接向总统汇报。内阁中来自相关部门——包括 DOD、国务院（Department of State，DOS）、商务部（Department of Commerce，DOC）、交通部（Department of Transportation，DOT）、内务部（Department of Interior，DOI）、国土安全部（Department of Homeland Security，DHS）、国家情报总监（Director of National Intelligence，DNI）和中央情报局（Central Intelligence Agency，CIA）——的行政长官及其代表也可以为国家空间政策提出意见。美国国会指派参议院和众议院的相关小组委员会负责民用空间事务的授权和拨款，其中参议院的科学、技术和空间小组委员会（隶属于商业、科学以及运输委员会）负责对 NASA、国家大气与海洋管理局（National Oceanic and Atmospheric Administration，NOAA）、国家科学基金会（National Science Foundation，NSF）、科技政策办公室（Office of Science and Technology Policy，OSTP）等组织的空间事务进行审批；众议院的航空航天小组委员会（隶属于科学委员会）负责对 NASA、NOAA 的相关空间事务以及商业空间活动进行审批；此外，隶属于众议院国防委员会的战略力量小组委员会负责对军用航天事务进行审批[48]。

NASA 是美国政府中主要负责民用航天计划和项目以及航空航天研究的专业管理机构。NASA 的内部组织管理体系主要包括局长办公室、咨询小组、总检察长办公室、行政人员办公室、任务部和任务保障部[49]。NASA 总部位于华盛顿，由局长领导，负责对整个机构进行全面的管理和指导；四个任务部分别负责科学、载人探索与运行、空间技术和航空研究领域的投资和管理，并组织跨领域中心和实验室的协作研究；NASA 通过领域中心和各种设施承担具体研发工作[50]。

根据 NASA 的定义，计划（program）是指由一个任务部或任务保障办公室实施的战略投资，具有明确的体系结构、技术途径、需求、资金水平以及管理体系。一项计划可以生成或指导一个或者多个项目（project）。一项计划即代表着 NASA 确定的一个至关重要的战略方向。项目则指在某一计划方案中确定的具体投资，具有明确的需求、生命周期成本以及起点与终点。一个项目会产生直接满足 NASA 战略需求的新产品或改良产品。

本部分重点分析 NASA 空间计划 / 项目的预算编制和管理机制流程，并以研究和技术（Research and Techaology，R&T）计划为例介绍 NASA 科技计划的详细管理过程，包括计划的生命周期、监管审批、管理流程和评审等。

一、NASA 的科技计划管理

根据投资领域的特点，NASA 的计划 / 项目可以分为空间飞行、研究和技术、信息技术、机构基础设施计划和项目几大类，所有的计划和项目均须符合管理程序要求及其投资领域所独有的生命周期评估[51]。

为了确保适当的监管水平，NASA 设立了两级计划管理委员会（Program Management Council，PMC）：局级计划管理委员会（Agency PMC，APMC）和任务部（或相应的任务保障办公室）计划管理委员会（Mission Directorate PMC，MDPMC）。每项局级计划和项目都有一个主管的计划管理委员会负责管理和监管。局级计划管理委员会主席由 NASA 局长助理或其委托人担任，负责根据 NASA 的承诺、优先级和政策，评估计划和具体项目的策划工作、建议批准计划和具体项目并监督其实施工作。任务部计划管理委员会主席由任务部主任或其委托人担任，负责根据 NASA 的承诺、优先级和政策，评估项目的策划工作、建议具体项目并监督其实施工作。

此外，决策负责人（Decision Authority，DA）还可以把 PMC 职权授权给中心管理委员会（Center PMC，CPMC），后者通过对在本中心实施的所有计划和项目进行评审，负责局级计划和项目的监管。

具体分工方面，局级计划管理委员会主要负责评审提议的计划，以及全生命周期成本大于 10 亿美元的飞行项目，或授权给下级管理委员会。其他项目的评审则由任务部计划管理委员会、相应的任务保障办公室计划管理委员会或中心管理委员会负责。

需要说明的是，在积极推进与 NASA 战略目标高度一致的局级计划和项目的同时，从 20 世纪 90 年代开始，NASA 开始推行由首席研究员领导（Principal-Investigation Led）的空间科学任务①管理模式，以突出科学在其中的地位。在这种竞争性任务管理模式中，任务的申请、组织和实施全部由一位可能由来自任何机构（包括国外）的首席研究员（PI）负责，允许 PI 控制组织和管理具体工作。但同时，NASA 明确提出 PI 的管理“应满足特定的明确或暗示的标准”，而且接受“NASA 的基本监督”[52]。由于 NASA 的程序要求适用于现有的和未来的所有由 NASA 负责管理或由 NASA 资助的活动，因此，NASA 的管理要求对 PI 领导的空间科学任务管理同样具有约束和指导作用。

NASA 现有的五项 PI 领导的任务所属计划均由 NASA 各中心的计划办公室负责管理监督。有时来自工业界和学术界的 PI 也会充当项目经理，在 NASA 人事部门的监管协助下开展工作。PI 领导的任务大多是成本上限封顶的小型研究任务，目前 NASA 科学和技术类计划中由 PI 领导的任务的经费约占全部计划的 25% 左右。

---

① 根据NASA的说明，任务（mission）是介于计划（program）与项目（project）之间的一个项目层次。

NASA 计划 / 项目管理程序的基础是生命周期、关键决策点（KDP）① 以及嵌入到生命周期每个阶段之中的阶段性产品。NASA 的计划和项目管理遵循四个逻辑过程：策划、批准、实施、评估。

（1）策划：对可行性、技术和概念进行评估；风险评估；团队建设；开发业务概念和采购策略；制订高级要求和成功标准；筹备对计划和项目的成功具有重要意义的方案、预算和进度安排；确认计划或项目在何种程度上支撑 NASA 的战略需求、目标和目的。

（2）批准：指在计划和项目管理层之上的责任人持续开展关键决策点的规划和绩效评估，并授权相关工作持续进行和进入下一个阶段的活动。

（3）实施：执行获得批准的规划，开发和运行计划和项目，建立控制系统以保证规划的执行效果，并与 NASA 的战略目标协调一致。

（4）评估：对计划或项目的绩效进行持续不断的独立评估，利用评估的调查结果确保规划的充分性和顺利执行。

二、NASA 的经费预算

规划、管理和实施空间计划 / 项目是 NASA 的核心任务。以 NASA 科学任务部为例，根据 NASA 2015 财年预算申请[53]，NASA 2013 财年核定支出、2014 财年批复拨款和 2015 财年预算申请中，超过 50% 的经费是按照计划和项目的形式进行经费划拨和预算编制的。

NASA 通过财务管理要求文件对 NASA 每年制订规划、设立计划、编制预算和执行预算（Planning Programming Budgeting and Execution，PPBE）的阶段和步骤进行了明确规定[54]。首席财务官办公室、计划分析和评估办公室、控制账目经理、领域中心、任务保障办公室、任务部、战略管理委员会、运营管理委员会、法律事务办公室、计划和机构整合办公室在整个流程中各司其职，局级（总部）相关部门主要负责计划和预算的建议、整合、协调、评审和批准，任务部、任务保障部、领域中心主要负责相关信息和数据的输入、审核、分析、建议、提供证词及其他支持行动（图 2-25）。

NASA 的策略是：在 NASA 层面将 PPBE 作为一种综合性的、规则有序、自上而下的方法手段来配置资源，以达成 NASA 的愿景和使命。同时，NASA 的财务管理要求明确指出，在提交总统预算之前，战略规划指导以及研究和讨论的所有与设立计划和编制预算有关的数据都将影响决策，仅限在 NASA 内部共享。

---

① 关键决策点（key decision point），指由决策负责人确定的计划已做好准备转入生命周期的下一阶段的节点。

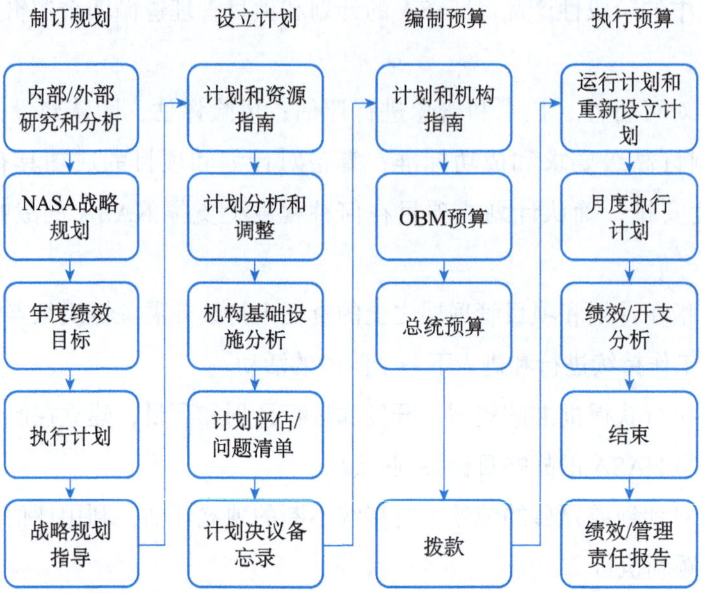

图 2-25　NASA 制订规划、设立计划、编制预算和具体实施（PPBE）的阶段和步骤

三、典型计划的管理分析

研究和技术（R&T）计划是 NASA 的局级计划中完全由 R&T 项目组成的计划。

（一）生命周期

图 2-26 展示了 R&T 计划的生命周期[55]，图中标示出了最低限的评估和节点产品。

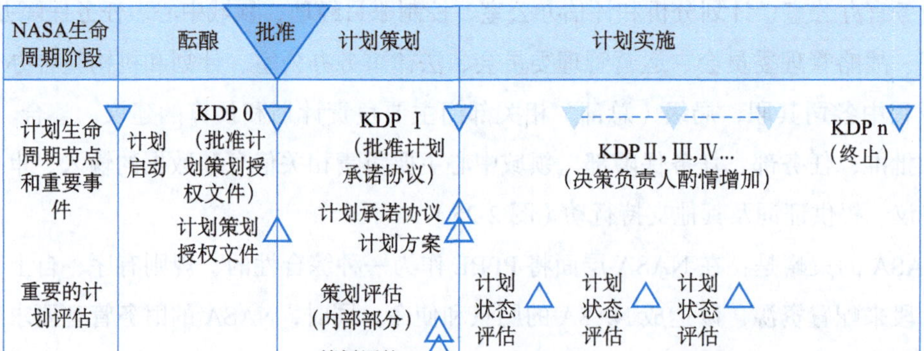

图 2-26　R&T 计划的生命周期

KDP 表示关键决策点

（二）监管与批准

对于 R&T 计划，针对每个关键决策点，负责的 PMC 和 DA 见表 2-5。

表 2-5 R&T 计划的责任人

职责	责任人 / 文件	补充说明
计划启动或 KDP 0 的批准官员	任务部主任（MDAA）［或任务保障办公室主任（MSOD）］	
计划决策负责人（DA）（KDP Ⅰ，Ⅱ，Ⅲ，…）	NASA 局长助理（AA）	R&T 计划 KDP Ⅰ是指 AA 在 R&T《计划承诺协议》（*Program Commitment Agreement*，*PCA*）上签字，同时在 R&T 计划方案上签字，批准 R&T 计划继续进入实施阶段； AA 也可以委托 MDAA 或 MSOD 负责； 在实施阶段，决策负责人可以酌情增加可选关键决策点（KDP Ⅱ，Ⅲ，Ⅳ …），也可以决定是否需要这些可选决策点
策划评估团队的遴选官员	AA	AA 可以委托 MDAA 或 MSOD 负责
独立评估团队的遴选官员	MDAA 或 MSOD	MDAA 或 MSOD 可以委托进行独立评估团队的遴选，但必须获得主管计划分析和评估办公室（PA&E）的 AA 及总工程师的批准
责任 PMC	局级 PMC	局级 PMC 可以委托任务部计划管理委员会或相应的任务保障办公室负责监管
责任文件	R&T 计划方案	R&T 计划方案需经过 MDAA 或 MSOD 批准

（三）管理过程

1. R&T 计划酝酿

（1）进入一项 R&T 计划的酝酿阶段，任务部主任（Mission Director Associate Administrator, MDAA）或任务保障办公室主任（Mission Support Office Director, MSOD）有权启动该 R&T 计划的生命周期，并负责保证启动新的 R&T 计划符合 MDAA 的愿景和使命。图 2-27 中标示出了最低限的评估和节点产品。

（2）MDAA、MSOD 或其授权代表将指派一名计划经理[①]管理酝酿阶段的顶层设计。

（3）MDAA 或 MSOD 可酌情拨款，或利用局长办公室或国会委托的专门经费，来开展与可能的 R&T 计划有关的酝酿任务。这些经费可由任务部或任务保障办公室拨付给专门的中心，在内部进行管理，或者用于资助与可能的 R&T 计划有关的外部研究。

（4）计划经理需要在酝酿阶段完成之前，对 R&T 计划进行至少深入到项目层次的定义。

（5）为了减少重复，并寻找机会扩大来自其他部委的 R&T，建议计划经理或指定人员在投资新的 R&T 领域之前进行 R&T 文献研究。

（6）形成 R&T 计划策划授权文件（Formulation Authorization Document，FAD），文件由计划经理起草。

① 计划经理（program lead）需按照与任务部主任或任务保障部签订的管理文件（合同或责任书），负责计划的策划和执行。

2. 批准启动 R&T 计划策划

（1）MDAA 或 MSOD 批准 R&T 计划策划授权文件时，即 KDP 0。MDAA 或 MSOD 负责保证 R&T 计划得以策划，并一直符合 NASA 的愿景和使命。

（2）一旦确认 R&T 计划的策划授权文件已经获得 MDAA 或 MSOD 批准，并且任务部或（Office of Safety and Mission Assurance，OSMA）已经确切地为这些计划匹配了适当的资金，首席财务官办公室（Office of the Chief Financial Officer，OCFO）就会为所有的 NASA R&T 计划分配由四个阿拉伯数字构成的标识符。

（3）通过在 MdM 数据库中增加一列新的 R&T 计划，OCFO 负责通知所有的局级组织某项 R&T 计划进入策划阶段。局级组织，如局长办公室、计划分析和评估办公室（Program Analysis and Evaluation，PA&E）、总工程师办公室（Office of the Chief Engineer，OCE）、OCFO 和安全和 OSMA，可利用 MdM 作为全部现有 NASA 计划和项目及其关键属性的汇总。

3. R&T 计划策划

（1）MDAA 和 DA 签署 R&T *PCA*（KDP Ⅰ），授权从策划向实施过渡，可被视为 R&T 计划方案的实施摘要。协议由计划经理起草。

（2）MDAA 或 MSOD 与计划经理签署 R&T 计划方案，详细说明 R&T 计划将如何管理，以及特定的 R&T 项目列表。方案与 KDP Ⅰ同时签订。由于研究和技术的不确定性，受定期评审的影响，R&T 计划经常发生重新确定基线。方案由计划经理起草。

（3）在 KDP Ⅰ之前，需要进行策划评估。策划评估包括内部和外部组成部分。内部部分是指 R&T 计划评估，以确保 R&T 计划转入 KDP Ⅰ已准备就绪。外部部分是指独立评估，由 PA&E 在遴选官员的指导下完成，或者由遴选官员指定另外一个组织进行独立评估。策划评估团队的遴选官员负责制订和批准策划评估的参考准则（Terms of Reference，ToR）。

（4）计划经理保证 R&T 计划满足环境要求，制订安全和任务保证计划、风险管理计划等。

4. 批准启动 R&T 计划实施

DA 批准 *PCA* 时，即 KDP Ⅰ。计划决策负责人负责保证 R&T 计划符合 NASA 的愿景和任务。

5. R&T 计划实施

（1）MDAA 或 MSOD 负责担任任务部计划管理委员会或任务保障办公室责任委员会主席，酌情更新 R&T *PCA*，酌情召集定期的 R&T 计划状态评估、独立评估，以及任务部计划管理委员或任务保障办公室评估，酌情监管 R&T 计划并向局级管理部门定期汇报计划状态，批准 R&T 计划策划授权文件及技术开发 R&T 组合项目方案，支持任何评估、关键决策点或独立评估，执行或委派决策负责人，决定是否需要修订或终止 R&T 计划并向 NASA 局长助理提出终止建议，支持局级计划管理委员会的活动，在 R&T 计划结束时实施 R&T 计划完成活动。

（2）计划经理负责酌情更新 R&T 计划方案，实施 R&T 计划，酌情更新所有必要的部委间和国际协议，酌情开展计划规划、计划级系统工程设计及集成以支持任务部启动项目遴选程序，支持 MDAA 进行项目遴选，批准 R&T 计划策划授权文件和技术开发 /R&T 组合项目方案，酌情规划、准备和支持 R&T 计划状态评估、独立评估并管理计划管理委员会评估，对 R&T 计划中的项目进行监管并定期汇报项目状态，评估和批准年度项目预算输入并准备提交年度 R&T 计划预算，根据项目生命周期实施 R&T 计划完成活动，支持任何评估、关键决策点或独立评估，行使决策负责人或决策负责人委派的权力。

（3）在实施阶段，计划决策负责人可以酌情增加可选关键决策点。计划经理应在 R&T *PCA* 和 R&T 计划方案中记录所有的可选关键决策点，包括确定在可选关键决策点之前的节点产品。计划决策负责人可以决定是否需要这些可选决策点。

（4）只要可能，NASA 科学和技术情报研究（Scientific and Technical Information，STI）的研究结果将在 NASA STI 系列报告中公布。

6. 批准终止 R&T 计划

计划决策负责人批准一项 R&T 计划结束时，即 KDP n。计划决策负责人应协调 MDAA 或 MSOD 与计划经理的意见。计划决策负责人终止一项 R&T 计划的决定需书面表达并记录在案。

（四）状态评估和独立评审

独立评估是 R&T 计划生命周期的一部分，将每两年至少向局级计划管理委员会汇报一次。表 2-5 中对制订独立评估参考准则的职责进行了简要说明。对独立评估流程和独立评估团队成员的描述包括两个方面：①对于策划评估团队的遴选，NASA 局长助理既可以直接负责，也可以委托 MDAA 或 MSOD 负责。如前文所述，策划评估包括内部和外部组成部分：内部部分是指 R&T 计划评估，以确保 R&T 计划转入 KDP I 已准备就绪；外部部分是指独立评估，由 PA&E 在遴选官员的指导下完成，或者由遴选官员指定另外一个组织进行独立评估。策划评估团队的遴选官员负责制订和批准策划评估的参考准则。②对于独立评估团队的遴选，MDAA 或 MSOD 既可以直接负责，也可以委托进行，但必须获得主管 PA&E 的 NASA 局长助理及总工程师的批准。

独立评估团队成员将通过以下两种方式之一遴选：①如表 2-5 说明所示，②外部独立评估组织，如国家研究理事会。无论采取哪种方式，主管 PA&E 的 NASA 局长助理都将保证独立评估流程和团队成员的独立和客观，并共同签署参考准则。此外，如果 R&T 计划中包括大型的（大于 2.5 亿美元）、全面集成的技术开发系统，总工程师还将共同签署参考准则。

参考准则应在实施独立评估之前提供给计划经理。

NASA 局长助理、MDAA、MSOD 也可以在 R&T 计划生命周期的任何时间批准专门独立评估。每个专门独立评估可以执行一个参考准则。参考准则应由批准专门独立评估的负责人经与 MDAA 或 MSOD 协商（或委托）制订。

R&T 计划状态评估定期进行，并记录在 R&T 计划方案中。这些评估也可由 NASA 局长助理、MDAA 或 MSOD 随时召集，以确定是否需要修订或终止 R&T 计划。

（五）跨机构协议

在 NASA 的程序要求中，还对 R&T 计划中有关跨机构合作研究的管理做出几点说明。

（1）在 R&T 计划方案的“其他计划和组织的关系”方案中，在外部关系部分，需要明确计划与 NASA 以外的实体之间（如部委间或国际间）的关系，并列出计划成功所必需的外部协议及预计的批准时间。这个列表可以作为一个单独的文件保存，供计划方案参考，并可独立于计划方案进行更新。

根据目前的调研结果看，上述协议的主要形式是针对具体计划签订的机构间谅解备忘录 / 协议备忘录。

（2）在 R&T 计划方案的“合作和商业化”子方案中，需要识别与私营企业、学术界及其他政府组织之间建立伙伴关系的机会，开发互惠互利型双赢技术，并将结果转化用于 NASA 的任务，如果可行的话还要用于私营部门的商业用途。

（3）在跨计划研究①方案中，需要确定公开竞争、内部竞争和定向投资的程序。在项目层面，由项目经理②参照 NASA 研究公告（NASA Research Announcement，NRA）或合作协议通知（Cooperative Agreement Notice，CAN）申请指南，以及任务部或任务保障部的 NASA 研究公告合订本等标准 R&T 程序文件，确定项目提议的征集、评估和遴选（包括确定遴选官员）程序，发布征集公告，按相关要求制订评估标准。

具体操作层面上，2006 年及之后发布的所有的 NASA 研究公告和合作协议通知都会在 NASA 征集和提议综合评估和评审系统（NASA Solication and Proposal Integrated Review and Evaluation System，NSPIRES）中公示，跨机构研究和竞争性研究的机会公告也包括在内，研究人员可根据公告要求准备和提交提议，由受理 NASA 研究公告的计划官员负责组织有关提议的同行评议和项目遴选[56]。

（执笔：中国科学院文献情报中心　杨帆）

第六节　美国 NIH 的科技计划管理及典型计划

美国国立卫生研究院（National Institutes of Health，NIH）隶属于卫生与人类服务部（Department of Health and Human Services，HHS），是全球最大的卫生研究资助与管理机构，拥有 27 个研究所和研究中心（Institutes and Centers，IC），是美国仅次于国防部的研究与发

---

① 跨计划研究（cross-program research）指来自NASA任务部或任务保障部的不同计划的研究和技术项目组合，需进行集体管理。

② 项目经理（project lead）需按照与计划经理签订的管理文件（合同或责任书），负责项目的策划和执行。

展经费管理者，其研究（不包括发展）经费数额在联邦各部门中名列第一。NIH在科技计划及预算制订、计划运作、经费管理和绩效评估等方面形成了比较成熟的经验和做法，并有效开展了一系列跨IC及跨联邦部门资助的科技计划，值得我国有关科技管理和决策部门借鉴。

一、NIH的科技计划及预算制订

在NIH全部27个IC中，除临床医学中心（是NIH总部的一个医院－实验室联合临床研究中心）、科学评审中心（负责申请项目的受理和学术评审工作）和信息技术中心（负责NIH的信息管理和协调工作）外，其余24个IC均直接从国会获得拨款（不通过NIH分配），它们可在各自领域自主决定优先资助对象，制订研究计划与预算方案。院长办公室（OD）每年也从国会获得一定拨款，主要支持跨IC的研究领域和活动。NIH年度预算为24个IC与OD预算总和。

NIH制订年度预算和计划是一个多方参与的过程。由于NIH是由各IC负责提出本所的预算和计划，并直接从国会获得预算拨款，因此各IC所长在预算和计划制订过程中起关键性作用。所长们长年同国会会员、职员会面，并在年度预算听证会上正式讨论过去一年里各IC的研究进展，描述下一年的计划，在评估当前科研机遇和公共卫生需求的基础上，提出各IC的预算、计划和优先领域。国会为响应选民，也会偶尔确定一些研究领域，要求NIH更多关注。公众则通过政府主管部门、国会以及病人支持者团体影响各IC的决策。

HHS和NIH的相关战略规划、战略目标和绩效目标是各IC制订预算和计划的基础和依据。根据*GPRA*的规定，凡内阁级别的部门或独立机构均须提交五年战略规划。NIH隶属于HHS，因此不用单独提交五年战略规划，但仍需要向国会和白宫提交年度绩效规划和绩效评估报告，以作为对自身工作的总结，同时作为支持本机构预算的论据和对HHS的政府绩效目标的进展汇报。从2013财年起，基于简化NIH的绩效报告程序考虑，HHS不再要求NIH提交专门的年度绩效规划和绩效评估报告，相关绩效信息一并包含在NIH提交的年度预算申请中。

HHS的五年战略规划[57]中与NIH关联的部分主要包括HHS的战略目标2“推进科学知识与创新”，战略目标4“增加HHS计划的效率、透明性和问责”，以及战略目标5“增强美国的卫生与人类服务基础设施与劳动力”。其中，战略目标2由“加速科学发现过程，改善病患护理”“促进HHS的创新，以提供解决方案”“投资监管科学，改善食品与药品安全”，以及“增进我们对改善公共卫生与人类服务实践何者有效的了解”四个子目标组成，其第一个子目标“加速科学发现过程，改善病患护理”特别针对NIH。

在HHS战略规划框架指导下，NIH为各IC的科技计划制订确立了具体、可考核和可报告的绩效目标标准，主要包括：①目标具有代表性，这些目标汇总起来应能代表和覆盖NIH总体资助框架和范围；②目标是客观的；③目标是能够报告的；④目标不是很明显就可以达到的；⑤目标领域要十分具体（如某种疾病或特定问题）；⑥目标有意义，即它们对于科研共同体以及公众来说都是可信的，对 NIH 及使命也有重要意义。[58]

二、NIH 的科技计划管理

（一）NIH 科技计划类别和院所两级组织管理体系

NIH 同时支持院内和院外研究，这也是以各 IC 为单位进行的。目前，NIH 超过 80% 的资金用于院外研究计划（extramural research program），由各 IC 通过以同行评议为手段的竞争性资助体系对院外 2500 多家大学、医学院和其他研究机构发放，主要有基金（grants）、合作协议（cooperative agreements）和合同（contracts）三种形式。约 10% ～ 11% 的资金用于院内研究计划（intramural research program），相对长期、稳定地支持各 IC 下属研究中心和实验室的科研活动。[59]

在计划组织管理方面，在院层面，NIH 的 OD 负责协调 27 个 IC 的研究计划和各项活动。OD 下辖多个下属办公室，其中最重要的有计划办公室、院外研究办公室以及，院内研究办公室。院外研究办公室负责所有与 NIH 院外研究管理有关的政策制订、组织实施、监督检查及沟通协调等业务，其业务范围涉及项目管理、基金管理、项目评审、设施管理、成本核算、财务管理、数据共享等诸多领域。院内研究办公室主要负责监管、协调院内中心和实验室开展的研究、培训与技术转移活动。计划办公室主要负责跨 IC 研究计划的规划、资助及特殊研究领域的启动等。

各 IC 也都在所长办公室下设有院外研究办公室（或院外研究部）和院内研究办公室（或院内研究部），分别负责本所院外研究计划和院内研究计划的管理工作。

NIH 及各 IC 院外研究办公室都设有基金管理官员（Grants Management Officer，GMO）和基金管理专员（Grants Management Specialist，GMS）。GMO 负责与外部基金管理有关的业务，包括：评估有关申请是否符合相关规定；为申请人和项目负责人提供资讯帮助解释基金管理相关政策等；决定哪类项目应该获得优先批准，对资助的周期、金额等相关情况进行调整。GMS 协助 GMO 开展工作，代表 GMO 负责与具体项目有关的日常管理工作。[60]

各 IC 通过咨询委员会机制为基金外部评审和 IC 内部评价与管理提供决策咨询。根据美国《公共健康服务法案》的要求，各 IC 分别成立了国家咨询委员会（National Advisory Board/Council），由各 IC 所长任主席，成员由 12 名以上的院外科学家和公众代表组成（二者比例一般为 2 ∶ 1），主要负责基金外部评审工作（第二级评审）和对院外研究计划进行评估，同时也对各 IC 内部研究活动提供建议。

各 IC 还设有科学顾问委员会（Board of Scientific Councils，BSC），主要负责 IC 内部科研方向、组织结构调整、实验室评价等相关重大事务评价与决策咨询以及审议、批准 IC 的自由裁量项目（指各 IC 可按规定程序，在参考评审成绩的基础上，在一定比例范围内对某些研究申请给予定向资助）。

（二）院外研究计划项目评审、执行与绩效评估

NIH 院外研究计划各类资助项目（包括基金、合作协议和合同项目）的资助申请均由 NIH 学术评审中心（Center for Scientific Review，CSR）受理。

NIH 对申请项目实行两级评审制度。第一级评审为学术性评审，由院层面组织，由学术评审组（Scientific Review Group，SRG）承担，负责对项目的学术价值做出评判。学术评审组由院外科学家组成，成员由 NIH 主任或主任授权的副主任任命，任期四年，可以再任，但中间至少需间隔一年。第二级评审主要从资助机构的使命、国家政策和公众健康需求等视角对资助申请提出意见和资助建议，评审机构是各 IC 成立的国家咨询委员会。评审结束后，各 IC 会进一步讨论两级评审的推荐意见，最后由 IC 主任做出最后的资助决定。

研究项目一旦确定，将严格按照批准预算执行。通常要求项目金额和花费类型与批准预算一致。对于与批准预算要求不一致的，NIH 会提出质疑或限制其花费。当项目执行人需要对项目预算进行调整或作出其他改变时，NIH 要求他们事先向 NIH 基金管理官员咨询。

在资助形式是合作协议或合同的情况下，通常项目首席执行人（prime grantee）有权批准做出这种调整，然而，首席执行人不能批准任何与 NIH 资助目的和条款、条件不符合的行动或花费。此外，如果项目合作参与者的行动将导致资助项目或预算总的变化，首席执行人需首先取得 NIH 同意[61]。

除了项目执行人主动提出预算调整的情况，还有一种被动调整。NIH 基金管理专员会通过审读项目花费报告即时评估项目花费。当项目预算花费过快或过慢时，NIH 认为这会导致执行人在既定预算和执行周期内难以很好地完成项目。在这种情况下，基金管理专员会进行进一步调查，从受资助者那里了解更多信息，然后采取必要和适宜的行动。

所有必须获得 NIH 事先批准的预算调整请求都必须至少提前 30 天以书面形式（包括通过电子邮件形式）向基金管理官员提交。[61]

对 NIH 研究计划成果的绩效评估由独立的 *GPRA* 评估小组承担，由资助研究计划的各 IC 负责提供评估素材，评估以定性描述为主，评估内容主要包括以下五个方面：①在关于正常与非正常的生物功能和行为的知识增长方面的贡献；②为医学研究与医疗实践开发的新仪器和技术，或对已有的仪器和技术进行的改进；③在预防疾病和残疾的发作或延缓其发展方面发现的新方法或对已有方法进行的改进；④在疾病和残疾的诊断方面发现的新方法或对已有方法的改进；⑤在治疗疾病和残疾方面发现的新方法或对已有方法的改进。这些描述性的、内容较为详细的报告，可让公众更清楚地看到，NIH 资助的研究成果在提高人们生活质量、改善健康和医疗水平方面做出的贡献。[62]

（三）院内研究计划的执行与评估

对 NIH 院内研究的支持主要通过确定研究方向和选人来实现，通过对首席研究员（Principal Investigator，PI）的遴选和提供相对长期的经费和资源，构建稳定的支持环境，让他们免于费时且不确定的基金申请。通过从终身途研究员（tenure-track investigators）到

终身研究员（tenure investigators）的制度，鼓励优秀研究人员长期进行重要的、高度创新的研究。

NIH 院内研究采用课题组（实验室）主管（chief）制度，又称 PI 负责制。一个实验室只有一个 PI，其他人员都由 PI 独立招聘，包括技术员和博士后。PI 采用公开招聘制获得，并定期接受专家审查团的评估，一般四年评一次。每个实验室主管要写一份厚厚的报告，总结过去四年的成绩，提出今后四年的工作计划。报告送交专家审查团审查，然后专家审查团对该实验室进行为期两天的访问，实验室主管要对专家们提出的任何问题进行口头答辩，最后由专家审查团写出书面评审报告，并返回被评实验室。评议结果分五个等级，并根据不同等级分别提出建议：增加支持；继续维持；削减资源；两年后复议；最后一等为撤销实验室，该实验室 PI 必须离开 NIH。研究所所长会根据评审报告的建议来决定该实验室今后四年的经费预算、人员配置和其他资源的调配。

三、NIH 跨 IC 的科技计划及比较

NIH 通常以 IC 为资助单元，27 个 IC 各自负责本领域的研究资助工作。但当研究领域与计划超出某一个 IC 的业务范围时，NIH 会组织实施跨 IC 乃至跨联邦部门（与 NIH 以外的其他联邦机构联合资助）的研究计划。跨 IC 的计划不是单独给预算的，而是来自各 IC 的预算和院长掌握的基金。以下将选取三个典型案例加以介绍，介绍的侧重点各有不同。

（一）“NIH 卫生研究路线图”计划

“NIH 卫生研究路线图”（The National Institutes of Health Roadmap for Medical Research）[63] 实际上是 NIH 通向生命科学未来的“中长期发展规划”。该计划重在考虑由一个 IC 无法单独完成的工作，需要联合大家的力量，以达到在医学研究的发展中产生最深远的影响。

“NIH 卫生研究路线图”的资金只占 NIH 各年度预算的一小部分比例，其中一部分资金由 NIH“院长自由资助基金”（Director’s Discretionary Fund，DDF）提供，其余由各 IC 提供。

“NIH 卫生研究路线图”确定研究计划的要点有以下几点。

1. 科学挑战分析

重点了解当前科学所面临的挑战，以做到有的放矢：这一进程的障碍是什么？怎样才能克服障碍？什么任务是任何一个单独的 IC 都不能够完成，而只能由 NIH 整体来实现的？

2. 计划可行性分析

主要考察以下几个衡量标准，以增加计划成功的可能性：这一计划是否真的可以实现？它能否大大改变生物医学研究在未来 10 年的方式和内容？这一计划的结果能否被大多数 IC 所用，并增进其工作？如果不执行这一计划，NIH 能否承受？这一计划能否引起投资方，尤其是公众的兴趣？ NIH 是否是计划唯一可能执行机构，即其他实体不会或不能做？

（二）跨学科研究联盟计划

"跨学科研究联盟"计划由"NIH 卫生研究路线图"计划[64]提供资金，可以视为路线图计划下的一个子计划。"跨学科研究联盟"计划代表了 NIH 管理的一种新模式，即以一种真正全局化（trans-NIH）的方式来管理 NIH 的跨学科研究工作，其核心目标是转变目前从事生物医学和行为研究的方式，鼓励和促进学术研究文化的变革。该计划重在通过以下战略克服跨学科研究障碍：①消除机构内部部门障碍；②承认项目的团队领导机制；③营造跨学科培养人才的环境；④最重要的是，改变 NIH 的跨学科研究管理方法。

每个跨学科研究联盟均由众多研究项目组成，拥有多个 PI，其核心研究支持设施、培训、职业生涯发展和教育等组分可在不同的 IC 之间进行分配和接受管理，而 NIH 国家研究资源中心和组合分析与战略计划办公室负责监管计划的运行。这种管理方法使得在整个计划执行过程中 NIH 真正被当作一个整体来看待，而不是 27 个 IC 的简单集合。每个跨学科研究联盟都设立一个总研究首席（overall principal investigator）职位，并由总研究首席负责协调该联盟有关活动。

（三）BRAIN 计划

"通过推动创新型神经技术开展大脑研究"（BRAIN）[65]计划是一项由 NIH、美国国防部高级研究计划局（DAPRA）和 NSF 共同资助的跨学科计划，主要目标是提升人们对神经系统科学的认知，并为伦理、法律和社会等问题提供可能的认知突破。

BRAIN 计划将重点强化相关工具的开发与应用，以获得关于神经系统功能的基础性认识。该计划的科学目标即优先领域包括：大脑回路结构与组分绘图；神经元动力学；大脑回路活动操控；大脑行为；对于认识大脑至关重要的理论、建模与统计学；人类神经科学与神经技术；教育；等等。

BRAIN 计划未来十年发展路线图是，头五年（2016～2020 财年）主要聚焦于技术开发，后五年（2021～2025 财年）转向技术集成以催生脑研究领域的原始新发现。未来十年里将向脑研究总共投入 45 亿美元资金，其中 2016～2020 财年每年提供 4 亿美元，2021～2025 财年每年提供 5 亿美元。

（四）计划比较

计划比较如表 2-6 所示。

表 2-6　NIH 若干跨 IC 研发计划比较

计划名称	"NIH 卫生研究路线图"计划	"跨学科研究联盟"计划	BRAIN 计划
计划性质	NIH 多年度战略规划，涉及医学研究、临床转化和人才培养	跨学科管理新的组织形式探索	跨部门实施的前沿研究计划

续表

计划名称	“NIH卫生研究路线图”计划	“跨学科研究联盟”计划	BRAIN计划
计划设立背景	随着人类基因组计划的完成和后基因组时代的到来，生命科学走到了一个新的十字路口，NIH面临新的抉择。NIH必须回答：什么是当前最紧迫的挑战？前进道路上的障碍是什么以及如何去克服？NIH应该采取什么样的努力	科学家们各自从其自身学科为出发点去解决问题，不能整合了基础研究、临床研究、行为生物学和社会科学等多种学科的要素，需要一种新的资助形式以便所有科学家都能以一种新的方式去寻求问题的答案	为了推进其他领域的发展，特别是重点强化相关工具的开发与应用，以获得关于神经系统功能的基础性认识
计划目标	构造适应生命科学和临床研究发展的创新体系，组建从事未来生物医学的新型研究队伍，发展适用于复杂生命系统研究和定量化分析的新技术和新方法，系统提升21世纪美国的生命科学和临床研究能力	转变从事生物医学和行为研究的方式，鼓励和促进学术研究文化的变革。通过以下战略克服跨学科研究障碍：消除机构内部部门障碍；承认项目的团队领导机制；跨学科培养人才（学生）；改变NIH跨学科研究管理方法	开展脑科学前沿研究，提升人们对神经系统科学的认知，并为伦理、法律和社会等问题提供可能的认知突破
计划特点	优化NIH的全部研究资源，建立效率更高、产出量更大的医学研究系统	强调NIH的整体性，打破研究所界限	跨机构、跨国合作
计划资助	一部分资金由NIH“院长自由资助基金”提供，其余由NIH各研究所提供	由“NIH卫生研究路线图”计划资助	由NIH、国防部高级研究计划局和NSF共同资助
计划管理	由NIH管理	NIH国家研究资源中心和组合分析与战略计划办公室负责监管计划的运行	由NIH、NSF和DOD分别管理
计划评估	研究计划成果的外部评估由独立的*GPRA*评估工作小组承担，NIH组合分析与战略计划办公室下设评估处负责NIH内部科研评价工作，NIH各下属研究所和研究中心提供关于本部门研究进展和新发现的评估素材		对研究计划成果的外部评估由独立的*GPRA*评估工作小组承担，各部门承担所负责的研究的内部评估
资助对象	研究团队与研究个人	跨学科研究团队	研究团队与研究个人
研究领域	主要是研究和理解复杂生命系统	神经精神医学表型学；老年科学跨学科研究；神经治疗；肥胖研究；基于系统的器官设计与工程；基因组工程；基于基因组的药物发现；压力、自控与成瘾跨学科研究；癌症妇女生育力保存	大脑回路结构与组分绘图；神经元动力学；大脑回路活动操控；大脑行为；对于认识大脑至关重要的理论、建模与统计学；人类神经科学与神经技术；教育；等等

（执笔：中国科学院文献情报中心　汪凌勇）

第七节　美国NIST的科技计划管理及典型计划

美国国家标准与技术研究院（National Institute of Standards and Technology，NIST）直属美国商务部，其前身国家标准局成立于1901年，其使命是通过测量科学、标准与技术进步，提高美国经济安全并改善生活质量，从而促进美国创新与产业竞争力。其核心竞争力是测量科学研究及标准的开发与利用。

20世纪90年代美国制造业面临与日本等国家的激烈国际竞争，市场份额下降，为促进美国制造业竞争力，国会1988年通过了《综合贸易与竞争法》，法案规定将国家标准局更名为国家标准与技术研究院，国家标准与技术研究院除自身开展科学技术研究服务外，还面向企业设立了先进技术计划（Advanced Technology Program，ATP）与制造业扩展伙伴计划（Manufacturing Extension Partnership，MEP）。2007 年，美国国会通过了《美国竞争力法案》法案，法案提出将 ATP 计划改为技术创新计划（Technology Innovation Program，TIP）[66]。2011 年，美国国会通过了《2012 年巩固和进一步继续拨款法案》，根据该法案 TIP 计划在 2012 年 9 月自动终止[67]。

一、NIST 的计划体系与管理机制

NIST 的计划体系包括由 NIST 下属六个实验室（研究中心）完成的内部计划与主要面向中小企业的竞争性外部计划（如 ATP、TIP 与 MEP），此外还包括按照 1982 年国会通过的《小企业创新发展法》要求研发预算超过 1 亿美元的所有联邦机构都设立的中小企业创新研究计划（Small Business Innovation Research，SBIR）与中小企业技术转移计划（Small Business Technology Transfer，SBTT），NIST 主任在向总统提交的预算申请中分列内部计划与外部计划，内部计划由 NIST 负责实验室科学计划的副院长办公室负责管理、外部计划由 NIST 负责创新与企业服务的副院长办公室负责管理。负责创新与企业服务的副院长办公室下设负责先进制造、经济分析、技术创新与技术伙伴关系主管，NIST 通过外部计划，一方面支持企业和大学在国家需要的重点领域开展高风险、高回报的技术研究，另一方面面向产业界推广技术和测量标准，提升美国制造企业、服务公司、医疗卫生提供方、非营利性组织等卓越的质量体系（图 2-27）。

二、NIST 的经费预算及配置

NIST 主任在向总统提交的预算申请中分列内部计划与外部计划，内部计划主要支持六个实验室（研究中心）开展核心研究与设施建设；外部计划主要用于支持企业技术服务。从经费额度看，NIST 内部计划约占其总预算的 80%，而外部计划仅占约 20%（表 2-7）。

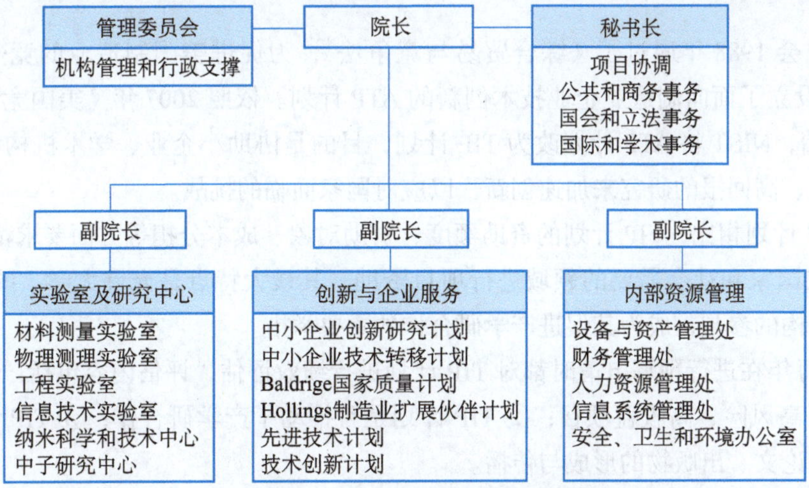

图 2-27　NIST 的计划体系与管理机制结构图

表 2-7 2006～2013 财年 NIST 主要计划预算情况（单位：亿美元）

资助对象	计划名称	2006 财年	2007 财年	2008 财年	2009 财年	2010 财年	2011 财年	2012 财年	2013 财年
内部	核心研究与设施建设	5.68	4.93	6.01	6.44	6.62	5.77	6.22	7.08
外部	制造业扩展伙伴计划	1.05	1.05	0.90	1.10	1.25	1.30	1.28	1.28
	先进技术计划	0.79	0.79						
	技术创新计划			0.65	0.65	0.70	0.80		

三、NIST 的计划监督与咨询机制

按照 1972 年国会通过的《联邦顾问委员会法案》要求，由先进技术观察委员会（Visiting Committee on Advanced Technology，VCAT）负责 NIST 外部计划的监督与咨询工作，国家研究理事会（NRC）负责 NIST 实验室计划的监督与咨询工作[68]。

先进技术观察委员会成员不能为联邦政府官员或雇员，最多由来自产业界与学术界的 15 人组成，其中来自产业界的人数最多为 10 人、来自学术界的最多为 5 人，委员一届任期三年，最长任两届。

四、NIST 典型计划的管理分析

NIST 先后通过 ATP 计划、TIP 计划与 Hollings 制造业扩展伙伴计划（MEP）计划主要外部计划促进与企业、研究机构建立伙伴协调机制。NIST 通过创业与产业服务办公室专门负责管理外部计划，首先在机构网站与联邦资助平台 Grants.gov 上发布面向企业的相关资助计划联邦资助公告（FAO），再组织非利益相关的外部评审专家通过竞争择优的方式遴选出所资助的项目，项目日常的运行监管由创业与企业服务办公室相关计划主管负责。

（一）先进技术计划与技术创新计划

依照国会 1988 年通过了《综合贸易与竞争法》，为促进美国制造业的竞争力，NIST 在 1988 年设立了面向制造业企业技术创新的 ATP 计划。依照 2007 年《美国竞争力法案》，2008 年开始，NIST 将 ATP 计划改为 TIP 计划，目的是协助小企业、学术机构和财团通过开展高风险、高回报的研究来加速创新，以应对国家面临的挑战。

与 ATP 计划相比，TIP 计划的资助额度、资助对象、成本分担等方面要求都有所不同，更加强调在国家和社会需要的领域进行项目资助，其最大特点是允许大学、国家实验室、非营利性机构的参与，成为其促进产学研合作的重要举措。

NIST 每年在进行预算申请时都对 TIP 计划进行绩效评估，评估内容包括：① TIP 计划是否资助了高风险、高收益项目；② TIP 计划是否推动了产学研合作；③ TIP 计划是否加速了专利、论文、出版物的形成与传播。

TIP 计划的资助对象包括中小企业以及企业联合体，也包括高校、非营利性研究机构、国家实验室、政府实验室和其他组织等。对于中小企业等的单个申请，资助期限不超过三年，总资助金额不超过 300 万美元；对于两个以上单位的联合申请，资助期限不超过五年，总资助金额不超过 900 万美元，任何资助项目都要求匹配资金至少要达到年度总项目成本的 50%，关于 ATP 计划与 TIP 计划的比较详见表 2-8。2011 年 11 月 18 日奥巴马总统签署了《2012 年巩固和进一步继续拨款法案》，该计划在 2012 年 9 月自动终止[67]。ATP 计划和 TIP 计划比较如表 2-8 所示。

表 2-8 ATP 计划与 TIP 计划辨析

计划名称	ATP 计划（1989 ~ 2006）	TIP 计划（2007 ~ 2011）
计划性质	NIST 的部门计划	NIST 的部门计划，作为 ATP 计划的代替计划
计划设立依据	《综合贸易与竞争法（1988）》	《美国竞争力法案（2007）》，该计划因奥巴马与 2011 年 11 月 18 日签署的《巩固和进一步继续拨款法案（2012）》而于 2012 年 9 月终止
计划设立背景	20 世纪 90 年代美国制造业面临日本等国家的国际竞争加大，市场份额下降，联邦政府希望通过该计划支持对国家战略需求至关重要的具有高风险高回报的竞争前通用制造技术研发活动；其理论依据主要是市场失灵理论	全球创新环境发生变化，中小企业成为制造业的创新主体，且大学对创新的作用受到重视
计划管理	由 NIST 管理，ATP 顾问委员会由联邦部门、产业部门与研究机构代表组成	由 NIST 管理，TIP 顾问委员会由私营部门代表组成
计划评估	每两年组织一次内外部评估，每年预算申请评估一次	
资助对象	大企业、中小企业	中小企业、大学与中小企业的联盟
各项目资助经费	单个企业申请资助 200 万 /3 年；由企业与大学、非营利性研究机构组成联合申请不设资助上限，资助周期为 5 年	单个企业申请资助 300 万 /3 年；由中小企业与大学联合申请 900 万 /5 年
经费要求	大企业匹配经费要达到 60% 以上；中小企业无须匹配经费	匹配经费要求为 50%
资助活动	支持对国家战略需求至关重要的具有高风险高回报的竞争前通用制造技术研发活动	
遴选标准	优先资助先进材料与化学、信息技术、电子与光子、生物计划相关的制造技术	为避免政府机构对优先领域遴选的政治干扰与产业依赖，不事先确定优先资助领域
技术准备水平	技术准备水平与制造准备水平要达到 2-4 级	

（二）Hollings 制造业扩展伙伴计划

为促进先进制造企业与联邦和州政府及非营利机构、大学等的区域合作，依照国会 1988 年通过了《综合贸易与竞争法》，为促进美国制造业的竞争力，NIST 在 1988 年设立了 Hollings MEP[69]，该计划在全美国 50 个州和波多黎各建立了 60 个 MEP 中心（在多数州还建立多个地区中心，合计各类中心 400 余个），为小制造业者提供技术与业务援助，帮助制造业者理解、采纳和应用新技术和新商业实践，并通过提高生产力、业务增长、成本节约、废物减少，以及创造和保留制造业岗位来获得利益（表 2-9）。

表 2-9 制造业扩展伙伴计划

计划名称	MEP（1989～）
计划性质	NIST 的部门计划
设立依据	《综合贸易与竞争法（1988）》

续表

计划设立背景	20 世纪 90 年代美国制造业面临与日本等国家的国际竞争加大，市场份额下降，为此，政府将国家标准局更名为国家标准与技术研究院
决策过程	《综合贸易与竞争法（1988）》规定国家标准与技术研究院除自身开展科学技术研究服务外，还面向企业设立了 MEP 计划
计划管理	由 NIST 管理
计划规模	MEP 在 50 个州共资助 60 个中心
计划评估	每两年进行一次内外部评估；每年预算申请评估一次
资助对象	由州、地方政府与产学研各界组成的联盟，仅面向中小企业（员工 <500 人）
项目资助经费	各中心每年获得约 2500 万联邦资助
经费要求	六年内私营部门的匹配经费至少达到 1∶1；六年后，联邦政府、州政府、私营部门的经费各占 1/3
资助活动	解决单个制造问题；培训制造工人；进行市场需求评估制订企业市场计划；援助企业升级计划、设备等
遴选标准	选定区域企业关注的知识重要性；与技术资源的联系；技术传播机制；资金管理计划
技术准备水平	技术准备水平与制造准备水平要达到七级以上

（执笔：中国科学院文献情报中心　张秋菊）

参考文献

［1］OSTP. About OSTP. http：//www.whitehouse.gov/administration/eop/ostp/about［2014-10-18］

［2］OSTP. National Science and Technology Council. http：//www.whitehouse.gov/administration/eop/ostp/nstc［2014-10-18］

［3］OSTP. Executive Order—President's Council of Advisors on Science and Technology. http：//www.whitehouse.gov［2014-10-18］

［4］吴波尔等 . 国外科技经费监督实践概览 . 北京：科学出版社，2005：18-19

［5］吴波尔等 . 国外科技经费监督实践概览 . 北京：科学出版社，2005：26

［6］OMB.ARCHIVE—Assessing Program Performance. http://www.whitehouse.gov/omb/performance_past/［2014-10-18］

［7］One Hundred Tenth Congress of the United States of America. 21st Century Nanotechnology Research and Development Act. http：//www.gpo.gov/fdsys/pkg/PLAW-108publ153/html/PLAW-108publ153.htm［2014-10-18］

［8］PCAST. National Nanotechnology Initiative—5th Assessment. http://www.whitehouse.gov/sites/default/files/microsites/ostp/PCAST/pcast_fifth_nni_review_oct2014_final.pdf［2014-10-18］

［9］Department of Energy. History. http：//science.energy.gov/about/history/［2014-10-17］

［10］Department of Energy. The mission of the Office of Science is the delivery of scientific discoveries and major scientific tools to transform our understanding of nature and to advance the energy，economic，and national security of the United States.http：//science.energy.gov/about/？ p=1［2014-10-28］

［11］Department of Energy. Department of EnergyFY 2013 Congressional Budget Request. http：//energy.gov/cfo/downloads/fy-2013-budget-justification［2014-10-27］

［12］Department of Energy. Federal Advisory Committees. http：//science.energy.gov/about/federal-advisory-committees/［2014-10-13］

［13］National Research Council. Rising Above the Gathering Storm：Energizing and Employing America for a Brighter Economic Future. http：//www.nap.edu/catalog.php？ record_id=11463［2005-10-12］

［14］One Hundred Tenth Congress of the United States of America. America COMPETES Act. http：// www.gpo.gov/fdsys/pkg/BILLS-110hr2272enr/pdf/BILLS-110hr2272enr.pdf［2007-1-4］

［15］ARPA-E. The ARPA-E Funding Process. http：//arpa-e.energy.gov/sites/default/files/documents/files/ The%20ARPA-E%20Funding%20Process%20（ER%20v2）.pdf［2014-9-12］

［16］Majumdar，A. Advanced Research Projects Agency— Energy（ARPA-E）. http：//www.whitehouse. gov/sites/default/files/microsites/ostp/ARPA-E_Majumdar.pdf［2014-10-21］

［17］ARPA-E. FY11-FY15 Budget Request. http：//arpa-e.energy.gov/？ q=arpa-e-site-page/arpa-e-budget［2015-10-18］

［18］ARPA-E. Senior Leadership. http：//arpa-e.energy.gov/ ？ q=about/arpa-e-team/senior-leadership［2015-10-18］

［19］ARPA-E. Program Directors. http：//arpa-e.energy.gov/ ？ q=about/arpa-e-team/program-directors［2015-10-18］

［20］ARPA-E. Job Opportunities —Program Director. http：//arpa-e.energy.gov/？ q=arpa-e-site-page/job-opportunities#op-3442-program-director［2014-12-21］

［21］ARPA-E. Fellows. http：//arpa-e.energy.gov/？ q=about/arpa-e-team/fellowsandscholars［2014-12-21］

［22］ARPA-E. ARPA-E Overview Grid of the Future Workshop. http：//arpa-e.energy.gov/sites/default/ files/Day-1%200900%20AM%20%20Rohlfing%20Grid%20Workshop%20Intro.pdf［2014-7-31］

［23］ARPA-E. Technology-to-market Team. http：//arpa-e.energy.gov/ ？ q=about/arpa-e-team/tech-to-market-team［2014-10-20］

［24］ARPA-E. Job Opportunities —Technology to Market Advisor. http：//arpa-e.energy.gov/？ q=arpa-e-site-page/job-opportunities#op-20538-technology-to-market-advisor［2014-10-18］

［25］ARPA-E. Legal Team. http：//arpa-e.energy.gov/？ q=about/arpa-e-team/legal-team［2014-10-21］

［26］ARPA-E. Acquisitions. http：//arpa-e.energy.gov/？ q=about/arpa-e-team/acquisitions［2014-10-15］

［27］ARPA-E. Budget & Strategic Outreach. http：//arpa-e.energy.gov/ ？ q=about/arpa-e-team/budget-strategicoutreach［2014-10-16］

［28］ARPA-E. ARPA-E：Launching Energy Innovation in the 21st Century. http：//www.arpa-e.energy. gov/sites/default/files/documents/files/Toone_Bio_Tool_Intro_Pres_10_6_11.pdf［2011-5-24］

［29］ARPA-E. Events & Workshops. http://arpa-e.energy.gov/?q=engage/events-workshops［2014-3-28］

［30］ARPA-E. ARPA-E FY15 Budget Request. http://arpa-e.energy.gov/sites/default/files/ARPA-E%20 FY15%20Budget%20Request.pdf［2014-3-4］

［31］Economic Research Service, US Department of Agriculture. Value of U.S. trade-agricultural, nonagricultural, and totaland trade balance, by calendar year. http://www.ers.usda.govdatafatus［2012-5-18］

［32］Public comments from USDA Secretary Tom Vilsack before PCAST.http://www.tvworldwide.com/events/ pcast/120309/globe_show/default_go_archive.cfm?gsid=1977&type=flv&test=0&live=0[2012-3-9]

［33］United States Department of Agriculture. About the U.S. Department of Agriculture. http://www.usda.

gov/wps/portal/usda/usdahome?navid=ABOUT_USDA[2016-1-16]

[34] United States Department of Agriculture. USDA Mission Areas. http://www.usda.gov/wps/portal/usda/usdahome?navid=USDA_MISSION_AREAS[2016-1-16]

[35] United States Department of Agriculture. USDA Organization Chart. http://www.usda.gov/documents/usda-organization-chart.pdf[2016-1-16]

[36] United States Department of Agriculture. FY 2015 Budget Summary and Annual Performance Plan. http://www.obpa.usda.gov/budsum/FY15budsum.pdf[2014-12-5]

[37] United States Department of Agriculture. Office of the Chief Scientist (OCS). http://www.usda.gov/wps/portal/usda/usdahome?navid=OCS [2014-12-1]

[38] United States Department of Agriculture. Contact the Office of the Chief Scientist. http://www.usda.gov/wps/portal/usda/usdahome?contentidonly=true&contentid=contact-ocs.html [2014-12-1]

[39] United States Department of . Science Council. http://www.usda.gov/wps/portal/usda/usdahome?contentidonly=true&contentid=ocs-science-council.xml[2014-12-1]

[40] United States Department of Agriculture. About NAREEEAB. http://nareeeab.ree.usda.gov/about-nareeeab/nominations[2014-12-1]

[41] United States Department of Agriculture. Organizational Structure. National Institute of Food and Agriculture (NIFA) . http://nifa.usda.gov/organizational-structure [2016-1-16]

[42] 农业部赴美农业预算与财务管理考察团 . 美国农业预算管理和农业支持的做法及特点 . 世界农业, 2004(1): 33-37

[43] United States Department of Agriculture. USDA FY 2015 Budget Summary and Annual Performance Plan. http://www.obpa.usda.gov/budsum/FY15budsum.pdf [2014-12-5]

[44] United States Department of Agriculture. Budget Staff. National Institute of Food and Agriculture (NIFA). http://nifa.usda.gov/office/budget-staff[2016-1-16]

[45] United States Department of Agriculture. Planning, Accountability, and Reporting Staff. National Institute of Food and Agriculture (NIFA). http://nifa.usda.gov/office/planning-accountability-and-reporting-staff [2016-1-16]

[46] United States Department of Agriculture. AFRI 2014 Synopsis. National Institute of Food and Agriculture (NIFA) . http://nifa.usda.gov/afri-2014-synopsis [2016-01-16].

[47] National Coalition for Food and Agricultural Research. Creating Research, Extension, and Teaching Excellence for the 21st Century. http://www.create-21.org/ [2014-12-01].

[48] Gleason LCMP. Space Policy Primer_Principles, Issues, and Actors. http://www.usafa.edu/df/dfe/dfer/centers/ecsds/docs/Space%20Policy%20Primer%2002281 0.pdf [2014-12-12]

[49] NASA Organization Structure.http://www.nasa.gov/about/org_index.html#.VKpoKNJqI-1 [2014-10-15]

[50] About NASA.http://www.nasa.gov/about/highlights/what_does_nasa_do.html#.VKpo89JqI-0 [2014-10-15]

[51] NASA. NASA Engineering and Program/Project Management Policy. http://nodis3.gsfc.nasa.gov/displayDir.cfm?t=NPD&c=7120&s=4D [2014-10-15]

［52］Principal-Investigator-Led Missions in the Space Sciences.Washington DC: The NationalAcademies Press, 2006

［53］NASA. FY 2015 President's Budget Request Summary. http：//www.nasa.gov/sites/default/files/files/508_2015_Budget_Estimates.pdf［2014-10-18］

［54］NASA. Financial Management Requirements：Volume 4 Planning Programming Budgeting and Execution. http：//www.nasa.gov/pdf/205423main_vol4_budget_formulation.pdf［2014-10-8］

［55］NASA. NASA Research and Technology Program and Project Management Requirements. http：//nodis3.gsfc.nasa.gov/npg_img/N_PR_7120_0008_/N_PR_7120_0008_.pdf［2014-10-8］

［56］NASA.2012. Guidebook for Proposers Responding to a NASA Research Announcement（NRA）or Cooperative Agreement Notice（CAN）. http：//www.hq.nasa.gov/office/procurement/nraguidebook/proposer2012.pdf［2014-10-8］

［57］HHS.HHS FY 2010-2015 Strategic Plan.http：//www.hhs.gov/strategic-plan/stratplan_fy2010-15.pdf［2014-3-10］

［58］NIH.National Institutes of Health FY 2012 Online Performance Appendix. http：//officeofbudget.od.nih.gov/pdfs/FY12/FY2012%20NIH%20Online%20Performance%20Appendix%20-%20Final.pdf［2014-3-10］

［59］NIH，Department of Health and Human Services National Institutes of Health Overall Appropriations. http：//officeofbudget.od.nih.gov/pdfs/FY13/Vol%201%20Tab%202%20-%20Overall%20Appropriations.pdf［2014-11-23］

［60］NIH.NIH Grants Policy Statement.http：//grants.nih.gov/grants/policy/nihgps_2011/index.htm［2014-3-23］

［61］NIH.NIH Grants Policy Statement.http：//grants.nih.gov/grants/policy/nihgps_2010/nihgps_ch8.htm#_Toc271264923［2014-3-23］

［62］赵学文，龚旭 . 科学研究绩效评估的理论与实践 . 北京：高等教育出版社，2007：127-128

［63］NIH.NIH Roadmap.http：//www.cit.nih.gov/ServiceCatalog/NihRoadMap.htm［2015-10-15］

［64］NIH.BRAIN 2025：A Scientific Vision.http：//www.nih.gov/science/brain/2025/BRAIN2025.pdf［2014-6-10］

［65］NIH.NIH Launches Interdisciplinary Research Consortia.http：//www.nih.gov/news/pr/sep2007/od-06.htm［2014-11-23］

［66］National Institute of Standards and Technology .NIST General Information. http：//nist.gov/public_affairs/general_information.cfm［2014-10-8］

［67］National Institute of Standards and Technology. Technology Innovation Program，Home .http：//www.nist.gov/tip/index.cfm［2013-10-12］

［68］National Institute of Standards and Technology. Visiting Committee on Advanced Technology（VCAT）. http：//www.nist.gov/director/vcat/index.cfm［2014-10-16］

［69］National Institute of Standards and Technology. The Future of the Hollings Manufacturing Extension Partership. http：//www.nist.gov/mep/upload/MEP_ExecSummary72dpi-3.pdf［2014-10-10］

第三章 日本科技计划的全过程管理

第一节 日本科技计划管理体系

日本政府以 1995 年发布的《科技基本法》为根本，明确提出“科学技术创造立国”战略，力争由一个技术追赶型国家转变为一个科技领先型国家。2001 年，日本开始对其科技管理机构进行改革，并对这些改革有着很高的预期目标：通过重新配置科学资源，优化科技体系的治理结构，提高研发效率，使科技投入更好地服务于社会和产业发展的要求，提升日本在世界科技发展中的作用和地位。经过改革以后的日本科技行政体制依靠综合科学技术创新会议（Council for Science, Technology and Innovation, CSTI）协调各省厅的科技活动，依靠文部科学省（Ministry of Education, Culture, Sports, Science and Technology，MEXT）统筹日本教育和科技发展，被认为有利于提升日本科技政策的主动性和适应性。

一、科技管理体系

日本的科技管理体系如图 3-1 所示，设置于内阁的 CSTI 发挥着核心作用，作为制订国家科技发展战略、协调政府各省厅之间有关科技项目、科技预算等机构，是日本关于科学技术的最高审议、咨询机构。MEXT 是日本科技政策的宏观管理部门，主要任务包括：统管全国的教育、学术、文化及科学发展等事务，负责将 CSTI 制订的宏观政策具体化，并协调其他相关省厅的科研工作。通过拨款和资助研究项目，MEXT 支持了日本教育、研究和开发活动，主要科研资助机构及国立大学的经费都来自 MEXT。经济产业省（Ministry of Economy，Trade and Inadustry，METI）是制订和执行产业政策的主要部门，对日本创新能力的提高也起到了重要的作用。

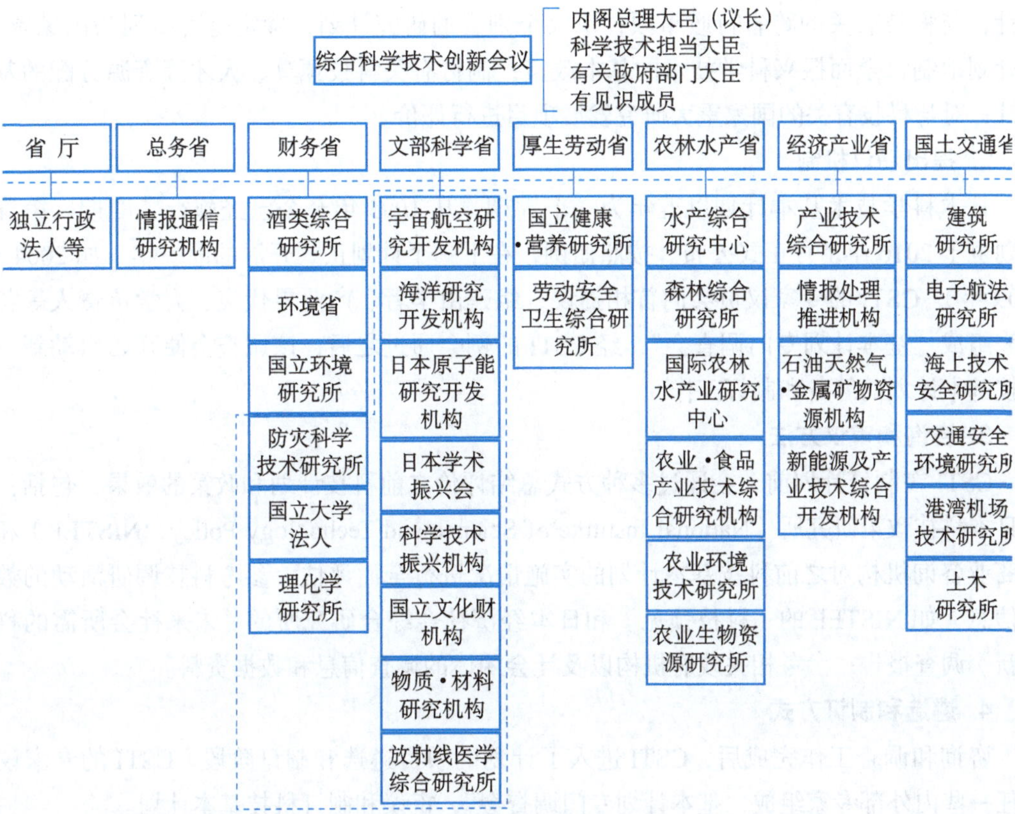

图 3-1　日本科技管理体系结构图

日本的科技管理体系的治理结构属于典型的集中型。在国家层面设置国家级科技管理部门，统一管理本国科技活动，这种统一管理有利于充分发挥支持和培育研究机构的作用，为开展长期、高风险的研究带来便利。

二、科技计划体系

经过发展，日本在科技计划的制订和实施上形成了三层计划体系——“国家层面制订的科技战略规划、国家重点科技领域的科技发展计划（一般由政府各部门制订特定领域的科技计划）、科研机构的研究发展计划”[1]。经过调研可以看出，日本科技计划的组织和实施带有明显的“纵向延伸、层进式指导”的特点，这三层计划自上而下、有机地组成了日本的科技计划体系。

（一）国家级科技计划

1. 制订主体

根据《科学技术基本法》，负责制订日本科学技术基本计划的是隶属于内阁府的 CSTI[2]，主要负责以下工作：制订包括人文、社会、自然科学等以科学技术为研究对象的综合战略方针；与科技有关的跨省行政事项；审议个别省的研究计划，确定是否要列为国家重点；有计划地制订全面振兴科学技术的基本政策；制订有关科技预算、人才等资源分配的基本方针；对与科技有关的国家重大研究发展项目进行评价。

2. 提出动议机制

日本科学技术基本计划以五年为一个周期，从1995年至今已经施行了四期，第五期计划也于2016年1月正式公布。按照惯例，在下一个计划正式开展的前一年（如2004年、2009年），CSTI的专家议员会向首相提议，组建由学者、产业界代表、大学负责人等各界代表组成“基本计划专门调查会”，经CSTI的例会通过之后，该调查会便开始启动新一期科技基本计划的筹备和制订工作。

3. 咨询和审议方法

CSTI在制订计划前，会通过多种方式总结评价之前科技计划和政策的效果，包括：委托日本科技政策研究所（National Institute of Science and Technology Policy，NISTEP）和一些商业咨询机构对之前科技基本计划的实施情况进行全面评估；参考科技调研活动的数据和信息，如NISTEP的《科技预见》和日本经济社会综合研究所的《未来社会所需的科技创新》调查报告；参考相关政府机构以及社会团体的调查信息和数据资料。

4. 遴选和制订方式

咨询和调查工作完成后，CSTI进入了计划的项目遴选和制订阶段。CSTI的专家议员聘任一些内外部专家组成“基本计划专门调查会”，审议和制订科技基本计划。

（二）省厅级科技计划

1. 制订主体

各省厅一般设立了政策审议和制订机构，这些机构根据“科学技术基本计划”的部署，制订本部门的科技计划。比如，文部科学省的科学技术学术政策局和科学技术学术审议会负责文部科学省科技计划的咨询、审议和制订。

2. 咨询和审议方法

各省厅的科技政策审议机构通常会邀请各方面学者、专家组成“科技计划评价研讨会”，咨询审议本部门的科技计划。在咨询审议时，各省厅的相关机构首先会评估上一期科技计划的执行情况、取得成效和社会影响等，为新一期科技计划的制订提供借鉴和参考。

3. 遴选和制订方式

各省厅会在其科技、学术审议机构中设置不同领域的委员会，由其制订这些领域具体的执行政策并通过公开征募的方式来确定具体的研究项目。

（三）科研机构的科技计划

1. 制订主体

由科研机构下设的战略规划部门来制订，规划制订委员会主要由机构的理事和各个下属研究所的负责人构成。相关主管省厅通常为其下属的科研机构制订“中期目标”，这些机构则根据国家级的科学技术基本计划和主管省厅的“中期目标”制订本机构的“中期计划”和“年度计划”。

2. 咨询和审议方法

科研机构通常由理事、研究部门负责人和外部专家组成咨询委员会，负责制订本机构的科技计划。这些咨询委员会通常参考主管省厅的中期和年度评估报告，结合自我评估报告对机构科技计划的成效、不足、影响进行综合评估。同时结合内外部专家的意见，在研究方向、实施政策等方面形成基本框架。

3. 遴选和制订方式

在制订前会向主管省厅提交本机构科技计划相关方向的报告书，经主管省厅审阅通过后，便以此为基础制订正式的中期计划，详细写明科研机构内各个部门的具体工作及其任务目标。年度计划则以中期计划为依据，同时参考科研机构上一年度的运营情况。

三、科技计划管理体制

（一）动议与决策过程

隶属于内阁府的CSTI负责根据1995年颁布的《科学技术基本法》制订以五年为周期连续颁布的“科学技术基本计划”。CSTI由首相领导，成员包括六名与科技相关的内阁大臣和七名不同领域的专家，确定重大研究领域，制订战略性综合科技政策，调查和审议科技预算，并全面协调相关省厅。CSTI先后成立了多个专门调查会，由科技界和产业界人士参加，针对重要问题为首相提供咨询，如科学技术创新政策推进专门调查会、生命伦理专门调查会、评价专门调查会、重要课题专门调查会。CSTI负责的“科学技术基本计划”具体制订流程如下。

（1）提出动议。在下一个计划正式开展的前一年，CSTI向首相提议，组建由CSTI的七名领域专家委员和其他29名外部专家（由大学校长、企业CEO、科研机构负责人、律师、大学知名教授等）组成“基本计划专门调查会”，启动新一期科技基本计划的制订工作。

（2）咨询和审议。CSTI在实际制订计划前，通过多种方式总结评价之前科技计划和政策的效果，包括委托NISTEP和相关咨询机构（三菱综合研究所、日本综合研究所等）进行科学前瞻和技术预见，以及对之前科技基本计划进行评估，并参考文部科学省科技统计调查数据。同时，“基本计划专门调查会”组织相关会议，征询对重大挑战和科技战略的意见。

（3）遴选和制订。主要由“基本计划专门调查会”负责计划的讨论和起草，并向首相和CSTI汇报成果。

（4）计划细化。各省厅根据科技基本计划中的不同领域，邀请各方面专家参加“科技计划评价研讨会”，经过研究、咨询、审议后制订本部门的科技计划。

（5）预算编制。日本预算流程是各省厅向财务省上报预算要求、内阁形成政府预算方案并提交国会批准。为确保政府科技预算的合理性，避免交叉重复，CSTI 主导成立“科技创新战略预算会议”，制订科技预算的分配方针（只确定优先领域和措施，不涉及具体金额），并代表内阁协调、修改各省厅的科技预算。

（二）实施与协调机制

1. 国家级科技计划

CSTI 在计划中提出具体的政策目标与项目清单，明确研究领域的主题及其责任部门；相关省厅作为计划执行部门会对项目专门立项，具体关系如图 3-2 所示。

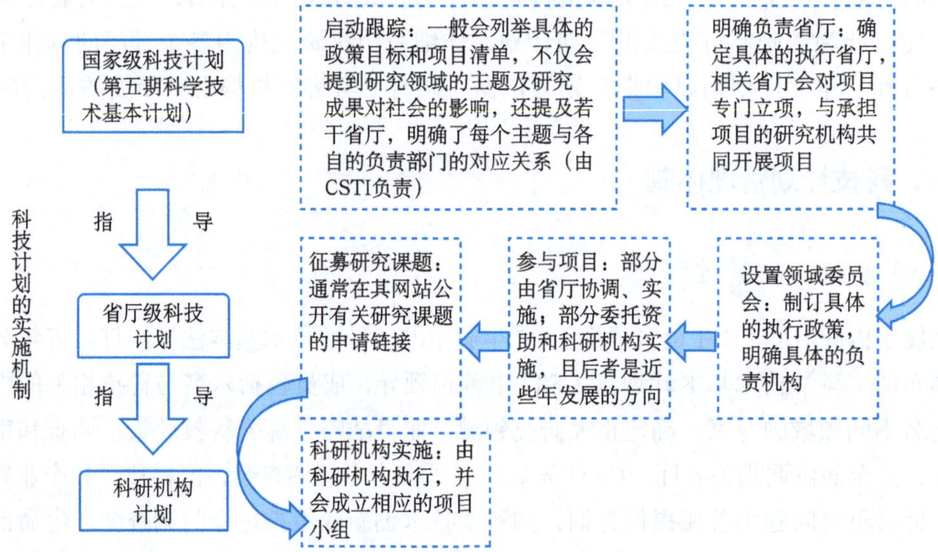

图 3-2 日本科技计划的实施与协调机制

2. 跨部门的科技计划

日本跨部门计划的协调与管理主要由 CSTI 任命的协调员及专家工作组来完成。如在“第三期科学技术基本计划”的重要领域“氢利用与燃料电池”跨部门计划中，CSTI 指定该领域的杰出专家作为“协调员”，并由参与省厅（总务省、经济产业省、国土交通省、环境省、文部科学省）主管人员和外部专家组成工作组，建立从基础到应用推广的连贯协调体制。协调员牵头组织工作组会议，把握研究开发内容，跟踪评价研究与合作，向基本政策专门调查委员会报告，必要时提出修正目标的建议。

（三）监督评价机制

日本各层次科技计划的评估机制都有明确的立法依据（图 3-3）。例如，根据《行政机构实施政策评价法》，由 CSTI 负责在制订下一期科技基本计划时对前一期计划进行评价，具体由其“基本计划专门调查会”负责。CSTI 的“评价专门调查会”负责对个别投入较大的项目进行事前审核和事后评价。

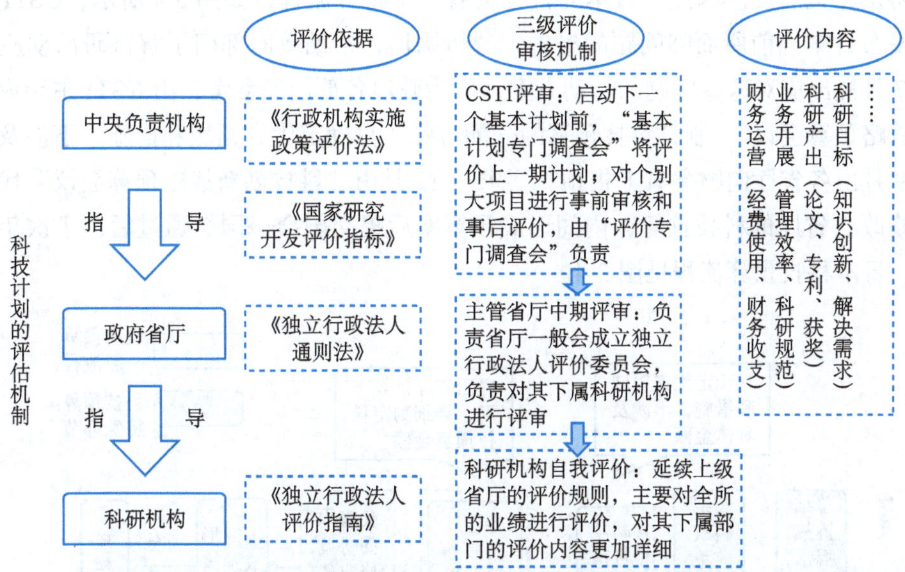

图 3-3　日本科技计划的评估机制

日本通过“第四期科学技术基本计划”，对科技计划政策的具体反馈机制提出了进一步明确要求，包括：在科技政策制订及计划立项前，要与内阁各部门的行政决策结合，与法律兼容，与社会沟通；在科技计划课题执行中，要实施计划、执行、检查、处理的循环，加强第三方评价和社会监督；在科技计划实施完成后，要面向社会加强公众参与和媒体宣传，加快成果推广应用等。

日本的科技计划体系会根据政治、经济和社会发展的要求而进行动态调整，这既包括由于内阁更替等原因带来的对于总的中长期科技发展战略的调整，也包括对年度科技计划（预算）的调整。在日本科技计划的管理构架和动态调整机制中，CSTI起到了核心作用。它是在内阁总理大臣和科学技术政策担当大臣的领导下，综合政府各部门意见和国会及社会各界专家建议，在国家战略层面常态化举行的重要政策会议。

第二节　日本科技计划预算组织实施机制

一、科学技术预算相关流程

依据五年期的“科学技术基本计划”和当年度科技发展的实际需求，日本政府财政预算的流程大致为：各省厅向财务省上报预算要求（9月）→内阁形成政府预算方案，并提交国会（12月）→预算生效（次年3月）。

为了确保政府科技预算的合理性，避免交叉重复，CSTI 通过顶层设计、制订预算基本方针来协调相关省厅。因此，日本的科技又有一个特殊流程，如图 3-4 所示，CSTI 会在每年 5 月发布日本当前所面临问题的报告，分析国情，帮助政府部门了解科研活动应解决的问题→ 7 月提出应对这些问题的行动方案，成为政府各部门的参考；由 CSTI 主导成立“科技创新战略预算会议”，制订科技预算的分配方针（只确定优先领域和措施，不涉及具体金额）→ 9 月由各省厅向财务省上报预算要求→ 12 月由“科技创新战略预算会议”代表内阁协调、修改各省厅的科技预算；内阁形成预算案后提交国会→国会通过后，于次年 3 月预算生效。日本科技预算流程见图 3-4。

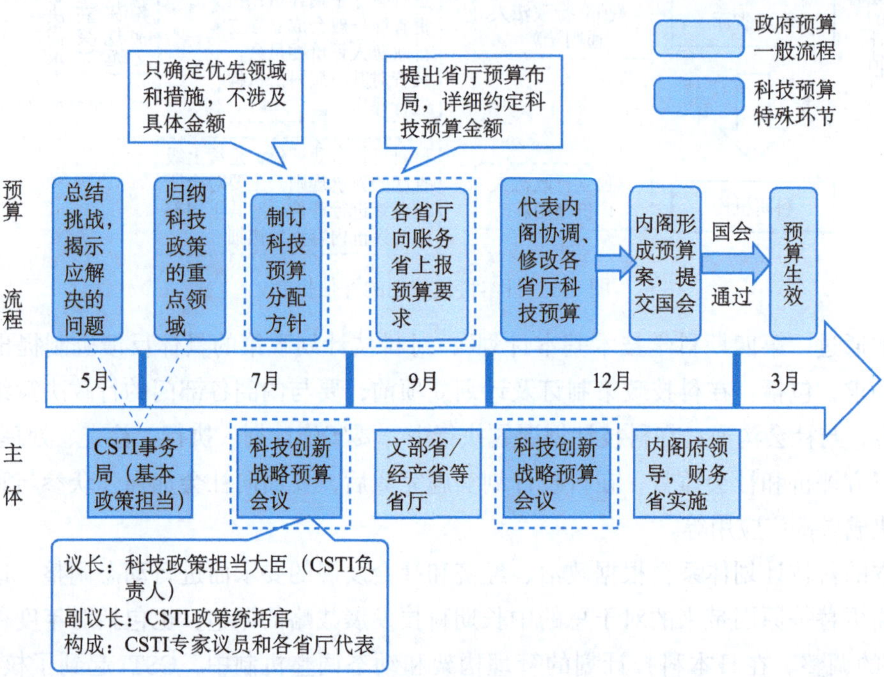

图 3-4　日本科技预算的形成流程

二、相关部门在国家科技计划体系中的定位

（一）国家把科技计划作为振兴经济和社会公共事业的关键

日本科技基本计划在基本判断中阐明：科学技术不仅是实现国富民安、构建经济社会综合国力的重要手段，而且是事关人类生存的关键问题。科学技术政策是推动社会公共事业发展的主要政策之一。

日本科学技术基本计划及年度科学技术预算的制订和执行都是在国家最高行政层面进行的，由内阁府政策办公室主任与文部科学省大臣协助内阁总理通过国家 CSTI 进行决策。通过以政府主管部门每年度或跨年度的众多计划为着力点，由官产学研各具体单位协调合作完成。

2013 年，日本国家科学技术总预算为 35 752 亿日元，涉及各类计划和项目，分别由 16 个政府部门协调推动实施，经费等管理也由其分工负责。在 2013 年度日本政府科技预算中，文部科学省管理的年度科技经费占整个国家年度科技开发相关财政支出的 70% 以上，支持方向主要是基础研究，前沿研究和科技创新环境建设。经济产业省等部门所管理的科技经费主要偏重技术开发及产业技术创新环境建设。

（二）部门按照分工分别推动相关计划的实施

根据 2014 年度政府预算中的科技预算案（表 3-1），涉及的科技研发计划分别由 16 个政府部门协调推动实施，经费等管理也由其分工负责。

表 3-1 日本各部门科技预算概况（单位：亿日元）[3]

省厅名称	2014 年	2013 年
国会	11	11
内阁官房	695	608
复兴厅	768	595
内阁府	251	142
警察厅	50	20
总务省	574	494
法务省	73	56
外务省	73	59
财务省	13	13
文部科学省	26 443	23 157
厚生劳动省	1 873	1 626
农林水产省	1 056	931
经济产业省	6 785	5 212
国土交通省	631	506
环境省	805	769
防卫省	1 636	1 669
共计	41 736	35 868

为更有效合理地执行相关预算，各省厅在日本最高咨询决策部门 CSTI 的协调下，围绕国家发展战略以及中长期发展需求，展开相关科技工作。

在科技计划体系中，日本科技计划的分配、实施、监管等管理体系是分离的。日本各政府部门并不直接管理相关计划和项目，不直接分配某一计划或项目单元内的具体经费，而是委托其下属的独立行政法人进行专业化管理。各政府部门只是负责组织制订政策，调节不同计划和项目之间的经费预算。政府的主要职责在于调查研究、观察政策环境的有效性及监督政策计划的落实情况。

第三节　日本科技计划的专业管理机构及典型计划

一、专业管理机构

挂靠部门独立运行的专业管理机构主要包括日本学术振兴会（Japan Society for the Promotion of Science，JSPS）、日本科学技术振兴机构（Japan Science and Technology Agency，JST）和新能源产业技术综合开发机构（New Energy and Industrial Technology Development Organization，NEDO），其中JSPS、JST受文部省监管，NEDO受经济产业省监管。

（一）日本学术振兴会

1. 概况

JSPS是受文部科学省管辖的独立行政法人，推动学术研究、资助培养研究人员、促进国际学术交流，以及开展其他与学术振兴有关的业务活动。JSPS资助项目涵盖自然科学、人文社科等众多领域，涵盖从基础研究到应用研究的全部阶段。

目前在日本政府出资的科学研究基金中，资助金额最大、资助范围最广、资助项目数量最多的是由文部科学省负责拨款、由JSPS会负责资助管理的“科学研究费补助金”（科研费），是日本政府设立的以提升日本科学研究水平为宗旨的资助计划，主要资助对象为日本大学、研究机构的基础研究，特别是关键领域从事研究的科学家或研究小组。科研费是日本科研人员从事基础研究最主要的经费来源，在发放形式上不同于政府对大学的经常性财政拨款，属于典型的竞争性研究经费。

JSPS2013年度总预算为3426亿日元。2008～2013年主要项目的明细如下图所示，预算总额的99.8%为政府拨付的运行费及科学研究费补助金等（图3-5）[4]。其中，科学研究费补助金是竞争经费，主要用于发展人文与社会科学及自然科学所有领域中具有独创性、先驱性的研究。该科研费是日本最具有代表性的竞争经费，年度预算规模2381亿日元，占日本竞争性研究经费的60%以上，允许将其经费结转到下一年度使用。

2. 科研费项目类型

科研费的资助内容从大类来看分为科学研究费、特别研究促进费、研究成果公开促进费、特别研究员奖励费、创造性科学研究费等。其中，科学研究费的经费最大，占总经费的90%以上，又分为特别研究项目、优先领域科学研究项目、创新领域科学研究项目、科学研究项目（S、A、B、C）、探索性研究项目、青年科学研究项目（S、A、B）、青年科学家启动研究基金项目、奖励研究项目等。

3. 科研费评审机制

第一阶段：首先由JSPS委员会的各位评审专家根据申请人提交的研究计划进行个别书面评审。第二阶段：根据第一阶段的评审结果，由委员会进行合议评审(图3-6)。

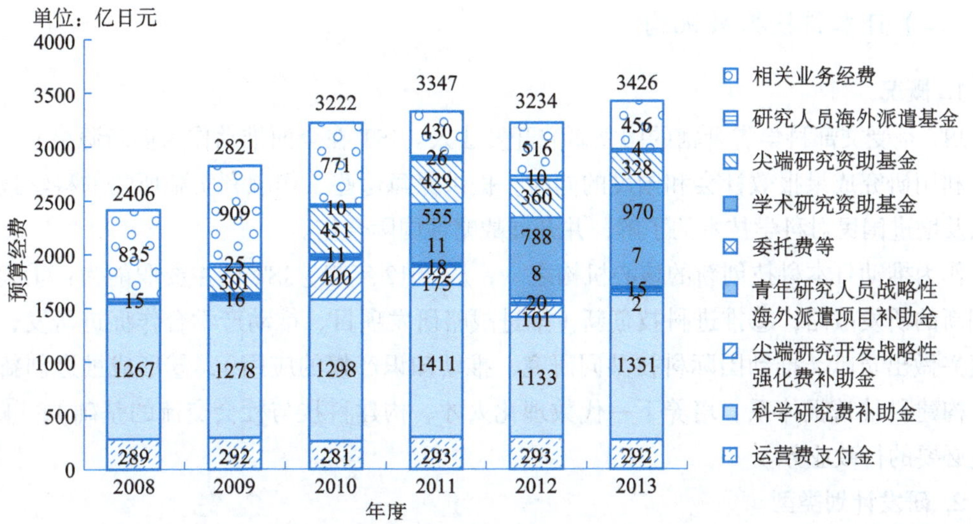

图 3-5　日本学术振兴会预算经费（2008 ～ 2013）

在2013年度评审工作中，第一阶段评审（书面评审）约有5300名，第二阶段评审（合议评审）约700名，共计约6000名研究人员参与了评审工作。评审委员会的姓名等信息在评审结束后公布。入选项目将通过国立信息研究所数据库等予以公示。

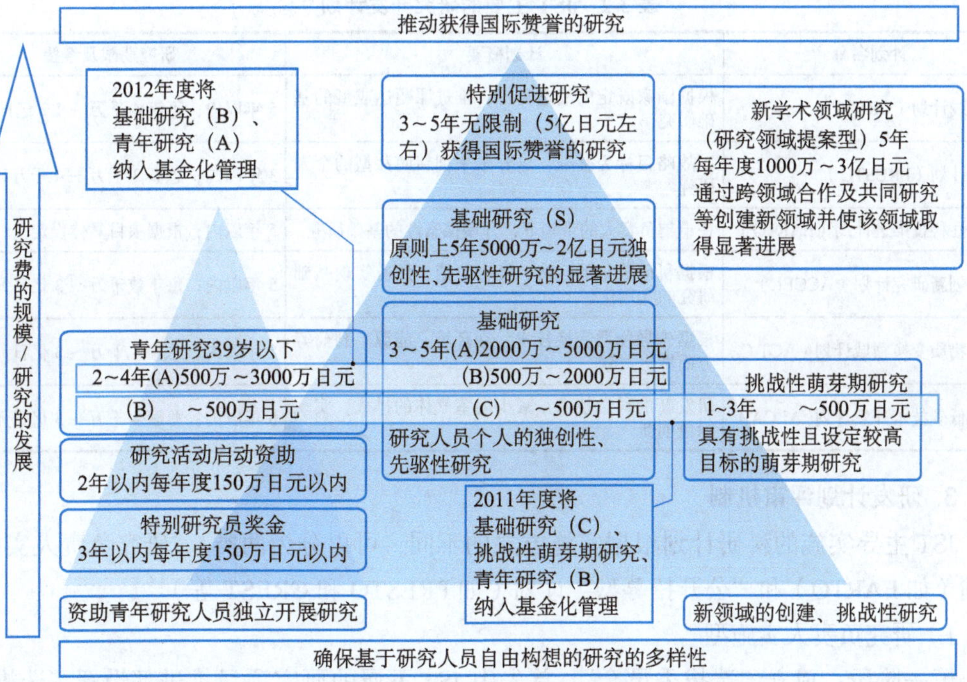

图 3-6　JSPS 科研费评审机制

JSPS 的工作目标、资金预算、运营活动都受文部科学省的指导。文部科学省提出 JSPS 五年目标，JSPS 据此制订实施计划，独立行政法人评价委员会对计划执行和目标完成情况进行评估。

（二）日本科技振兴机构

1. 概况

JST是受文部科学省管辖的国立研究开发法人。JST在全面推动作为创新源泉的知识创造到利用研究成果报效社会和国民的同时，提供保障这些工作顺利实施所需的科学技术信息以及增进国民对科学技术的了解，并开展战略性国际合作。

作为推动日本科技创新的核心机构之一，从2012年起，JST的主要职能为：①起草科技创新的研发战略；②推进科技创新（推进战略研发项目、推动产学合作促进研发、为震后复兴做出贡献、推动国际科技共同研究、推动知识产权的应用）；③形成推进创新的基础（构建科技情报体系、培养下一代数理化人才、构建科技与社会交流的基础）；④完成其他必要的行政业务。

2. 研发计划类型

JST主要通过项目的形式资助科研人才，采取"自上而下"的方式，支持国家战略需求导向的重大课题研究，重点聚焦于制订面向科技创新的研发战略、推进科技创新、构建和夯实科技创新的基础。其中，在开展科技创新、推进战略研发方面，JST主要实施了六项科研计划，如表3-2所示。

表3-2 JST主要的研究开发计划[5]

计划名称	计划概要	研究期限及经费
山脊线计划（CREST）	根据国家既定的战略目标，推进课题达成型的基础研究	5年以内；每年4千万～1.2亿日元
先驱计划（PRESTO）	以战略目标为基础，培养未来创新萌芽型的个人研究	3年以内；总额3千万～4千万日元
创造性科技推进计划（EARTO）	在卓越负责人的带领下，开展探索性的基础研究	5年以内；根据项目具体设定
加速创新研究计划（ACCEL）	根据科研成果的经济、社会价值，加速实现基础研究的实用化	5年以内；每年数千万～3亿日元
先导物质变换领域计划（ACT-C）	根据先导物质变换技术，在环境、能源、制药等方面做出贡献	5年以内；总额4千万～3亿日元
尖端低碳技术开发计划(ALCA）	研发新的科学技术，减少温室气体的排放，实现绿色创新	5年以内；总额4千万～3亿日元

3. 研发计划评审机制

JST主导实施的科研计划根据实施方式的不同，可以分为两类："研究负责人实施型"计划（如EARTO）和"公开招募型"计划（如PRESTO和CREST等）[6]。

1）研究负责人实施型

第一阶段：成立"选拔委员会"。首先由JST下属的研究项目推进部设置"选拔委员会"。该委员会一般由六名左右来自大学、科研机构或企业的专家组成。

第二阶段：选拔"研究负责人"。有意成为"研究负责人"的学者须由大学、科研机构或者企业资深的专家推荐。（不允许自荐；一名专家最多推荐两名候选人）。然后，"选拔委员会"初步遴选符合要求的候选人组成"第一批候选群体"（一般包括2000余名候选人）。

接着，“选拔委员会”从“第一批候选群体”中选出六至十名候选人成为“第二批候选群体”，再通过书面审查、面试选拔的方式最终确定一名研究负责人。

第三阶段：由项目负责人自主选定研发团队，并主导实施项目的研发。

2）公开招募型

第一阶段：任命“研究负责人”和“领域顾问”。JST 下属的研究项目推进部在每个研究领域任命一名“研究负责人”和 10 名“领域顾问”。

第二阶段：选拔“研究代表”。首先就某个研究领域公开征集研究代表和提案。然后由“研究负责人”和“领域顾问”对候选研究代表进行书面审查和面试选拔，并最终确定“研究代表”。这些研究代表在领域“研究负责人”的领导下开展各种研发工作。

文部科学省对 JST 采取与 JSPS 相同的管理方式。

（三）日本新能源与产业技术综合开发机构

1. 概况

NEDO 是隶属于日本经济产业省的国立研究开发法人，负责新能源、节能领域的技术研究开发及产业技术领域的研究开发，主要承担经济产业省的竞争性科技计划资助管理。20 世纪 80 年代末以后，经济产业省的重大产业技术项目逐步转为由 NEDO 以委托方式组织企业和国立科研机构参与。

2. 机制

NEDO 新计划的提出机制是，NEDO 的产业技术本部和能源环境本部下属的具体领域部门根据国家基本计划、经济产业省产业发展方向提出“项目概要书”，组织由外部专家组成的专家委员会进行事前评价，然后对事前评价书公开征集意见，形成项目基本计划草案，再公开征求意见后由相关部门撰写项目基本计划，此后由多方专家参与的“项目遴选审查委员会”，经公开投标、评选、公示后确立中标的实施机构。同时，NEDO 为项目设立项目主管。

NEDO 项目有两种实施机制：①产学研合作型：NEDO 将项目委托给由企业或企业群（技术研究组合）、大学和科研机构（独立行政法人等）组成的技术创新联盟（实用化阶段项目多为提供补助），由技术创新联盟具体实施研究开发，主要是基础技术研究开发项目。这类项目的预算方案的制订，一是由项目主管制订，二是 NEDO 在听取项目主管意见后制订；三是由项目推进委员会根据预算分配方案，在与各相关方充分协商后制订。②向企业集中投入型：直接将项目委托给特定企业或企业群（技术研究组合），由技术研究组合具体实施研究开发，主要是实用化、商业化阶段的研究开发项目。

3. 计划管理（评审）

相关独立行政法人机构在具体管理科技计划和项目时，普遍采取系统综合管理的方法、控制立项、执行、应用及社会结合几个环节：对上，与部门、内阁决策结合，与法律兼容结合；对课题本身，加强第三方评价和社会监督；对社会，则加强公众参与和媒体宣传。

NEDO 作为经济产业省下属的国立研究开发法人，其管理方式与文部省对 JSPS 和 JST 的管理方式相同。

二、专业管理机构的分工

在日本政府“1 府 12 省厅”的行政结构中，绝大多数省厅都有关于科学技术的预算安排，其中文部科学省和经济产业省有关科学技术的预算最多，分别占到预算总量的六成和两成，这两个省部的资助机构是日本最重要的科研资助机构。

日本对科技人才的资助主要由文部科学省、JST 和来 JSPS 完成。从整体上看，日本在内阁总理大臣下面设立内阁府特命担当大臣（负责科学技术政策），在它之下设立 CSTI。CSTI 负责科技政策的调查审议，以及与科技预算、人才等分配方针有关的调查审议。文部科学省则委任其统辖的多个研究机构、基金资助机构来执行 CSTI 的具体政策。其中，JST 和 JSPS 在业务上受文部科学省的指导，是主要的针对科技人才的基金资助机构。见图 3-7。

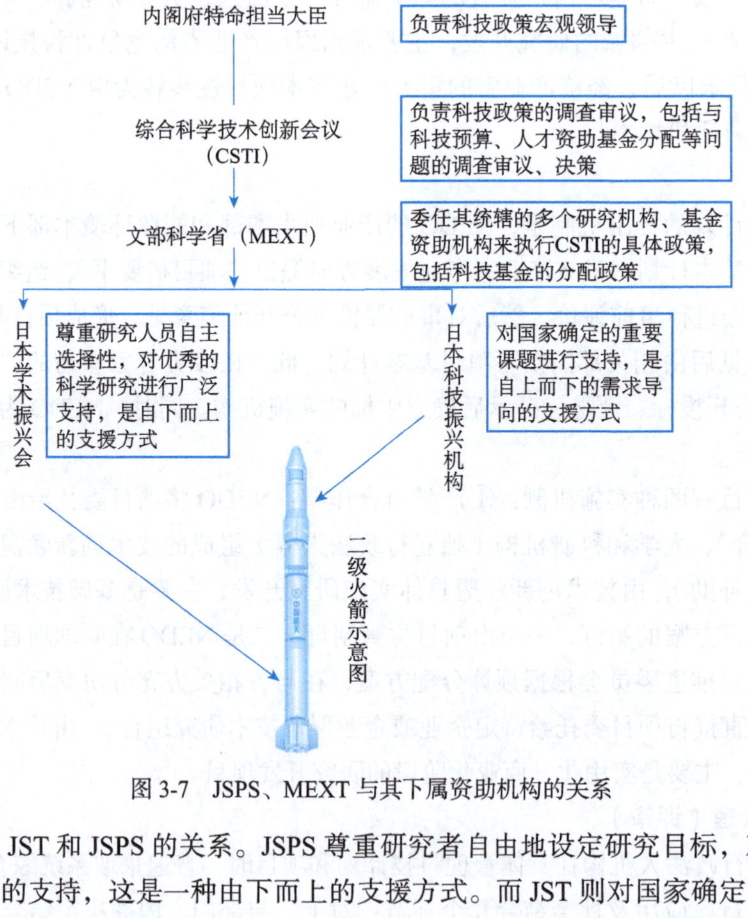

图 3-7 JSPS、MEXT 与其下属资助机构的关系

下面说明 JST 和 JSPS 的关系。JSPS 尊重研究者自由地设定研究目标，对优秀的科学研究开展广泛的支持，这是一种由下而上的支援方式。而 JST 则对国家确定的重要课题进行支持，是一种自上而下的支援方式。通过形成一种无形的网络，支持大学和研究机构进行合作研究。这两种基金机构可以被比作火箭的两段，JSPS 是第一段火箭，支持领域广泛

的研究，JST 作为第二段火箭集中支持尤为重要的课题研究[7]。如图 3-7 所示。

NEDO 的基本任务是：在经济产业省（产业技术环境局）指导下组织实施产业技术研究开发计划，目前已发展成为日本最大的产业技术项目组织与管理专业机构。经济产业省与 NEDO 的职责分工见图 3-8。

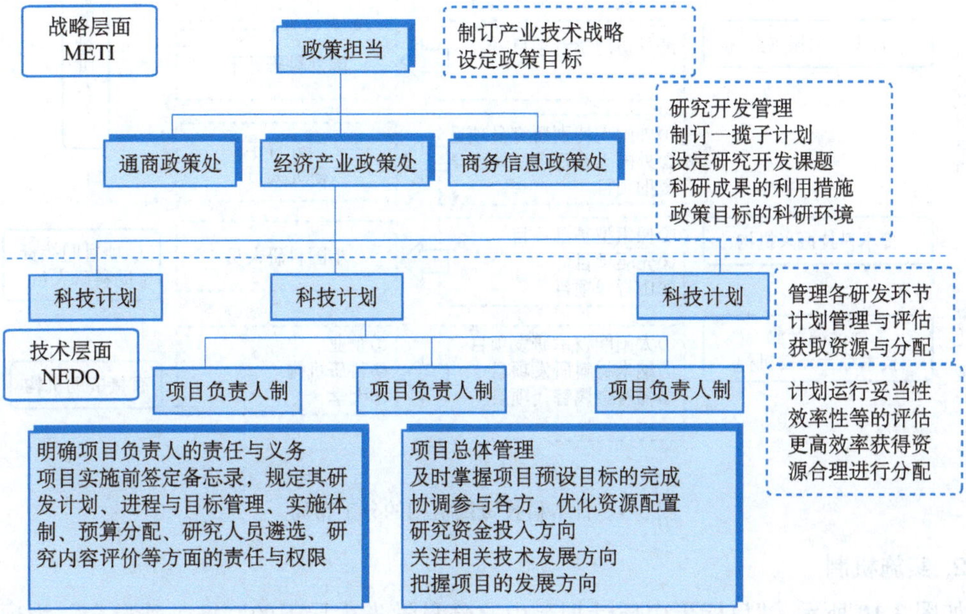

图 3-8　经济产业省与其下属资助机构的关系

如图 3-9 所示，文部科学省下属的 JSPS、JST 主要对科研人员进行资助，前者直接资助科研人员进行独立资助研究，而后者则通过项目的形式间接资助科研人员。另外，经济产业省下属的 NEDO 则对企业、科研机构、大学等机构进行资助。

三、典型科技计划

（一）文部科学省主导的目标蛋白质计划

从调研的情况看，将科研项目委托给资助和科研机构来实施是省厅主导科研计划的发展方向，虽然目前还有部分省厅协调、实施的科研项目，但这种情况正在减少。

1. 概要

为了探索“蛋白质”在人类生命活动中的重要作用，利用现有研发成果和研究基础（X 射线结晶构造解析设备等），选择对学术研究和产业振兴有重要意义的蛋白质为目标，解析复杂蛋白质的结构和功能，通过细胞活动认识人类生命活动。

目标蛋白质计划的技术研发包括“生产”（制造蛋白质样本）、“解析”（探索蛋白质结构）、“控制”（对蛋白质功能的操控）等方面，通过蛋白质的探索和研究对医学、药物学的进步做出贡献，在食品、环境等方面的产业化应用发挥作用。

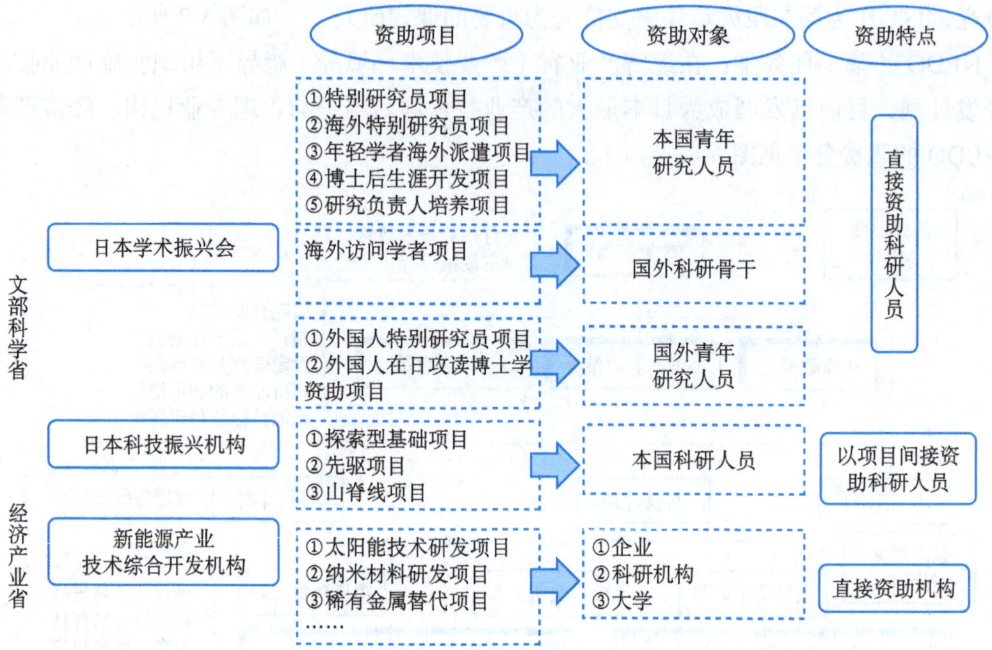

图 3-9 日本科技资助机构的分工布局

2. 实施机制

如图 3-10 所示，“目标蛋白质计划”由文部科学省主导下的“推进委员会”为项目运行制订计划；由“运营委员会”及其下属的四个工作组负责计划的具体实施；由“课题委员会”和“评价委员会”负责计划具体课题的选择和评价。

3. 管理机构

该项目由文部科学省三大职能局之一“研究振兴局”下属的生命科学处协调、组织，选拔专家组成“评价委员会”“课题评选委员会”“推进委员会”，而该项目的办事处设在东京大学农学生命科学研究院。

评价委员会：评价审议该项目（由文部科学省三大职能局之一“研究振兴局”下属的生命科学处协调、组织）。

课题评选委员会：筛选该项目公开募集的研究课题。

推进委员会：确定项目推进和运行的方针政策、预算分配方案，每年的工作时间表，以及听取与讨论运行委员会所提交的工作报告等。

4. 实施机构

运营委员会：直接组织项目相关的各类会议，如学术会议、全体交流会、研究讨论会等，还要监督各个工作组的运行情况。

具体工作组：指负责项目实施的四个具体工作组，分别负责协调技术问题的技术组，负责射线使用时间分配的射线时刻表组，负责化合物相关信息的化合物组和负责信息收集的知识产权运营委员会。

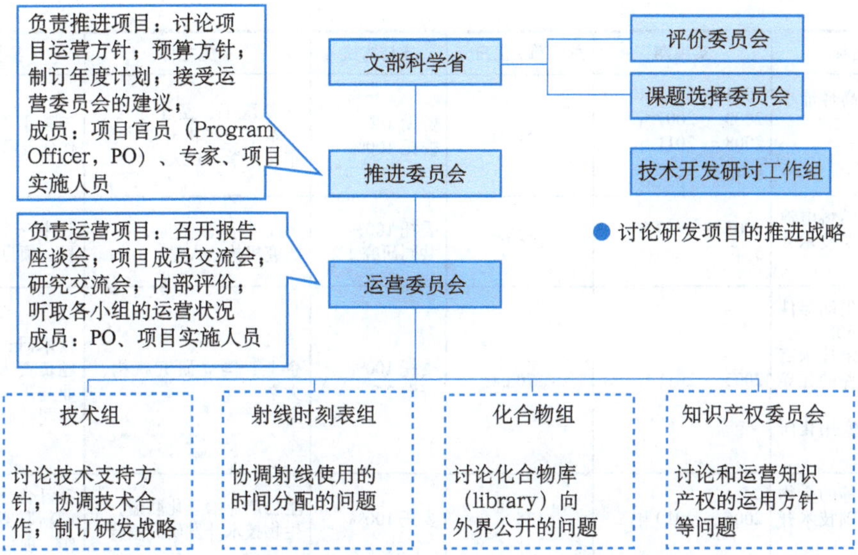

图 3-10　文部科学省“目标蛋白质计划”组织实施模式[8]

5. 评估机制

（1）从评价的时间点看，对计划的评价可以分为“中间评价”和“事后评价”。

（2）从评价的对象看，包括对计划管理层的评价、对具体研究课题的评价。

（3）从评价的内容看，对管理层的评价包括研究经费的使用情况、研究体制的运营效率等；对研究课题的评价包括论文数量、研究成果、原定目标的实现程度、取得专利情况等。

（二）经济产业省主导的超大规模集成电路计划

1. 概要

经济产业省 1966 ～ 1992 年实施的大型工业技术计划，对于形成日本模式的产业技术政策体系影响深远，经济产业省的重大产业技术实施体制也主要形成于这一时期。20 世纪 80 年代末以后，经济产业省的重大产业技术项目逐步转为由 NEDO 以委托方式组织企业和国立科研机构参与[9]。参考经济产业省关于项目组织模式的资料，经整理下表列举了 NEDO 目前实施中的部分产业技术项目及实施体制（表 3-3）。

表 3-3　NEDO 重大产业技术计划清单（部分）

项目名称	实施期	总预算 / 亿日元	支持方式	实施主体	实施方式
环境适应型小型航空飞机发动机开发 要素技术开发 发动机技术实证开发 准备实机开发	2003 ～ 2010 年 2003 年 2004 ～ 2006 年 2007 ～ 2010 年 8 年	188	资助 1/2 委托 100%	日本航空发动机协会、超音速运输飞机推进系统技术研究组合	产学研合作
超电导应用基础技术研究开发（Ⅱ期）	2003 ～ 2010 年 5 年	90.31	委托 100%	国际超导产业技术研究中心、藤仓、住友电气工业公司	实施主体联名与 NEDO 签订合同、再委托多家企业开发、与多所大学合作研究、产学研合作

续表

项目名称	实施期	总预算 / 亿日元	支持方式	实施主体	实施方式
环境适应型高性能小型航空飞机开发 要素技术开发 要素技术时实证	2003～2011年 2003～2007年 2008～2011年 9年	67.06	资助 1/2 委托 100%	三菱重工、富士重工、日本航空飞机开发协会、东北大学、JAXA	三菱重工牵头组成合作研究联合体
固体高分子燃料电池实用化战略性技术开发	2005～2009年 5年	216.07	委托 100% 共同研究 1/2	多个财团、企业、国立研究机构、大学	其中三个技术联盟项目，项目负责人制
纳米技术与尖端器件材料使用化研究开发 Ⅰ革新性纳米技术高端材料与器件的先导性研究开发 Ⅱ革新器件实用化研究开发	2005～2011年	70.64	委托 100% 资助 2/3	企业、国立研究机构、大学	技术研讨委员会、课题负责人制、上游企业与下游企业合作、不同行业和领域合作
利用化合物等的生物系统控制基础技术开发	2006～2010年	135	委托 100%	生物产业信息化联盟，生物技术开发研究组合	签订合作合同、组成创新联盟、产学研合作、项目负责人制
促进基础研究向临床研究过渡的技术开发	2007～2011年	103	委托 100%	生物产业信息化联盟，生物技术开发研究组合、尖端医疗振兴财团	产学研结合，项目负责人制

2. 实施主体

大部分是技术研究组合，还有一小部分是非营利的公益法人“财团法人”或“社团法人”。技术研究组合是根据日本政府1961年颁布的《工矿业技术研究组合法》所设立、由多家（三家以上）企业为开展特定研究开发计划组成的协作组织。技术研究组合基本上是为承担国家的重大产业技术计划而成立，需在政府主管部门注册登记，一般完成目标任务后即解散。日本政府通过立法为之提供一系列财政补助金、各种税制优惠等政策，以推动企业积极参与国家重大工业技术项目与计划的研究开发。财团法人与研究组合的主要区别是前者的成果可为不特定的众多企业共享，后者成果只限参加组合的成员单位共享；前者可以是永久性组织，后者一般在达成目标后解散。

3. 实施机制

产学研合作型：政府部门直接或通过其资金分配和项目管理机构NEDO等间接将项目委托给由企业或企业群（技术研究组合）、大学和科研机构（独立行政法人等）组成的技术创新联盟（实用化阶段项目多为提供补助），由技术创新联盟具体实施研究开发，主要是基础技术研究开发项目。

技术创新联盟的预算分配方案制订一般有三种方式：一是由项目组表（Project Leader, PL）制订；二是NEDO在听取PL意见的基础上制订；三是由项目推进委员会根据预算分配方案，在与各相关方充分协商后做出。

向企业集中投入型：政府部门直接或通过其资金分配和NEDO项目管理机构间接将项目委托给特定企业或企业群（技术研究组合），由技术研究组合具体实施研究开发，主要是实用化、商业化阶段的研究开发项目。参见图3-11。

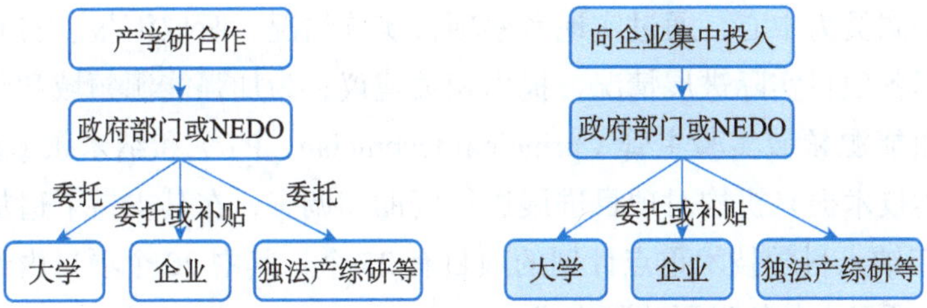

图 3-11　经济产业省主导的科技计划的组织实施模式

4. 管理模式

2001 年以来，NEDO 实施的项目多通过选定 PL 进行项目管理。为明确 PL 的责任与义务，在项目实施前，NEDO 与 PL 签订备忘录，明确其在制订研究计划、研究开发进程与目标管理、实施体制、预算分配、研究人员遴选、研究内容评价等方面的责任与权限。PL 的主要职责包括：项目总体管理、协调参与各方、优化资源配置和研究资金投入方向、吸收项目以外的有益研究成果、灵活机动把握项目的发展方向。

（三）跨部门跨领域的科技计划

为加强政府部门间协调合作、消除跨部门的重要计划因部门条块分割造成的不必要的交叉重复，2004 年，CSTI 创立“科学技术重点政策计划”，首批选定“氢利用与燃料电池”等八个跨部门研究开发项目作为试点。下文以“氢利用与燃料电池计划”为例，分析日本跨部门跨领域科技计划的组织实施模式。

1. 选定程序

由 CSTI 提出建议，在年度预算要求前向各部门征求意见，协调一致后由 CSTI 决定。

2. 管理模式

针对计划指定该领域的杰出专家作为“协调员”（coordinator），由相关部门主管人员和专家组成工作组（working group，WG）；由协调员牵头召开 WG 会议，设定计划的总体目标与方向，把握研究开发内容，研究与协调实现既定目标的具体措施，如管理方法（Plan-Do-Check-Action）、与其他项目的合作、消除交叉重复、补充不足等；根据相关部门的具体措施修正研究内容，将其反映到预算要求中；协调员向 CSTI 基本政策专门调查会报告所负责的该计划的管理状况及协调中存在的问题；对于各部门措施不足之处，必要时可以利用 CSTI 掌握的科学技术振兴调整经费开展相关调查研究；召开 WG 会议，对计划管理和研究以及合作状况等进行跟踪、评价，其结果由协调员向基本政策专门调查委员会报告；必要时修正目标。

氢利用与燃料电池计划技术领域设计范围广泛，跨越五个政府主管部门（总务省、经济产业省、国土交通省、环境省、文部科学省），旨在建立从基础到应用推广的连贯性研究开发体制。

如图 3-12 所示，在氢利用与燃料电池计划实施期间，CSTI 组织由专家、专业委员会、各相关部门主管人员，以及外部专家等构成工作组会议，研究各部门和实施机构的联络协调与信息交换、利用政府投入开展的研究开发的方向性和该计划的重点方针等问题；以设置的协调员为中心，通过实地考察项目实施情况、听取汇报、召开报告会和公开讨论等方式了解各项目实际进展情况，提出相关建议；为加强能源领域和纳米与材料领域的分工合作，由能源领域实验主管（principal technician，PT）和纳米领域的 PT 对项目协调整合；由科学技术振兴机构对项目进展进行资助和调查，在其支持下追加补充性课题研究经费。2007 年纳入科学技术重点计划的项目有 25 个，其中 20 个项目由经济产业省组织实施，其余五个项目由其他省厅共同完成。

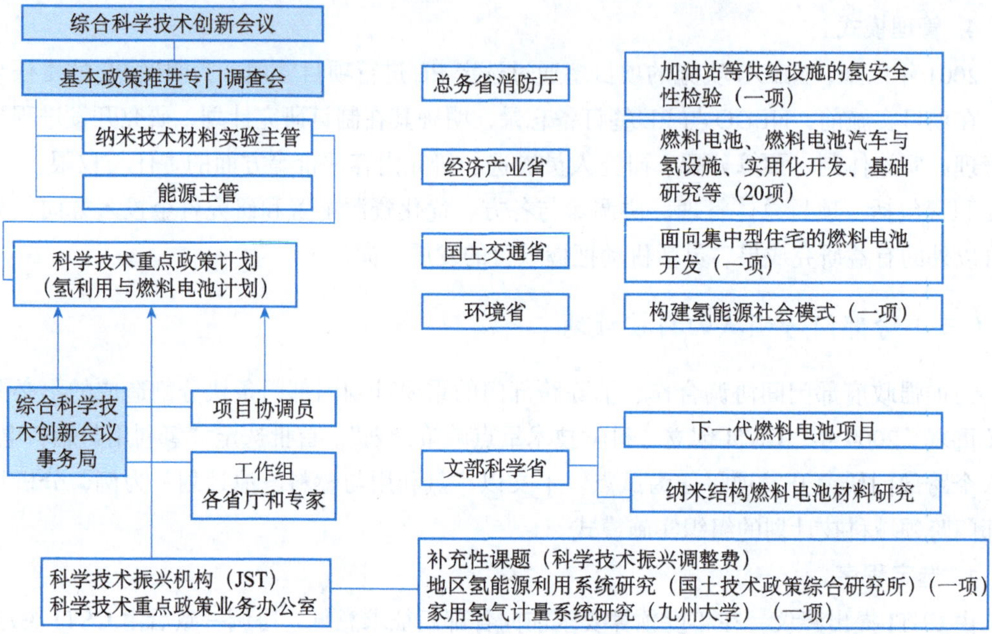

图 3-12　跨部门跨领域科技计划（氢利用与燃料电池计划）的组织实施模式

第四节　启示与建议

一、集中化的组织实施模式

经过调研可以看出，日本科技计划从制订到实施形成了三层体系，即“国家层面的科技计划、省厅级的科技计划、科研机构的发展计划”，具有明显的“纵向延伸、层进式指导”的特点。这样能够使科研活动面向国家战略需求，集中科研力量攻克国家经济社会面临的问题。

这种组织模式也与日本的科研资助特点相关，据统计，“第四期科技基本计划”（2011 ～ 2015）实施期间，竞争性科研经费仅占政府科研总经费的 11% ～ 12% [10]，尤其对于日本国立科研机构、大学，它们都能通过政府划拨的“运营费补助金”（一般性经费）

稳定地得到经费保障。这才能确保科研机构的研究方向紧跟政府的号召。

因此，建议国家以稳定的经费支持科研机构和大学，构建一种集中的科技计划组织实施模式，集中力量解决国家发展面临的重大问题。

二、权威性的顶层设计机构

日本之所以能够以集中化的模式组织实施科技计划，这与 CSTI 密切相关。2001 年，日本设立科学技术方面最高的咨询审议机构——“当时的综合科学技术会议”，以加强首相和内阁的科技管理职能。现在来看，这样的政府改革在科技管理与决策方面确实发挥了积极作用。目前，日本政府还提出要不断加强 CSTI 的科技政策“司令部”[11]职能，足以看出其重要性。

科技管理与决策需要协调多个部门，需要 CSTI 这样高于各部委的机构来组织科技预算、协调大型项目、评价审核科研成果。因此，建议国家成立一个法律地位、权责职能高于国务院各部委的综合机构，制订国家科技发展战略，协调大型科研项目，提高效率，节约成本，避免科研活动的交叉重复。

三、综合全面的咨询审议方法

日本的科技计划体系虽然由三层组成，但是每一层科技计划的制订都一套咨询审议方法，以确保科技计划的专业性、科学性。CSTI 设有“基本政策专门调查会”“基本政策推进专门调查会”，相关省厅设有“科技计划评价研讨会”，科研机构也设有“咨询委员会”，这些都是对科技计划的制订有重要影响的咨询审议部门。尤其在国家层面，CSTI 采用多种方法咨询审议科技计划，既依靠日本科技政策所这样的官方机构开展调研，也委托三菱研究所等商业咨询机构进行调研；既参考部门的调研报告，也参考各种民间社会团体的调研报告……这种综合全面的咨询审议方法能够有效提高政府在科研管理、科研决策活动中的前瞻性、科学性、合理性。

因此，建议国家采取多种方式咨询审议方法来制订科技计划，特别是来自政府和民间智囊的建议，科学有效地组织实施科技计划，确保科技计划能够有效地执行下去。

（执笔：中国科学院文献情报中心　胡智慧、惠仲阳）

参 考 文 献

[1] 冷伏海，王海燕，吴霞．日本科技规划管理及相关问题研究．科技管理研究，2013（15）：29

[2] 内閣府．《科学技术基本法》第二章第九条第 3 款 .http://www8.cao.go.jp/cstp/cst/kihonhou/houbun.

html［2015-2-5］

［3］内閣府.平成26年度概算要求における科学技術関係予算.http://www8.cao.go.jp/cstp/budget/h26gaisan1.pdf［2015-2-6］

［4］日本学術振興会.日本学術振興会2013-2014.http://www.jsps.go.jp/aboutus/index3.html［2015-1-15］

［5］科学技術振興機構.戰略的創造研究推進事業.http://www.jst.go.jp/shoukai.html［2015-1-10］

［6］科学技術振興機構.EARTO.http://www.jst.go.jp/erato/about/index.html.［2015-1-15］

［7］科学技術振興機構.CRDS主要国家基金资助体系研究会报告.http://www.jst.go.jp/crds/pdf/2013/WR/CRDS-FY2013 -WR-06.pdf［2015-2-5］

［8］文部科学省.ターゲットタンパク研究プログラム、http://www.tanpaku.org/［2015-1-10］

［9］NEDO.独立行政法人新エネルギー产业技术総合开発机构.http://www.nedo.go.jp/shortcut_result.html［2014-12-15］

［10］日本科技政策研究所.科学技術指標2014.http://data.nistep.go.jp/dspace/handle/11035/2935.［2015-1-15］

［11］内閣府.科学技術イノベーション総合戦略創造~新次元日本創造への挑戦.http://www8.cao.go.jp/cstp/sogosenryaku/2013/2013.html.［2015-1-15］

第四章

英国科技计划的全过程管理

第一节　英国科技规划与计划管理体系

20 世纪 90 年代以来，英国政府一直由政府制订科技政策和长期发展规划，从而把握整个国家的科技发展方向。因此，国家科技规划是指英国政府从国家层面根据不同阶段制订的，集中体现了国家一段时期的科技目标和战略优先领域的综合性科技战略。例如，2004 年发布的《英国科学与创新投资框架（2004 ～ 2014 年）》、2011 年底发布的《面向增长的创新与研究战略》。

而特定的科研计划则是分别由具体的科研资助部门和执行机构来制订的，是对国家科技规划的具体落实和体现。因此，英国科技规划的制订机制与科技计划的制订和管理体系密切相关。英国的科技管理体系如图 4-1 所示。

一、英国科技规划的制订与落实机制

（一）英国科技规划的制订程序

英国科技规划制订程序如图 4-2 所示。

首先，政府科学办公室（GOS）将采用 Foresight 前瞻项目与战略扫描项目组共同组织的对世界科技发展的最新趋势，以及本国的社会经济发展现状进行的相关调研，面向长期的机遇和挑战，对未来的科学技术战略进行远期的战略预见与建议分析。

其次，GOS 和商业、创新和技能部（BIS）将听取来自英国四大科学院、研究理事会、资助委员会、企业等不同机构的不同领域的科学家、企业界人士的咨询建议，确定对英国

未来发展有重大影响的关键科技领域，提出今后的科技规划咨询报告，提交科技界和公众公开咨询（一般在GOS和BIS的官方网站同时发布，并公布最后截止日期）。

最后，政府的首席科学顾问以及政府各部门的首席科学顾问们根据公开咨询的结果，一起将政府各部门作为一个整体来进行科技战略规划的顶层设计，确立优先领域和制订战略。提交内阁审议通过后，一般由首相办公室和BIS对公众公开发布。

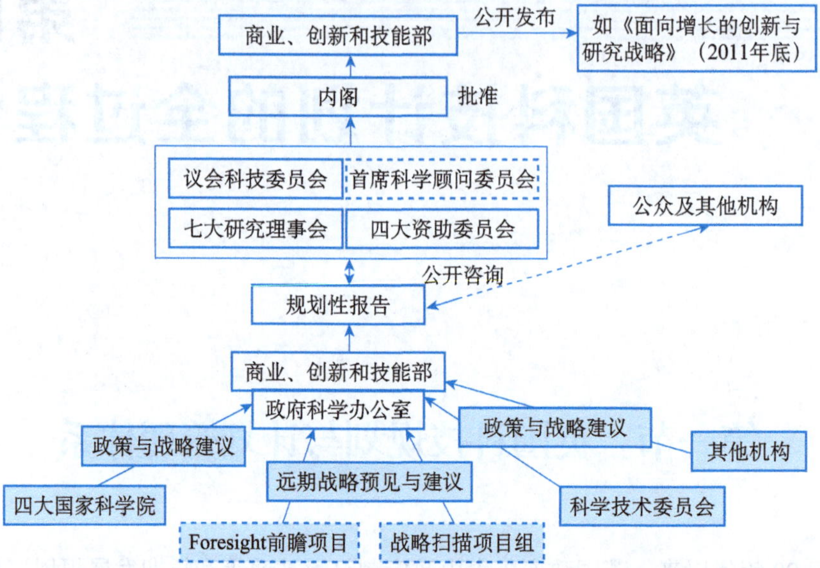

图 4-1　英国的科技管理体系

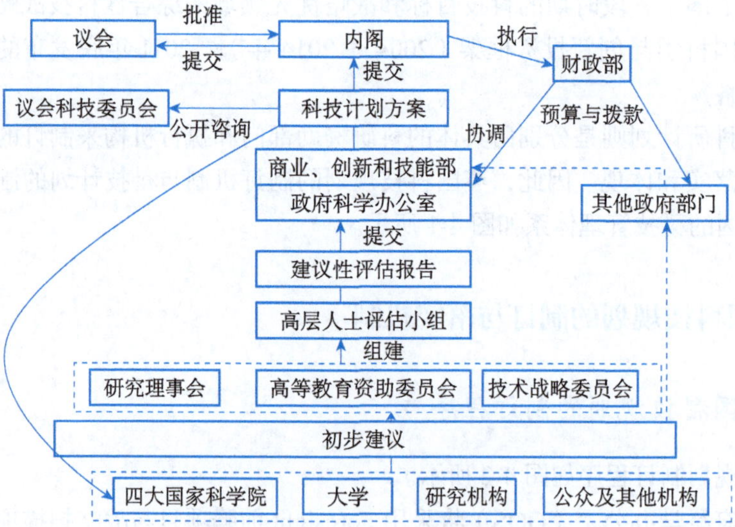

图 4-2　英国科技计划的制订程序

值得一提的是，在拟订科技规划时，英国政府相当重视专业意见，因此通常会与一系列的科研组织（如科学技术委员会）进行反复讨论。英国国会也相当重视科技规划，由议会科技委员会组织专家组，负责针对任何与议会审议有关的科技议题进行分析以及咨询。

Foresight 前瞻项目

目前，Foresight 前瞻项目已不再开展全领域的技术预见活动。而是以滚动主题项目的方式代替原来的各常设领域专家组，保证时刻都有三到四个主题项目处于运行中。为了有效地选择真正重要的滚动主题开展预见，GOS 于 2005 年成立了战略扫描中心（即目前与内阁办公室共同管理的战略扫描项目组），专门负责系统地调查潜在的威胁、机遇与发展前景，选择预见主题。

目前，Foresight 的每个项目都围绕一个主题开展预见活动。通常是由 GOS 建立一个由来自企业、学术、政府精英和志愿人员组成的专题预测小组，并成立一个专门的相关方委员会，负责对未来做出前瞻性预测并提出具体的行动建议。每个专题小组都得到来自不同领域的若干任务组的支持，这些任务组负责为专题小组提供具体的专业细节分析和研究。

各任务组成立后，随即开始广泛的意见征集与整理，包括市场分析、情境分析、分组讨论、调查、区域性研讨会，甚至全国性的德尔菲法调查等方法。

（二）科技规划的落实与实施

国家的科技规划发布后，政府各部门、研究理事会、资助委员会会根据各自的战略发展目标和需要，来制订和实施相应的研究计划、优先领域，以及今后大致的投资预算。各部门、各机构的研究计划还是通过各部门首席科学顾问联合委员会沟通，由 GOS 负责总体上的审定和协调。

二、英国科技计划的制订与实施

（一）英国科技计划的制订

英国科技计划的制订与实施通常包括以下步骤。

（1）初步酝酿与动议。通常由皇家学会等四大国家科学院、科学技术委员会（CST）[①]，以及其他咨询机构、智库、大学和研究机构来组织一个来自各相关方人士的小组进行反复评估、讨论，最后形成向相关机构提出或公开发布的初步建议性报告。

（2）由高层评估小组提出建议性评估报告（review report）。来自咨询机构和公众的动议一旦形成社会反响或引起各科研资助机构的注意，一般就会由四大高等教育拨款委员会

① CST是由政府科学办公室协调会资助的英国政府科技政策和战略方面的最高独立咨询机构，两位联合主席一位由政府首席科学顾问担任，另一位是独立的科技界人士。其成员是来自科技界、企业界和慈善机构的知名专家，由首相直接任命。CST的任务是受政府委托或独立提出科技创新重大议题，组织专家小组，形成咨询建议报告。参见http://www.cst.gov.uk。

（HEFCs）、各研究理事会（RCs）①、技术战略委员会（TSB）[1]等科研资助机构或直接由BIS或GOS[2]负责组织一个由各相关方代表组成的高层人士评估小组（其主席一般为一有爵士或勋爵头衔的名人），对进行反复讨论和聚焦，初步制订科技计划的内容和执行框架。最后，以评估小组主席的名义提出建议性评估报告，并在相应科研资助机构及BIS的官方网站上公开发布，接受公开咨询。

（3）具体方案的制订与提出。公开咨询后，如无重大反对意见，由BIS（或委托HEFCs、RCs、TSB）或GOS负责组建一个计划制订小组，负责制订计划的具体方案。计划制订小组一般包括组织机构的负责人、高层人士评估小组的代表、未来计划各参与方的代表，他们将根据评估报告提出的科技计划的初步内容和执行框架，来细化科技计划的具体实施计划、管理机制和预算方案。

如果是跨部门、跨领域的重大计划，计划制订小组可以由GOS负责组建，组长可以由政府首席科学顾问（即GOS的主任）担任。

（4）公开咨询。计划具体方案的制订后，要在BIS或GOS的官方网站上公开发布，接受议会、咨询机构与智库、科技界、公众的公开咨询。

（5）最终批准。计划具体方案在公开咨询后经修改，由BIS或其他政府部门提交议会审议，议会通过后，则由BIS或其他政府部门公开发布。

（6）组织实施和拨款。议会通过后，就可以在新的财政年度中获得来自财政部的拨款。进而按照科技计划的具体方案开始由规定的管理机构（如HEFCs、RCs、TSB）组建相应的管理体系和机制，并组织计划的内容和项目的具体实施。

通过以上分析可以发现，英国科技计划的制订和实施主要有以下两个特点。

首先，在对科技计划的动议形成后，实际上是由科技资助机构（HEFCs、RCs、TSB等）负责了科技计划的聚焦、制订及最后的落实与管理等工作的。

这些机构一方面能够接触到科技界的一线人员与实际需求，另一方面也在科研工作的组织、管理和评估方面有着丰富的经验，同时长年的合作也使它们在政府和议会积累相应的支持力量。

其次，对各部门科技计划的协调和重大的跨部门科技计划的制订是由政府首席科学顾问及GOS负责的②。

GOS由政府首席科学顾问担当主任，可以直接为内阁提供科技政策咨询和建议，也直接参与国家科技中长期发展规划制订及技术预测。GOS目前直接负责管理和支持的项

---

① HEFCs、RCs并非由BIS直接管理的政府机构，只是年度预算由BIS归口管理的自治式独立科研资助机构。HEFCs、RCs的预算在BIS预算案中是单独列出、直接由议会批准的。HEFCSs、RCs根据它们成立之初由议会通过的机构宪章和此后逐步制订的行为守则，来规范与BIS及其他政府机构之间的关系和互动。参见http：//www.hefce.ac.uk［2015-12-11］。

② GOS成立以来，英国科技界对其的最主要意见就是，GOS与BIS的关系过于紧密。目前，GOS与BIS在同一地点办公，GOS的经费及行政事务由BIS管理，这有可能使BIS部分影响GOS对总体科技规划的判断。因此，英国科技界一直有建议，要求GOS回归内阁办公室主管。其实，GOS的前身——政府科技办公室1993年成立时是由内阁办公室主管的，1995年被划归当时的贸工部预算序列。

目和机构包括：Foresight 科技前瞻项目、战略扫描项目组（Horizon Scanning Programme Team）①、CST 等。这些都有助于 GOS 的跨部门协调功能：

（1）Foresight 科技前瞻项目每年根据战略扫描项目组和广泛的专家意见选取二至三个重点主题进行主题领域或产业领域的前瞻预见分析，如最新公布的《未来城市》前瞻报告。

（2）战略扫描项目组是由 GOS 与内阁大臣咨询工作组（由政府各部的高级代表共同组成）共同管理的工作组，负责全面扫描未来可能对英国的社会发展产生重大影响的战略动向（不仅仅是科技领域的）。利用这一机制，GOS 可以通过内阁大臣咨询工作组直接将自己的战略意向反映给内阁办公室，进而影响首相决策。

（3）政府首席科学顾问可以直接为首相和内阁各部门提供科学、工程和技术方面的咨询，负责协调英国科学创新政策。此外，政府首席科学顾问不仅是 GOS 的主任，还是政府各部首席科学顾问联合委员会的主席，可以通过这一委员会了解政府各部门的科技规划和行动动向，并进行协调及统筹。

（二）科技计划的终结

英国政府的研究计划的执行时间一般为二到四年（与政府的财政周期同步），计划完成后经过评估再确定是否进入下一轮或是制订新的计划。

英国的科技计划在方案制订之初就已经确定了结束时间，一般是在多财年的财政周期结束时，计划也将结束。如果计划被认为需要开始进入新一轮，也必须进行总体评估，以总结上一轮的各项任务完成情况，结算预算使用情况。

一般认为，英国的这种科技计划或项目管理方法比较死板，不能适应突发事件，如经济危机造成的财政紧缩。但这种管理方式也使得科技计划的工作目标明确，财政管理中较少有漏洞出现。

（三）对科技计划的评估

英国科技计划管理和实施机构在科技计划的评估方面积累了丰富的经验，认为保证评估组织或机构的独立性、自主性是实现科技评估工作客观、公平、公正的前提。

英国政府在评价大型科技计划，特别是跨部门的科技计划时，一般聘请外部独立的专家委员会，甚至专业的评估机构进行评估。例如，曾经的英国国家信息技术计划的评估就是聘请外部评价机构实施的，由英国苏塞克斯大学科技政策研究中心评价计划的适宜性和影响，由曼彻斯特大学工程、科学与技术研究所评价计划的结构和组织。

BIS 要求其所有科技计划的评估执行者都必须与启动和运作计划的人或机构没有关联，以保持评估的独立性。评估执行者不能参与过计划的具体实施，也不涉及自身的利益。这

---

① 战略扫描项目组与Foresight前瞻项目的工作是互补的，Foresight致力于高科技支持的尖端领域时，战略扫描项目组则集中于国家政策中的战略远景，通常考虑新兴事物、大范围地收集证据，从多个方位认定在未来有持久影响力或可能取得较大突破的领域。参见https：//www.gov.uk/government/collections/foresight-projects/［2015-12-11］。

样可以保证他们站在更为超脱、更为中立的立场上进行评价和提出建议。

第二节 英国科技计划预算组织实施机制

英国科技计划的预算与管理体系如图 4-3 所示。

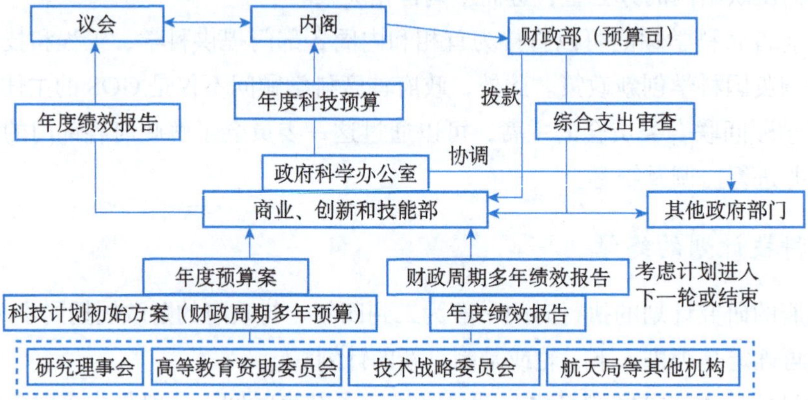

图 4-3 英国科技计划的预算与管理

一、英国科技计划的预算与经费管理特点

英国科技计划在开始之初经议会和政府部门批准的具体方案一般已经提出了首轮二至四年的具体预算安排（与政府的财政周期同步）。因此，英国科技计划的预算与经费管理体现了如下特点。

（1）科技计划的预算程序与常规项目相同，由主管资助机构按年度提交，由 BIS 或相应的主管政府部门进行汇总，经财政部预算司审核（主要是财务审核）后，作为政府总体科技预算案的一部分共同提交议会审批。

（2）各机构在新一轮财政周期（即科技计划的新一轮执行周期）开始前都会提出多年预算案（包含在科技计划的新一轮执行规划中），经政府和议会批准后，年度预算的变化不会太大（最近一轮财政周期为 2011 ～ 2015 年）。

（3）各科技计划内部多数采取多方参与的理事会管理机制，每个年度需由科技计划的具体管理执行机构向理事会和主管计划的资助机构提交财务和绩效报告。

（4）财政周期临近结束的一年，是计划进入下一轮或结束的讨论节点，主要依据多年度的财务报告和绩效报告由主管资助机构进行总体评估，如有需要，主管资助机构会则组织独立外部专家委员会，甚至外部评议机构进行总体评估。

二、科技预算与经费的管理模式

英国科技预算实行复式预算管理模式，在预算编制中，针对某一部门以“活动”为基础进行经费的编报。在英国的预算管理体制下，预算开支分为资源性预算（即消耗性经费）和资本性预算（即能够带来基础设施建设或服务项目收益的经费）两类，全面反映政府部门占用预算资源的情况。这些预算的编制均以权责发生制为基础，相对准确地衡量了各公共部门提供服务所花费的全部经济成本。

从 20 世纪 90 年代起，英国在各高校和科研机构中推行了透明成本核算法，并在项目层面上发展为全经济要素成本核算法。据此，政府部门与机构可以对科研成本进行准确核算，为科技经费预算分配提供科学的依据。

（一）科技预算的制订过程

在绩效管理框架下，HEFCs、RCs、TSB 等科技资助机构根据科研计划和项目的战略目标在预算案中分列各科研计划和项目的详细的绩效目标、绩效等级、测度指标及预算金额等，并接受财政部预算司的指导，提出初步科技预算案。各的机构科技预算案由 BIS 协调并汇编成总体的 BIS 预算案（BIS 的预算不仅包括 HEFCs、RCs、TSB，还包括英国航天局、四大国家级科学院和 GOS 等机构）。

英国财政部预算司负责对 BIS 等部门提出的预算案等内容进行审查，并提出改进建议，随后编成政府总体预算案提交议会审议。

（二）科技经费的审计监督

在英国，每一财政年度结束后，科技管理部门（如 BIS 及其预算序列内的各独立机构）针对本部门的预算执行情况，向议会提交年度绩效报告和财务报告，并接受绩效审计。由于预算案的内容已经包括了战略目标、绩效目标、测度指标，绩效报告要在此基础上回答成果完成情况、绩效等级的自我评定等问题。

同时，英国财政部也定期针对各部门及其机构展开综合支出审查（comprehensive spending review，主要是会计审核）。这是独立于经费使用部门的绩效审计机制，使得审计结果更加客观公正，更具有说服力，便于政府有效监督科技经费的使用。

第三节 英国科技计划的专业管理机构及典型计划

2010 年，英国联合政府取代执政 13 年的工党政府上台后，鉴于国际金融危机后的经济形势大幅削减了政府开支，包括对科技活动的公共资助（政府公共科技资助一度削减到只有每年 46 亿英镑）。因此，原有的国家级跨部门科技资助计划，如“英国创新投资基金”

（UKIIF）资助计划等，全部终止。

保留下来和随后新建的科技计划一般都面向 2011 ～ 2015 财政周期，经过了重新评估与规划，目的是针对新的创新与研究战略目标，提高经费使用效率，集中绩效管理责任。

一、英国科技计划的主要专业管理机构

（一）技术战略委员会

1. TSB 的机构性质

TSB（2014 年发布新的对外名称为“Innovate UK”）目前是隶属于 BIS 序列的政府执行机构，相当于英国的“国家创新署”。其工作重点接受 BIS 的协调，但 TSB 有独立的决策权。由专业人士组成的管理委员会制订 TSB 的运作方针，虽然对 BIS 负责，但不受其影响。TSB 整个机构的工作人员近百人，75% 的来源于产业机构或公众部门，有产业背景。

TSB 主要负责两方面工作：

（1）作为有独立决策权的政府执行机构，负责组织国家技术及产业发展战略的制订和推进，英国政府所有关于创新商业化方面的决策均由该机构进行。

（2）作为英国最主要的针对技术创新商业化活动的资助机构，资助和主持着若干产学研合作研发计划。例如，技术与创新中心（TIC）的网络计划、小企业研究计划、“知识合作伙伴”计划（KTP），通过同行评议来自遴选并资助产学研机构合作申请的创新项目。TSB 与大学、研究机构、企业有紧密的合作关系，不仅执行 BIS 部内的，还会主持其他政府部门（如国防部、交通部、航天局）资助的产学研合作研发计划，为英国企业技术创新提供广泛的实际帮助。

2. TSB 的管理和预算机制

TSB 的管理机制如图 4-4 所示。

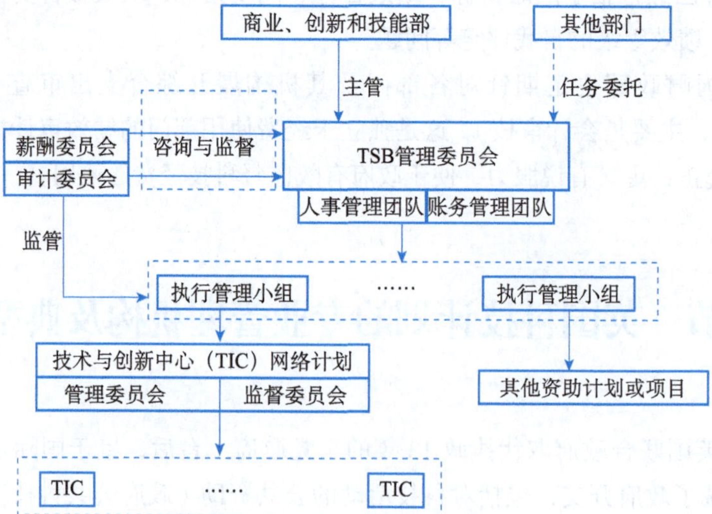

图 4-4　TSB 的管理机制

TSB 管理委员会共有 14 名成员，包括 TSB 的主席和首席执行官兼财务总监。其中 TSB 的主席 Phil Smith 是 Cisco 公司的 CEO，首席执行官兼财务总监 Iain Gray 是苏格兰议会的议员，其他成员只有一名是来自大学的教授，剩下的都是来自企业或智库。

TSB 的管理委员会每年负责制订 TSB 的年度行动规划和执行规划。在这两个行动规划和执行规划中，TSB 管理委员会根据 TSB 的各项资助计划或项目的需求提出 TSB 的年度预算。TSB 每年将这一预算报 BIS，经议会审议批准。

TSB 的预算在 BIS 预算案中也是单独列出的。此外，它主持的部分计划和项目会得到其他参与的政府部门和研究理事会的资助。2013 ～ 2014 年度，TSB 获得的预算为 5.86 亿英镑，年度运行总支出额为 6.24 亿英镑，其中的缺口就是由其他政府部门和研究理事会的联合资助资金来支持的。

（二）各研究理事会

英国的各种领域研究理事会从 1920 年起开始陆续成立，目前保持为七个，包括：生物技术和生物科学研究理事会（BBSRC）、科学技术设施研究理事会（STFC）、自然环境研究理事会（NERC）、医学研究理事会（MRC）、工程与自然科学研究理事会（EPSRC）、经济与社会研究理事会（ESRC）、艺术和人文科学研究理事会（AHRC）。

英国研究理事会（RCUK）只是七个专门领域研究理事会（RCs）进行战略合作的联盟机构，其目的是克服跨理事会的研究活动障碍，促进共同的人才培养、创新培育和国际合作工作。各研究理事会作为独立法人，实际上是各自独立的管理，并分别向议会负责的。RCUK 的总执行官有各研究理事会的首席执行官轮流担任，不是 BIS 的官员[3]。RCUK 的主要管理机构如图 4-5 所示。

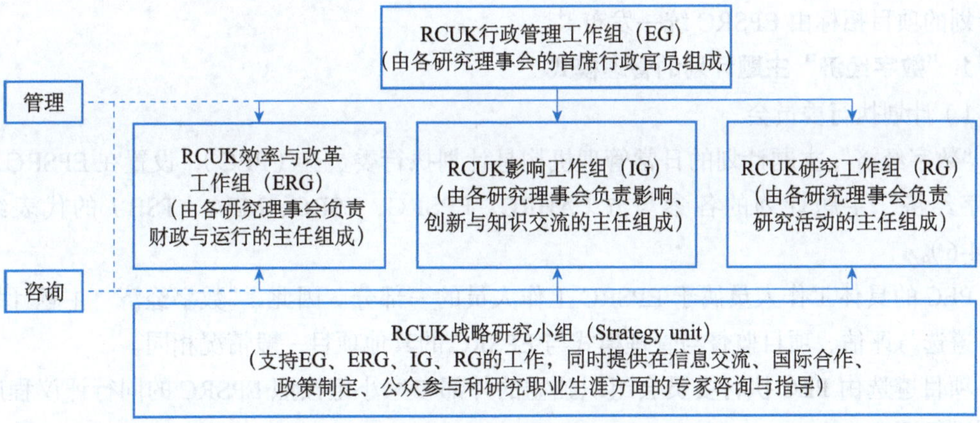

图 4-5　RCUK 主要管理机构的组成

在资助和领导英国的卓越、远大和有影响的科研活动中，RCUK 发挥着中枢性的作用。RCUK 的工作是通过自己的行政管理工作组的管理及效率与改革工作组、影响工作组、研究工作组的工作来集成并领导关键性跨学科领域的研究活动。RCUK 的战略研究小组（strategy unit）将帮助完成这一工作，并与各研究理事会合作提供在信息交流、国际合作、政策制订、公众参与和研究职业生涯等方面的指导。

由于七个研究理事会都是专业性的，所以其长期资助研究所的分工更细，所以规模都不是很大。以规模最大的BBSRC各研究所为例，平均每个正规研究所的员工为200～300人。其余的研究中心、研究单元甚至更少。相对较小的规模有利于建立相对简洁的组织结构，从而提高内部管理的效率，并方便研究理事会对其在经费使用等方面的监督。

这些研究机构不同于中国政府机构所属的研究所，研究理事会只是它们的主要经费来源，它们实际上是“接受研究理事会长期资助”的研究机构，而不是由研究理事会直接管理的研究机构。它们接受研究理事会的监督和资助，但都是独立的自我管理的研究机构（其中大部分机构是依托于大学建立的，因此在业务管理和研究方向选择中还要受到所在大学、系的影响）。

二、英国科技计划的典型案例

（一）跨研究理事会的“数字经济”主题计划

“数字经济”（DE）主题计划由英国艺术和人文科学研究理事会（AHRC）、工程与自然科学研究理事会（EPSRC）、经济与社会研究理事会（ESRC）和医学研究理事会（MRC）在2008年共同发起，随后，技术战略委员会（TSB）也通过对“数字经济”技术与创新中心（TIC）项目的资助参与到这一计划之中。

这一跨研究理事会的主题计划目的是协调和资助关于未来社会经济、医疗健康和文化领域的数字技术研发及相关人员培训。作为RCUK重点关注的六个跨研究理事会主题研究计划中的一个，“数字经济”主题计划由RCUK授权EPSRC实际负责其日常运行与管理，该计划的项目招标由EPSRC统一发布[4]。

1.“数字经济”主题计划的管理模式

1）计划执行委员会

“数字经济”主题计划的日常管理机构是计划执行委员会（PEC），设置在EPSRC，由“数字经济”主题计划的各参与方（AHRC、EPSRC、ESRC、MRC、TSB）的代表组成（图4-6）。

PEC的具体工作人员属于EPSRC工作人员的一部分。因此，“数字经济”主题计划的项目遴选与评估、项目监督与管理模式与EPSRC的其他项目一般情况相同。

项目遴选由PEC执行委员会组织独立的外部专家小组按照EPSRC的同行评议程序和准则进行评选。

项目监督与管理主要依靠两条途径：项目研究团队要定期向PEC执行委员会提供绩效及财务报告；EPSRC还会委托英国共享业务服务有限公司（UK Shared Business Services Ltd，简称UK SBS[5]，第三方独立监理机构），监管其资助项目的研究进度及财务执行情况，并定期向EPSRC管理执行机构提供报告。依据这两者的报告，EPSRC将定期向项目研究团队提出评估结果和改进意见。

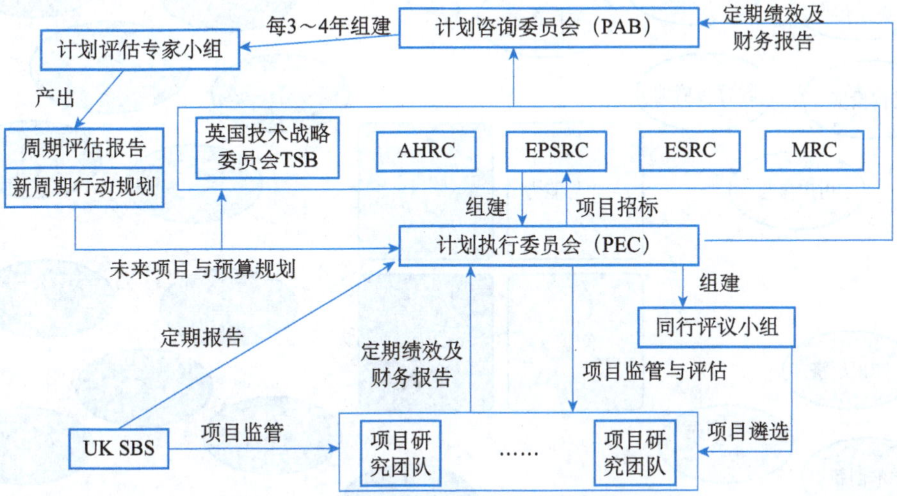

图 4-6 “数字经济”主题计划的管理组织机构

2）计划咨询委员会

计划咨询委员会（PAB）全部由外部独立专家组成，目前的主席是伦敦大学学院（University College London）工程政策中心的 Brian Collins 教授，其他成员包括八名来自大学、三名来自企业和咨询公司、一名来自智库的专家和教授。PAB 根据 PEC 的要求每年至少召开三次会议，对 PEC 的工作进行咨询和指导。

其主要工作包括：

（1）定期（主要是年度）审议计划执行委员会提交的计划总体绩效及财务报告，从而对下一年度的计划重点和预算进行适当调整。

（2）每隔三至四年（与政府的财政周期相同）组织一个独立的外部评估专家小组对整个计划进行周期性的全面评估，产生周期评估报告和下一个周期的行动规划（Action Plan）。

行动规划将对未来一个周期的重点研究领域布局（将计划的子主题分配给各参与方）和各年度的研究预算（包括各参与方的预算分配）安排提出初步建议。经批准后，各参与方就可以按照行动规划的内容来安排自己的预算编制和项目招标工作。

3）总体评估框架

“数字经济”主题计划最近的一次周期性总体评估是在 2012 年 5 月完成的，对该计划 2008 年 9 月到 2010 年 11 月这 3 个年度的工作进行了全面的总结（图 4-7）。

PAB 授权其主席 Brian Collins 教授直接领导评估小组，PAB 负责选择了评估小组的成员，包括四名来自大学、五名来自企业和咨询公司、三名来自智库的专家和教授。评估的组织和具体操作性工作由 EPSRC 的工作人员直接承担。

评估框架主要包括：学术、经济、知识和社会四个方面 24 类指标，每类都有外部评估专家小组中的一位专家来具体负责调研与分析。

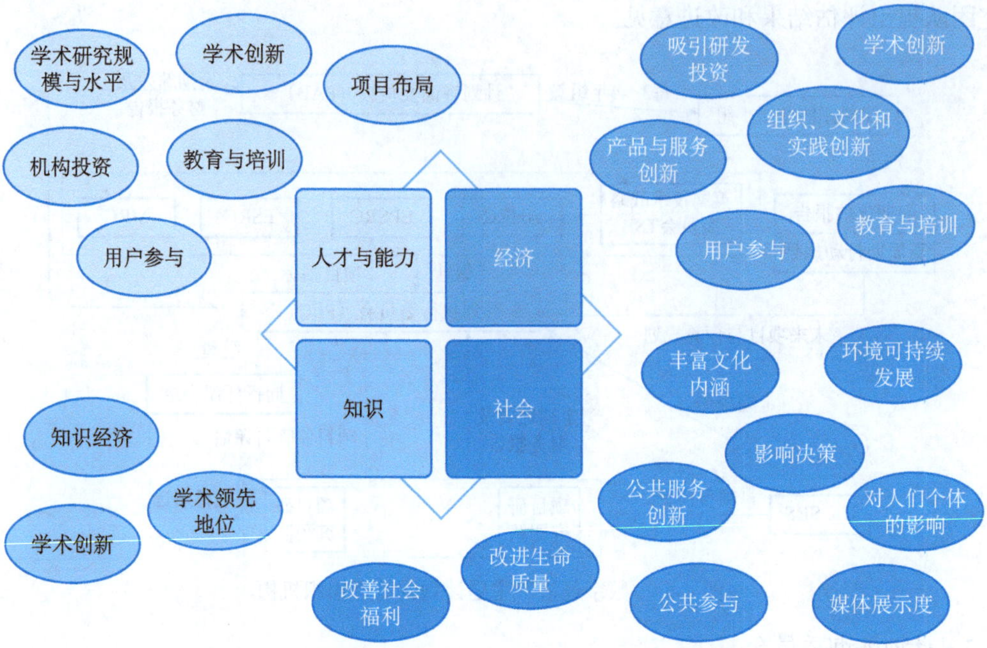

图 4-7 “数字经济”主题计划的评估框架体系

2.“数字经济”主题计划的预算方式

“数字经济”主题计划的预算（图 4-8）是由各参与方（AHRC、EPSRC、ESRC、MRC、TSB）根据多年度行动规划（Action Plan，目前是 2012 年总体评估后产生的“2011 ～ 2015 行动规划”）对子主题分配情况和研究预算的初步建议来自行安排的。

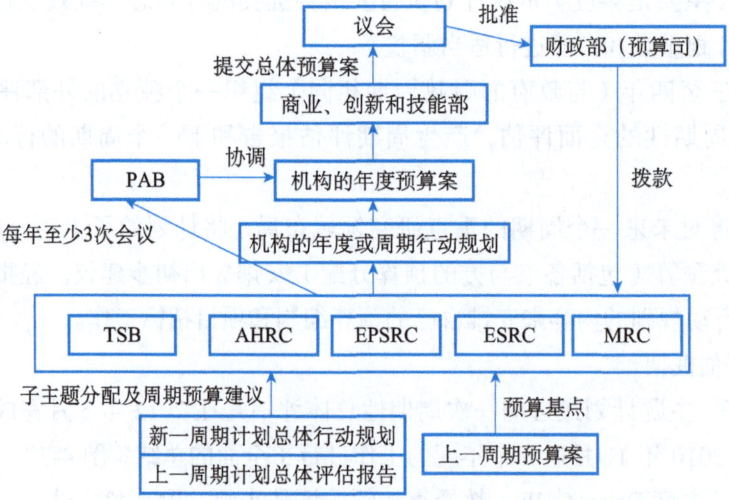

图 4-8 “数字经济”主题计划的预算方式

以 EPSRC 为例，EPSRC 的竞争性资助项目分为三类[6]：重大挑战（六个主题领域）；能力建设（五个主题领域）；其他自由申报类项目。“数字经济”主题计划就是目前 EPSRC 的重大挑战类资助项目的一个主题领域，目前正在资助的项目为 136 项，总计资助额度为

1.73 亿英镑。

EPSRC 主要是由其多年的执行规划按照前一个财政周期的预算基点进行安排的，每年度的预算在此基础上一般变化不大。例如，EPSRC 2011 ～ 2015 年的执行规划（EPSRC Delivery Plan 2011 ～ 2015）对 2011 ～ 2015 的四个财政年的“数字经济”主题计划预算做出了安排（表 4-1）。

表 4-1 EPSRC 2011 ～ 2015 执行规划对“数字经济”主题计划的预算安排 单位：百万英镑

资源性预算项目	基点	各年度预算安排			
	2010/2011 年度	2011/2012 年度	2012/2013 年度	2013/2014 年度	2014/2015 年度
“数字经济”主题	24	26	26	27	27

每年度的“数字经济”主题计划预算被批准后，EPSRC 将按此进行项目招标，具体项目的遴选主要依据 EPSRC 的同行评议标准，但所有项目的总体资助金额不得超出计划的年度预算规定。

（二）科学技术设施理事会及其研究设施的管理机制

科学技术设施理事会（STFC）是英国七大研究理事会之一，于 2007 年 5 月由原国家实验室研究理事会（CCLRC）和原粒子物理与天文研究理事会（CTFC）合并而成，通过运行和管理重大科研仪器设施，为科学家和研究人员提供设施使用服务。

1. STFC 的管理机制

STFC 的管理机制如图 4-9 所示。

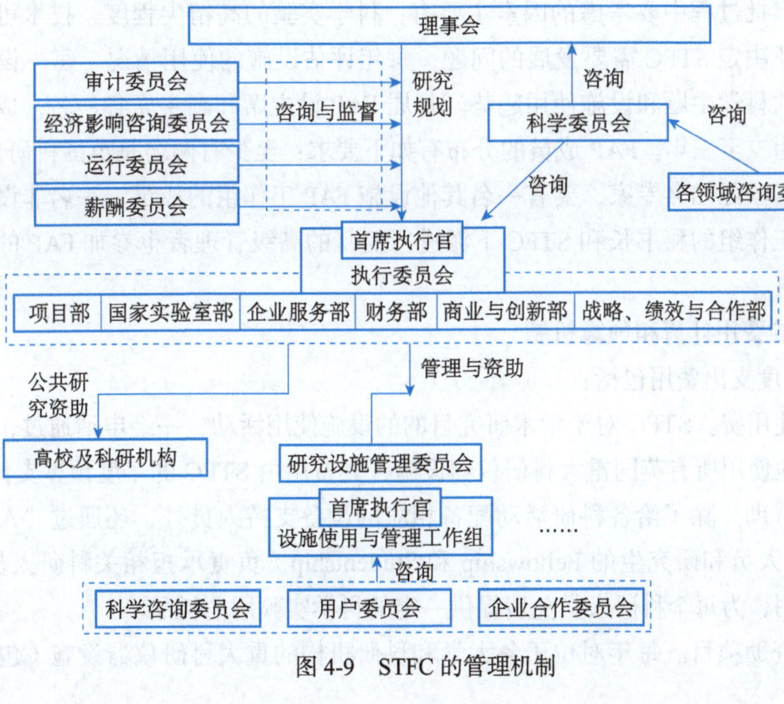

图 4-9 STFC 的管理机制

STFC日常事务管理完全独立于政府主管部门，由自身的决策团体——理事会负责。理事会由BIS部长任命，理事会设非全职的主席和全职的首席执行官各1名，成员分别来自大学、研究理事会和工业界。

STFC的主要工作包括：

（1）评议和管理公开竞争的人员资助项目（Fellowship和Studentship）。每年资助超过1700名的科研人员和超过900名的研究生在使用重大科研仪器设施时发生的其他费用，这与对重大科研仪器设施的使用申请基本是绑定的。

（2）评议和管理公开竞争的机构资助项目（包括新设施的建设）。每年对位于各大学和科研机构的重大科研仪器设施，依据其上一年度的费用情况和管理情况，利用各领域咨询委员会的同行评议建议，资助其仪器设施的建设和维护费用。（针对研究人员和研究生的Fellowship和Studentship）。

（3）最主要就是管理对所属各重大科研仪器设施的使用申请。通过同行评议的选择，STFC各科研仪器设施每年会支持2000项左右的实验项目。

2. STFC设施的使用申请管理机制

STFC各科研仪器设施的使用申请一般直接向相应设施的管理委员会直接提交。散裂中子源（ISIS）、高能激光器（CLF）、钻石（Diamond）同步加速器光源等大型设施一般在每年4月、10月两次接受申请，而后进行集中评议。小型激光器等小型仪器设施一般在每月6日接受申请，而后进行集中评议。

科研机构和人员对重大科研仪器设施的使用申请，都需要通过设施使用工作组（FAP）的集中评议。FAP是一个同行评议小组，负责审批设施的使用申请，决定申请占用设施的时间。FAP在审批过程中要考虑的因素主要有：科学实验的高精尖程度、技术可行性、安全性等。FAP还决定STFC需要发展的问题，每年评估设施的使用情况、每一设施的科学产出、新出现的科学主题和设施使用趋势。每届FAP设主席和副主席各一名，成员九至十名，任期一般为二至三年。FAP成员的分布有如下要求：至少有两名是英国科研界的专家，最多可以有三名国际知名专家，要有一名其他设施FAP工作组的成员、一名非设施研究科学家。此外，工作组的秘书长和STFC下派进行监督的高级管理者也参加FAP的会议，但不具有投票资格。

3. STFC的费用计算和预算机制

STFC的年度支出费用包括：

（1）设施使用费。STFC对于学术研究目的的设施使用活动，一经申请通过，科研人员可以完全免费地使用所有英国重大科研仪器设施，其费用由STFC的年度预算支付。

（2）人员资助。除了给各科研活动配备相应的设备支持人员外，还通过“人员资助项目”（针对研究人员和研究生的Fellowship和Studentship）负责承担相关科研人员的住宿、膳食和交通费用，为每个科研人员免费提供一定的科学实验用消耗品。

（3）机构资助项目。每年对位于各大学和科研机构的重大科研仪器设施（包括新设施的建设）给予资助。经费主要用于提供、运行、维护、发展和升级其大规模设施及其相应仪器，履行与用户签订的各等级的服务协议。

（4）行政管理费用。STFC及其各科研仪器设施雇用的行政管理人员就有1600多名，他们的薪酬和其他行政运行费用在2013～2014年度就达到1330万英镑。

由于STFC规定，免费使用重大科研仪器设施的时间应占仪器设施总可用时间的90%以上。但另外10%可以向企业和社会有偿提供服务。因此，STFC每年通过向企业和社会有偿提供设施服务，获得其他政府、其他部门和社会非营利性资助机构的资助，而获得外部的资金支持。

因此，STFC每年度的预算是由STFC的执行委员会和各设施的管理委员会根据上年度实际情况，计算出当年度预计支出的总费用，再减去预计发生外部资金而综合得出的。STFC再将这一预算报BIS，经议会审议批准。例如，2013～2014年度STFC年度运行支出费用总额为6.11亿英镑，议会批准的、由财政部通过BIS下拨的年度预算为4.89亿英镑，其中的缺口就是由外部资金支持的。

（三）TSB的技术与创新中心网络计划

2011年1月，TSB公布了预算为2亿英镑（2011～2013财年）的国家技术与创新中心网络建设计划[7]。2011年2月份，英国下议院科技委员会也提出了对技术与创新中心网络的建议报告。

从2011年10月第一个高价值制造技术与创新中心（TIC）建立到目前，英国已经建立了七个TIC，还有三个正在筹备中。这些中心一般建立在大学已有的研究实施和实验室基础上，负责为国家重点产业提供联合研发，为企业提供最好的技术专家、基础设施、设备及相关研发支持。

建立TIC的申请要由大学、研究机构和企业联合提出，由TSB管理委员会组织外部专家委员会进行评审和提出修改建议。评选标准的主要包括三方面：申请方向是否符合TSB原“TIC网络计划”提出的重点领域或产业；各联合申请机构的学术水平及研发能力、参加联合申请的企业能否提供相应的配套资助及商业化应用前景。

按照TSB的规定，各TIC的经费由TSB提供1/3的核心资助（来自政府预算），另外有1/3来自各研究理事会和其他资助机构的竞争性项目，最后的1/3来自企业合同。各TIC每个年度通过“TIC网络计划”的管理委员会和监督委员会向TSB提交自己的预算案和绩效与财务报告，而后由TSB协调、确定和下拨各TIC的年度预算。

（四）“英国研究伙伴投资基金”资助计划

2012年，随着经济状况有所好转和对创新促进经济增长的认识加深，英国开始加强对科技的经费投入。5月，英国BIS宣布启动“英国研究伙伴投资基金”（UKRPIF）资助计划，投资为1亿英镑。随后，在10月新的政府财政预算案公布后增加到3亿英镑（规定使用期限为2012～2015财年），其发展历程如图4-10所示。

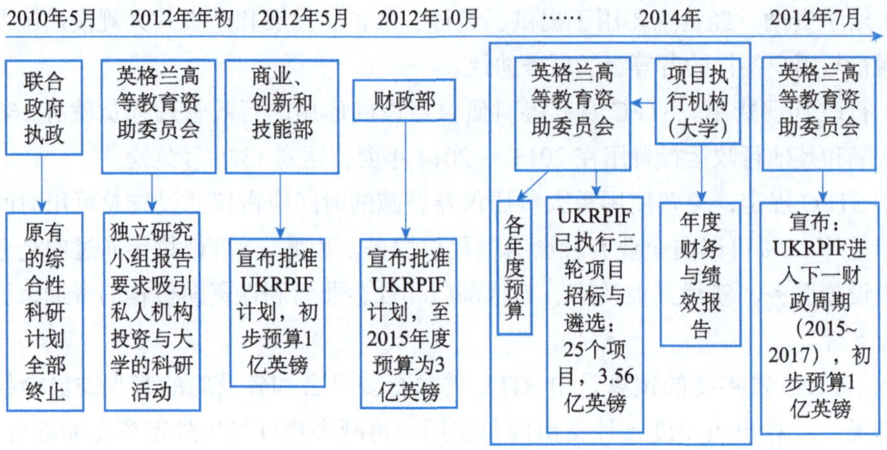

图 4-10 UKRPIF 的发展历程

按照 UKRPIF 的规定，UKRPIF 的项目要求大学必须能够从参与合作的企业或慈善机构获得两倍以上的资金匹配。英国政府希望以此来拉动企业对高校研发活动的更多投资，并强化对大学科研基地的建设。目前，UKRPIF 已有 3.56 亿英镑资金发放给初步获得批准的前三轮申请，共计 26 个合作项目，预计整个计划将带动总计 10 亿英镑的研发投入。并且，其中部分优秀项目将获得 1 亿英镑的追加资助。

表 4-2 英国研究伙伴投资基金概况

计划名称	“英国研究伙伴投资基金”（UKRPIF）资助计划
计划起源及其终止	英格兰高等教育资助委员会组织的独立研究小组的报告指出，此类资助计划有助于吸引私人机构投资与大学的科研活动 2012 年 5 月，BIS 宣布建立这一基金（期限为 2012 ～ 2015 财年） 2012 年 10 月，财政部在新年度预算案中予以批准、拨款 2014 年 7 月，BIS 宣布，UKRPIF 资助计划将在 2015 ～ 2017 财年延续，进行新一轮的资助
主管机构	英格兰高等教育资助委员会
目标	支持大学与产业界之间的大型长期研究合作计划
要求	每个项目获得 1500 万～ 3500 万英镑的资助，但获得资助的大学要从企业界和慈善团体获得 2 倍以上的匹配研究资金
项目遴选程序及其标准	第一阶段，由英格兰高等教育资助委员会组织的独立评估小组对各大学的初步项目申请进行评估，评估标准主要包括提出申请的大学是否已经具备了强大的研究能力，投资是否能够获得回报 第二阶段，由英格兰高等教育资助委员会审核评估第一阶段已入选大学的完整项目规划以及能否获得 2 倍的匹配资金，评估标准主要包括项目目标的合理性及具体执行方式、项目的融资（包括获得匹配资金的）能力①
项目监督与评估	获得资助的项目必须在 2015 年 3 月前完成；由获得资助的大学组织外部专家组成的最终评估小组进行评估，配合英格兰高等教育资助委员会进行项目监督与最终成果评估

（执笔：中国科学院文献情报中心 李宏）

① UKRPIF 2013-15 guidance. http://www.hefce.ac.uk/pubs/year/2012/201231//[2012-10-11]；http://www.hefce.ac.uk/whatwedo/rsrch/howfundr/ukrpif//[2013-12-10]

参考文献

［1］Innovate UK：the UK’s innovation agency. https：//www.gov.uk/government/organisations/innovate-uk/［2015-12-11］

［2］RCUK. Research Councils UK. http：//www.rcuk.ac.uk/［2015-12-11］

［3］RCUK. Digital Economy. http：//www.rcuk.ac.uk/research/xrcprogrammes/digital/［2015-12-11］

［4］UK SBS. About UK SBS. http：//www.uksbs.co.uk/about/Pages/default.aspx/［2015-12-11］

［5］EPSRC. Our Portfolio. https：//www.epsrc.ac.uk/research/ourportfolio/［2015-12-11］

［6］Catapult. Home—Catapult. https：//www.catapult.org.uk/［2015-12-11］

［7］UKRPIF. UKRPIF 2013-15 guidance，http：//www.hefce.ac.uk/pubs/year/2012/201231/［2012-10-11］

第五章
德国科技计划的全过程管理

德国是由州组成的联邦制国家。德国政府在科技管理方面特别重视科学自由与科研自治。政府对科研管理的职能原则上仅限于宏观调控，调控手段包括制订科技政策、科研规划和发展重点，以及对科研计划、项目和人员进行资助等。德国联邦教研部是联邦政府的科技主管部门，负责制订联邦科技政策和科技规划战略。联邦政府不同领域的科技计划按职能分工归属不同部委管理。跨部委的科技计划实行联合管理，参与部委按领域分工分别管理计划中的某一部分，其中一个部委负责组织协调。各州在科技事业上享有一定自主管理权，并与联邦政府共同承担对个别科技计划的资助。科技计划的具体执行由科技计划专业管理机构负责，主要工作包括科技计划申请指南的形成、项目申请与评审、项目实施过程管理、组织项目评估等。

第一节　德国科技计划管理体系

长期以来，德国无全面、长远的科技发展战略规划，联邦政府主要通过制订和实施重点科技领域的科技计划来实现对科技的引领、指导与宏观管理[1]；德国科学基金会（DFG）作为国家自然科学基金资助科学家自由选题、特殊研究领域、重大研究计划，以及青年人才和团队建设，来促进基础研究和前沿科学研究的发展。

随着全球知识经济竞争的日趋激烈，2006 年，德国联邦政府出台了第一个全国性、跨部门和领域的科技发展战略——“高技术战略”，以此为抓手，聚焦尖端技术未来重点发展领域，以提升德国整体创新能力，确保在未来重要市场的领先地位。随着气候变化、人口结构转变、疾病传播、原材料紧缺等全球性挑战的日益严峻，联邦政府强调技术变革应为人类利益服务。因此，在2010年调整“高技术战略”，将其重点从原先的17个具体技术领域开发调整为面向气候/能源、健康/营养、交通、安全和通信五大需求领域的创新[2]。2014年，联邦政府再次调整“高技术战略”，使其更加注重技术创新与社会需求的结合，并将创新范围扩展到社会创新。目前，“高技术战略”确定了六个重点发展领域下的科技计划，促进技术转移和知识产权保护、扶持中小企业研发等政策引导类科技计划，以及10个针对人类具体需求、寻求系统解决方案的专项计划[3]。

目前，德国形成了由领域科技计划、政策引导类科技计划、专项科技计划和国家科学基金计划四类计划为主体的科技计划体系，如图5-1所示。

德国科技计划管理体系如图5-2所示。联邦政府和16个联邦州政府是德国科技规划的最高决策者和重要投资者，议会负责提供必要的法律框架、审议科技预算。联邦科技计划由联邦政府各部委按照职能分工组织与管理，其中联邦教研部（BMBF）是联邦政府最主要的科技主管部门，掌管近60%的联邦政府研发经费，主要负责基础研究、关键技术、生命科学和可持续发展研究领域的科技计划。目前，由联邦教研部负责的科技计划主要有“可持续发展能源研究框架计划”“健康研究框架计划”“原材料经济战略计划”和“安全研究计划”等。联邦经济与能源部（BMWi，原联邦经济技术部）是联邦政府第二大科技主管部门，主要负责创新政策和产业相关研究，管理能源和航空领域的科学研究及面向中小企业的科研资助计划。目前，由联邦经济与能源部负责的科技计划包括“第六能源研究计划”“电动汽车信息通讯技术资助计划”“联邦政府航空战略”“中小企业创新促进计划”及“风险资本补助计划”等。联邦其他有关部委，如联邦农业部、交通部、建设与城市发展部、环境部等管理与本部门职能相关的科技计划。目前，由农业部负责的科技计划主要有“生物经济政治战略”和“可再生资源替代石油”，交通部负责“可持续交通计划”，环境部负责“气候保护2020行动计划”等科技计划。

除部门各自负责的科技计划外，联邦政府跨部委科技计划采用联合管理、联合资助的组织实施方式，参与部门按领域分工管理计划中某一部分，主管该计划的部门负责组织协调。

德国16个州政府在科技事业方面享有自主管理权，可组织实施针对本州的科技创新计划，也可在协议基础上与联邦政府共同承担对科技计划的资助，如“精英大学计划”“高等教育公约”等。各州的科技计划由各州科技主管部门负责。

对于联邦和州共同资助的科技计划，德国科学联席会（GWK）负责协商、确定双方资助比例和组织实施方式。GWK是协调联邦和州科技政策及联合资助公共科研的常设性机构，也是联邦和州交流德国科技规划战略和科研体系发展的平台，成立于2008年，成员由联邦和州主管科技和财政的部长及委员组成。科学委员会是联邦和州政府的科技发展咨询机构，主要就科研体系、学科规划，以及科研机构的结构、发展及资助等问题提出建议。科学委员会设有科学委员组和管理委员组两个组，科学委员组负责科学技术咨询，成员由24名科学家和8位联邦和州政府联合提名的公众代表组成；管理委员组负责协调联邦和州之间的科技政策，由6名联邦代表和16名州政府代表组成。

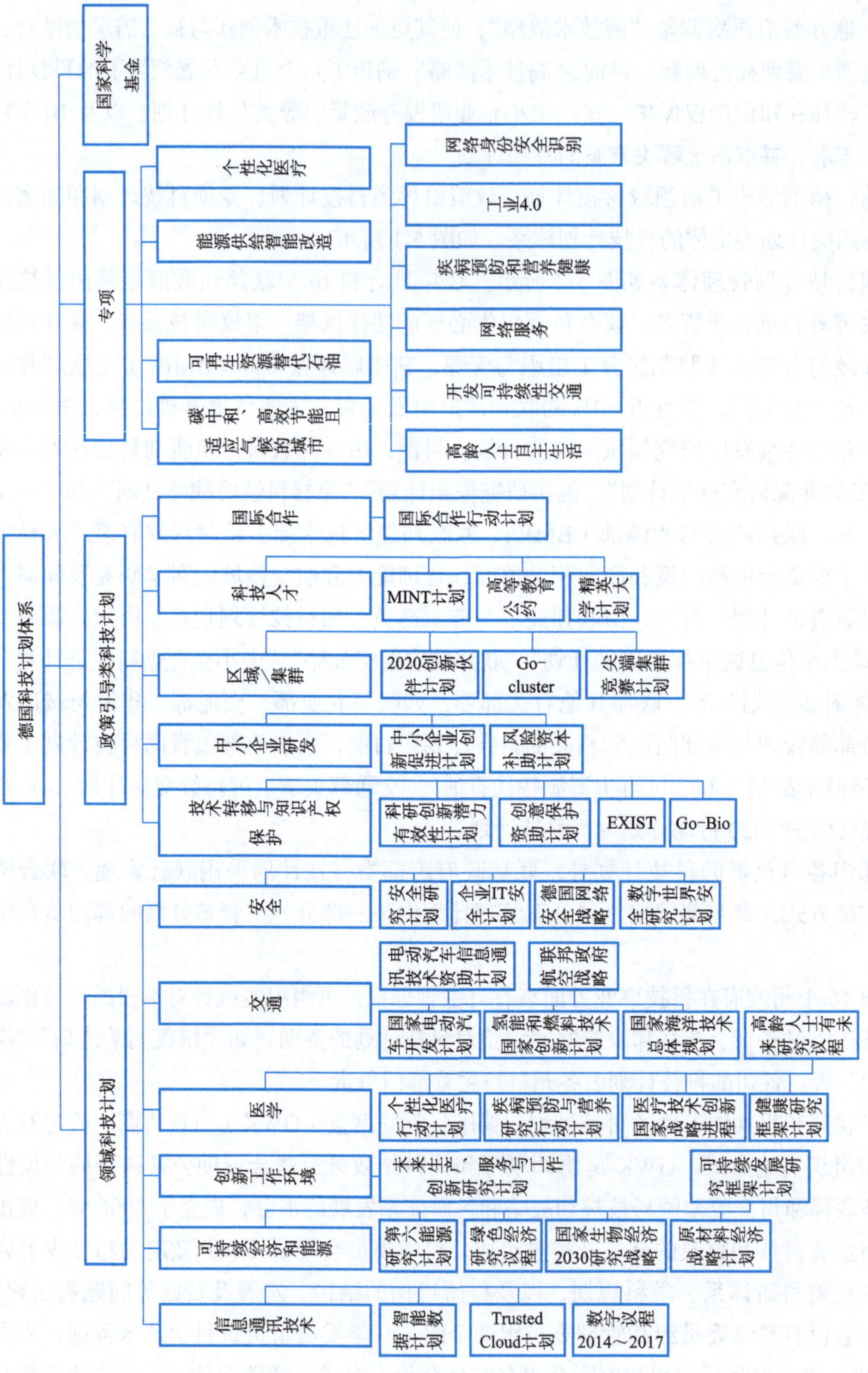

图 5-1 德国科技计划体系

资料来源：根据 2014 年出台的“高技术战略”整理

*MINT 计划，全称为数学、计算机科学、自然科学与技术人才计划

德国科技计划的具体执行与管理由 DFG 及具有科技专业知识和科研创新管理能力的专业化项目管理机构负责。

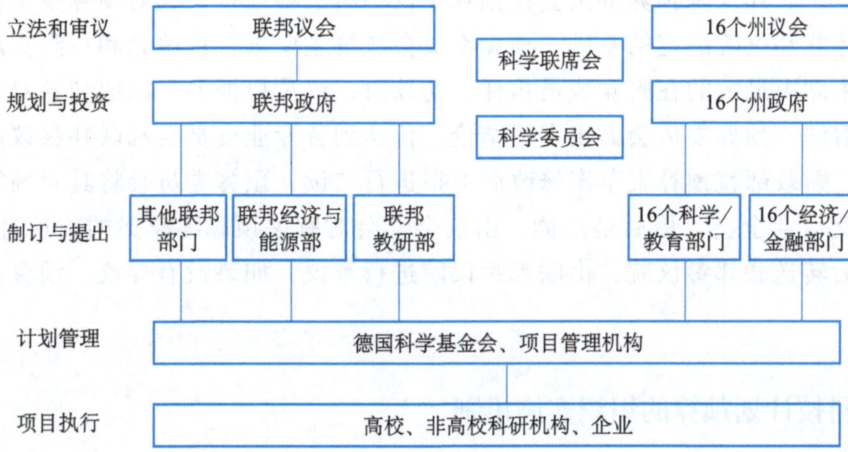

图 5-2　德国科技计划管理体系

第二节　德国科技计划预算组织实施机制

德国科技计划预算纳入政府财政预算，经费经议会批准通过。议会批准的预算经费由财政部拨付给各部门。

一、科技计划预算的形成机制

（一）预算编制

德国政府财政预算编制主要依据德国基本法以及联邦预算条例等法律法规。联邦财政部负责编制联邦预算草案，一般于上一年 12 月开始编制。编制预算时，由联邦财政部向各部门下达编制预算的指示与要求，次年 3 月 1 日前，各部门将本部门的支出需求上报联邦财政部。各部门的预算草案上交后，联邦审计局对部门预算草案的编制是否合法合规，是否符合经济效益性进行审查。联邦财政部经与相关部门协商可以修改概算。联邦财政部汇总各部门上报的预算草案，形成联邦预算案草案，提交联邦政府，联邦政府对预算案草案做出决议。

（二）预算审议与通过

预算审议是德国议会最主要的权力，具体体现为“三读”审议和两院通过的方式：

预算案草案通常在9月1日后的联邦议院的第一个会议周提交至联邦参议院和联邦议院进行秋季讨论，联邦财政部长做报告。联邦议院一般对预算案草案进行三次大的辩论（也称通读）。联邦议院预算委员会在预算审议中居主要地位，其对预算案草案做出的决议是全体联邦议院决定的基础。预算委员会成员主要来自执政党和在野党成员，预算委员会主席由最大的在野党成员担任。初读时，议员根据各党派的利益对预算草案提出基本看法，预算委员会做出书面结论，传达到各专业委员会和联邦参议院。根据初读结论，财政部就预算案草案修改后上报进行二读，预算委员会将其对预算案草案的决议提交议会全会。最后是三读，由议会全会对有关预算案草案的决议进行通过。议会通过后转送联邦参议院，由联邦参议院进行审议，如果没有异议，预算草案即获通过[4]。

二、科技计划预算的组织实施机制

（一）预算执行

德国议会批准的联邦预算经费由财政部拨付给联邦各部门。联邦教研部、联邦经济与能源部以及联邦国防部是联邦科技预算的主要执行单位。联邦政府2014年科技预算在联邦各部委的分配参见图5-3。

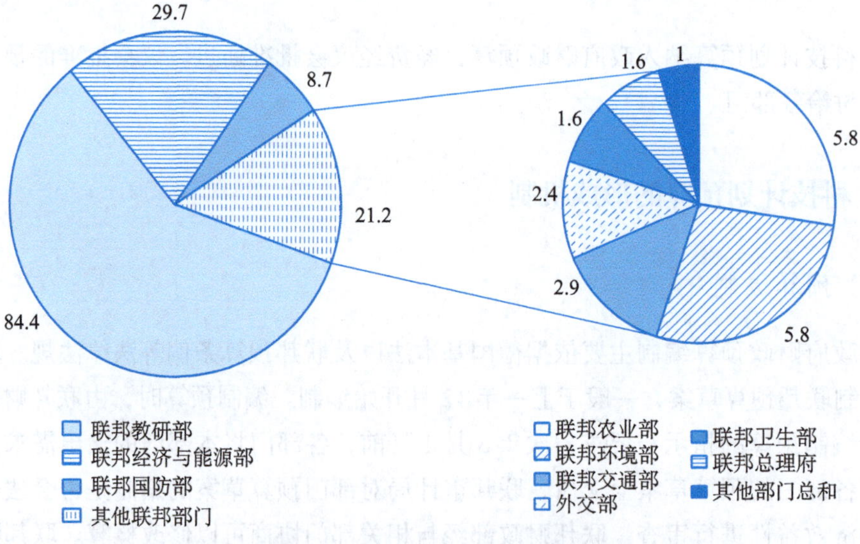

图5-3　2014年德国联邦政府科技预算在各联邦部门的分配[5]

政府对科技计划预算一般采用项目资助和机构资助两种配置方式。项目资助既包括对单个项目的资助，也包括对联合项目的资助。项目资助经费可以资助高校、科研机构和企业。对高校和公共研究机构的资助根据项目支出核拨经费，对企业的资助根据项目成本核拨。通常对企业最多资助50%，企业须配套50%以上的经费；对高校和公共科研机构的资助比例最多可达到 100%。以联邦教研部 2014 年预算为例，2014 年教研部科研预算总额约为 144 亿欧元，其中项目资助约 69.05 亿欧元，约占教研部科研预算总额的 47.9%；机构资助约 65.47 亿欧元，约占教研部科研预算的 45.5%。

（二）预算执行的监督机制

联邦议院预算委员会下属的审计委员会和联邦审计局共同对预算执行进行审计监督。联邦审计局是德国基本法规定的独立审计机构，既不隶属于议会，也不隶属于联邦政府，其成员拥有司法中立地位，对联邦预算执行和其他预算资金的合法合规性和经济效益性进行独立审计。联邦审计局对预算执行情况向联邦议院预算委员会下属的审计委员会提交年度审计报告，该报告是德国议会对预算进行监督的主要依据。

对项目资助经费执行情况的监督，通常是项目执行单位（主要是高校、科研机构和企业）每半年向联邦和州政府委托的专门的项目管理机构提交阶段性报告，接受项目管理机构对项目进展和资金使用情况的审查。在项目执行过程中，项目管理机构有权要求项目执行单位提交账簿、凭证及其他商业文件，有权进行现场抽查或委托第三方进行审计。联邦审计局有权对项目执行情况进行审计。对于违反预算的项目，项目管理机构将取消立项批复文件，收回资助经费。

第三节　德国科技计划专业管理机构及典型计划

德国科技计划的组织实施由作为国家基金管理机构的 DFG 和政府委托的社会化非营利的专业化项目管理机构负责。

一、德国科学基金会的管理机制

DFG 的前身是德国科学救援联合会，成立于 1920 年。第二次世界大战结束后于 1949 年重建，1951 年改称为现名。DFG 是德国最重要的科研资助机构，资助领域涉及自然科学、工程科学、生物学和医学、人文社会科学在内的所有学科，资助类型主要有一般性个人资助、科学家小组、特殊研究领域、重大计划、青年科学家资助、科研基础设施、科研奖项和国际项目等，资助对象主要是德国大学和公共科研机构的科研人员。除常规基金管理外，DFG 还受联邦和州的委托，从 2006 年起承担对德国重要资助计划“精英大学计划”的管理工作，负责该计划的项目招标与遴选、划拨资助经费、监督项目执行及计划评估等任务。

DFG 财政经费主要来自联邦和州政府的拨款，所占比例接近 100%，其他来源如欧盟拨款或私人捐助的比例极小。2013 年，DFG 资助近 3 万个项目，资助经费约 26 亿欧元（图 5-4）[6]。

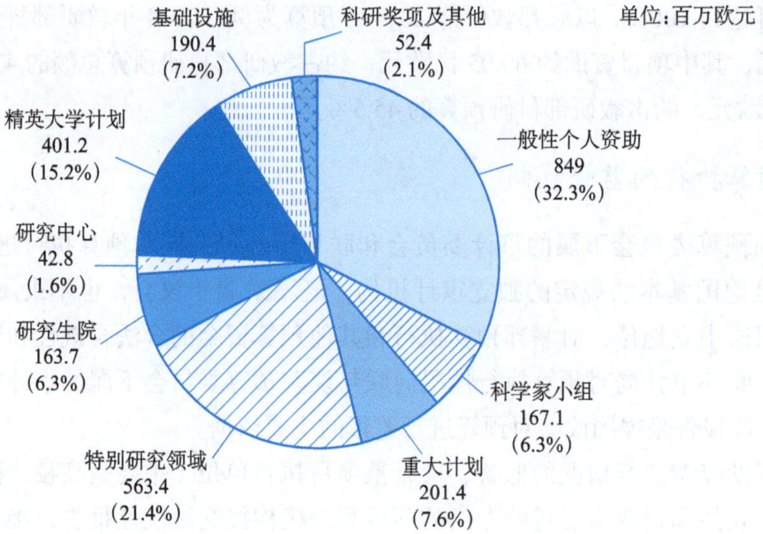

图 5-4　DFG2013 年资助各项计划金额和比例

DFG 为独立自治的法人机构，其会员包括 69 所研究型高校、16 所非高校科研机构、八家科学院，以及三个科研协会。DFG 的组织结构如图 5-5 所示：会员大会是 DFG 的最高权力机构，由每个会员机构委派的代表组成，负责确定 DFG 的工作方针，选举主席、副主席和评议会成员。评议会是 DFG 的科学决策部门，负责商议和表决会员大会确定的基本工作方针，决定设立新学科组，拥有成员 39 名，除三名官方成员（高校校长联席会主席、马普学会主席和科学院联盟主席）外，其余 36 名学术代表由会员大会每三年从在德国高校和科研机构就职的科研人员中选举产生。DFG 的核心决策部门是总委员会，成员包括评议会成员、联邦和州政府代表，以及德国科学资助者联合会代表。总委员会在评议会决议的基础上就 DFG 的主要科学政策做出最终决定，包括 DFG 财务规划、设立新资助政策或变更现有资助计划等。此外，总委员会还对常规和重大计划、科研基础设施、Emmy Noether 计划和 Heisenberg 计划（资助青年科学家专项计划）的资助申请做出决定。主席团由 DFG 主席、

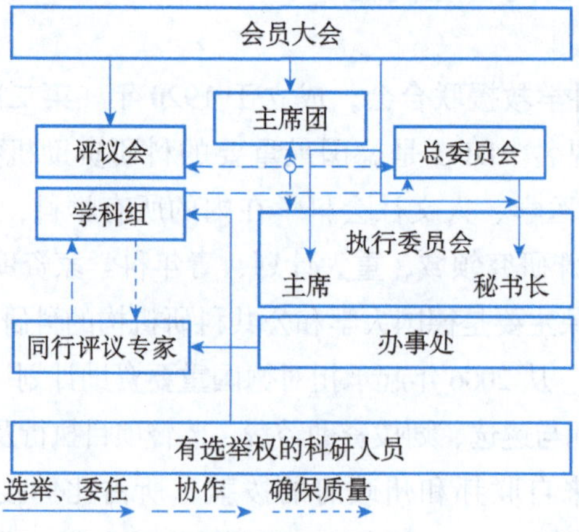

图 5-5　DFG 组织结构图[7]

副主席和德国科学资助者联合会主席组成，负责制订 DFG 战略规划方向。主席团下设执行委员会，负责科研资助等日常业务的开展，由 DFG 主席和秘书长组成。DFG 设有 48 个学科组，包含 209 个专业，600 余名科学家负责对资助申请进行科研评审。除项目评审外，学科组还负责为 DFG 其他委员会就科研资助提供战略咨询。

二、专业项目管理机构及其运行机制

为减轻政府内部项目管理的负担，德国联邦和州将科技计划的具体管理工作委托给具有科技专业知识和科研创新管理能力的项目管理机构（Projektträger）代管。专业化项目管理在科研项目的申报咨询、组织实施、过程管理、监督评估、成果转化，以及科技发展战略咨询、科普宣传、国际交流与合作等方面发挥重要作用，成为科技计划委托方——联邦和州政府，与科技计划承担方——高校、科研机构和企业之间的重要中介结构。

项目管理机构主要负责组织实施政府科研资助计划，管理科研项目，具体工作包括对资助计划感兴趣者、项目申请者和获得资助者提供专业和行政上的咨询；预备项目遴选（部分项目管理机构有权就一些资助计划自主决定遴选结果）；项目跟进；项目成果检查及项目成果应用。联邦部委通过统一建立、集中管理的科技项目资助信息系统来掌握计划进展、经费流向、科研项目现状等信息，监督项目管理机构工作。项目管理机构同时也定期向委托部委汇报委托任务完成情况。

除组织实施科技计划，管理科研项目外，项目管理机构还承担政府部门的一些其他任务，如为政府部门提供科技政策咨询，协助政府部门制订科研资助计划、组织研讨会促进信息交流、推进专业领域内国际合作、向公众传播专业知识等任务。

联邦政府起初将专业化项目管理机构设立在国家级科研中心内，像德国电子同步加速器研究所（DESY）、德国宇航研究中心（DLR）、于利希研究中心（FZJ）、卡尔斯鲁厄理工学院（KIT）均落户有专业化项目管理机构。2010 年以后，德国科技计划管理面向全社会公开，一些协会、公司甚至个人都可以参加联邦教研部等部委组织的项目管理招标，中标者可以代管政府部门科技计划。目前，德国已形成了由 10 多个专业化项目管理机构组成、拥有 3000 多名管理人员的科研项目管理体系。

德国专业项目管理机构主要包括三种类型。表 5-1 罗列了其中具有代表性的 12 家项目管理机构，其中包括四家依托德国大科研机构建立的项目管理中心、四个咨询公司和四个依托产业协会建立的项目管理机构名称、成立时间、业务领域和联邦政府委托部门[8]。

以依托在德国宇航研究中心内的项目管理机构（PT-DLR）为例，该项目管理机构是德国乃至欧洲最大的项目管理机构，共有 900 多名员工，主要承担联邦教研部、经济与能源部、健康部，以及一些联邦州在健康、创新、环境、文化、教育、关键技术等领域的科技计划代管工作，同时承担一些科技政策咨询工作，其 80% ～ 90% 的科技计划代管工作来自联邦教研部[9]。

表 5-1 德国主要专业性项目管理机构概览

	名称	成立时间	业务领域	联邦委托部门
（一）依托大料科研机构建立的项目管理中心	德国电子同步加速器项目管理中心（PT-DESY）	1974 年	利用大装置开展的自然科学基础研究 数学产业与服务	联邦教研部
	德国宇航研究中心项目管理中心（PT-DLR）	1974 年	健康 创新 环境 文化 教育 关键技术	联邦经济与能源部 联邦健康部 联邦教研部
	于利希研究中心（FZJ）项目管理中心（PTJ）	1974 年	关键技术 能源 可持续经济 创新	联邦经济与能源部 联邦交通部 联邦教研部
	卡尔斯鲁厄理工学院（KIT）项目管理中心（PTKA）	1975 年	生产和制造技术 水技术与废物处理	联邦经济与能源部 联邦教研部
（二）咨询公司性质的项目管理机构	欧洲标准有限公司（Euronorm GmbH）	1994 年	中小企业创新资助计划（ZIM） 新联邦州创新能力资助计划	联邦经济与能源部
	德国工程师协会技术中心有限公司（VDI Technologiezentrum GmbH）	1975 年	材料和纳米技术 电动汽车 医疗技术和再生医学	联邦教研部
	德国工程师协会 / 德国电子与信息技术协会创新与技术有限公司（VDI/VDE Innovation+Technik GmbH）	1978 年	电动汽车 生物 / 制药 通信系统、信息技术安全 创新与技术分析	联邦经济与能源部 联邦环境部 联邦教研部
	德国莱茵 TÜV 咨询公司	1993 年	交通与运输技术	联邦经济与能源部
（三）依托产业协会建立的项目管理机构	设施与反应堆安全协会有限公司（GRS）	1977 年	核反应堆安全 化学废物处理 辐射安全 地热信息系统	联邦经济与能源部
	德国工业合作研究会项目有限公司（AiF Projekt GmbH）	1990 年	中小企业创新资助计划（ZIM）中研发合作项目 光电 材料 信息技术	联邦经济与能源部 联邦教研部
	联邦农业与食品局（BLE）	1995 年	农业、耕作 食品 消费者保护	联邦农业部
	可再生原材料专业协会（FNR）	1998 年	可再生原材料 能源利用 材料利用	联邦农业部

虽然 PT-DLR 设立在 DLR 内，但与 DLR 相互独立，在行政和经费上都无交叉，只是租用 DLR 的办公场地。PT-DLR 是否接受联邦教研部、经济部的计划委托等战略决策则需要通过 DLR 董事会批准。

PT-DLR 的运行经费和人员经费由竞标所承担的科技计划来支付，即每承担一项科技计划的管理由相应的委托方支付一定的经费作为项目管理机构的运行费用。

PT-DLR 根据委托部委的计划招标指南进行项目招标，负责申请初审和同行评议后，将评审后的最终遴选清单提交委托部委审批。

PT-DLR 根据委托部委的计划招标指南进行招标，小型项目评审由机构内部评审专家负责，评审后确定遴选清单提交联邦部委审批；大型项目的评审，先由机构内部评审专家进行初步筛选，通过初步筛选的申请交由外部专家进行书面和会面两种评审方式，再由 PT-DLR 将评审后的最终遴选清单提交联邦部委审批，最后以联邦部委名义发布遴选结果。PT-DLR 外部专家来自两部分：一是其他专业化项目管理机构的评审专家；二是专家库，专家库主要由相关领域的国际知名专家组成，每半年更新一次，由于项目申请评审需要面试环节，因此目前专家库中多数专家来自欧洲。

为提高管理水平和服务质量，PT-DLR 引入质量管理系统，并得到 ISO 9001 认证，致力于实现科研项目的依法管理和可靠、公平、透明、独立的项目管理。

三、典型科技计划

（一）跨部委科技计划管理机制

由多个政府部委共同参与的跨部门科技计划通常由参与部门按领域分工分别管理计划中的某一部分，由一个部门负责组织协调。

以联邦政府第六能源研究计划为例，该计划是“高技术战略”中能源领域的一个重要的跨部委研究计划，于 2011 年 9 月获得联邦政府批准通过。起初参与第六能源研究计划的部门包括联邦经济与技术部、联邦环境部、联邦营养、农业与消费者保护部，以及联邦教研部 4 个联邦部委，联邦经济与技术部为该计划的主管部门，负责计划发展的政策定位、协调各部门工作，向公众和议会汇报能源研究进展。自 2013 年 12 月德国新一届政府组阁，联邦经济与技术部更名为联邦经济与能源部，主管德国能源政策的职能集中在联邦经济与能源部，第六能源研究计划的管理也随之发生相应变化：联邦环境部不再参与第六能源研究计划，其此前在计划中承担的对可再生能源领域的应用研发项目资助由联邦经济与能源部接管。目前，参与第六能源研究计划的三个联邦部委在研究资助上的分工如下：联邦经济与能源部承担对能源效率、可再生能源及核安全与核废物处理领域的应用研究项目资助，同时资助隶属于德国亥姆霍兹国家研究中心联合会下的 DLR 的能源研究；联邦营养、农业与消费者保护部负责生物能源领域的应用研究项目资助；联邦教研部负责能源基础研究项目资助，并资助德国亥姆霍兹国家研究中心联合会（不包括 DLR）、弗劳恩霍夫协会、马普学会，以及莱布尼茨联合会的能源研究（图 5-6）[10]。

联邦政府计划在 2011 ～ 2014 年为第六能源研究计划提供 32 亿欧元的资助经费，表 5-2 显示了 2011 ～ 2013 年联邦对计划中各领域的资助经费支出。第六能源研究计划经费来自联邦财政预算（按照参与部门的研究重点分摊在各部门财政预算中），以及联邦政府在 2011 年 1 月设立的“能源与气候基金”，专用于资助可再生能源和能源效率领域内的研发项目，基金主要来自碳排放交易收益。

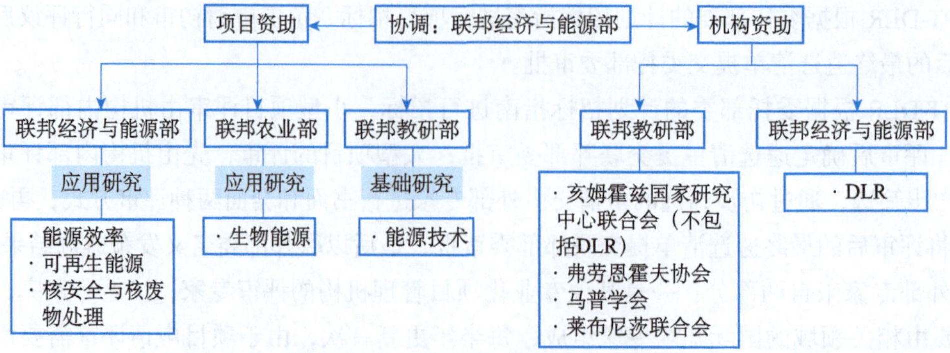

图 5-6 德国联邦政府第六能源研究计划组织分工

表 5-2 联邦在第六能源研究计划各研究领域的资助经费分配（单位：百万欧元）

资助领域	2011 年	2012 年	2013 年
能源效率	215.14	239.06	296.64
可再生能源	220.9	258.85	298.1
核安全和最终贮存	73.03	74.74	75.62
聚变	137.44	133.1	138.72
总额	646.51	705.75	809.09

第六能源研究计划的实际执行工作，联邦经济与能源部、联邦营养、农业与消费者保护部和联邦教研部各自委托了于利希研究中心项目管理机构、核反应堆安全公司、卡尔斯鲁厄技术研究所项目管理机构和可再生原材料专业局担任各自责任领域的项目管理机构，负责接收、审核项目申请、预备项目遴选（遴选最终结果由联邦各部委决定），对项目实施和最终研究成果的应用进行技术和管理上的指导与监督（图 5-7）。

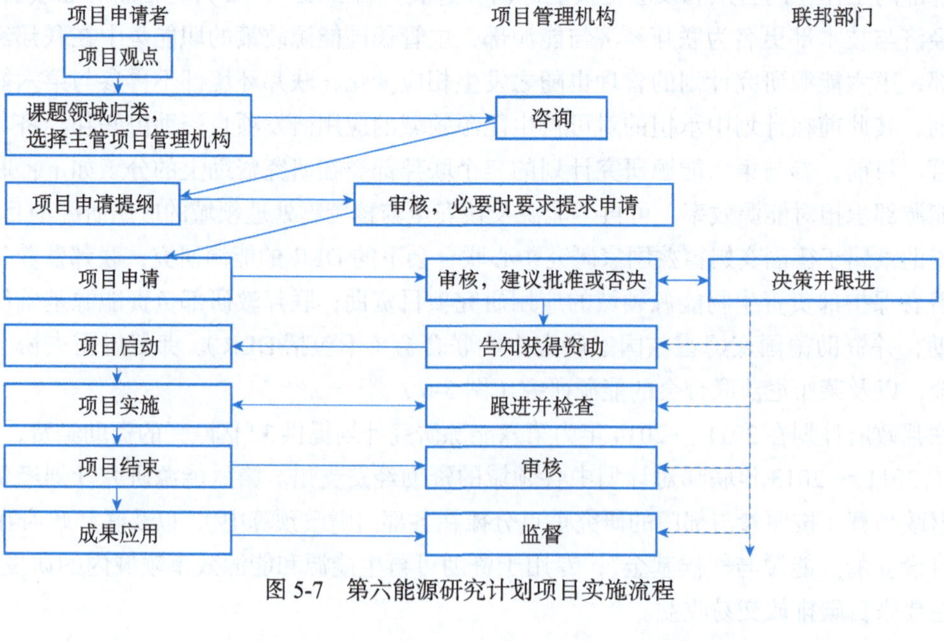

图 5-7 第六能源研究计划项目实施流程

第六能源研究计划中由多部门合作参与的联合资助计划的实施采取集中管理的方式，即参与资助计划的部委首先联合委托一个项目管理机构来接收所有项目的项目方案，回答相关咨询问题。之后，该项目管理机构根据方案内容将其分配到相应部委，各部委再委托各自的项目管理机构接收资助申请，组织项目实施。

联邦经济与能源部每年通过“联邦能源研究报告”向公众和议会汇报第六能源研究计划中各部委的活动。此外，联邦经济与能源部通过建立“能源研究和能源技术信息系统”（EnArgus）将政府在能源研究领域的各项资助透明地呈现，为项目管理机构、政府和社会提供一个统一的、集中获取德国能源研究现状的入口，并将该系统作为向议会证明有效使用经费的凭证[11]。

（二）专项计划管理机制

德国目前10个专项计划是联邦内阁在2012年3月批准通过，是联邦政府为落实德国创新政策，实现国家目标的重点创新计划，其核心特征是根据既定目标联合创新活动的所有参与者，共同寻求应对社会重大挑战的系统解决方案（表5-3）。

表5-3 德国专项计划概览[12]

序号	专项计划名称	主管部门	协作部门	计划预算
1	二氧化碳中和、高效节能且适应气候的城市	联邦教研部； 联邦交通与数字基础设施部	联邦环境部 联邦经济与技术部	5.6亿欧元
2	可再生资源代替石油	联邦教研部； 联邦营养与农业部	联邦内务部 联邦环境部 联邦交通与数字基础设施部 联邦经济与技术部 联邦经济合作与发展部	5.7亿欧元
3	能源供给改造	联邦经济与技术部	联邦营养与农业部 联邦交通与数字基础设施部 联邦环境部 联邦教研部	大部分第六能源研究计划经费（37亿欧元）将投入该计划
4	个性化医疗	联邦教研部	联邦健康部	3.7亿欧元
5	疾病预防和营养保健	联邦教研部	联邦营养与农业部 联邦健康部	9000万欧元
6	高龄人士自主生活	联邦教研部	联邦劳工部 联邦家庭事务、老年、妇女及青少年部 联邦内务部 联邦交通与数字基础设施部 联邦经济与技术部	3.05亿欧元
7	可持续交通	联邦交通与数字基础设施部； 联邦经济与技术部	联邦教研部 联邦营养与农业部 联邦环境部	21.9亿欧元
8	基于互联网的经济服务	联邦经济与技术部	联邦教研部 联邦内务部	3亿欧元
9	工业4.0	联邦教研部； 联邦经济与技术部	联邦内务部	2亿欧元
10	网络身份安全识别	联邦教研部； 联邦内务部	外交部 联邦交通与数字基础设施部 联邦经济与技术部	6000万欧元

以工业 4.0 计划为例，该计划由高技术战略专家咨询委员会“经济－科学研究联盟”中负责通信领域的促进小组在 2011 年 1 月提出，计划旨在通过充分利用信息通信技术和网络空间虚拟系统——信息物理系统相结合的手段，将制造业向智能化转型。联邦教研部和联邦经济与技术部主管并联合资助该计划，计划预算 2 亿欧元。

为落实工业 4.0 计划，2012 年 1 月“经济－科学研究联盟”任命了工业 4.0 工作组，负责制订工业 4.0 计划的研究问题和行动领域。工作组由来自不同行业的企业、协会、高校、科研机构及工会代表组成，德国国家科学与工程院（acatech）和博世公司（Robert Bosch）共同领导该工作组，双方主席联合担任工作组主席。工作组分为 5 个小组，德国工程院负责协调工作组工作（图 5-8）。工业 4.0 工作组已先后在 2012 年 10 月和 2013 年 4 月向联邦教研部和联邦经济与技术部提交了实施工业 4.0 计划的初步和最终建议[13]。

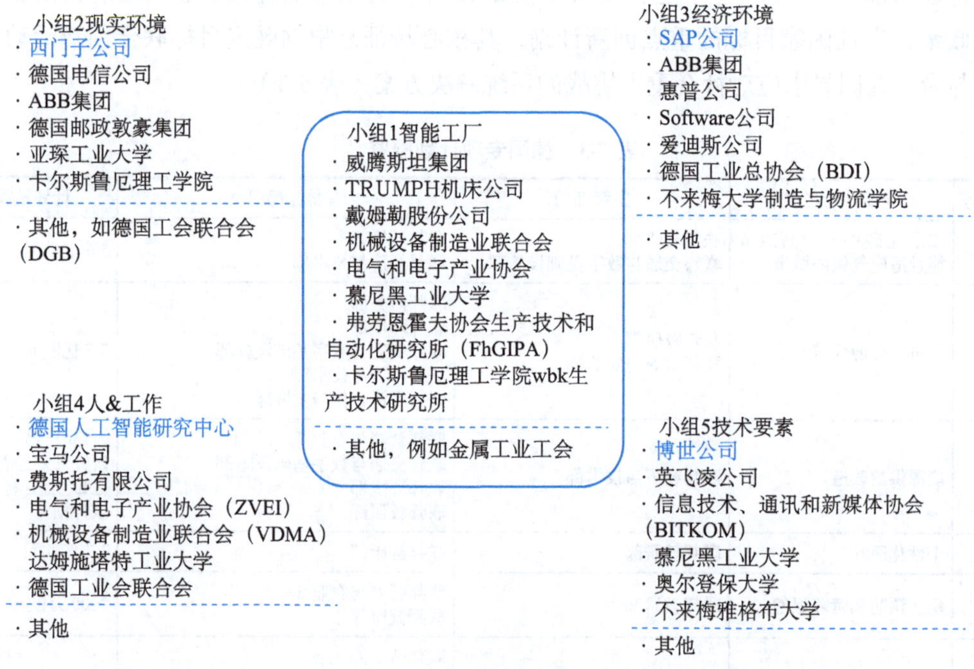

图 5-8　工业 4.0 工作组组织结构

注：图中蓝色字体为主管该工作小组的机构

为推进工业 4.0 计划并确保其在跨部门形式下的有效实施，联邦经济部和联邦教研部共同发起，成立了“工业 4.0 平台”。平台具有广泛的政治和社会基础，由管理委员会、指导委员会、业务工作组、战略组，科学咨询委员会和办事处等部分构成。平台各部分的成员构成和主要工作任务参见图 5-9[14]。

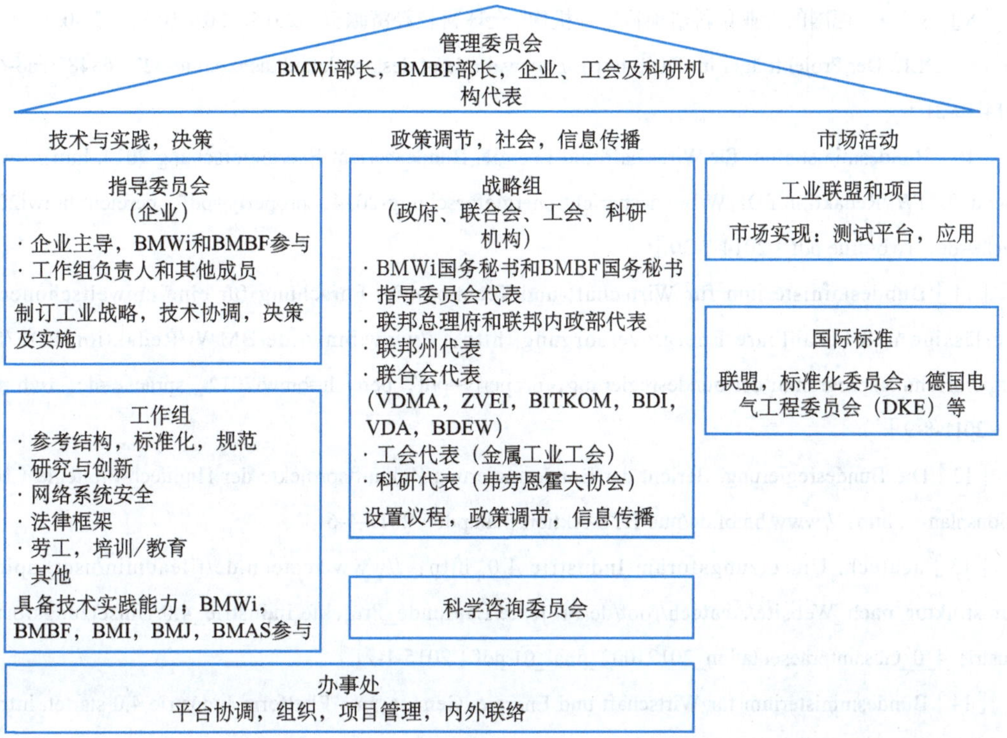

图 5-9　工业 4.0 平台

BMI 为联邦内政部，BMJ 为联邦司法部，BMAS 为联邦劳工和社会事务部，VDA 为德国汽车工业协会，BDEW 为德国能源与水经济协会

（执笔：中国科学院文献情报中心　葛春雷）

参考文献

［1］白春礼 . 世界主要国立科研机构概况 . 北京：科学出版社，2013：176-179

［2］中华人民共和国科学技术部 . 德国 2020 高科技战略简介 .http：//www.most.gov.cn/gnwkjdt/201008/t20100817_78933.htm［2015-3-12］

［3］Bundesministerium für Bildung und Forschung. Die neue Hightech-Strategie. http：//www.bmbf.de/pub/HTS_Broschure.pdf［2014-9-4］

［4］中华人民共和国财政部 . 德国财政预算制度及政府间财政关系 .http：//www.mof.gov.cn/pub/yusuansi/zhengwuxinxi/guojijiejian/200810/t20081020_82834.html［2013-11-19］

［5］Bundesministerium für Bildung und Forschung. Bundesbericht Forschung und Innovation 2014. http：//www.bmbf.de/pub/BuFI_2014_barrierefrei.pdf［2015-3-2］

［6］DFG. Jahresbericht 2013. http：//www.dfg.de/sites/flipbook/jahresbericht/2013［2015-12-10］

［7］DFG. Organisation der Deutschen Forschungsgemeinschaft. http：//www.dfg.de/dfg_profil/gremien/index.jsp［2015-12-10］

［8］赵清华．德国的专业化科研项目管理机构．全球科技经济瞭望，2015，30（10）：35-40.

［9］DLR. Der Projektträger im DLR. http：//www.dlr.de/pt/desktopdefault.aspx/tabid-4270/6848_read-6936［2014-10-21］

［10］Bundesministerium für Wirtschaft und Energie. Bundesbericht Energieforschung 2014. http：//www.bmwi.de/BMWi/Redaktion/PDF/W/bundesbericht-energieforschung-2014，property=pdf，bereich=bmwi2012，sprache=de，rwb=true.pdf［2014-7-30］

［11］Bundesministerium für Wirtschaft und Technologie. Forschung für eine umweltschonende, zuverlässige und bezahlbare Energieversorgung. http：//www.bmwi.de/BMWi/Redaktion/PDF/E/6-energieforschungsprogramm-der-bundesregierung，property=pdf，bereich=bmwi2012，sprache=de，rwb=true.pdf［2011-8-9］

［12］Die Bundesregierung. Bericht der Bundesregierung Zukunftsprojekte der Hightech-Strategie（HTS-Aktionsplan）. http：//www.bmbf.de/pub/HTS-Aktionsplan.pdf［2012-4-6］

［13］acatech. Umsetzungsforum Industrie 4.0. http：//www.acatech.de/fileadmin/user_upload/Baumstruktur_nach_Website/Acatech/root/de/Projekte/Laufende_Projekte/Industrie_4.0/Umsetzungsforum_Industrie_4_0_Gesamtpraesentation_20121002_final_01.pdf［2015-1-21］

［14］Bundesministerium für Wirtschaft und Energie. Gemeinsame Plattform Industrie 4.0 startet. http：//www.bmwi.de/DE/Presse/pressemitteilungen，did=701050.html［2015-4-24］

第六章

法国科技计划的全过程管理

第一节 法国科技计划管理体系

一、法国国家科技规划与计划体系

法国的科技计划管理体系与法国的研究创新体系紧密相关。法国的研究创新体系包括决策管理机构、咨询机构、公共资助机构与执行机构（图 6-1）。

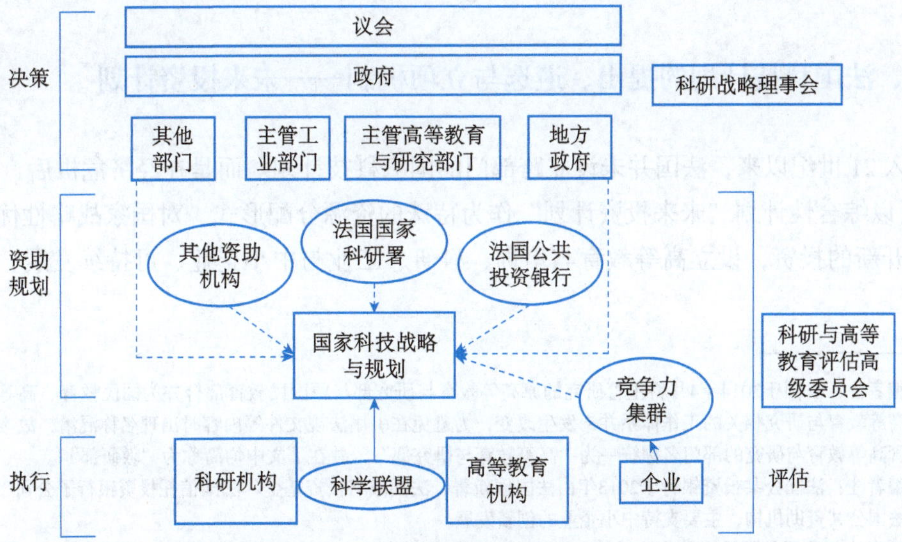

图 6-1 法国国家研究创新体系[1]

作为决策层的总统、总理等提出制订国家科技战略规划的要求，或根据“高等教育与研究法”等科研法规的条令定期制订；总理组织专门的委员会或带领相关政府部门，主要是高等教育与研究部[①]制订科技战略规划，制订过程中吸收来自科研机构、公共资助机构、高等教育机构、企业等学术界、经济界的多方意见；科研战略理事会等国家咨询机构就科技战略规划提出建议。法国国家科研署、法国公共投资银行[②]等国家公共资助机构根据科技战略规划制订招标计划，公开招标并资助入选项目进行落实；科研机构、高等教育机构、企业、竞争力集群等各类研究主体作为执行机构来具体完成。

以法国2015年3月新出台的法国科研战略《法国－欧洲2020》为例，其由《高等教育与研究法》规定应每五年定期制订，由教研部的研究与创新司长领导一个执行委员会组织跨部际、跨机构的讨论，成员包括：政府的相关部长（国防部、工业部[③]、卫生部、农业部、外交部），跨部机构（投资总署、战略与预见总署等）；科学界的五大科学联盟、法国国家科研署、法国国家科研中心、法国原子能与可替代能源署、大学代表会议等；经济界主体与协会，如竞争力集群、卡诺研究所等。在此基础上，执行委员会根据总理主持的科研战略理事会的建议，制订完成战略。在该战略的指导下，法国国家科研署等依据战略提出的优先发展方向制订当年的招标计划，并展开招标。

在科技战略规划与科研法规的指导下，法国政府各部门制订并组织实施科技计划。部门的科技计划，由部门组织制订，编入科技预算，经通过后由部门执行，由公共资助机构公开招标或由相关科研机构执行。例如，教研部根据国家促进公私协同合作的规划，制订“卡诺研究所”计划促进公共科研机构与企业的合作，由法国国家科研署公开招标与认证。跨部门科技计划，由总统、总理或咨询机构提出，组织委员会或由教研部等牵头部门组织制订，吸取来自法国国家科研中心、五大科学联盟的建议，编入科技预算，经通过后由牵头部门或由独立管理机构执行，由公共资助机构展开招标或由相关科研机构执行，如下文中将详细展开介绍的“未来投资计划”（Programme Investissement d’Avenir，PIA）。

二、法国科技计划的提出、遴选与立项机制——未来投资计划

进入21世纪以来，法国并未设立跨部门的国家科技计划。而是在经济危机后，于2009年12月以综合性计划“未来投资计划”作为特殊的资源分配形式，对国家战略性优先发展领域展开新的投资，设立高等教育与培训、科研、工业与中小企业、可持续发展、数字化

---

① 编者注：法国于2014年4月将主管研究的原高等教育与研究部与原国民教育部合并为国民教育、高等教育与研究部，但高等教育与研究相关的工作体系并未发生改变，为避免在引用法规文件等内容时出现名称混淆，故本书将近五年法国主管高等教育与研究的部门名称统一为“高等教育与研究部”，并在下文中均简称为“教研部”。

② 编者注：法国公共投资银行于2013年由法国创新署、法国战略投资基金、法国信托投资银行子公司CDC合并而成，作为法国公共资助机构，主要支持中小企业的创新发展。

③ 编者注：法国的部委名称由于政府与总理的更替而频繁产生变化，本书采用统一简称“工业部”替代法国的“生产振兴部”或“经济、工业与财政部”。

五个优先领域，通过发行国债募资，一期投入 350 亿欧元。二期于 2013 年年底启动，投入 120 亿欧元。未来投资计划涉及教研部、工业部、能源部等多个部委，以及法国主要国家公共资助机构与科研机构[2]，是一个跨部门特征明显的综合计划。由于未来投资计划中超过一半的投入用于支持高等教育与科研领域，并设立了卓越研究设备、技术研究院、健康与生物技术等科技子计划，本书将其作为国家科技计划的案例进行讨论。

（一）未来投资计划的设立

未来投资计划的设立（图 6-2）首先由总统提出初步想法；总理组建专门的委员会——大型国债委员会——进行论证，该委员会由两位前总理于贝和罗卡尔主持，由 22 名经济学家、科学家、高级官员与企业家组成；委员会通过听证会与书面意见收集等形式，撰写了《向未来投资》报告[3]，报告确定了计划的金额与经费形式，战略优先领域与具体子计划，每个子计划的目标、挑战、优势、弱点、金额、执行机构、执行模式、预期结果等，并建议成立一个独立机构负责整个计划的管理；该报告提交议会审议通过后，总统宣布计划开始。

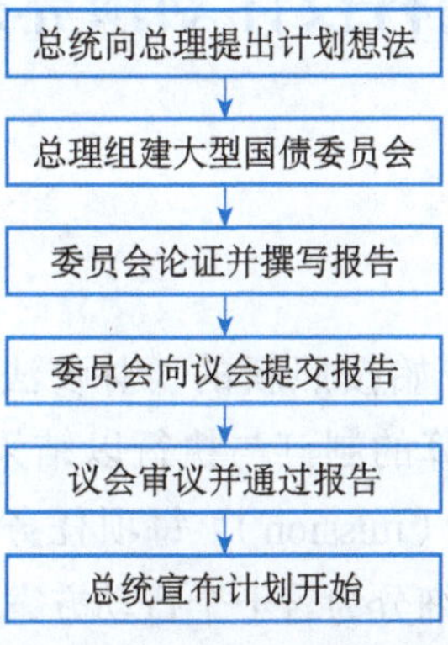

图 6-2 未来投资计划的设立流程

（二）未来投资计划的落实

未来投资计划的组织实施（图 6-3）由政府部长会议审定就计划特别提出的财政预算法案；经议会审议通过后成为 2010 年财政预算修正案[4]，对委员会撰写的报告进行了调整与落实，修正案规定了未来投资计划的金额与经费形式、优先领域与具体子计划，规定各子计划的目标、绩效指标、执行机构、经费使用形式等，并要求设立独立的计划管理机构投资总署及监督评估机构监督委员会；总理颁布法令设立了投资总署（Commissariat Général à l' Investissement，CGI）作为计划的独立管理机构；在投资总署的建议下，政府与法国国家科研署、法国创新署等计划执行机构签署协议，协议中规定遴选程序、遴选标准、资助形式、跟踪管理模式等内容；执行机构根据协议规定对所负责的子计划进行公开招标并遴选项目。

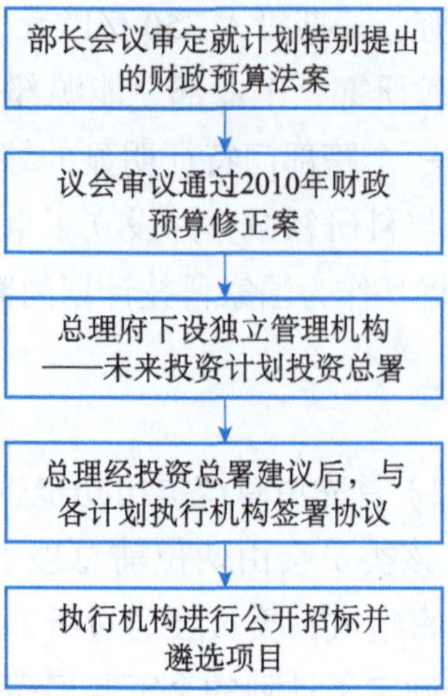

图 6-3　未来投资计划的组织实施流程

第二节　法国科技计划预算组织实施机制

一、法国科技预算编制

法国的科技预算从 2006 年开始按照新的《财政法组织法》编制，将预算分解成任务、计划与行动三个层次，使预算的制订与执行以结果和绩效为导向。预算结构的第一层是实现国家目标的若干项任务（mission），每项任务分解为若干个以其为导向的计划（programme），每个子任务再继续细分为若干个行动方案（action）。每个政府部门分别负责其中的几项任务或以其为导向的计划。其中，与科研相关的是“研究与高等教育任务”，主要由高等教育与研究部负责[5]。

（一）科技预算编制流程

法国的科技预算，即研究与高等教育任务的预算主要由教研部负责编制。编制流程见图 6-4。每年年初，教研部在征求工业部、能源部、农业部等五大相关部委的意见后提出预算申请，交由总理主持、各部部长参加的部长会议上讨论和修改，在秋天经参议院讨论通过后，年底在国民议会上表决通过，并在《官方公报》上公布，翌年由各相关部委落实执行。

（二）科技预算组成

2013 年“研究与高等教育任务”[6-7]的预算为 259 亿欧元，共分为 10 个预算计划，教研部负责主导其中的五个预算计划，总计 229 亿欧元，其他部门负责主导另外五个预算计划（见表 6-1）。

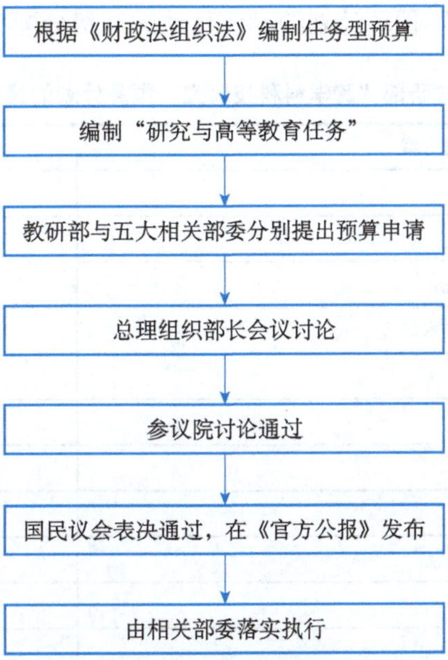

图 6-4　法国科技预算制订流程

表 6-1　2013 财年法国政府“研究与高等教育任务”预算经费（单位：亿欧元）

主导部门	计划	2013 财年预算
教研部	大学的高等教育与科研	127.6
	学生学业生涯	23.2
	跨学科科技研究	51.7
	资源研究	12.8
	太空研究	14.1
工业部	高等教育与经济和工业方面的研究	10.8
国防部	军民两用研究	1.9
文化部	文化研究与科学文化	1.2
农业部	高等教育与农业研究	3.1
能源部	能源、发展与可持续整治研究	13.8
总计		259

教研部负责的与科研相关的三个预算计划——跨学科科技研究、资源研究、太空研究的总经费为 78 亿欧元，主要分配至以下支出方向[8]（表 6-2）。其中对公共科研机构的支出主要用于法国国家科研中心等国立科研机构的稳定经费支持，对法国国家科研署的支出即为用于项目招标与资助的竞争性经费。

表 6-2　2013 财年法国教研部科研相关预算计划的经费分配（单位：亿欧元）

支出方向	2013 财年预算
公共科研机构	59
法国国家科研署	6.8
国际项目	11
行政补贴	1.5

其中“跨学科科技研究”预算计划的具体行动的经费分配[9]如表6-3。

表6-3 2013财年法国教研部“跨学科科技研究”预算计划的经费分配（单位：亿欧元）

行动方案	2013财年预算
指导与协调	1.5
法国国家科研署	6.8
生命科学、生态技术与健康研究	12.2
数学、信息通信科学与微纳米技术研究	5.2
物理、化学、工程科学研究	6.7
核物理、能源科学研究	3.4
地球、宇宙与环境科学研究	3.1
人文社会科学研究	3.3
跨学科研究	0.6
成果与技术转移转化	0.8
大型科学基础设施	2.4
科研支撑	5.2
总计	51.6

（三）科技计划预算组成

在整个“研究与高等教育任务”中，用于科技计划的预算分为两块，一部分为大约20亿欧元的指导经费，用于支持各部委研究与创新政策的实施，如教研部的创新企业创建大赛、工业部的竞争力集群计划与部际计划地面交通研究与创新计划[10]；一部分为法国国家科研署与法国创新署的预算经费，用于国家科技战略规划指导下的项目招标，以竞争性经费的形式支持入选的项目执行机构。

二、法国科技计划预算组织实施

此处将法国未来投资计划作为案例来介绍法国科技计划预算的组织实施。法国未来投资计划的经费预算由法国2010年预算修正案制订，在当年预算案中原有的7个预算任务中新增14个预算计划，其中6个预算计划属于“研究与高等教育任务”，由法国高等教育与研究部主导。修正案中规定了每项预算计划的金额、经费形式与执行机构。计划的执行机构需按照预算修正案中的规定严格执行，由预算部长进行监督（表6-4）。

法国国家科研署等未来投资计划的执行机构得到所拨款项后，对所负责的预算计划下的各项行动方案（即未来投资计划的子计划）进行公开招标。教研部等相关部委与投资总署根据评审委员会的意见提出入选项目的资助建议，并由投资总署最终确定入选项目与资助经费。执行机构通过与入选项目的研究团队签订协议，规定项目的运作与经费的执行。

表 6-4　法国 2010 年预算修正案未来投资计划预算分配（单元：亿欧元）

领域	优先领域	所属预算任务	所属预算计划	预算
高等教育与培训	卓越行动	研究与高等教育	卓越集群	77
	校园	研究与高等教育	卓越集群	13
	萨克莱园区	研究与高等教育	卓越集群	10
	机会平等	基础教育	机会平等	5
	职业培训	劳动与就业	投资培训	5
科研	卓越实验室	研究与高等教育	卓越集群	10
	公共研究转移转化		卓越集群	35
	卓越研究设备		卓越专题项目	10
	健康与生物技术		卓越集群	85
	健康与生物技术		卓越专题项目	15.5
工业与中小企业	中小企业发展	经济	中小企业发展	15
		私营机构特殊借贷	中小企业借贷	10
	地面与海上交通	经济	未来交通工具	10
	工业发展	经济	中小企业发展	10
	空间研究	研究与高等教育	卓越专题项目	5
	航空研究	研究与高等教育	航空研究	15
可持续发展	交通与可持续城市	生态、发展与可持续整治	交通与可持续城市	10
	可再生能源与脱碳能源	生态、发展与可持续整治	可再生能源、脱碳能源与化学技术平台	16
		研究与高等教育	脱碳能源研究院	10
	未来核能研究	研究与高等教育	未来核能	10
	私有住宅热能改造	城市与住宅	住宅热能改造	5
数字化	数字化应用与创新内容	经济	数字经济发展	25
	法国高速网络设施	经济	数字经济发展	20
总计				350

第三节　法国科技计划的专业管理机构及典型计划

一、专业管理机构

法国科技计划主要通过法国国家科研署等现有的国家公共资助机构进行专业管理，并专门针对未来投资计划设立了跨部际的专业管理机构投资总署。本节对投资总署与法国国家科研署这两个专业管理机构，及其负责的典型案例——未来投资计划——进行介绍。

（一）投资总署

投资总署是法国为协调管理未来投资计划而专门设立的专业管理机构，由总理发布法令设立，受总理直接领导。投资总署由投资总专员、投资副总专员与一个高水平团队组成。投资总署的投资总专员、投资副总专员由总理任命，现任投资总专员曾经是法国雷诺集团主席兼CEO。投资总署团队组成如图6-5所示[11]。这些成员均由一个专门的招聘办公室与任命委员会通过招聘与遴选产生[12]。

图6-5 投资总署的组织结构

投资部署的主要职责为：准备政府与执行机构签署的合同；协调政府部门与执行机构对招标指南的制订；指导计划实施并提供建议；撰写计划的年度执行报告。投资总署通过向总理提交计划的年度执行报告汇报工作[13]。

（二）法国国家科研署

法国国家科研署于2005年成立，是法国两大公共资助机构之一，以项目招标与资助的形式实现国家的科技规划布局，也是法国科技计划最重要的专业管理机构。法国国家科研署受教研部监管，在国家科研战略的指导下制订年度计划并提交教研部批准，每年向法国科研战略理事会、教研部提交年度执行报告汇报工作。

法国国家科研署的使命为：资助并推进基础研究与导向型研究，技术创新，技术转移与公私合作；实施由教研部制订，并吸取其他主管科研机构与高教机构的部委意见的规划；管理国家在高等教育与研究方面的大型投资项目，并对其进行跟踪；在欧洲与国际层面加强科学合作，将法国国家科研署的项目规划与欧洲国际计划衔接；对法国国家科研署的资助在国家科研产出上的影响进行评估[14]。

法国国家科研署资助的项目类型包括自由探索的非专题项目（programme blanc）；政府引导集中发展的专题项目（programme thématique），重点支持信息通信科技与纳米技术、生物－健康、可持续能源与环境、生态系统与可持续发展、工程与工艺、人文与社会科学等六大研究领域。2005～2010年，法国国家科研署共资助项目368.91亿欧元：其中非专题项目与专题项目的具体分配情况见下图6-6[15]。

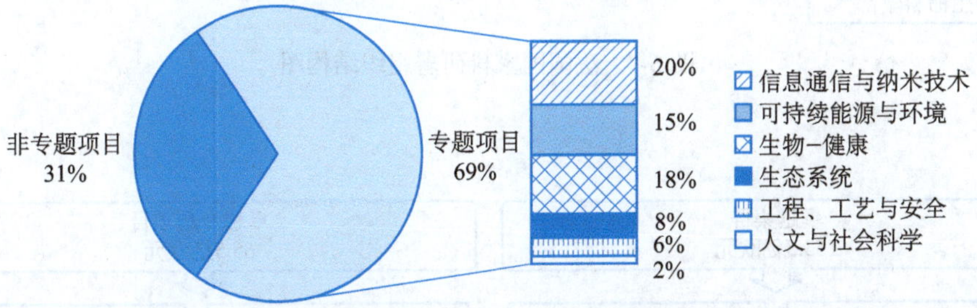

图6-6　法国国家科研署2005～2010年资助项目领域分布

自2010年起，法国国家科研署成为未来投资计划高等教育与研究领域子计划的主要执行机构，负责子计划的招标、遴选、资助与跟踪。因此，在法国国家科研署的组织机构（图6-7）中，专门设有未来投资计划与竞争力主任来总体负责未来投资计划的管理[16]。

二、典型计划——未来投资计划

法国通过专业管理机构来执行科技计划的典型案例为未来投资计划。该计划虽然是一个涉及5个优先领域的综合性战略投资计划，但其中超过一半的经费（219亿欧元）用于支持高等教育与研究领域的科技计划。本章提到的未来投资计划具体指其在高等教育与研究领域的科技计划（图6-8）。

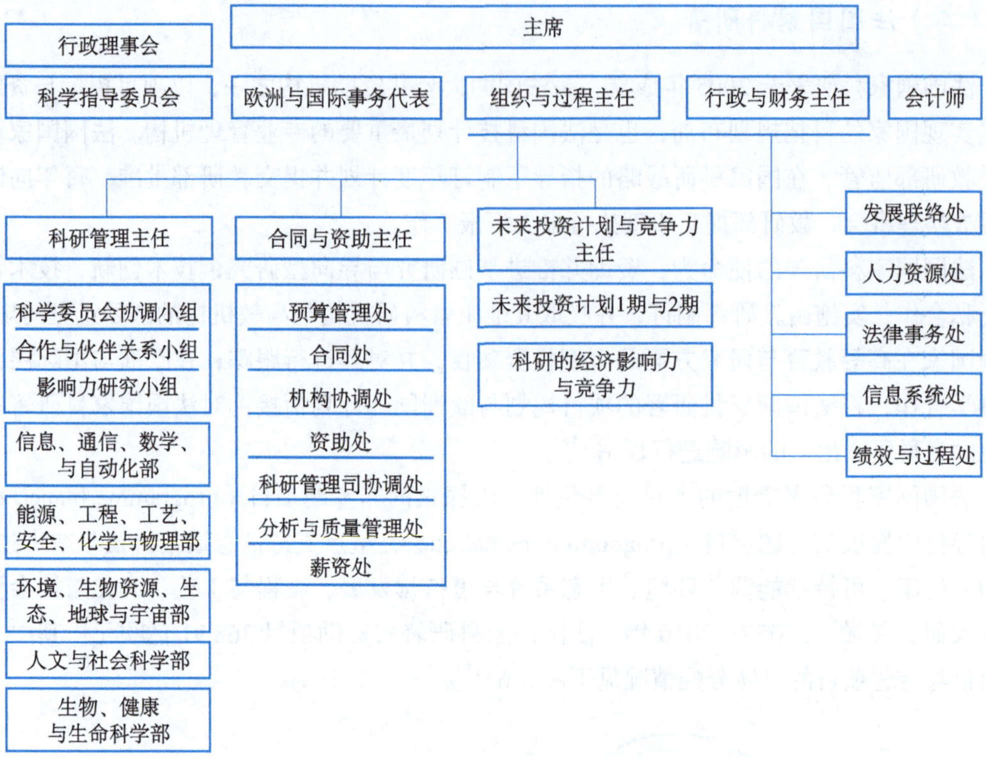

图 6-7 法国国家科研署组织结构图

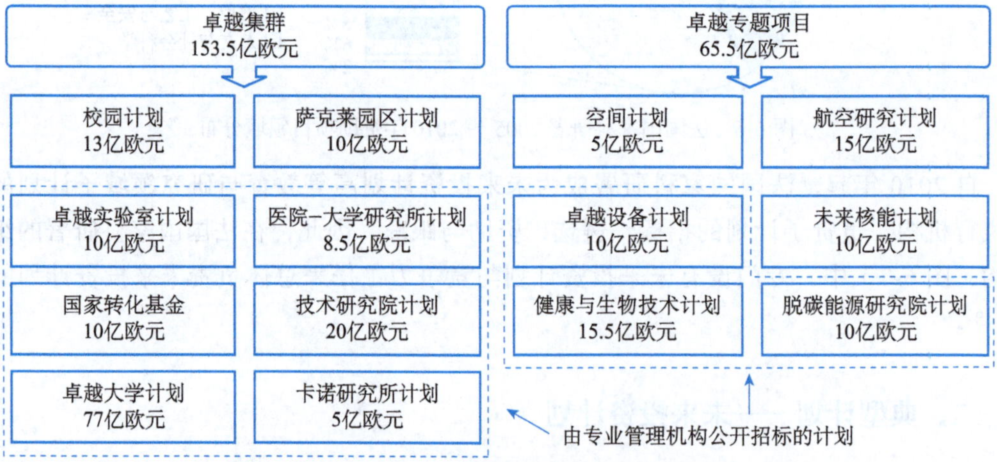

图 6-8 未来投资计划高等教育与研究领域的科技计划

未来投资计划设有完备的管理与监督评估机制（图 6-9）。由受总理领导、独立的计划管理机构投资总署统筹管理计划；由法国已有的公共资助机构法国国家科研署等作为计划执行机构，通过与政府签署协议来执行子计划的招标、遴选与跟踪管理；由专门的评估机构监督委员会对整个计划进行监督评估。

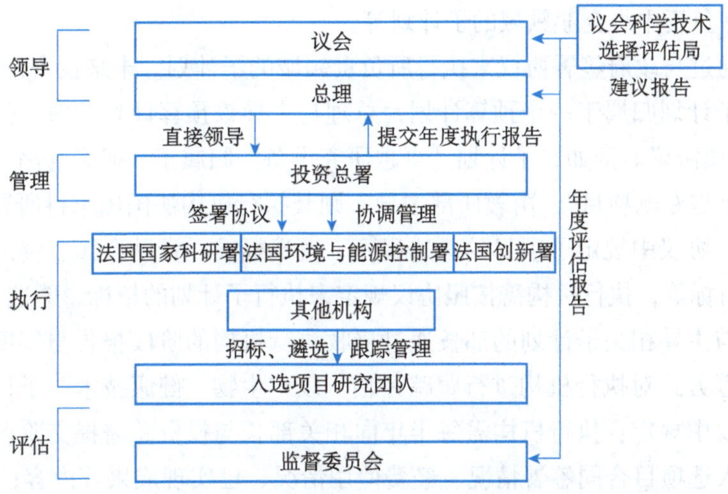

图 6-9 未来投资计划管理体制

（一）未来投资计划的管理

未来投资计划设有独立的管理机构投资总署，由总理颁布法令设立。投资总署受总理直接领导，负责未来投资计划的管理。

具体工作如下：

（1）与子计划执行机构签署协议：投资总署向总理提出协议建议，确定子计划的目标、遴选标准、资助形式、跟踪管理模式等内容，由总理与执行机构签署协议；

（2）协商制订子计划招标指南：在子计划执行部门初步提出项目招标指南后，投资总署与其主管部长讨论协商确定指南；

（3）审批建议子计划入选项目：由子计划主管部长领导的指导委员会向投资总署建议入选项目列表与资助建议后，投资总署向总理建议最终入选项目清单与经费分配；

（4）子计划项目跟踪评估：投资总署与子计划主管部长接受执行机构的阶段报告与年度报告，并定期与执行机构会谈，进行跟踪评估。

（5）计划评估：投资总署向总理提交年度报告，进行总体评估。

（二）未来投资计划的执行

未来投资计划的执行机构主要为法国国家科研署、法国环境与能源控制署、法国创新署等国家已有的公共资助机构。2010 年预算修正案根据这些机构的日常资助重点，将未来投资计划对应领域的子计划交由它们来执行。其中，法国国家科研署[17]是受教研部监管的国家公共资助机构，主要以科研项目的形式支持国家科研发展，在未来投资计划中主要负责高等教育与研究领域的子计划；法国环境与能源控制署是受能源部和教研部共同监管的法国工贸型公共机构，以实施国家环境、能源领域政策为使命，在未来投资计划中主要负责可持续发展领域的子计划；法国创新署是主要面向企业提供支持的国家资助机构，在未来投资计划中负责中小企业领域的子计划等。

执行机构通过与政府签署协议来执行所负责领域的子计划。未来投资计划共设有 35 个子计划，每个子计划归属于一个预算计划，总理与主导该预算计划的部长代表政府与执行机构签署了 35 项协议。例如，子计划“卓越研究设备”归属于“研究与高等教育任务”下的预算计划“卓越专题项目”，由教研部主导，则其执行机构法国国家科研署与总理及教研部长签署协议。协议中规定了项目的遴选程序、遴选标准、资助金额、资助形式、跟踪管理模式、绩效目标等，执行机构需按照协议规定来执行子计划的招标、遴选与跟踪管理。

投资总署与主导相关子计划的部长通过接收执行机构的阶段报告与年度报告，与执行机构定期会谈等方式对执行机构进行跟踪评估。以“生物－健康技术”子计划为例，其与政府签署的协议中规定：执行机构需每半年向相关部长与投资总署提交阶段报告，汇报子计划的进展、入选项目合同签署情况、经费使用情况、已实现成果等内容；在每年 3 月 31 日前提交年度报告汇报工作。执行机构与相关部长及投资总署定期举行会谈跟踪子计划的进展并在必要时做出适时调整[18]。

执行机构对子计划进行公开招标与遴选，并对入选项目进行跟踪管理与评估。以未来投资计划高等教育与研究领域的科技子计划招标为例，其招标指南撰写（图 6-10）与项目遴选流程（图 6-11）如下。

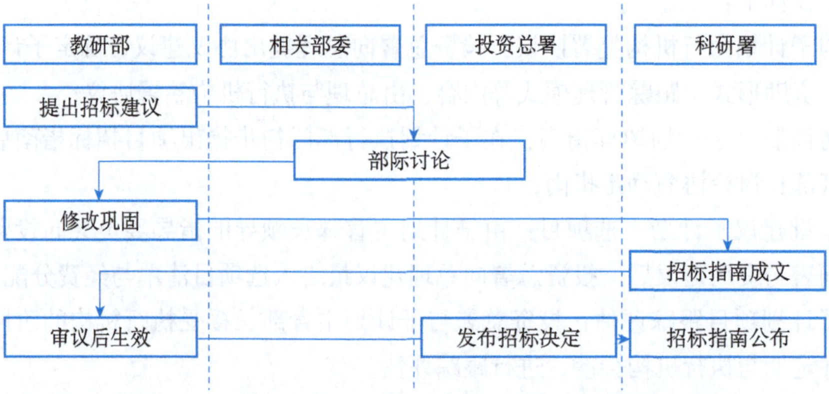

图 6-10 未来投资计划高等教育研究领域招标指南制订流程

在项目遴选过程中，由法国国家科研署接收电子申请书，确认其格式符合规范，申报者与申报金额符合要求；由科研署的评审委员会对纸质申请书进行审核，确认其格式符合规范并经所有申请者签字，申报领域符合招标要求；由评审委员会指定外部专家，每个项目至少指定两位外部专家，外部专家根据遴选标准撰写评审意见；评审委员会由来自国际公立与私立科研界的专家组成，根据外部专家评审意见对申请项目进行分级，分为 A（推荐）、B（可接受）、C（弃用）三个等级，并撰写评审报告；项目分级名单与评审报告提交由教研部部长领导的指导委员会，指导委员会基于该报告向投资总署建议入选项目列表与资助建议；总理在投资总署的建议下最终确定入选项目列表与经费分配。在最终入选项目确定后，法国国家科研署与入选项目研究团队签署协议并提供资助，由入选团队执行项目。

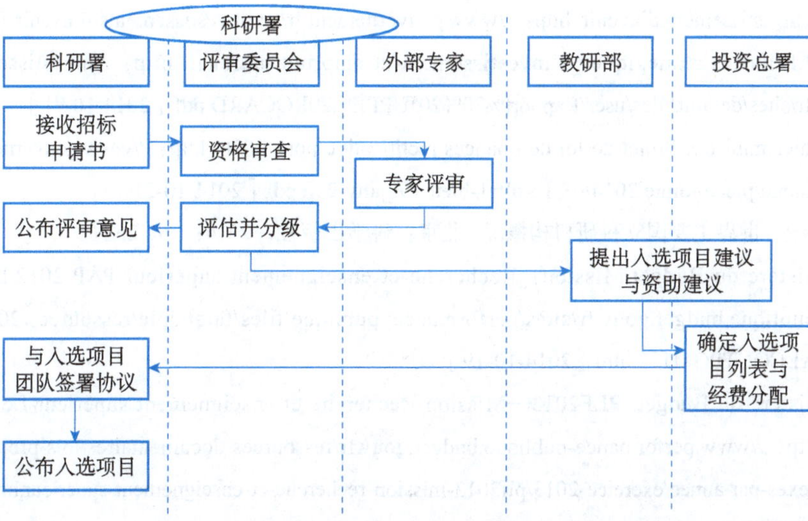

图 6-11　未来投资计划高等教育与研究领域项目遴选流程

（三）未来投资计划的评估

未来投资计划设有独立的监督委员会，由总理颁布法令设立。监督委员会由两位原总理于贝和罗卡尔主持，由议会代表与高水平专家组成。监督委员会对整个计划进行评估，并撰写年度评估报告提交总理与议会。

此外，法国议会也通过其咨询评议机构科学技术选择评估局对未来投资计划进行监督与评估，通过举办听证会来听取对计划的意见，向议会提供建议。在 2012 年 5 月，科学技术选择评估局就未来投资计划举行了听证会，并在总结报告“未来投资计划：法国科研的新跨越”[19]中指出，该计划未处理好竞争性经费与稳定性经费的关系，存在某些实验室因得到未来投资计划的项目拨款而造成稳定经费被减少的情况。议会强调应保证未来投资计划经费专款专用，严禁削减项目执行团队的稳定经费。此外，议会还建议未来投资计划应采取定期跟踪机制，评估项目进度与经费的合理使用，通过阶段报告了解计划的实施并在必要时调整一些项目的发展方向；应加强科技成果转移转化机构的作用，借鉴国外集群管理的经验，有效促进公私研究主体定期会面，鼓励新创企业产生；应有欧洲视野或国际视野，将一些有潜力的项目发展成欧洲合作项目，围绕项目促成创新集群的产生。

（执笔：中国科学院文献情报中心　陈晓怡）

参考文献

［1］MESR. Organisation du système de recherche et de l’innovation. http：//www.enseignementsup-recherche.gouv.fr/pid25352/systeme-francais-recherche.html［2014-10-17］

［2］CGI.Investissement d'avenir. http：//www.gouvernement.fr/les-investissements-d-avenir［2014-10-17］

［3］CGI.Priorités stratégiques d'investissement et emprunt national. http：//investissement-avenir.gouvernement.fr/sites/default/files/user/Rapport%20%20JUPPE%20ROCARD.pdf［2014-10-21］

［4］Premier ministre. Projet de loi de finances rectificative pour 2010. http：//www.gouvernement.fr/sites/default/files/contenu/piece-jointe/2014/08/10-plfr1-bleu-19_janv-23h.pdf［2014-10-21］

［5］白春礼．世界主要国立科研机构概况．北京：科学出版社，2014：261-262

［6］Ministère du Budget.Mission：Recherche et enseignement supérieur PAP 2012.http：//www.performance-publique.budget.gouv.fr/sites/performance_publique/files/farandole/ressources/2013/pap/html/DBGPGMANALCOUTPGM172.htm［2014-10-19］

［7］Ministère du Budget. PLF2013—Mission Recherche et enseignement supérieur-Le Forum de la Performance.http：//www.performance-publique.budget.gouv.fr/ressources-documentaires/lois-projets-de-lois-et-documents-annexes-par-annee/exercice-2013/plf2013-mission-recherche-et-enseignement-superieur.html［2013-11-19］

［8］MESR. Budget enseignement superieur recherche 2013.http：//cache.media.enseignementsup-recherche.gouv.fr/file/2013/72/9/Dp_budget_2013_web_227729.pdf［2015-2-11］

［9］Ministère des finances et des comptes publics. Recherche et enseignement superieur 2013.http：//www.performance-publique.budget.gouv.fr/sites/performance_publique/files/farandole/ressources/2013/lfi/pdf/DBGNORMALLFIMSNRA.pdf［2015-2-11］

［10］MESR. L'état de l'enseignement superieur et de la recherche N.6（édition 2012）. http://www.enseignementsup-recherche.gouv.fr/cld66659/l-etat-de-l-enseignement-superieur-et-de-la-recherche-n-6-fevrier-2013. html［2014-11-12］

［11］CGI. L'équipe. http：//www.gouvernement.fr/cgi-equipe［2014-11-5］

［12］CGI. Le commissaire général àl'investissement. http：//www.gouvernement.fr/le-commissaire-general-a-l-investissement-louis-schweitzer［2014-11-5］

［13］Premier ministre. Décret n° 2010-80 du 22 janvier 2010 relatif au commissaire général à l'investissement. http：//www.gouvernement.fr/sites/default/files/contenu/piece-jointe/2014/08/decret_de_creation_du_cgi.pdf［2014-10-20］

［14］Legifrance. Décret n° 2014-365 du 24 mars 2014 modifiant le décret n° 2006-963 du 1er août 2006 portant organisation et fonctionnement de l' Agence nationale de la recherche .http：//www.legifrance.gouv.fr/affichTexte.do？ cidTexte=JORFTEXT000028770462&categorieLien=id［2015-2-11］

［15］ANR.Evaluation de l'ANR par l'AERES—Le rapport d'auto-évaluation. http：//www.agence-nationale-recherche.fr/magazine/actualites/detail/evaluation-de-l-anr-par-l-aeres-le-rapport-d-auto-evaluation/［2012-2-16］

［16］ANR. Organigramme de l'ANR du 18/12/2014. http：//www.agence-nationale-recherche.fr/fileadmin/documents/2015/ANR-Organigramme.pdf［2015-3-12］

［17］Legifrance. Décret n° 2006-963 du 1 août 2006 portant organisation et fonctionnement de l'Agence nationale de la recherche. http：//www.legifrance.gouv.fr/affichTexte.do；jsessionid=747EDED9283A5035C881AA8981C5F77E.tpdjo04v_1&dateTexte=?cidTexte=JORFTEXT000000817685&categorieLien=cid［2014-10-29］

［18］Legifrance. Investissements d'avenir，convention Etat-ANR Action：« santé et biotechnologies ». http：//www.legifrance.gouv.fr/affichTexte.do？ cidTexte=JORFTEXT000022497262［2014-10-29］

［19］Sénat. Investissements d’avenir：un nouvel élan pour la recherche française，http：//www.senat.fr/rap/r11-511/r11-511.html［2012-6-15］

第七章 韩国科技计划的全过程管理

法制化和程序化是韩国科技计划全过程管理的主要特征。《科学技术基本法》是指导韩国科技发展的根本大法，为制订每五年一期的科学技术基本计划、开展技术水平评估和技术预见提供了法律保障，并赋予国家科学技术审议会制订、协调和评估科技计划、分配政府研发预算的职能。国家科学技术审议会作为国家最高级的科技决策机构，负责把国家科技规划的优先领域转化为各部委的具体目标，保证全国科技计划的总体协调，使得政府的科技预算能够向重点领域倾斜和兼顾平衡。

第一节 韩国科技计划管理体系

一、科技计划的管理主体

1999 年，韩国依据《科学技术创新特别法》设立了“国家科学技术委员会”，总统任委员长，教育科技部部长任副委员长。国家科学技术委员会是韩国科技政策的最高决策和协调机构，主要负责审批国家科技发展规划，协调政府各部委的科技政策。国家科学技术委员会的设立使得韩国的科技管理体制由过去的“部门分散管理型”转变为以国家科学技术委员会为中心的“集中协调型”。

2013 年 3 月，朴槿惠政府成立了国家科学技术审议会，替代了原有的国家科学技术委员会，其主要职能包括对每五年一期的科学技术基本计划、各领域的科技计划、科技预算、科研评估、人才培养、国际科技合作、区域创新等重要的科技政策进行最终决策[1]。该审议会设两位委员长，分别由国务总理和由总统任命的一位民间联席委员长担任，委员数量不超过 25 人，其中包括各部委的部长 13 人，民间委员 10 人，委员的任期为两年（见图 7-1）。

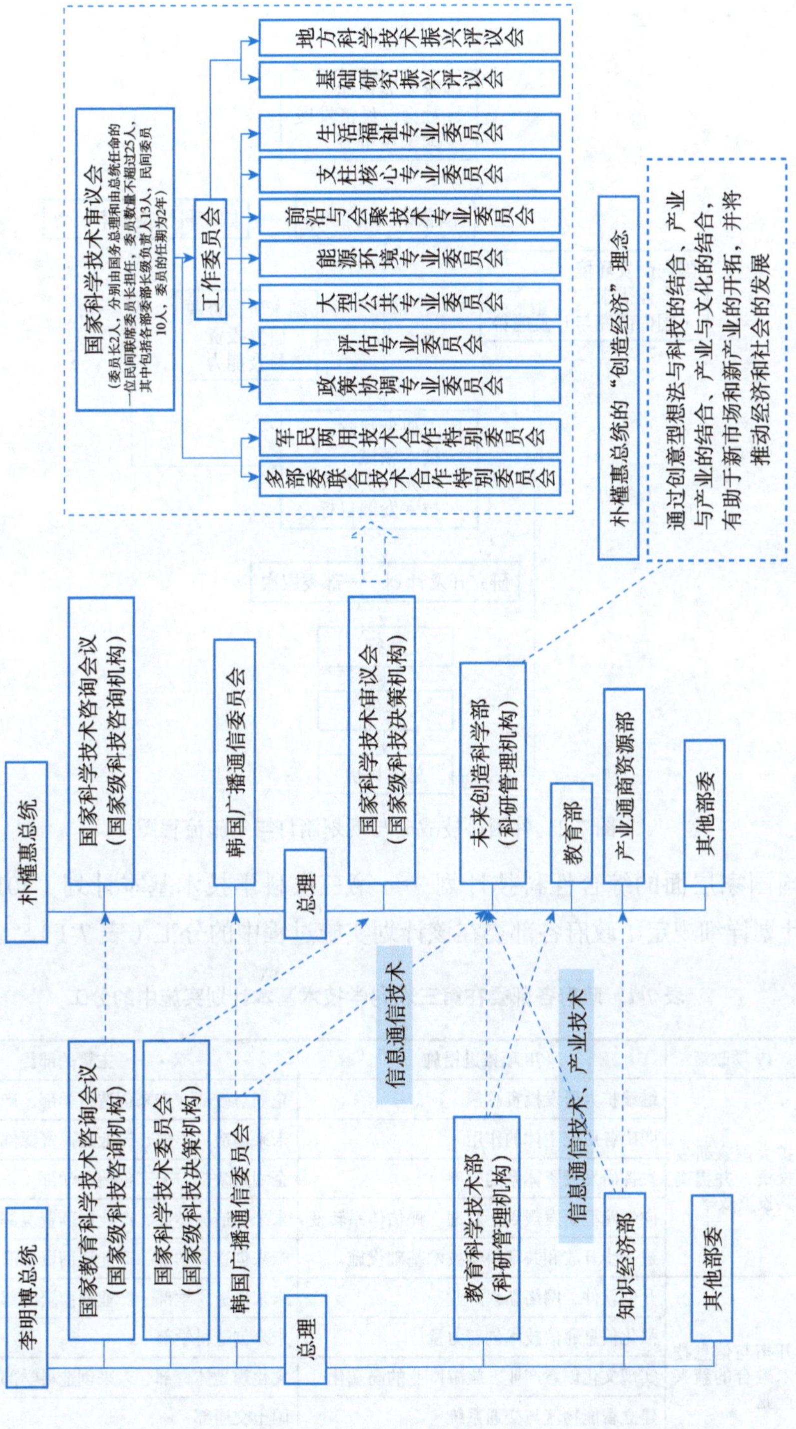

图 7-1　韩国国家级科技咨询、科技决策、科研管理机构

韩国国家科学技术审议会根据国家发展目标制订国家研发目标，并结合国内研发环境和研发资源制订国家研发战略（即每五年一期的科学技术基本计划）。之后，由未来创造科学部等相关部委制订各领域的科技计划并组织实施，具体的制订与实施的流程见图 7-2。

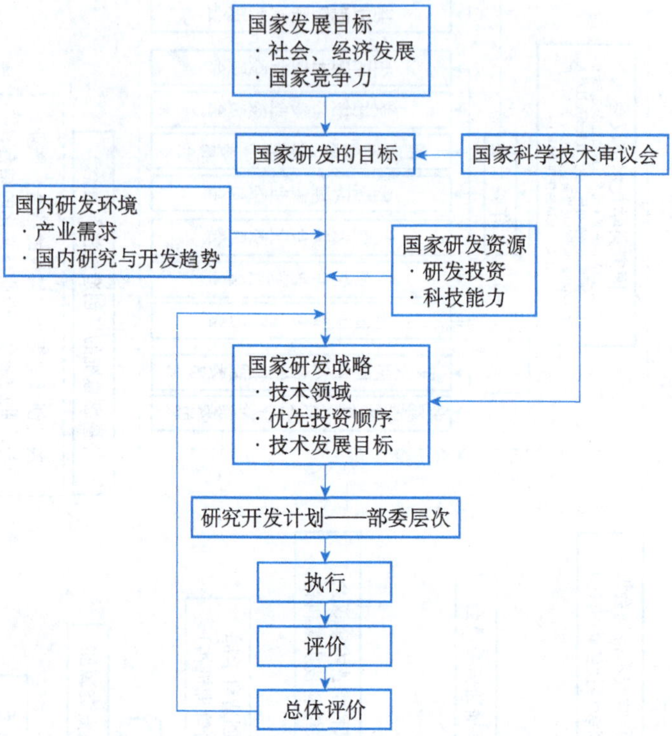

图 7-2　韩国科技战略与规划制订与实施流程图

以韩国国家层面的综合性科技计划——第三次科学技术基本计划（2013 ～ 2017 年）为例，该计划详细规定了政府各部委在该计划实施过程中的分工（表 7-1）[2]。

表 7-1　政府各部委在第三次科学技术基本计划实施中的分工

五大战略	19 项政策	78 项推进措施	主管的部委
战略 1：加大研发投入	扩大国家研发投资，并提高其投资效率	继续扩大研发投资总额	企划财政部、未来创造科学部、产业通商资源部
		明确各研究主体的作用	未来创造科学部、产业通商资源部
		发挥研发投资体系的效率	企划财政部、未来创造科学部
		向领跑型研发规划、管理、评估体系转变	未来创造科学部、产业通商资源部
		进一步开放和共享科学技术基础设施	未来创造科学部、产业通商资源部
战略 2：开发国家战略技术	开拓与信息技术融合的新兴产业	开创软件、网络新兴产业	未来创造科学部、产业通商资源部
		强化信息通信技术创新力量	未来创造科学部
		实现文化创意产业、旅游产业的高端化	文化观光体育部、未来创造科学部、产业通商资源部
		建立智能物流与交通系统	国土交通部
		实现龙头出口产业的升级	产业通商资源部、未来创造科学部

续表

五大战略	19 项政策	78 项推进措施	主管的部委
战略 2：开发国家战略技术	增强未来发展动力	未来能源、资源的取得与利用	产业通商资源部、未来创造科学部
		抢占保健医疗国际市场	保健福祉部、未来创造科学部、产业通商资源部、食品医药品安全厅
		增加农林牧业的附加值	农林畜产食品部、农村振兴厅、食品医药品安全厅
		增强航空、航天、国防的发展动力	未来创造科学部、产业通商资源部、防卫事业厅
		促进海洋、水产向未来型产业的发展	海洋水产部、产业通商资源部
	创造整洁便利的环境	强化应对气候变化的能力	产业通商资源部、未来创造科学部、环境部、气象厅
		优化升级环境保护与修复体系	环境部、海洋水产部
		提高生活空间的便利性	国土交通部、产业通商资源部、环境部
		改善国土基础设施	国土交通部、海洋水产部
	实现健康长寿	疑难杂症的攻关	保健福祉部、未来创造科学部、产业通商资源部、食品医药品安全厅
		实现面向患者的对口医疗服务	保健福祉部、未来创造科学部、产业通商资源部、食品医药品安全厅
		加强应对低生育率、老龄化问题	保健福祉部、未来创造科学部、产业通商资源部、食品医药品安全厅
	构建无忧无虑的安全社会	防灾减灾	气象厅、国土交通部、安全行政部
		建立全社会灾难应对体系	未来创造科学部、核安全委员会、保健福祉部、环境部
		提升粮食安全与食品安全等级	农林畜产食品部、农村振兴厅、食品医药品安全厅
战略 3：中长期地加强创意型人才的培养	振兴创意型基础研究	扩大对基础研究的中长期稳定性的投资	未来创造科学部、教育部
		形成世界级水平的基础研究基地	未来创造科学部
		营造创意型研究环境	未来创造科学部
		促进基础研究合作与成果推广	未来创造科学部
	培养和善用有创意的融合型人才	构建尊重科技人员的社会	未来创造科学部
		强化中小学的创意教育	教育部
		强化大学和研究生院的研究力量	教育部、未来创造科学部、产业通商资源部
		培养世界级水平的科技人员	未来创造科学部
		善用科技人才并增强其全球流动性	产业通商资源部、未来创造科学部
		发挥女性科技人员的潜力	未来创造科学部、产业通商资源部
	将国立科研机构建设成国家发展的中枢基地	明确国立科研机构的固有任务和性质	未来创造科学部
		扶持中小企业并增强其创造就业岗位的能力	未来创造科学部、产业通商资源部
		促进开放、融合型研究	未来创造科学部
		建立自律与责任并重的国立科研机构管理体系	未来创造科学部
	科技全球化	强化科技外交	未来创造科学部、产业通商资源部
		扩大科技类政府开发援助（ODA）	未来创造科学部、产业通商资源部
		积极开展战略领域的国际合作研究	未来创造科学部、产业通商资源部
		建设国际科技枢纽	未来创造科学部
		构建国际合作基础设施	未来创造科学部

续表

五大战略	19项政策	78项推进措施	主管的部委
战略3：中长期地加强创意型人才的培养	构建新的区域创新体系	搞活地方产学研网络	未来创造科学部、产业通商资源部
		支持针对地方需求的技术开发	未来创造科学部、产业通商资源部
		针对地方实际情况培养人才、创造就业岗位	未来创造科学部、产业通商资源部
		扩大地方研发投资，并加强其自律性	未来创造科学部、产业通商资源部
		加强地方研发企划管理力量	未来创造科学部、产业通商资源部
		整顿中央与地方的研发管理与实施体系	未来创造科学部、产业通商资源部
	营造创意科学文化	传播有关想象力、挑战、创业的科学文化	未来创造科学部
		设计并普及以需求为导向的活动	未来创造科学部
		增加科技文化福利与基础设施	未来创造科学部
		强化科技人员的社会参与和学术道德	未来创造科学部
战略4：支持创造新兴产业	支持中小企业、风险投资企业技术创新	构建以中小、风投企业为主的研发支援体系	中小企业厅
		强化中小企业技术创新基础设施	中小企业厅
		鼓励中小企业招募优秀人才并使其长期任职	中小企业厅
		建立按发展阶段进行对口支援的体系	中小企业厅
	建设知识产权生态系统	建立优秀知识产权创造体系	未来创造科学部、产业通商资源部、专利厅
		加强知识产权保护	专利厅
		促进知识产权的利用	产业通商资源部、未来创造科学部
		扩充知识产权基础设施	未来创造科学部、产业通商资源部、专利厅
		确保标准专利与国际标准	未来创造科学部、产业通商资源部、专利厅
	促进技术转移与产业化	加强兼顾市场的技术规划	产业通商资源部、未来创造科学部
		积极支持克服产业化初期障碍	产业通商资源部、未来创造科学部
		提高技术转移中介能力	产业通商资源部、未来创造科学部
		通过积极开展开放式创新，促进产业化	产业通商资源部、未来创造科学部
	支持开拓新市场	促进会聚技术、产品的开发	产业通商资源部、未来创造科学部
		进一步支持服务研发	产业通商资源部、未来创造科学部
		创造创新型技术、产品需求	产业通商资源部、未来创造科学部
		创新技术规范	产业通商资源部、未来创造科学部
战略5：创造基于科技的就业岗位	建立创业主体支持体系	进一步支持各个发展阶段的技术性创业	中小企业厅、文化观光体育部
		积极推动公共研究机构的创业	未来创造科学部、中小企业厅
		将大学建设成为创业基地	教育部、中小企业厅
	打造有利于技术性创业的生态系统	支持投资回收与重新挑战	中小企业厅
		促进以技术与创意为基础的融资	未来创造科学部、产业通商资源部、中小企业厅
	创造新的科技就业岗位	增加科技领域的就业岗位	未来创造科学部、产业通商资源部
		加强政府研发与就业岗位之间的联系	未来创造科学部、产业通商资源部

根据科学技术基本计划中规定的以上分工，韩国政府各部委分别制订各领域的科技计划，其中涉及多个部委的重要科技计划还要上报国家科学技术审议会，由这个国家级的科技决策机构审议、通过和公布。以韩国未来创造科技部牵头并会同韩国教育部制订的“2013～2017年基础研究振兴综合计划”为例，该计划是韩国基础科学研究领域最重要的一项计划，其制订流程见下图7-3[3]。

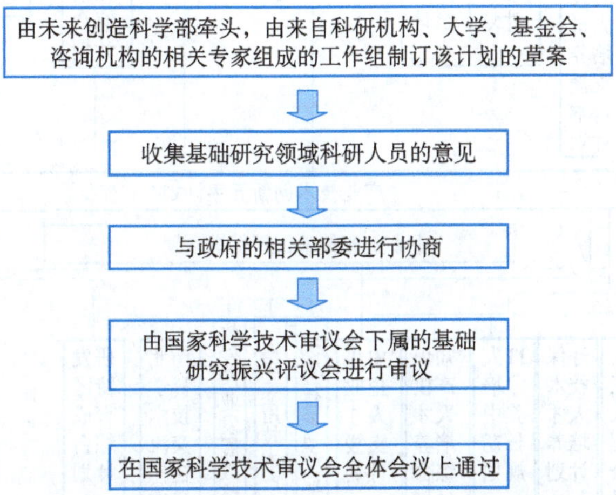

图7-3　韩国基础研究振兴综合计划的制订流程

二、各层面科技计划的结构关系

按照韩国全国各层面科技计划的最终批准级别分类，截至2010年由原国家科学技术委员会批准的科技计划共31项，由国务总理批准的共7项，由部级及以下批准的共45项。

在以上83项科技计划中包括26项科技政策类计划和57项技术开发类计划，科学技术基本计划均为这两类计划的最上位的规划（图7-4、图7-5）。

三、科技计划的决策支撑机制

韩国科学技术计划评价院（KISTEP）始建于1987年，当时为韩国科学技术研究院所属的科学技术政策评价中心。后经几次调整改革，于2001年7月，根据《科学技术基本法》第20条规定，扩大改编为韩国科学技术计划评价院。KISTEP的主要职能包括：①制订国家科技战略与规划；②对国家研发计划进行预算分配和协调；③承担对国家研发计划的调查、分析、评价和成果管理；④开展与研发相关的知识传播[4]。韩国于2002年制订的“国家技术路线图”、于2006年制订的“国家研发事业总路线图”和第二次、第三次科学技术基本计划均由该院主要参与并制作完成，因此，该院也可以视为韩国科技管理体系的重要组成部分，属于国家级的科技规划支撑机构。2014年该院设有五个研究部门——政策规划部、项目调整部、评价分析中心、未来预测中心、财政投资分析部，在职员工170余人[5]。

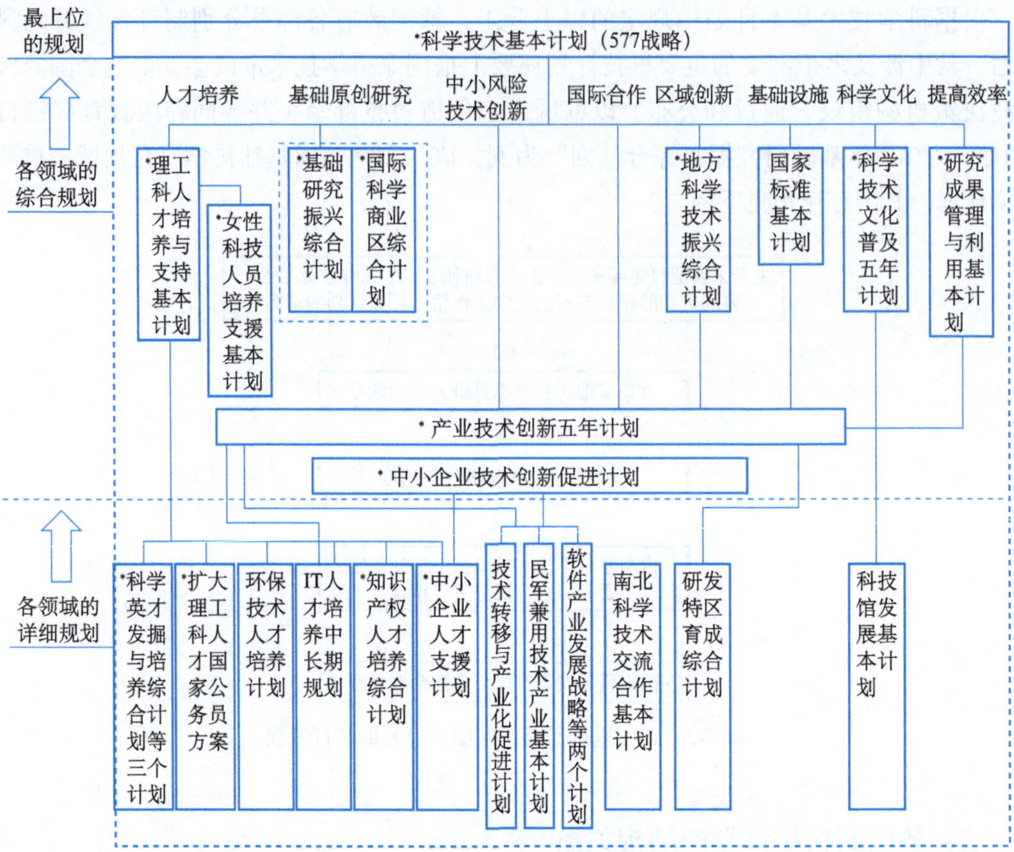

图 7-4　韩国的政策类科技计划

图中有底纹的框内的科技计划涉及政府各部委；左上角标为 * 的科技计划由国家科学技术委员会审议和批准。

资料来源：国家科学技术审议会网站相关资料整理

第二节　韩国科技计划预算组织实施机制

国家科学技术审议会韩国科技领域的最高决策机构，负责制订国家研发预算调整和分配的指导方针等。在部委层面，未来创造科学部是韩国主管科技创新业务的管理部门，而企划财政部则是政府预算管理部门。韩国每届政府上台后均为各部委负责的国家级科技计划设定了未来五年的研发投资规划。根据《国家财政法》和《科学技术基本法》的相关规定，各部委在每年年初根据上一年的科技计划预算经费执行情况和当年的经费预算，提交下一年度的科技计划预算规划建议，国家科学技术审议会和企划财政部联合审议各部委的预算规划后上报国会，由国会在每年年底表决通过下一年度的各部委预算分配方案，各部委负责的科技计划年度预算编制流程详见图 7-6[6]。

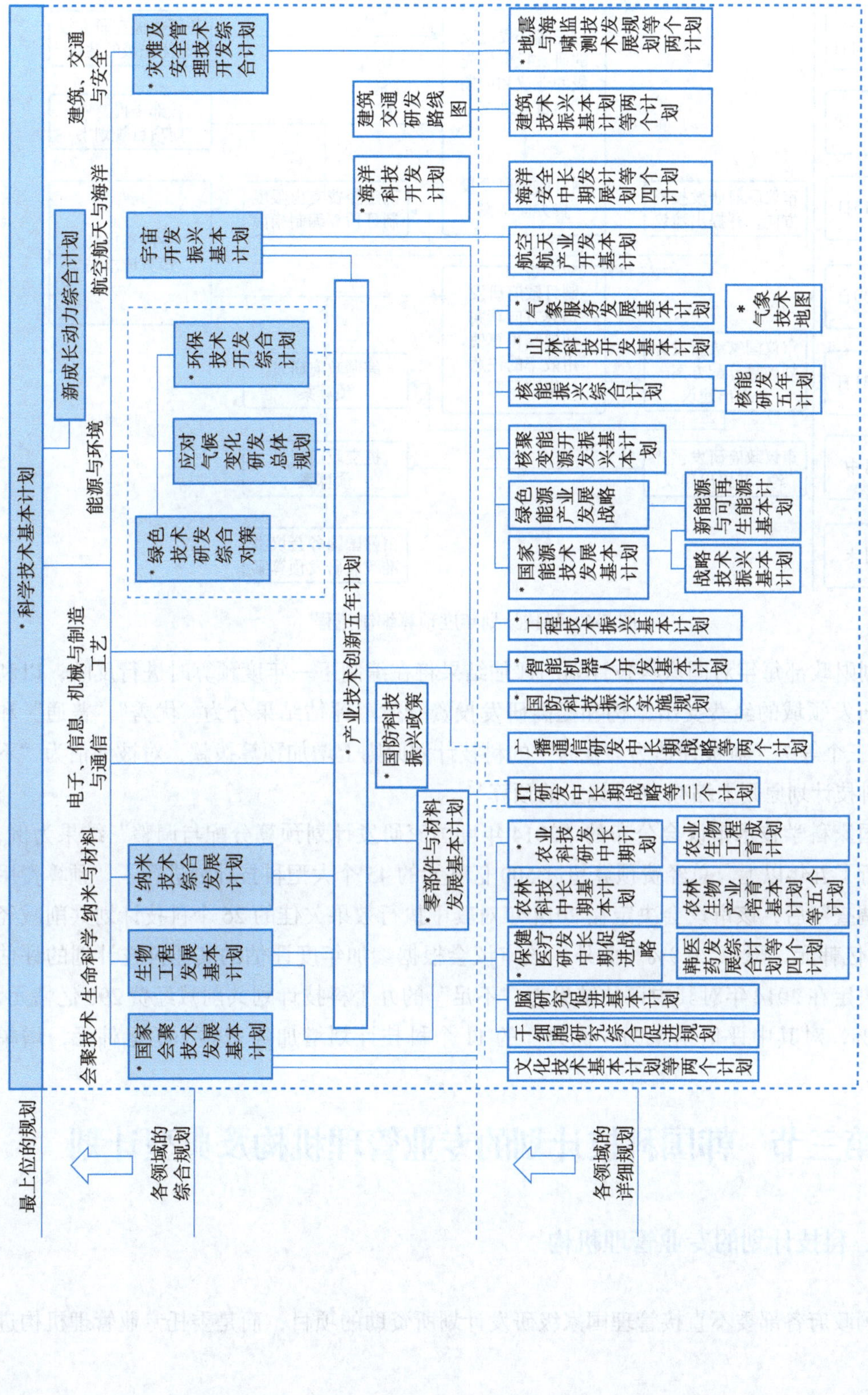

图 7-5　韩国的技术开发类科技计划

图中有底纹的框内的科技计划涉及政府各部委；左上角标为*的科技计划由国家科学技术委员会审议和批准

资料来源：国家科学技术审议会网站相关资料整理

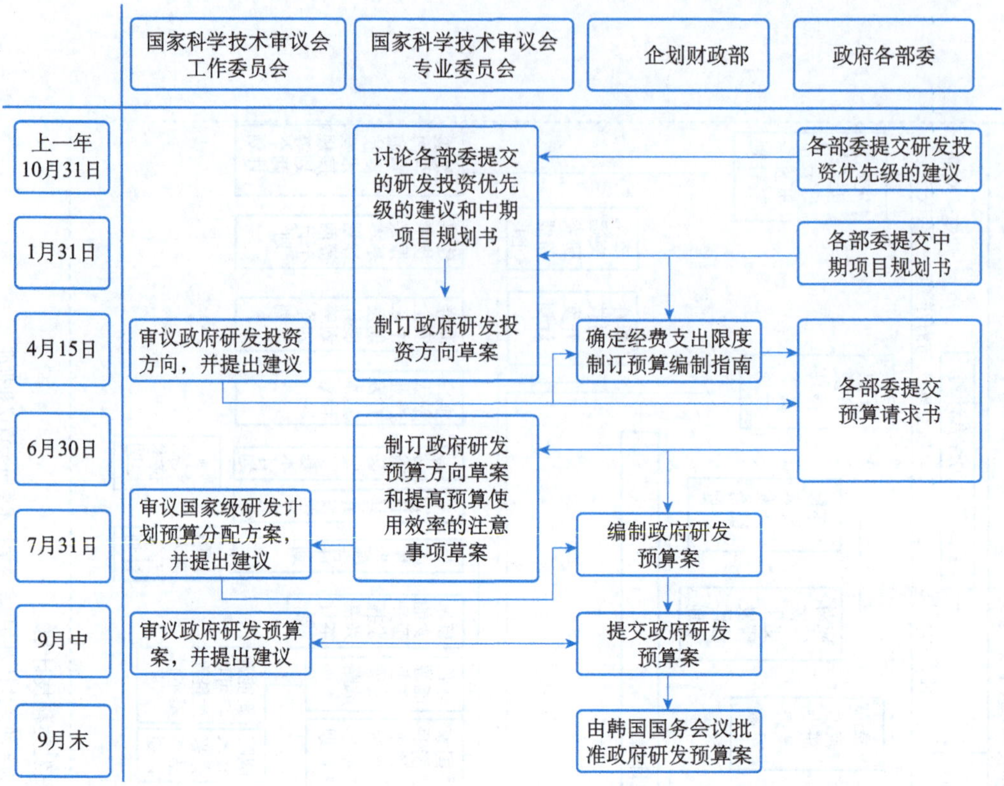

图 7-6　科技计划年度预算编制流程

企划财政部每年对国家科技计划的评估结果将在编制下一年度预算时进行反映，以利于调整研发领域的经费支出结构和提高研发投资绩效。评估结果分为“优秀”“普通”和“不足”三个等级，对被评估为“优秀”的科技计划原则上增加预算拨款，对被评估为“不足”的科技计划原则上缩减 10% 以上的预算[7]。

以国家科学技术审议会公布的“2014 年度国家研发计划预算分配与调整”结果为例，在对执行了五年以上、总经费预算超过 500 亿韩元的 45 个大型科技计划进行了“预算费用妥当性调查”后，该审议会决定在 2014 年对其中执行效果欠佳的 26 个科技计划共削减经费 1886 亿韩元，降幅 20.9%。此外，该审议会根据参加年度评估的其他科技计划的评估结果，决定在 2014 年对其中评估结果为“不足”的九个科技计划共削减经费 290 亿韩元，降幅 16%，对其中评估结果为“优秀”的 11 个科技计划增加经费共 207 亿韩元，增幅 5.8%[8]。

第三节　韩国科技计划的专业管理机构及典型计划

一、科技计划的专业管理机构

韩国政府各部委不直接管理国家级研发计划所资助的项目，而是委托专业管理机构进行管理（表 7-2），并有相关的法律予以保障[9]。

表 7-2 政府各部委委托的科技计划管理专门机构

部委	科技计划管理专门机构	设立的法律依据
未来创造科学部	国家研究基金会	《国家研究基金会法》第 1 条
	信息通信产业振兴院	《信息通信产业振兴法》第 26 条
	广播通信传播振兴院	《传播法》第 66 条
教育部	国家研究基金会	《国家研究基金会法》第 1 条
产业通商资源部	国家产业技术评价管理院	《产业技术创新促进法》第 39 条
	国家产业技术振兴院	《产业技术创新促进法》第 38 条
	国家能源技术评价院	《能源基本法》第 13 条
防卫事业厅	国防技术品质院	《防卫事业法》第 32 条
国土交通部	国土交通科学技术振兴院	《建设技术管理法》第 16 条
海洋水产部	国家海洋科学技术振兴院	《海洋水产发展基本法》第 33 条
中小企业厅	中小企业技术信息振兴院	《中小企业技术创新促进法》第 20 条
	国家产业技术评价管理院	《产业基础创新促进法》第 39 条
	韩国产学研协会	《民法》第 32 条
保健福祉部	韩国保健产业振兴院	《韩国保健产业振兴院法》第 1 条
农林畜产食品部	农林水产食品技术计划评价院	《农林水产食品科学技术育成法》第 8 条
环境部	国家环境产业技术院	《环境技术开发与支援法》第 5 条
气象厅	气象技术开发院	《民法》第 32 条
	韩国气象产业振兴院	《气象事业振兴法》第 17 条
文化观光体育部	国家创意振兴院	《文化事业振兴基本法》第 31 条
核安全委员会	国家放射性安全基金会	《民法》第 32 条

韩国最主要的科技管理机构——未来创造科学部主要委托韩国国家研究基金会负责项目的招标、遴选、资助与评估。根据《国家研究基金会法》，韩国于 2009 年 6 月成立了国家研究基金会，由韩国教育科学技术部下属的原韩国科学与工程基金会、韩国研究基金会、韩国国际科技合作基金会整合而成，该基金会将支持理工、人文、交叉等各领域的学术活动、科技研发和国际合作研究项目作为其核心职责。该机构的性质是“准政府机构（委托执行类）”[10]。

韩国国家研究基金会成立了以理事长和秘书长为首的、“5 本部、2 中心、33 团”的组织结构，其中“5 本部”为基础研究本部、人文社会研究本部、国策研究本部、研究振兴本部和运营管理本部，“2 中心”为战略规划宣传中心和国际合作中心，“33 团”是包括数理科学团、生命科学团等在内的 33 个部门（图 7-7）。在职员工约 300 人[11]。

近年来，该基金会的经费呈现不断增长的态势。2013 年，该基金会的总资助金额为 3.13 万亿韩元（约合 180 亿元人民币），比 2009 年的 2.42 亿韩元增长了约 30%[12]。2013 年，该基金会对基础研究类项目的资助总额为 1.06 万亿韩元，在其所资助的各类项目中所占比例最高（约占 34%），比 2009 年的 0.64 万亿韩元增长了约 66%。此外，该基金会对原创技术开发类项目和大科学研究类项目的资助经费连年持续增长。2013 年，以上两类项目的资助总额分别比 2009 年增加了一倍和两倍（表 7-3）。

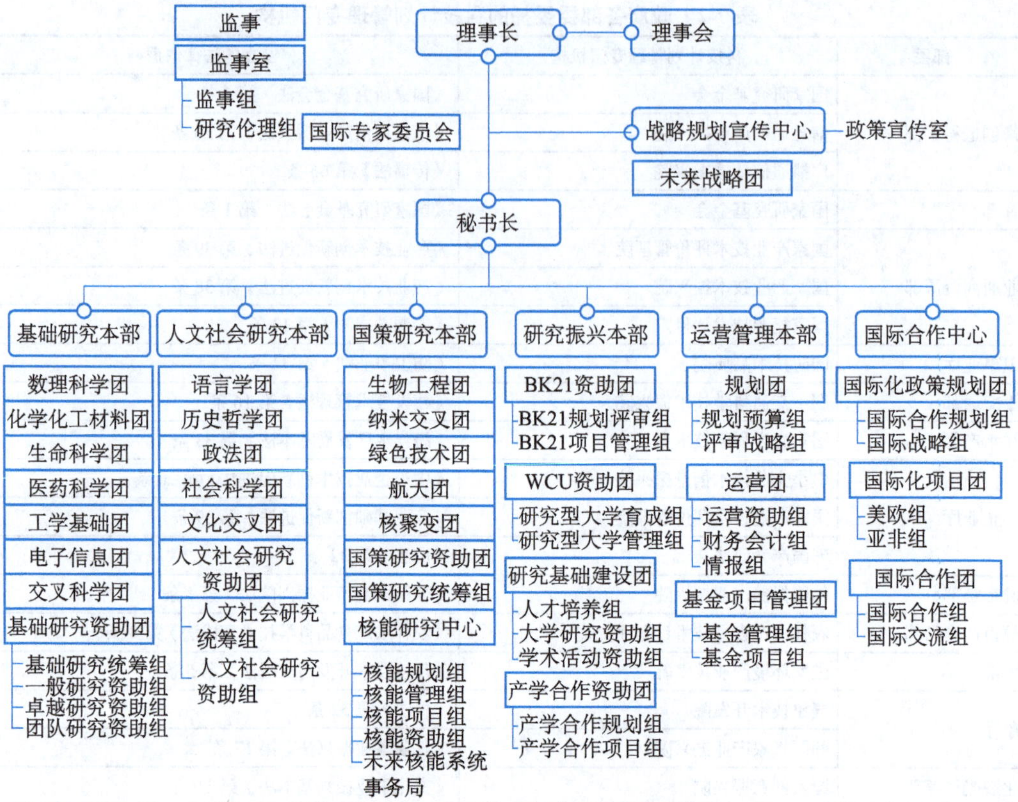

图 7-7　韩国国家研究基金会组织结构图

表 7-3　2009 ～ 2013 年国家研究基金会对各类项目的资助（单位：亿韩元）

类别		2009 年	2010 年	2011 年	2012 年	2013 年
研发	基础研究	6 411	8 225	9 282	9 892	10 642
	人文社会研究	1 643	1 809	2 085	2 110	2 186
	原创技术开发	1 517	1 928	2 376	2 947	3 148
	核能研发	1 881	1 866	2 020	2 047	2 618
	大科学研究	1 096	2 083	2 679	2 841	3 190
	国际科技合作	696	631	860	932	934
	其他研发	14	15	14	602	623
技术振兴	振兴基金	1 334	1 303	1 056	1 110	1 120
	人才培养	9 004	9 271	9 241	5 774	6 492
	其他资助	618	174	214	177	341
合计		24 214	27 305	29 827	28 432	31 294

2008 ～ 2012 年，该基金会重点资助的领域依次为：核能（1.34 万亿韩元，占 16.7%）、生命科学（1.17 万亿韩元，占 14.6%）、人文社会科学（0.91 万亿韩元，占 11.3%）、保健医

疗（0.90 万亿韩元，占 11.2%）。该基金会对各学科领域的资助都呈现连年增长的态势，其中，机械领域的资助经费增幅最大，2012 年该领域的资助额为 2080 亿韩元，比 2008 年的 291 亿韩元增长了约六倍，见表 7-4。

表 7-4　2008 ～ 2012 年国家研究基金会对各学科领域的资助

学科领域	2008 年 / 亿韩元	2009 年 / 亿韩元	2010 年 / 亿韩元	2011 年 / 亿韩元	2012 年 / 亿韩元	合计 / 亿韩元	所占比例 /%
数学	150	229	294	359	402	1 433	1.8
物理学	584	816	926	995	1 423	4 743	5.9
化学	517	805	900	993	984	4 198	5.2
地球科学	253	242	239	357	427	1 518	1.9
生命科学	1 913	1 879	2 237	2 873	2 832	11 734	14.6
农林水产食品	163	290	336	355	445	1 588	2.0
保健医疗	1 045	1 608	1 666	2 029	2 700	9 048	11.2
机械	291	470	766	1 887	2 080	5 494	6.8
材料	341	360	499	619	640	2 459	3.0
化工	111	202	258	395	460	1 427	1.8
电气电子	324	456	500	997	837	3 114	3.9
信息通信	377	488	706	851	923	3 345	4.1
能源与资源	121	251	344	408	547	1 671	2.1
核能	2 222	2 483	3 119	2 520	3 084	13 427	16.6
环境	100	156	151	230	218	855	1.1
建筑与交通	155	230	321	459	526	1 690	2.1
科技与人文社会科学交叉	215	446	1 204	468	327	2 659	3.3
人文社会科学	1 485	1 643	1 809	2 085	2 110	9 132	11.3
其他	43	142	210	349	316	1 060	1.3
总计	10 410	13 196	16 485	19 229	21 281	80 595	100.0

国家研究基金会与政府主管机构的关系，以及项目的遴选、过程管理与评估体系中各参与方的关系见图 7-8。其中，由未来创造科学部与国家研究基金会签署科技计划的综合协议，由国家研究基金会与主管研究机构（或研究负责人）签署个别项目的协议。

韩国国家研究基金会作为科技计划的被委托方每年都接受第三方的外部评估，评估指标主要分为以下几类：①领导职责，包括国民评价、政府规章制度两个指标；②管理效率，包括业务效率、财务预算成果、人员总经费增幅共三个指标；③主要项目，包括各项目成果管理的效果、科技研发项目、人文社会研究资助项目、学术研究振兴与研究基础建设项目。

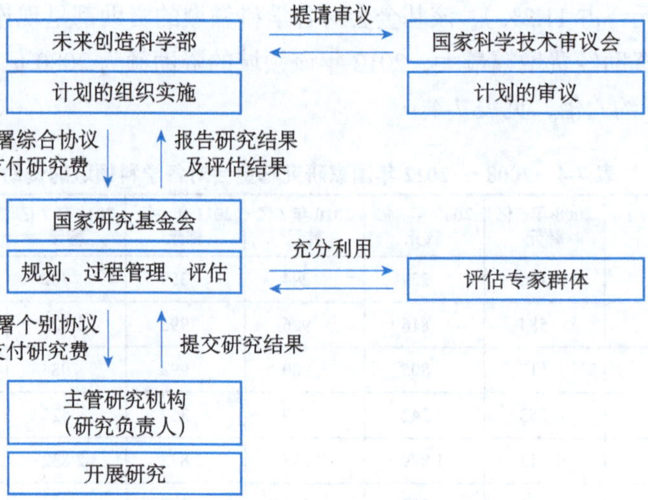

图 7-8 科技计划组织实施各参与方的关系

二、科技计划的监督

韩国政府在制订重大科技规划的过程中，注重吸收政府、企业、大学和国立科研机构等方面专家、学者的参与，不仅发挥了科研机构、大学、企业、公众、媒体等利益相关方的协同作用，而且也便于各方对科技计划的监督。

以“第三次科学技术基本计划”为例，该计划由韩国未来创造科学部牵头制订，并征集了其他相关部委的意见。2012 年 4 月，“科学技术基本计划推进委员会”正式成立，其成员共 101 名，其中 46 名来自大学、36 名来自国立科研机构、19 名来自企业。该委员会下设各专业委员会和执行委员会，前者负责对各领域的现状和在研课题进行分析，并制订各领域的规划，后者负责为各领域规划的制订提供建议。在该计划的制订过程中，韩国组织了各界专家分学科、分领域召开讨论会，并得到了韩国科学技术计划评价院的咨询支撑。在该计划制订完毕之后和正式发布之前，韩国还为该计划专门召开了听证会，广泛征集民众对该计划的意见与建议，通过自下而上和自上而下相结合的方式对该计划进行完善和修改，最后经国家科学技术审议会审议批准（图 7-9）[13]。

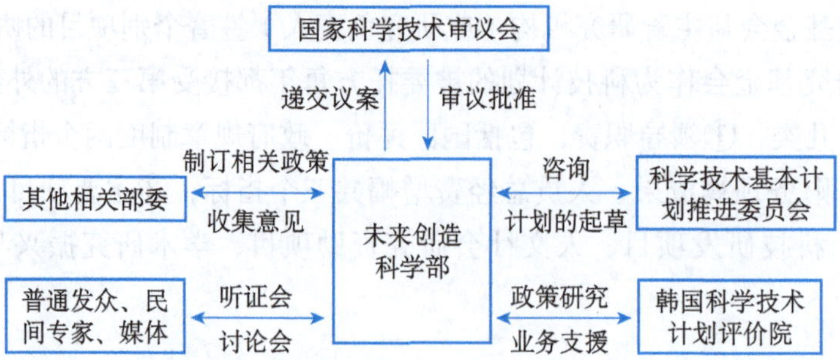

图 7-9 韩国第三次科学技术基本计划制订工作的监督模式

在科技计划的执行过程中，国家科学技术审议会委托未来创造科学部对总经费预算超过 500 亿韩元和政府投资超过 300 亿韩元的国家级大型科技计划进行“预算费用妥当性调查”，该调查原则上每年进行两次。国家科学技术审议会在讨论未来创造科学部上报的调查结果后，将向企划财政部提出下一年度相关预算调整的建议[14]。

三、科技计划的评估

（一）总体评估

韩国大部分的科技计划为每五年一期，与总统任期保持一致。在新一届政府制订新一期的科技计划之前，将对上一期科技计划的实施效果进行总体评估。以李明博政府制订的“第二次科学技术基本计划”为例，该计划首先对上一期科学技术基本计划进行评估，评估指标主要分为以下几类：①投资，包括研发总经费、政府研发投资、政府研发预算中对基础研究的投资比例等四个指标；②人才，包括研究员数量、每万人中的研究员数量两个指标；③论文，包括 SCI 论文篇数、五年内每篇论文的平均被引频次两个指标；④专利，包括本国人申请国内专利的比例、获得国外专利的件数两个指标；⑤技术贸易，技术贸易收支比；⑥瑞士洛桑国际管理发展学院科技竞争力排名，包括科学竞争力、技术竞争力两个指标[15]。

（二）年度评估

根据韩国《国家研发计划等绩效评估和成果管理法》第 5 条“绩效评估的规划”、第 7 条“特定评估与上层评估”和第 8 条“自评”等条款，以及《科学技术基本法》第 12 条“国家研发计划的调查、分析与评估”，韩国企划财政部承担了由国家科学技术审议会委托的科技计划上层评估和特定评估任务（见图 7-10），并每年向国家科学技术审议会提交评估结果报告。

以 2009 年为例，韩国企划财政部组建了由产学研各界专家组成的国家科技计划上层评估委员会，对 15 个部委的 70 个科技计划进行上层评估，并为 6 个部委的 10 个科技计划分别组建了专门的工作组对计划进行了特定评估。国家科技计划上层评估委员会的构成包括：基础研究与人力资源领域的 6 位专家，生命、能源与环境领域的 6 位专家，知识型产业领域的 6 位专家，建筑与海洋领域的 6 位专家。此外，还组建了由韩国科学技术计划评价院、各领域专业人士组成的评估支援团，以帮助上层评估委员会完成对自评结果的初审等评估任务。

企划财政部每年对国家科技计划的评估结果将在政府编制下一年度预算时进行反映，以利于调整研发领域的经费支出结构和提高研发投资绩效。对被评估为“非常优秀”和“优秀”的科技计划原则上增加预算拨款，对被评估为“不足”的科技计划原则上缩减 10% 以上的预算[16]。

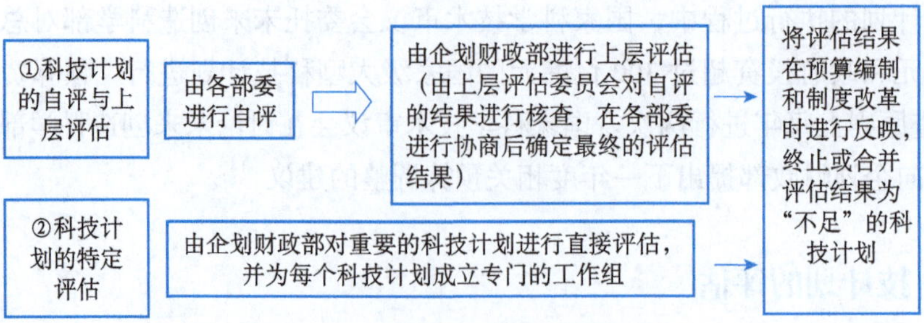

图 7-10　国家科技计划的年度评估流程

（三）科技计划的协调

根据韩国《科学技术基本法·实施令》第 3 条，由国家最高级的科技政策决策机构（国家科学技术审议会）每年对各部委制订的中长期科技计划进行调查、分析，并提出改善方案，以加强计划之间的关系。此项工作分为两类：①总体分析。每年开展一次，分析科学技术基本计划与各领域、各部委计划之间的关系。②深层分析。每年选取不同的领域，分析各领域、各部委计划与所资助的研发项目（课题）之间的关系（图 7-11）。

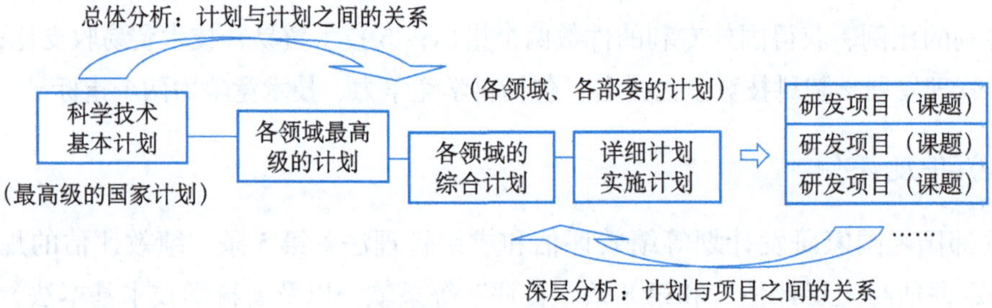

图 7-11　韩国政府对科技计划的调查、分析方法

2009 ～ 2013 年，韩国对各部委制订的中长期科技计划进行调查、分析的具体情况见图 7-12。

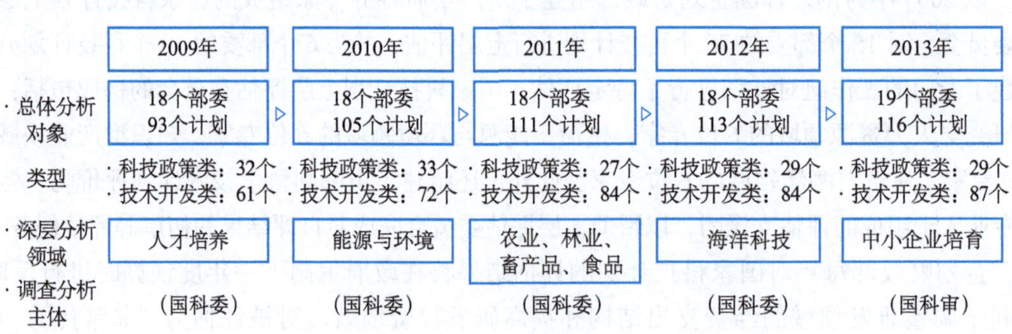

图 7-12　2009 ～ 2013 年对各部委科技计划的调查、分析情况

以 2013 年为例，共有 19 个部委的 116 个中长期科技计划接受了调查、分析（表 7-5）。

表 7-5　2013 年接受调查、分析的 19 个部委的 116 个中长期科技计划

部委名称	中长期科技计划的数量	部委名称	中长期科技计划的数量
未来创造科学部	39	原子能安全委员会	2
产业通商资源部	24	国防部	1
农林畜产食品部	15	文化体育观光部	1
保健福祉部	6	防卫事业厅	1
海洋水产部	6	消防防灾厅	1
国土交通部	5	山林厅	1
气象厅	4	中小企业厅	1
环境部	3	专利厅	1
安全行政部	2	国务调整室	1
农村振兴厅	2		

朴槿惠政府共设 17 部、3 处、17 厅

为了加强计划之间的关系，国家科学技术审议会根据调查、分析的结果提出有关计划的改进方案。以 2013 年为例，农林水产食品部制订的“农林食品科学技术育成中长期计划（2013 ～ 2022）”与农村振兴厅制订的“第六次农业科学技术中长期研发计划（2013 ～ 2022）”的内容重复性高，有必要制订以上两个计划之间的互相联系方案，以增强农业研发领域的整体力量[17]。

（执笔：中国科学院文献情报中心　任真）

参 考 文 献

［1］국가과학기술심의회 . 국가과학기술심의회 구성 . 운영계획 (안) .http：//www.nstc.go.kr/c3/sub3_1_view.jsp?regIdx=580&keyWord=&keyField=&nowPage=2［2013-8-14］

［2］국가과학기술심의회 . 제 3 차 과학기술기본계획 .http：//www.nstc.go.kr/download.jsp?idx=569&group=MEETING［2013-7-26］

［3］국가과학기술심의회 . 기초연구진흥종합계획 (안) .http：//www.nstc.go.kr/c3/sub3_1_view.jsp?regIdx=585&keyWord=&keyField=&nowPage=1［2013-9-10］

［4］한국과학기술기획평가원 . 주요기능 . http：//www.kistep.re.kr/index.jsp［2009-7-5］

［5］한국과학기술기획평가원 . 조직 및 부서 .http：//www.kistep.re.kr/c1/sub3.jsp［2014-9-10］

［6］안승구 . 국가 R&D 투자 우선순위 설정 방법론 연구 .http：//www.kistep.re.kr/default.jsp?redirect=1［2012-5-22］

［7］국가과학기술위원회 . 2009 년도 국가연구개발사업 성과평가결과 . http：//nstc.go.kr/index.html［2010-6-10］

［8］국가과학기술심의회 . 2014 년도 국가연구개발사 업예 산배분 · 조정 .http：//www.nstc.go.kr/download.jsp?idx=603&group=MEETING［2013-9-2］

[9] 김인직 . 2014 년도 정부연구개발예산 · 기금 현황분석 .http：//www.kistep.re.kr/c3/sub2_5.jsp?bbIdx=7424&brdType=R [2014-5-9]

[10] 한국연구재단 . 재단소개 .http：//www.nrf.re.kr/nrf_tot_cms/show.jsp?show_no=228&check_no=227&c_relation=0&c_relation2=0 [2009-10-25]

[11] 한국연구재단 . 재단소개 .http：//www.nrf.go.kr/htm/main/main.jsp [2009-10-25]

[12] 한국연구재단 . 2013 연구지원 통계연보 (최종) .http：//www.nrf.re.kr/nrf_tot_cms/include/download.jsp?BBS_LLF_CD=bizmenu&BBS_SLF_CD=41&NTS_NO=44122&fno=0 [2014-2-28]

[13] 국가과학기술심의회 . 제 3 차 과학기술기본계획 .http：//www.nstc.go.kr/download.jsp?idx=569&group=MEETING [2013-7-26]

[14] 김인직 . 2014 년도 정부연구개발예산 · 기금 현황분석 . http：//www.kistep.re.kr/c3/sub2_5.jsp?bbIdx=7424&brdType=R [2014-5-9]

[15] 한국과학기술기획평가원 . 제 2 차 과학기술기본계획 (안) (2008-2012) . http：//plan.kistep.re.kr [2009-10-12]

[16] 국가과학기술위원회 . 2009 년도 국가연구개발사업 성과평가결과 . http：//nstc.go.kr/index.html [2010-6-10]

[17] 국가과학기술심의회 . 2013 년도 과학기술분야 중장기계획 조사 . 분석 결과 및 연계 강화 방안 (안) . http：//www.nstc.go.kr/c3/sub3_1_view.jsp?regIdx=680&keyWord=&keyField= [2014-7-15]

第八章

欧盟科技计划的全过程管理

第一节　欧盟科技规划的决策机制

一、欧盟的科技管理与规划体系

（一）欧盟科技管理体系

欧盟作为一个区域一体化组织，有其超国家的组织和制度框架，研究与创新政策是其政策框架中的重要组成部分。

欧盟的科技管理体系包括决策层、中间层和执行层三个层面，具体如图 8-1 所示。其科技政策的制订与监管主要通过科研与创新总署和成员国之间日益密切的合作实现。

在科技政策决策过程中，主要是由欧盟委员会提出政策措施建议，欧盟理事会与欧洲议会各自有专门的咨询机构来讨论相关建议或提案，进而做出决策。欧盟还设有正式的组织机构，如欧洲研究区委员会（ERAC）和欧洲研究区理事会（ERAB）针对科技相关问题提供政策建议，其中 ERAC 的成员是来自成员国的决策者，而 ERAB 的成员主要是成员国科研机构的代表和科学家，从而可以采纳来自不同利益相关者的意见。

在中间层，主要实施两种政策措施，即 2014 年开始实施的"地平线 2020"（Horizon 2020）计划[①]和结构基金。欧盟层面还设有一些机构来负责不同类型政策措施、专项计划的执行，或进行网络管理，如欧洲研究理事会（European Research Council，ERC）负责第七

① 在2014年之前，包括研究与创新框架计划（FP），竞争与创新框架计划（CIP）两种措施，在2014～2020年的新预算期，CIP与FP合并成为"地平线2020"。

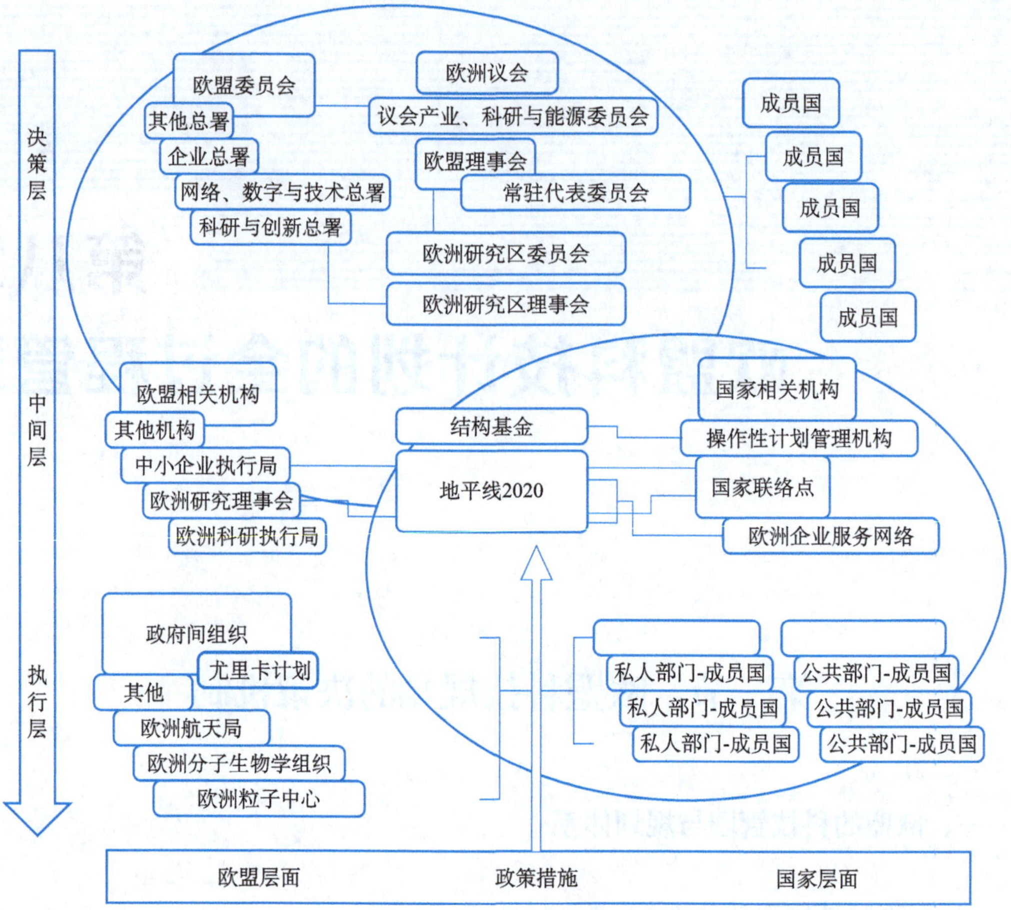

图 8-1　欧盟科研管理概图

框架下原始创新计划的执行和管理，欧洲科研执行局（Research Executive Agency，REA）负责第七框架下其他相关计划的管理。其中，结构基金是欧盟区域政策的一部分，不以计划的形式资助科研项目。在成员国层面，设有一些相应的机构来负责各种政策措施的实施，如负责管理结构基金下的操作性计划（Operational Programmes，OP）的地区机构，以及促进成员国获取欧盟相关政策措施的国家联络点（NCPs）和欧洲企业服务网络（Enterprise Europe Network）。

在执行层面，包括欧盟层面的政府间组织、科研设施（如欧洲分子生物学组织和欧洲粒子中心），和跨国合作计划［如尤里卡计划（EUREKA）和欧洲科技合作计划（COST）］，这些计划都是为成员国的公私部门合作而设立的。

（二）欧盟科技规划体系

欧盟的科技战略与规划包括了宏观经济社会战略、科技创新战略、科技规划及具体计划与措施四个层次，具体如图 8-2 所示。科技规划最终集中体现在滚动性的中期科技规划——欧盟研究与创新框架计划（FP），其下会提出具体的资助专题计划，及每个专题的资助措施和方法。

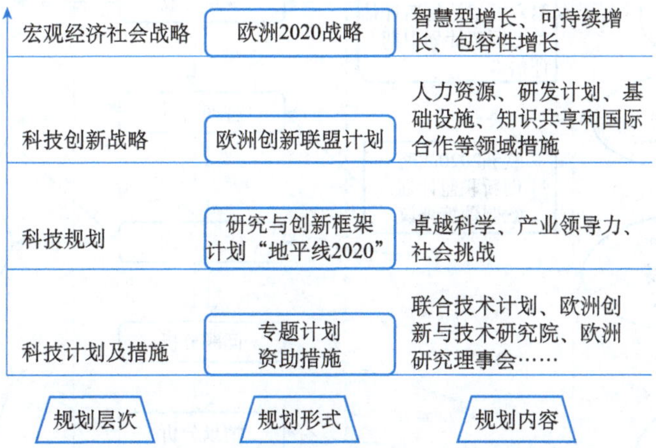

图 8-2 欧盟的科技战略与规划体系

二、欧盟“地平线 2020”计划的形成机制

欧盟研究与创新框架计划始于 1983 年，至今已实施八期。第八期的研究与创新框架计划“地平线 2020”的出台正值欧洲经济从 2008 年金融危机中缓慢复苏，但又面临公共债务危机，并陷入对新一轮经济衰退的时期，欧盟面临在短期内稳定金融和经济体系，同时采取措施为未来经济发展创造机会的挑战，研究与创新成为“欧洲 2020 战略”的核心内容，以促进智慧型、可持续和包容性的增长，并提出了到 2020 年研发投入占 GDP 比例增加到 3% 的发展目标。在此背景下，欧盟委员会 2013 年后的欧盟预算提案中反映了投资于欧洲未来的雄心。

“地平线 2020”计划整合了原有的框架计划（FPs）、竞争与创新框架计划（CIP）、欧盟创新与技术研究院（EIT），以及其他欧盟创新计划，形成一个统一的战略框架[1]。整合这些计划主要是在对单个计划进行评估的基础上，发现了目前计划体系存在的一些不足，如缺乏贯穿整个研究与创新价值链的方法、资助措施的复杂性、过多的行政规则和程序，以及缺乏透明度等。

（一）“地平线 2020”的制订过程

“地平线 2020”作为近年来欧盟动作较大的一次计划体系改革，其推出涉及方面众多，是一个广泛凝聚各方共识的过程。这一过程主要由欧盟委员会的科研与创新总署负责，具体过程如图 8-3 所示。首先基于对前期计划执行情况的评估和专家意见形成基本的观点；其次经过相关的前瞻会议、利益相关者及欧盟科研机构的广泛研讨和咨询，形成战略咨询文件；再次战略咨询文件经过欧盟委员会相关总署、领域专家及成员国代表等多方咨询，提出规划要解决的挑战、目标，并初步设计主题；最后，在前期讨论的基础上，经过问题分析、情景分析，提出最终的规划方案，即“地平线 2020”提案。

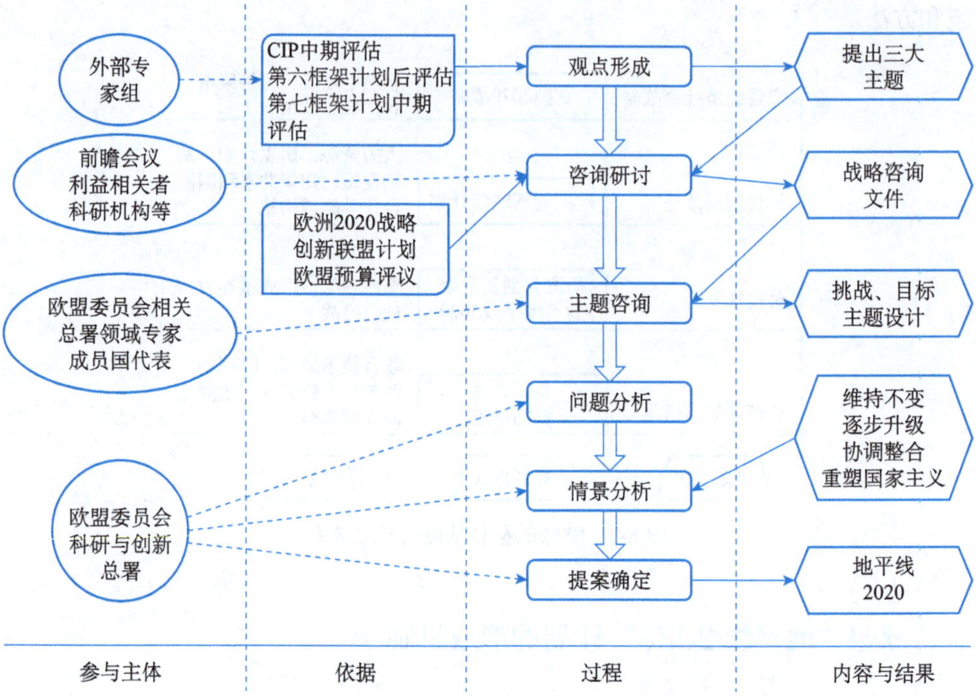

图 8-3 “地平线 2020”计划提案的形成过程

以上过程形成欧盟委员会的正式提案，在此之后，还需要两年的时间，经过所谓的“统一立法程序”（图 8-4）才能由欧盟理事会和欧洲议会通过联合决议过程做出最终决策。

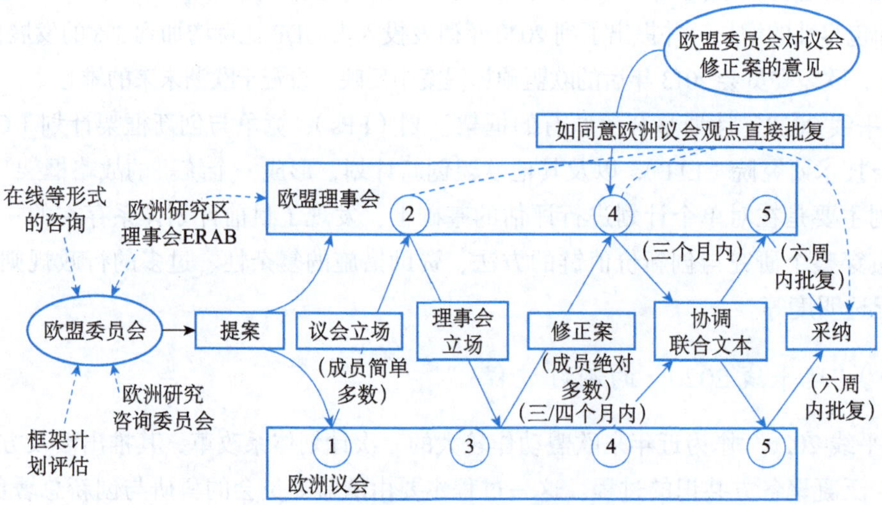

图 8-4 “地平线 2020”计划决策过程

在以上过程中，欧盟委员会拥有“创制权”。虽然提案要经过广泛的内部和外部咨询，但实际上，科研与创新总署常被要增加的领域所“淹没”，因此主题内容的主要部分是由欧盟委员会在其提案中确定下来的。原则上，理事会与欧洲议会能够彻底改写提案，但其实一旦欧盟委员会将提案提到桌面上就很难对其部分或主题/专题进行删除，因为总会有“利益集团”保护着其领域。这意味着欧盟理事会与欧洲议会中的处理结果常导致为欧盟委员会提案附加新的内容而没有任何替换或删节。

（二）“地平线 2020”制订的主要方法

1. 对前期计划的评价

吸引外部专家开展对已有计划的系统性评价是“地平线 2020”计划制订和实施的重要前提和基础。早在 2009 年，关于欧盟未来研究与创新框架的变化就已经在几大计划的评估报告中有所体现。例如，2009 年对第六框架计划进行的事后评估、2010 年对第七框架计划和 CIP 等进行的中期评估等，这些评价大多由外部专家来组织进行，在提出诸多亟待完善的问题时，对政策工具或计划管理机制的深化也提出了建议。此外，欧盟委员会还从成员国政府以及独立委员会报告等多个渠道征集关于科技创新投入改革的进一步意见方案，为“地平线 2020”计划指出明确的方向。

2. 与利益相关者的交流与互动

与利益相关者的交流与互动包括召开预见等各类会议和广泛的公众咨询与社会参与。2011 年 1 月召开了名为“Ready to grow？ Shaping future EU support for business”的利益相关者会议，共有 550 名参会者，包括创新研究机构、产业界、大学、政府机构、中介等各方面。随后，又召开了第二次会议，650 多名与会者共同预见和探讨了欧盟未来研究与创新框架公众咨询的相关事宜。此外，欧盟成员国政府、国家研究理事会及欧盟相关代表机构，均提交了诸多对未来研究与创新框架的咨询报告。欧盟委员会在 2011 年 2 月发布了名为“从挑战到机遇：欧盟研究和创新基金迈向统一战略框架（Common Strategic Framework）”的政府“绿皮书”，通过网上在线调查、博客互动、书面提交等多渠道多形式，与公众形成互动。除了对重点内容以外，对下一步计划的名称也征求了意见。

经过咨询，各方对计划程序简化有着较为相同的需求，同时也表现出了不同的诉求：产业界希望计划体系更聚焦于目标突出的创新支持活动，希望广泛创新的定义能被广泛认同，包括设计、制造、服务、流程和商业模式创新等；大学和研究中心呼吁计划体系应通过对欧洲研究理事会的重点支持而进一步加强对卓越研究的重视；公共机构与政府部门则强调了必须加强计划体系在欧盟层面上的整体协调性。

3. 多种政策选项的情景分析

根据欧盟的“影响评价规定”（Impact Assessment Guidelines）[2]，每一项欧盟层面财政开支计划出台时，必须同时进行事前评价，以确定计划采用政策选项的合理性。2011 年 11 月，“地平线 2020”计划出台的同时，也出台了其影响评价报告，提出新计划会对欧盟的经济社会发展起到怎样的预期影响。报告中提到，在优化调整欧盟现有科技计划体系的过程中，提出了包括“地平线 2020”在内的四种不同的政策选项，即维持不变、逐步升级、协调和整合（为科研和创新建立一个战略性的框架，消除现有的科研与创新活动之间的分散和割裂现象）、“重塑国家主义”（取消在欧盟层面的科研与创新计划，加强欧盟成员国层面上的创新活动)。欧盟委员会构建了政策分析框架，从有效性、效率以及协同性三个维度对四个方案进行综合评价。

通过以上比较，欧盟委员会选择了协调和整合方案，即“地平线2020”，主要基于以下分析：一是目标清晰度，该方案的目标较为清晰，可将总体战略目标分解为具体和可操作性的计划目标；二是规模和机制，包含了大量跨学科、跨领域的研究与创新活动，设置了很多以问题为导向的计划，并关注以兴趣和以结果为导向的研究；三是易获取性和可参与性，通过密切联系和依靠参与方的积极参与交互，各个计划之间构建了相同的行政手续，大大降低了项目申请者的学习成本；四是协同和合作，重点促进知识三角协同发展，拓宽水平层面的政策协调，主要包括计划体系及不同投入方式之间的协同；五是计划的影响，包括计划的结构性影响与杠杆效应以及对创新的影响，对经济发展和竞争力、社会的影响；六是成本和效益，重点从计划管理和项目参与者角度进行成本-效益的分析，政策工具的个数减少，有利于管理和参与。

4.“地平线2020”的预算分配

欧盟的预算系统包括两个方面：跨年度财政框架和年度预算。欧盟跨年度预算体系在确保年度预算的制订以及年度预算与欧盟长期政治和经济目标统一方面起到了关键作用。欧盟预算体系是在协调了欧盟总体发展和各国或者利益集团的利益均衡下逐步形成的。

欧盟的跨年度财政框架(Multiannual Financial Framework)是一个预期展望，跨期七年。该框架会规定每年以及每一预算头目下的支出上限，即“双重封顶”，是由欧洲议会、欧盟委员会和欧盟理事会三方共同协商决定的。其中包括了对“地平线2020”的预算内容。

在“地平线2020”跨年度预算中，大部分(97.9%)的预算由欧盟管理，仅少部分经费由原子能机构管理。欧盟管理经费中，96%左右的预算分配给“地平线2020”所确定的三个优先领域：卓越科学、社会挑战和产业领导力。在三个优先领域之间的预算分配基本准则依据如下：40%～50%要用于社会挑战，因为其与“欧洲2020”战略的实现直接、密切相关，投资与社会挑战直接相关的应用研究会快速产生社会与经济影响；基础研究与通用应用研究两个主题优先领域的预算应该相当，以实现短期和长期创新能力的共同发展。

第二节　欧盟框架计划的组织实施机制

一、规划实施的落实流程——战略规划过程

在“地平线2020”计划规划确定之后，具体实施要通过所谓的战略规划过程(strategic programming process)来形成具体实施方案，这些实施方案主要体现在各主题或专题计划的两年度工作规划[3]中(图8-5)。

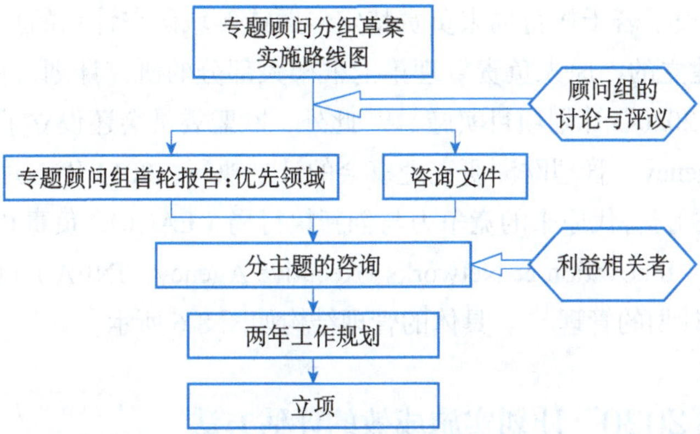

图 8-5　“地平线 2020”计划实施的战略规划过程

其过程如图 8-5 所示，首先是在各专题下形成专题顾问组及领域分组，各分组形成其对应领域的实施草案和路线图，这一路线图经过顾问组的讨论与评议，形成首轮报告和咨询文件，这些咨询文件经过利益相关者的分主题咨询，形成两个年度的工作规划。工作规划中就已经明确了具体项目的立项内容和要求等。

二、欧盟研究与创新框架计划实施的管理结构

欧盟研究与创新框架计划是由欧盟委员会负责实施的，其过程中会有欧洲研究咨询委员会（EURAB）、欧洲研究基础设施战略论坛（ESFRI）及其他相关顾问组织会对实施提出相关的意见和建议（图 8-6）。

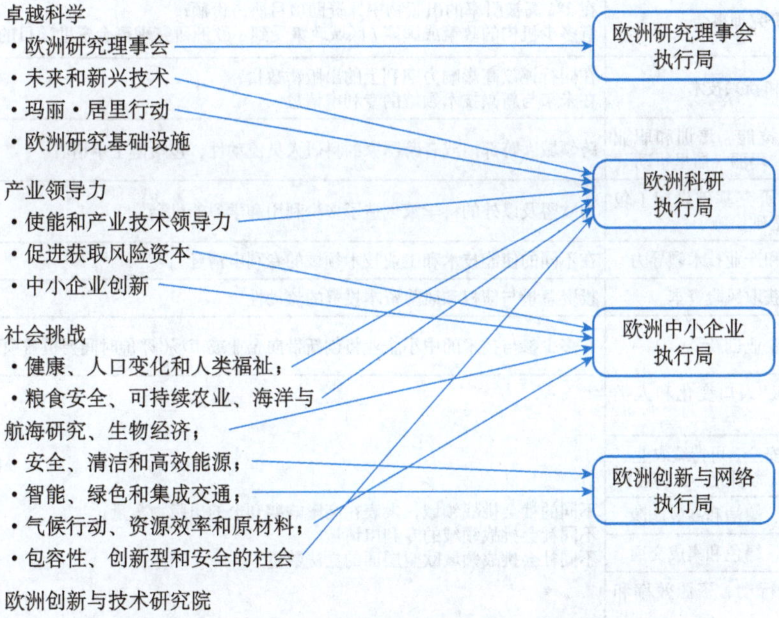

图 8-6　“地平线 2020”计划实施的管理结构

欧盟委员会下设了若干执行局来负责特定专题或领域研究计划的具体管理，如科研执行局，是2008年建立的，原先负责管理第七框架大部分的研究计划，从2014年开始，管理大部分“地平线2020”计划项目实施[4]。此外，欧盟委员会还设立了研究理事会执行局（ERC Executive Agency）管理欧洲研究理事会的计划执行；2014年1月，专门成立中小企业执行局（EASME），替代原来的竞争力与创新执行局（EACI），负责相关的项目管理[5]；创新与网络执行局（Innovation & Networks Executive Agency，INEA）负责安全、清洁、高效能源等若干主题计划的管理[6]。具体的管理结构如图8-6所示。

三、“地平线2020”计划实施成效的评估方法

欧盟研究与创新框架计划的实施过程中，每年都要进行监测评估和审计，中期还要进行中期评估。计划的评估还包括内部进展评估和外部专家组评估两方面，通过定期评估检查各种项目、措施的进展情况。上一期的监测评估情况会作为下一期框架计划制订的依据。

“地平线2020”制订了针对政策与计划层面的监测与评价系统，计划对所有参数进行年度监测；于2017年之前，对“地平线2020”整体计划体系及具体的计划进行中期评价；于2023年对计划体系进行后评估，内容包括计划活动的深度、缘由、实施及影响范围。所有的中期和事后评估都是建立在实证分析基础上，在独立的外部专家主持下开展的。监测与评价指标见表8-1。

表8-1 “地平线2020”计划的监测与评估指标

<table>
<tr><th colspan="2">目标与内容</th><th>监测与评估指标</th></tr>
<tr><td rowspan="4">卓越科学</td><td>1. 欧洲研究理事会</td><td>在1%高被引率的出版物中，资助项目所占份额；
有多少机构的政策或国家 / 区域政策受到了欧洲研究理事会资助项目的启发</td></tr>
<tr><td>2. 未来和新兴技术</td><td>在同行评议高影响力期刊上的出版物数量；
在未来与新兴技术领域的专利申请量</td></tr>
<tr><td>3. 支持技能、培训和职业发展的“玛丽·居里行动”</td><td>跨领域、跨部门或者跨国家的科研人员流动性，包括博士申请者</td></tr>
<tr><td>4. 欧洲研究基础设施（包括数字基础设施）</td><td>为欧盟及以外的科学家创造了多少利用和学习的机会</td></tr>
<tr><td rowspan="3">产业领导力</td><td>1. 使能和产业技术领导力</td><td>在不同的使能技术和工业技术领域的专利申请量</td></tr>
<tr><td>2. 促进获取风险资本</td><td>投资总量与债权和风险资本投资的流动性</td></tr>
<tr><td>3. 中小企业创新</td><td>有多少参与技术的中小企业将创新带向企业或市场（评价时间要覆盖项目结束后的三年）</td></tr>
<tr><td rowspan="6">社会挑战</td><td>1. 健康、人口变化和人类福祉</td><td rowspan="6">不同的社会挑战领域，发表在高影响期刊上的出版物数量；
不同社会挑战领域的专利申请量
不同社会挑战领域欧盟层面的立法数量</td></tr>
<tr><td>2. 粮食安全、可持续农业、海洋与航海研究、生物经济</td></tr>
<tr><td>3. 安全、清洁和高效能源</td></tr>
<tr><td>4. 智能、绿色和集成交通</td></tr>
<tr><td>5. 气候行动、资源效率和原材料</td></tr>
<tr><td>6. 包容性、创新型和安全的社会</td></tr>
</table>

续表

目标与内容	监测与评估指标
欧洲创新与技术研究院	知识与创新中心整合多少来自大学、商业界以及研究机构； 知识三角内部合作关系紧密，有效促进创新扩散
非核领域联合研究中心的活动	由联合研究中心所进行的研究有多少内容可以对欧洲的科技政策产生较大影响

第三节 欧盟框架计划的专业管理机构

本部分以欧盟研究理事会（ERC）及其执行局和管理大部分“地平线2020”和第七框架计划的科研执行局为例介绍欧盟科研计划专业管理机构的运行机制。

一、ERC及其执行局

（一）ERC的设立及资助机制

ERC成立于2007年，是欧盟第七框架下启动的支持基础研究的基金组织，专门负责第七框架原始创新（Idea）计划的实施，其基本工作原则是在追求卓越的基础上，鼓励研究人员在所有领域自由地开展前沿研究[7]。

ERC致力于吸引最具有聪明才智的科学家增强欧洲竞争力，支持有风险、高影响力的研究，促进新兴和快速影响力的领域达到世界级科学研究水平。ERC面向全球资助优秀研究人员到欧洲开展前沿研究。项目申请人均不限国籍，只要研究者在欧盟境内有依托单位或即将到欧洲开展研究工作即可。

ERC管理的经费约占“地平线2020”总经费的17%（即770亿欧元中的131亿），2016年的年度预算为近17亿欧元，之后将逐年增长。自2007年设立以来，ERC已资助了5000多个项目[8]。

ERC从2007年设立至今主要支持三类项目：

（1）“ERC独立研究人员启动基金”项目：主要资助博士毕业二至七年的早期职业生涯研究人员，五年期资助额度为不超过200万欧元；

（2）“ERC巩固基金”项目：资助获得博士学位7～12年的独立优秀科研人员；五年期资助额度为不超过275万欧元。

（3）“ERC高级研究人员基金”项目：资助由10年以上卓越科学贡献的顶级科研人员主持开展的创新性科研工作。五年期资助额度为不超过350万欧元。

此外，2011年，ERC设立了“概念验证”基金，专门支持接受ERC项目资助的人员为推进其研究成果向市场转化的努力。

（二）ERC 的管理运行机制

ERC 的管理结构主要包括一个科学委员会和一个执行局。

1. 科学委员会

科学委员会是 ERC 的管理与决策机构，负责 ERC 科学资助战略的制订，同行评议方法和程序等的确定，同时监督和评估工作计划的实施，及项目招标和遴选过程的确认。

科学委员会成员由 22 名代表欧洲科学界的著名科学家和学者构成，其在独立遴选委员会建议的基础上，由欧盟委员会聘任，任期四年，可连任一次。其遴选委员会是由欧盟委员会聘任的专门负责遴选新的 ERC 科学委员会成员的委员，其负责的事项除人员的遴选外，还包括为科学委员会成员的更替准备候选人。

为处理特定问题，科学委员会下可以设立特定主题的常务委员会和工作组。例如，为应对利益冲突问题，并指导和控制申请评议者和专家组遴选过程，科学委员会设立了两个常务委员会，包括专家组常务委员会和利益冲突、科学不端与道德常务委员会。其中，专家组常务委员会负责有关 ERC 评估专家组成员遴选相关的政策和程序的制订，以及建立并维护专家库等。常务委员会一般由 22 个科学委员会的部分委员组成[9]。

2. ERC 执行局

ERC 执行局（ERCEA）是负责 ERC 计划实施的专业管理机构，负责科学委员会确定的战略的实施。其任务主要包括：执行由科学委员会制订、并经欧盟委员会通过的年度工作计划；根据工作计划实施项目招标；为申请者提供信息和支持服务；组织项目同行评议程序；依据欧盟的财务规定，制订与管理资助协议；支撑 ERC 科学委员会的工作等[10]。

ERCEA 由一个局长和一个指导委员会管理，二者均由欧盟委员会聘任。ERCEA 的组织结构如图 8-7 所示。

ERCEA 指导委员会是其监督运行机构，负责机构年度工作计划和年度报告的通过和采纳。目前，由欧盟委员会科研与创新总署总干事 Robert Jan Smits 任指导委员会的主席，欧盟框架计划负责人 Jack Metthey 任指导委员会副主席；此外，还有三名委员，其中两名是 ERC 科学委员会成员。

ERCEA 需要为科学委员会提供其活动的材料和数据，以保障其活动的有效性。科学委员会的主席与 ERCEA 的主管通过定期召开协调会议来保证战略的落实。[11]

二、科研执行局（REA）

（一）REA 的设立与任务

REA 由欧盟委员会设立，其设立和运行机制在“执行机构框架规范”[12]中有具体的规定。其运行期限是有限的，取决于其管理的计划的运行期限。“执行机构框架规范”规定，REA 是一个自治机构，具有自己的法律实体，但是要在欧盟委员会的完全控制之下运作。

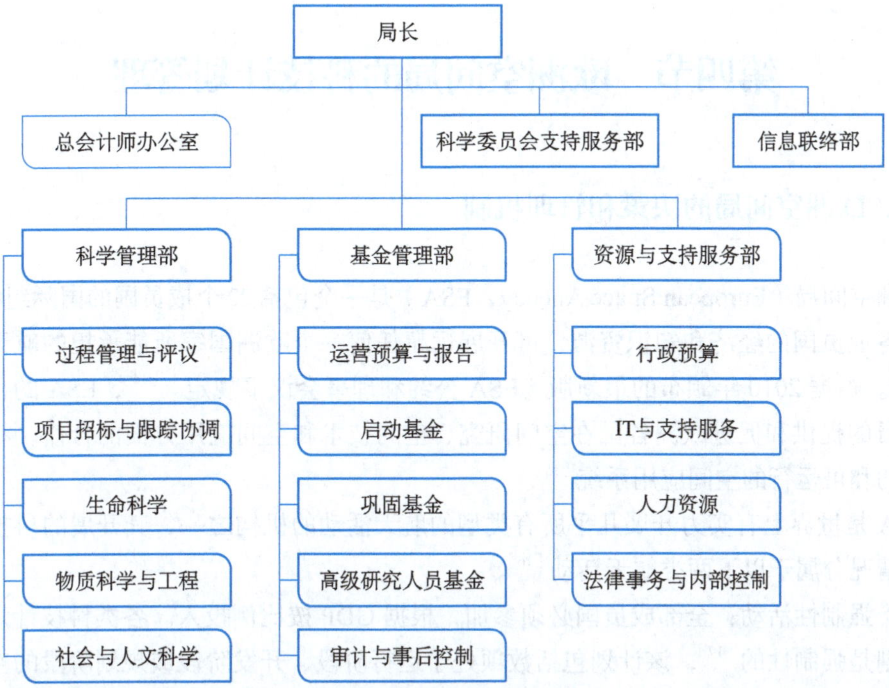

图 8-7　ERCEA 的组织结构

REA 在其任务中提到，它为所有欧盟委员会部门管理的计划提供行政和后勤支持服务。具体而言，REA 负责项目提案的独立专家评估过程，包括现场评估过程的管理，并为项目申请者提供法律和财务相关的确认服务。还开展研究咨询服务，回答申请人、参与者和公众有关欧盟研究与创新资助的问题。

（二）REA 的管理

REA 由一个主任和一个指导委员会来管理，主任由欧盟委员会和指导委员会调派，其高层和中层管理人员也是欧盟委员会调派的官员。指导委员会是由与 REA 相关的总署的代表组成的管理委员会，以保证机构执行欧盟委员会为此分配的任务。

REA 的工作接受欧盟委员会相关总署的监管，而不仅仅是科研总署。这里的“相关总署”包括了 REA 负责实施项目相关的总署，如在 FP7 下包括科研与创新总署、教育与文化总署和企业与产业总署。

REA 与委员会的合作受到双方《谅解备忘录》和《服务水平协议》的约束。

（执笔：中国科学院文献情报中心　王建芳）

第四节 欧洲空间局的科技计划管理

一、欧洲空间局的决策和管理机制

欧洲空间局（European Space Agency，ESA）是一个包括22个成员国的国际组织①，通过协调各成员国的经济和知识资源，可开展远超任何一个欧洲国家所能承担的航天计划和活动[13]。根据2010年颁布的最新版《ESA公约和理事会议事规定》[14]，ESA的目标是仅就和平目的提供和促进欧洲各国在空间研究、空间技术和空间应用方面的合作，将其用于科学目的和可运行的空间应用系统[15]。

ESA是世界上有实力开展几乎所有类型的航天活动的机构之一，其开展的科技计划按照资助情况分属于以下两类航天活动[16]。

（1）强制性活动：全部成员国必须参加，根据GDP按比例投入。各类科技计划中只有科学计划是强制性的[17]，该计划包括数项处于运行阶段、开发阶段或规划阶段的空间科学任务。

（2）选择性活动：成员国自主决定是否参与及投入额度。除空间科学计划以外的其他计划都是选择性的，包括对地观测、通信、卫星导航、空间运输、国际空间站及微重力研究等。

（一）决策机制

理事会是ESA的最高决策层，为ESA开发欧洲空间计划提供基础政策指导。理事会由每个成员国所派的最多两名代表组成，每个成员国拥有一票[18]，采用匿名投票方式，获得2/3票数的提议才可通过[19]。

成员国代表级理事会会议每年至少召开两次，主要工作包括评估各项计划、确定优先级及实施过程，批准预算、财务和人员条例，以及其他相关事宜。成员国部长级理事会会议每两至三年召开一次，确定ESA战略发展方向，未来五年各成员国的资助水平，以及开展新的计划或终止的计划。

ESA理事会下设六个子委员会（Committees）、六个计划委员会（Programme Boards），以及其他次级机构（图8-8），在理事会赋予的权力下开展决策和咨询建议工作。每个成员国向这些委员会提名代表，并通常伴有专家协助。其中子委员会负责强制性活动的定义、管理、运行和控制，计划委员会负责选择性活动的定义、管理、运行和控制[20]。

其中，科学计划委员会（SPC）是唯一由《ESA公约和理事会议事规定》明确规定必

① 22个成员国分别是奥地利、比利时、捷克、丹麦、爱沙尼亚、芬兰、法国、德国、希腊、匈牙利、爱尔兰、意大利、卢森堡、荷兰、挪威、波兰、葡萄牙、罗马尼亚、西班牙、瑞典、瑞士、英国。

须建立的委员会，理事会将与强制性科学计划相关的任何事宜都交由 SPC 处理，SPC 跟随科学项目从遴选到执行的全过程，并开展前瞻研究，从而为未来项目做准备[18]。

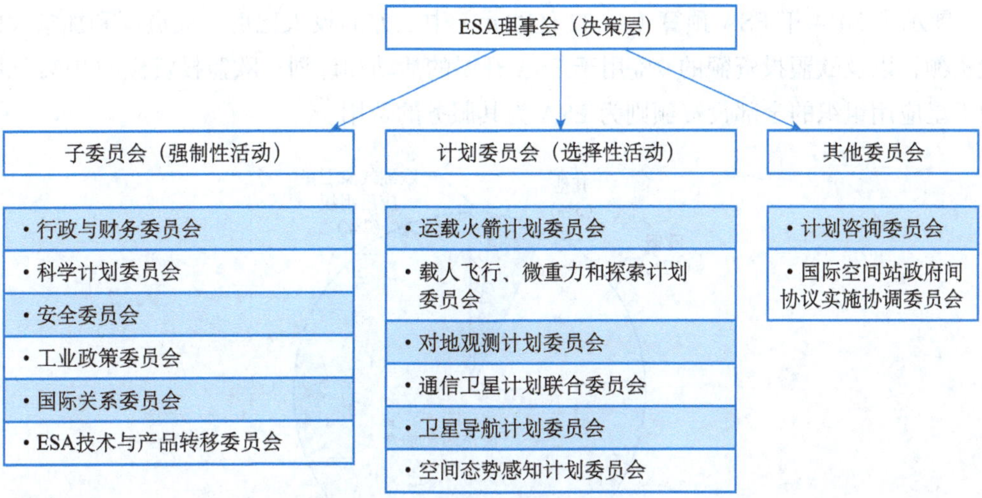

图 8-8　ESA 决策层结构（2014 年）

（二）管理机制

局长（DG）是 ESA 管理层的最高领导人，是 ESA 的首席执行官和法人代表，每四年一届，在各项活动中代表 ESA[21]。局长负责实施计划、执行政策并向理事会报告。局长由 11 名部门主管协助工作，每位主管负责一项 ESA 重大计划或行政管理部门，并兼任相应 ESA 分中心主管（表 8-2）。

表 8-2　ESA 管理层结构（2014 年）[22]

ESA 局长（最高管理层）		
部门	**负责人**	**兼任分中心主管**
技术和质量管理部	Franco Ongaro	欧洲空间研究和技术中心（ESTEC）
载人飞行和运行部	Thomas Reiter	欧洲空间运行中心（ESOC）
局长顾问	Antonio Fabrizi	
工业、采购和法律事务部	Eric Morel de Westgaver	
运载火箭部	Gaele Winters	
对地观测部	Volker Liebig	ESA 对地观测中心（ESRIN）
伽利略计划和导航相关行动部	Didier Faivre	
科学和机器人探索部	Alvaro Giménez Cañete	欧洲空间天文学中心（ESAC）
远程通信和综合应用部	Magali Vaissiere	欧洲空间应用与远程通信中心（ECSAT）
人力资源、设施管理和通信部	Hans Georg Mockel	
财务、控制和信息技术部	Giuseppe Morsillo	

（三）预算的来源、制订、执行和监管[19]

ESA预算主要包括以下来源：成员国和加拿大、欧盟，以及欧洲气象卫星应用组织。图8-9展示了2014年ESA预算（41.02亿欧元）中三方的投入比例。成员国和加拿大的全部投资额，以及欧盟投资额的9%用于ESA开展的活动和计划；欧盟投资额的91%和欧洲气象卫星应用组织的全部投资额则为ESA为其服务的费用。

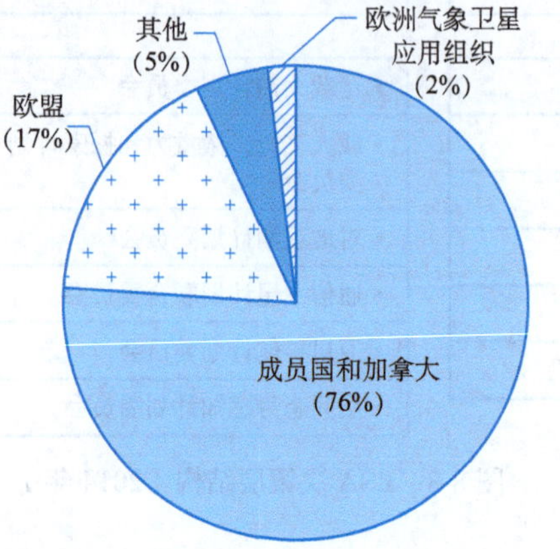

图8-9　ESA 2014年预算中各方来源比例[23]

在预算分配方面，2014年各领域航天活动预算比例如图8-10所示。

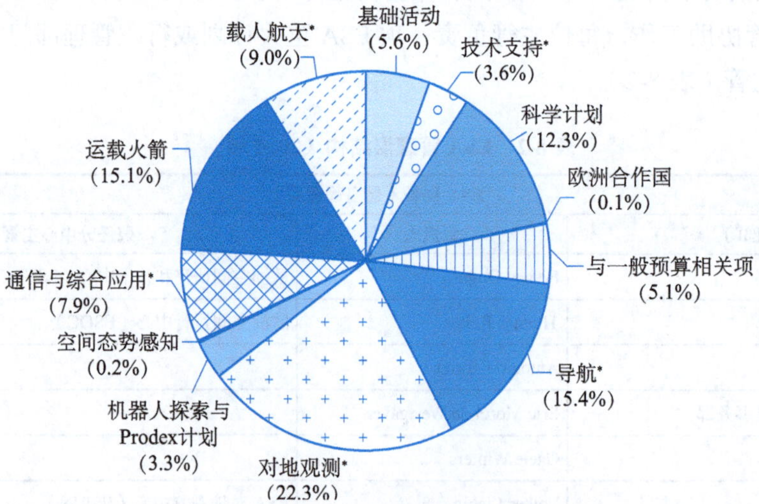

图8-10　ESA 2014年预算中各类活动比例

* 活动中包括为其他机构提供的服务[23]

ESA整体预算水平由理事会确定。在部长级理事会会议上将确定未来五年的资源水平。在每五年的第三年末前，根据态势评估结果确定从第三年末之后五年的资源水平。ESA的一个财年为同一年的1月1日至12月31日。

局长负责制订财务规划，应一年至少一次或在必要时提交理事会或下属委员会以获得预算批准。规划中应包括但不局限于：10 年以上的长期计划，包括所有批准和预期的计划和活动，以及预期的财务收入和支出；年度和多年度成本计划，应建立在各成员国对已获批活动和计划的义务，以及其他资助机构的协议基础上。

局长在以上规划的基础上，准备并提交给理事会包括下一年的资金需求的预算草案，草案中应包括强制性活动、选择性活动和一般预算。预算草案在上一财年年末前提交理事会。由其他机构资助的计划和活动的预算直接提交理事会。

在财务监管方面，包括内部监管和外部监管。内部监管由局长全面负责。ESA 的账目、财务报表和财务管理应由独立审计委员会进行审查。理事会投票（2/3 多数）邀请各成员国轮流提名审计官员参与该审计委员会。审计的目的是确定年度财务报表等资料是合法且正确的。每个财年结束后，审计委员会将起草报告提交理事会，并汇报 ESA 的财务管理情况。

二、ESA 科研计划的遴选、实施和评审

（一）“宇宙憧憬 2015 ～ 2025”科学计划

ESA 强制性科学计划包括数项处于运行阶段、开发阶段或规划阶段的空间科学任务。由于空间科学任务从概念到产出所需时间往往长达 20 年以上，因而 ESA 对空间科学任务开展长期规划。第一轮规划“地平线 2000”始于 20 世纪 80 年代初，最后一项任务于 2009 年发射升空；第二轮规划“地平线 2000 Plus”始于 20 世纪 90 年代中期，其中的任务正处于开发阶段；当前正在进行的第三轮规划于 2005 年提出，被称为“宇宙憧憬 2015 ～ 2025”[24]，下面介绍其任务遴选、评审机制。

1. 计划主题征集

2004 年 4 月，ESA 向科学界提出研究主题征集，共收到 151 项创新想法。

2. 计划主题确定

ESA 各科学咨询委员会及其工作组在 2004 年 9 月举办研讨会开展初步主题遴选，近 400 名科学家参与研讨。ESA 空间科学咨询委员会（SSAC）在与 SPC 和各成员国代表讨论后，在 ESA 科学和机器人探索部的协助下准备“宇宙憧憬 2015 ～ 2025”计划。SSAC 由杰出科学家组成，代表欧洲科学界整体而非某个国家的声音。2005 年 4 月，以专题报告会的形式再次向空间科学界进行咨询。2005 年 5 月，SPC 审核该规划草案并批准实施，确定了该计划的四大核心主题。

3. 任务遴选过程

“宇宙憧憬 2015 ～ 2025”计划下每一轮科学任务遴选过程主要包括[25]：

- ESA 科学和机器人探索部发布科学任务建议征集；
- 提案人提交意向书；
- ESA 召开向提案人介绍会议；

- 提案人提交任务建议；
- SSAC 通过同行评议评估任务建议并向 SPC 推荐候选任务；
- SPC 决定哪些候选任务进入定义研究阶段，ESA 发布任务载荷机会公告，开展载荷遴选；
- 定义研究完成后，SSAC 通过同行评议向 SPC 推荐获选载荷；
- SPC 批准。

SSAC 及其领域工作组负责评估任务的科学杰出性、科学回报、是否符合计划的科学优先性、任务时效性、空间运输需求，SSAC 及其领域工作组与 ESA 共同负责评估任务的经济价值，ESA 负责评估技术成熟度和可行性、计划下各级任务兼容性、成员国负担的成本、总体风险、国际合作态势。

4. 任务实施

空间任务获SPC批准实施后进入开发阶段，ESA通过招投标方式授予工业界开发合同，并在项目管理中参考欧洲航天标准化合作组织（ECSS）标准体系[26]。ESA 总预算的 85% 用于授予欧洲工业界合同，这一工业政策可确保 ESA 成员国对 ESA 的投资获得公平的回报，并在符合工业政策的前提下利用自由竞价的优势。谁投资谁受益的“公平返还”原则有效激励了成员国对 ESA 的投资[27]。

5. 贯穿全生命周期的评审流程

2011 年发布实施的《ESA 采购法规和相关实施指导》文件规范了 ESA 活动和计划执行的采购流程。ESA 典型空间项目（包括飞行段、地面段和发射段）的全生命周期包括 O—G 共八个阶段，每个阶段都通过项目评审流程来确定该阶段的顺利完成，并为下一阶段确定认可的基线（各阶段完成时开展的评审）。在重要发展阶段完成时还会开展额外的评审，以评估开发状态（某些阶段中间开展的评审）（图 8-11）。

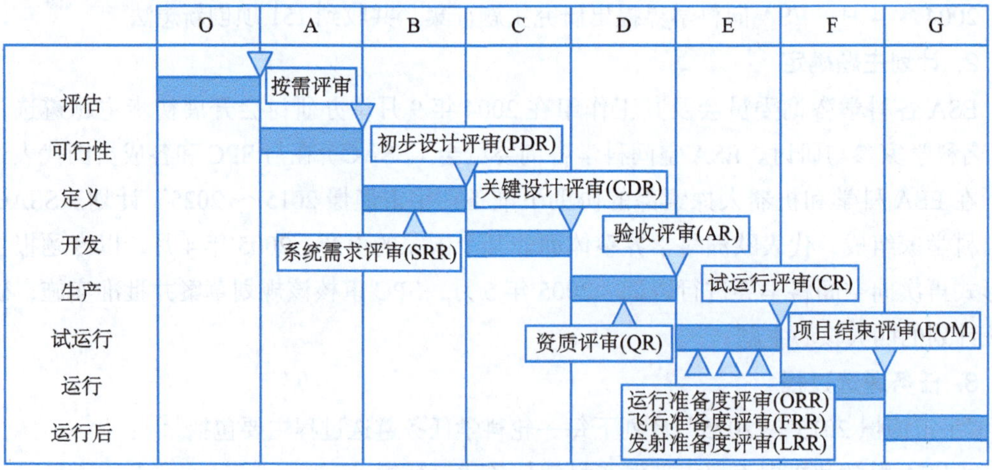

图 8-11　典型空间项目的全生命周期及相应评审[28]

ECSS 标准中列举了不同评审等级的典型参与者（表 8-3）。

表 8-3 不同评审级别的典型参与者[29]

级别	任务级	系统级	子系统级	单元级
消费者	ESA	ESA 各部	项目	主承包商
客户	ESA 各部	项目	主承包商	子承包商
供应者	项目	主承包商	子承包商	单元供应商

①消费者：定义项目并提供资源的机构；客户：确保完成项目所需全部任务得以实施的机构，评审建议的实施者；供应者：实施全部任务的机构。

②任务举例：由任务需求文件定义的空间任务；系统举例：飞行段（如卫星）、地面段（如控制中心）、发射段（如运载火箭及其支持设施）；子系统举例：如卫星中的结构、热控、导航、载荷；单元举例：电子设备单元、科学仪器、推进组件。

ESA 将基于整个计划的规模和复杂性，从计划 / 项目 / 单元层级的 B—G 阶段选择开展 ESA 层面的评审（机构评审）。子系统级和单元级评审由 ESA 理事会下属委员会评审和确认，ESA 可以参加这些评审或选择某些低级别评审来开展机构评审。评审通常由客户来组织和主持，机构评审则由 ESA 组织和主持。ESA 将主持主承包商级别的评审，以及上述被选的低级评审。每项评审都包括多名独立专家，主要根据项目的复杂性以及技术和工艺的创新性。这些独立专家不能是直接参与项目的项目组成员。评审通常按照学科分成多个评审小组，其中可能包括计划性方面（成本、进度、组织等）的评审，并采用正式的方式开展，评审结果将被记录，并以可控的方式跟进。

（二）欧洲空间生命和物理科学计划

欧洲空间生命和物理科学计划（ELIPS）是 ESA 在 2001 年批准、组织并实施的一项科研计划，旨在利用空间特殊条件，特别是国际空间站（ISS），开展生命和物理科学领域的基础和应用研究。ELIPS 是一项以科学和应用为驱动的包络性计划，属于 ESA 选择性活动，与 ISS 探索计划保持长期的战略和决策同步。ESA 理事会及下属微重力计划委员会（现在为载人飞行、微重力和探索计划委员会）负责批准约每三年为一个周期的实施规划[30-31]。

1. 计划层面的决策和咨询机制

ELIPS 计划的顶层咨询和决策流程如图 8-12 所示。

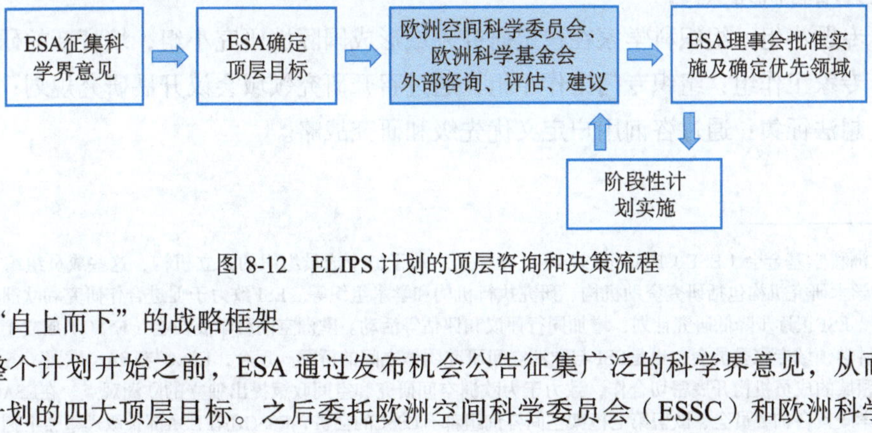

图 8-12 ELIPS 计划的顶层咨询和决策流程

1）“自上而下”的战略框架

在整个计划开始之前，ESA 通过发布机会公告征集广泛的科学界意见，从而确定了 ELIPS 计划的四大顶层目标。之后委托欧洲空间科学委员会（ESSC）和欧洲科学基金会

（ESF）[1]开展外部独立咨询建议，提出计划在规划、组织等方面的战略性建议和研究问题建议。咨询报告提交给ESA部长级理事会会议，会议决定批准实施这一计划，随后ESA发布计划定义文件。

在计划开始后，每一期计划实施阶段后期，ESA会为筹备接下来的部长级理事会会议开展咨询工作，委托ESSC和ESF对整个研究计划进行阶段性评估，并根据评估结果对下一期研究计划和优先研究领域进行调整，最后向ESA部长级理事会会议提交咨询报告以获得批准，从而实施下一期计划（表8-4）。

表8-4 ESSC-ESF阶段性评估工作和计划获批情况

ESSC-ESF评估工作执行时间	评估内容	评估方式	ESA部长级理事会
2000～2001年	规划/计划的定义； 战略性和科学优先性建议	广泛的用户团体咨询：研讨会 专家团：各领域专家 观察员：ESA人员 旁听：ESF人员 规划组成员：ESF、ESA人员	2001年11月批准ELIPS计划； ESA发布计划执行摘要
2004～2005年	计划的影响、成就； 下一步战略性和科学优先性建议	广泛的用户团体咨询：研讨会 专家团：各领域专家 观察员：ESA、其他航天局人员 综合研讨会：ESA、ESF、其他航天局人员、领域专家	2005年12月批准
2007～2008年	计划的影响、成就； 下一步战略性和科学优先性建议	广泛的用户团体咨询：指导委员会-研讨会 指导委员会：各领域专家，ESF人员 专家团：各领域专家 观察员：ESA、ESF人员 综合研讨会：ESA、ESF、领域专家	2008年11月批准
2011～2012年	计划的影响、成就； 下一步战略性和科学优先性建议	外部独立专家团评估 专家委员会：独立国际专家 介绍会：ESA向专家委员会介绍 用户团体会议：ELIPS用户团体代表与专家委员会交流 专家委员会评审和写作会议	2012年11月批准

2）科学驱动、"自下而上"的实施过程

ELIPS计划的实施采用科学驱动"自下而上"的方式，通过三种方式建立强大的科学研究小组并培育研究项目：

（1）专题小组：组织科学家在选定研究领域形成国际性研究小组，培育新的研究建议；

（2）专家工作组：组织专门工作小组，通过召开研究领域会议开展研究规划；

（3）想法征集：通过咨询用户定义优先级和研究战略。

---

① 欧洲科学基金会（ESF）成立于1974年，是一个隶属于67个成员组织的独立机构，这些成员组织来自29个国家，涉及的学术研究机构包括研究资助机构、研究执行机构和学术组织等。ESF致力于促进合作研究和欧洲科学政策研究。近年来，ESF正逐步降低研究计划，增加同行评议和评估等活动。欧洲空间科学委员会（ESSC）成立于1975年，是ESF的空间科学领域专家委员会，也是ESF与欧洲空间研究团体之间的桥梁。现今，ESSC与ESA、欧盟、各国航天机构和ESF空间领域的成员机构开展密切合作，致力于为欧洲空间研究和空间政策提出独立的欧洲观点。在ESA科学咨询机构、ESA科学政策咨询委员会、欧盟第七框架空间咨询组都有ESSC的会员，ESSC还在ESA部长级理事会上拥有观察员身份。在国际层面上，ESSC与美国国家研究理事会（NRC）空间研究委员会（SSB）保持着密切的联系。

2. 项目层面的征集、遴选和实施机制

在项目层面上，ESA 通过发布机会公告征集项目建议，并开展严格的同行评议和技术评议遴选过程，同时与欧洲和国际上开展的研究相协调。ESA 提供地基研究设施使用机会、飞行硬件开发和飞行实验的发射与运行资源。科学家通过寻求各国资源获得资助[32]。

（1）机会公告发布：ELIPS 计划下的五类研究平台（落塔、抛物线飞行、探空火箭、Foton 可返回式卫星、ISS 上的欧洲资源）的使用由 ESA 载人飞行和运行部（HSO）管理，ELIPS 计划研究项目的机会公告也由其发布[33]。发布方也可能是多方联合的，如 ISS 生命科学国际研究公告由 HSO 联合 NASA 等六个国家航天局共同发布[34]。

（2）项目遴选评审[35]：ESA 依据相关领域工作组的咨询从专家数据库（Peer Pool）中选择评审专家。专家需要具有良好的专业背景，并且没有参与与评审项目提案相关的正在进行的空间项目。项目提案的评审由 ESA 选择专家组成的评审委员会（Peer Board）开展，评审专家数量由提案数量决定，每名专家评审的提案不超过 10 个，在评审委员会会议之前提交书面报告。ESA 负责组织评审会议。每个项目提案至少有三名主评审专家，每位评审专家应阅读全部提案，评审委员会最终会议上应就所有提案达成一致意见。评审专家应签署保密协议，同意提案的指定部分只能阅览、不能复制，具有商业价值的部分应保证保密，尊重提案者的知识产权。评审会议的最终建议文件由 ESA 保管。

（3）ISS 项目载荷生命周期管理：以搭载 ISS 平台的 ELIPS 计划项目载荷为例，根据将搭载在 ISS 俄罗斯部分或美国部分，分别采取两国各自的载荷集成程序，实施生命周期管理，重视对整个集成过程和嵌入到生命周期每个阶段的评审。ESA 参与评审过程。

3. 计划预算和 ISS 项目生命周期

ELIPS 计划的预算以五年为一个周期，前三年预算固定，后两年预算为暂定。ELIPS 计划的预算构成包括[36]：

（1）一般性活动：专家、顾问团、用户信息和采购订单、预先研究、专题小组和虚拟研究院、教育和推广；

（2）准备和支持性活动：使用欧洲地基设施的机会、基线数据采集、医学地面卧床研究、落塔和抛物线飞行研究、为行星探索所做的准备、为用户支持和运行中心做的实验准备；

（3）对以应用为导向项目的支持：与工业界和研究机构通过公私合作方式启动应用研究项目；

（4）硬件开发：探空火箭研究模块、对现有设施的升级换代、ISS 哥伦布实验舱微重力设施的新增插件、开发新的设施和设备；

（5）飞行成本：探空火箭飞行、载人和无人飞行机会。

以 ELIPS 第三期计划 ELIPS-3（2009 ～ 2012 年）为例，申请总预算为 3.95 亿欧元，其中包括：一般性活动 3600 万；ISS 项目 2.16 亿；非 ISS 项目 6800 万。ISS 项目占申请总预算的 55%（表 8-5）。

表 8-5 ELIPS 计划中 ISS 飞行项目的全生命周期及其预算比例[37]

ISS 项目阶段	内容	预算比例（以 ELIPS-3 为例）
预先阶段 A	定义科学需求	0.9%
阶段 A/B	对现有 ISS 设施的提升或新增；技术开发	5.6%
阶段 C/D	硬件开发和验证	81.9%
阶段 E/F	集成、运行和推广	11.6%

三、ESA 科技计划与预算组织实施的主要特点

（1）ESA 作为一个政府间国际组织，在科技计划和预算的决策管理与组织实施等各方面都充分体现出了合作、协商、追求统一化的特点。

（2）由成员国部长构成的 ESA 部长级理事会作为最高决策机构，确定 ESA 的总体发展战略、多年预算水平和重大活动 / 计划；由成员国代表构成的 ESA 理事会为日常决策机构。ESA 局长领导的管理层负责计划 / 活动和预算的执行。各国按照强制性活动和选择性活动要求为 ESA 投资，ESA 基于“公平返还”的工业政策将预算的约 85% 用于授予欧洲工业界合同。

（3）ESA 出台《采购法规和相关实施指导》文件规范了 ESA 活动和计划执行的采购流程。在空间项目管理方面，参考 ECSS 标准体系，并开展贯穿空间项目 0—G 共八个阶段的全生命周期的评审过程，在评审中强调评审的级别、参与方的角色和职责，以及采用独立评审专家。

（4）ESA 在空间项目的遴选、组织实施及评价方面都非常重视来自科技界的咨询和建议。

（执笔：中国科学院文献情报中心　韩淋）

参考文献

[1] European Commission. From Challenges to Opportunities：Towards a Common Strategic Framework for EU Research and Innovation Funding. http：//www.rsc.org/images/EC-Green-Paper_Research-Innovation-Funding_tcm18-201993.pdf [2014-11-25]

[2] European Commission. IMPACT ASSESSMENT：Accompanying the Communication from the Commission “Horizon 2020—The Framework Programme for Research and Innovation”. http：//ec.europa.eu/research/horizon2020/pdf/proposals/horizon_2020_impact_assessment_report.pdf [2014-12-20]

[3] European Commission. What Is a Work Programme? https：//ec.europa.eu/programmes/horizon2020/en/what-work-programme [2016-1-6]

[4] REA. About Us—Activities. http：//ec.europa.eu/rea/about_us/activities/index_en.htm [2015-1-7]

［5］EASME. About EASME. http：//ec.europa.eu/easme/en/about-easme［2015-1-20］

［6］INEA. Mission & Objectives. http：//ec.europa.eu/inea/en/mission-objectives［2015-1-20］

［7］ERC. About ERC . http：//erc.europa.eu/about-erc［2012-9-26］

［8］ERC. Facts and Figures. https：//erc.europa.eu/about-erc/facts-and-figures［2016-1-10］

［9］ERC. Standing Committees. https：//erc.europa.eu/about-erc/organisation-and-working-groups/standing-committees［2016-1-10］

［10］ERC. Executive Agency. https：//erc.europa.eu/about-erc/organisation-and-working-groups/executive-agency［2016-1-10］

［11］The Council of the European Union. Council Decision Establishing the Specific Programme Implementing Horizon 2020—the Framework Programme for Research and Innovation（2014-2020）. http：//ec.europa.eu/research/participants/data/ref/h2020/legal_basis/sp/h2020-sp_en.pdf［2016-1-10］

［12］European Commission.Council Regulation（EC）No 58/2003 of 19 December 2002：laying down the statute for executive agencies to be entrusted with certain tasks in the management of Community programmes. http：//eur-lex.europa.eu/LexUriServ/LexUriServ.do?uri=OJ：L：2003：011：0001：0008：en：pdf［2015-1-23］

［13］ESA. What Is ESA. http：//www.esa.int/About_Us/Welcome_to_ESA/What_is_ESA［2014-10-24］

［14］ESA. ESA Convention and Council Rules of Procedure. http：//download.esa.int/docs/LEX-L/ESA-Convention/20101200-SP-1317-EN_Extract_ESA-Convention.pdf［2014-10-24］

［15］ESA. Our Activities. http：//www.esa.int/Our_Activities/Space_News［2014-10-24］

［16］ESA. Funding. http：//www.esa.int/About_Us/Welcome_to_ESA/Funding［2014-10-24］

［17］ESA. ESA "E-book" Presentation. http：//esamultimedia.esa.int/multimedia/publications/ESA-Presentation［2014-10-24］

［18］ESA. ESA's Organs and Functioning. http：//www.esa.int/About_Us/Law_at_ESA/ESA_s_organs_and_functioning［2014-10-24］

［19］ESA. ESA Convention and Council Rules of Procedure. http：//download.esa.int/docs/LEX-L/ESA-Convention/20101200-SP-1317-EN_Extract_ESA-Convention.pdf［2014-10-24］

［20］Czech Space Portal. Organizational Structure of ESA. http：//www.czechspaceportal.cz/en/section-2/space-policy-eu---esa/organizational-structure-of-esa［2014-10-24］

［21］ESA. Ministerial Council Meetings. http：//www.esa.int/About_Us/Law_at_ESA/Ministerial_Council_Meetings2［2014-10-24］

［22］ESA. Directors of ESA. http：//www.esa.int/About_Us/Welcome_to_ESA/Directors_of_ESA［2014-10-24］

［23］ESA. ESA Budget 2014. http：//www.esa.int/spaceinimages/Images/2014/01/ESA_budget_2014［2014-1-16］

［24］ESA. Cosmic Vision. http：//sci.esa.int/cosmic-vision/46510-cosmic-vision/?fobjectid=46510&fbodylongid=2150［2014-2-19］

[25] ESA. Evaluation and Selection Process for Cosmic Vision. http：//sci.esa.int/science-e/www/object/doc.cfm?fobjectid=40899 [2014-10-24]

[26] ESA. Requirements and Standards. http：//www.esa.int/Our_Activities/Space_Engineering/Requirements_and_standards [2014-10-24]

[27] ESA. The ESA Effect Serving European Cooperation and Innovation. http：//esamultimedia.esa.int/multimedia/publications/BR-306-5 [2014-10-24]

[28] ESA. ESA Procurement Regulations and Related Implementing Instructions. http：//download.esa.int/docs/LEX-L/Contracts/20121220.REG001，rev.3_EN_Procurement_Regulations.pdf [2014-10-24]

[29] ECSS. ECSS-M-ST-10-01C（15November2008）Organization and Conduct of Reviews. http：//escies.org/ftp/ecss.nl/ISO/ECSS-CD（1April2014）.iso.gz [2014-10-24]

[30] ESA. ELIPS：Life & Physical Sciences in Space Executive Summary. http：//www.esa.int/esapub/br/br183/br183.pdf [2014-10-24]

[31] Heppener，M. Research and Applications from the Space Station to Future Human Exploration. http：//www.astro.auth.gr/esa/Heppener/ELIPS.pdf [2008-9-23]

[32] ESA. ESA ELIPS Programme：Opportunities for Research Relevant to an Ageing and Sedentary Population. http：//www.bis.gov.uk/assets/ukspaceagency/docs/space-science/microgravity-presentations/hatton.pdf [2014-10-24]

[33] ESA. ESA Research Announcements. http：//www.esa.int/Our_Activities/Human_Spaceflight/Human_Spaceflight_Research/Research_announcements [2014-11-4]

[34] ESA. ESA International Research Announcement for Research in Space Life Sciences at the International Space Station-ILSRA-2014. http：//www.esa.int/Our_Activities/Human_Spaceflight/Human_Spaceflight_Research/INTERNATIONAL_RESEARCH_ANNOUNCEMENT_FOR_RESEARCH_IN_SPACE_LIFE_SCIENCES_AT_THE_INTERNATIONAL_SPACE_STATION_ILSRA-2014 [2014-11-4]

[35] ESA. ESA European Users Guide to Low Gravity Platforms. http：//www.esa.int/Our_Activities/Human_Spaceflight/Human_Spaceflight_Research/European_User_Guide_to_Low-Gravity_Platforms [2014-10-24]

[36] ESA. ELIPS：Life & Physical Sciences in Space Executive Summary. http：//www.esa.int/esapub/br/br183/br183.pdf [2014-10-24]

[37] Heppener，M. Research and Applications from the Space Station to Future Human Exploration. http：//www.astro.auth.gr/esa/Heppener/ELIPS.pdf [2008-9-23]

第九章
发达国家重点研发计划的管理机制

本章在国家科技计划的管理全过程分析基础上，选取发达国家重点研发计划，通过具体案例解析美、英等发达国家的科技计划立项、过程管理和评估，展示发达国家科研计划的管理执行情况。

分析显示，发达国家对具有重大战略意义的科技领域进行顶层设计，组织国家级科技计划，在国家目标一致的基础上，组织多个相关部门参与进行资源整合。

在组织上，设有不同类型的协调机构，协调各参与部门的功能，促进交流。各参与部门根据各自的职能，目标有所侧重，进行预算和计划的执行，避免了多头重复设立项目的问题，保障计划的有效运行与管理。

在计划制订前进行广泛的咨询和评估。咨询范围涵盖了多个利益相关方，包括管理层、科技界、产业界。这种咨询和评估保证了计划立足国家现状、社会需求、研究前沿，目标设定合理并具有前瞻性。通过设定共同的目标和行动计划为科技计划提供总体指导和发展方向，指导和影响各参与部门或机构的预算和规划，并统筹协调相关研究活动。

计划在执行中开展中期评估，评估的目的主要是评价计划执行情况，有利于对计划的执行进行监督和指导，同时通过评价调整计划的发展方向以满足不断变化的社会需求、符合领域发展趋势。

第一节　美国全球变化研究计划

美国是最早开展全球变化研究的国家之一。1989 年，由总统提议，美国科学界和政界联合开展前期的全球变化研究。1990 年，美国国会通过《全球变化研究法案》（*Global*

Change Research Act，*GCRA*），该法案号召“建立一个全方位的、集成的研究计划，帮助美国和世界理解、评估、预测和响应人类活动引起的和自然发生的全球变化的进程”，美国全球变化研究计划（U.S. Global Change Research Program，USGCRP）得以正式启动。

美国全球变化研究计划是一个由 13 个联邦政府机构参与的跨政府部门的协作研究计划。美国全球变化研究计划的管理、协调、评估、预算统筹等机制都是通过《全球变化研究法案》授权进行。美国全球变化研究计划是世界上最大的气候变化领域专门计划，自 1990 年成立以来，在协调政府机构行动方面发挥了重要作用，其完善的组织管理与评估机制是其取得成功的关键。

一、USGCRP 提出机制

1989 年，USGCRP 以总统提案启动，组织美国科学界和政界联合对全球变化进行前期研究；1990 年，美国国会通过《全球变化研究法案》，该法案号召“建立一个全方位的、集成的研究计划，帮助美国和世界理解、评估、预测和响应人类活动引起的和自然发生的全球变化的进程”。以《全球变化研究法案》为依据，USGCRP 正式启动。自成立以来，USGCRP 成功地集中了美国各方面的资源、政策和力量，形成了全世界最强大的全球变化研究基础设施和持续领先的研究能力，提出了一系列核心研究领域和前沿科学问题，建立了一支在国内外有重要影响的、活跃在各个领域的科学家队伍，取得了预期的阶段性成就[1]。

二、USGCRP 管理与协调机制

（一）管理机制

USGCRP 由美国 13 个部门和机构参与。参加的部委包括美国农业部（USDA）、商务部（DOC）、国防部（DOD）、能源部（DOE）、卫生与人类服务部（HHS）、国务院（DOS）、交通部（DOT）、内务部（DOI）、环境保护署（Environmental Protection Agency，EPA）、国家航空航天局（NASA）、国家科学基金会（NSF）、国际开发总署（USAID），以及史密森学会（SI）等单位。USGCRP 是世界最大的气候变化领域专门计划，自 1990 年成立以来，它在协调政府机构行动方面发挥了重要作用，其完善的组织管理与评估机制是其取得成功的关键。

USGCRP 各参与部门和机构派出的代表组成全球变化研究附属委员会（SGCR），该委员会隶属于美国国家科学技术委员会（NSTC）下设的美国环境、自然资源和可持续性委员会（CENRS）。USGCRP 由 SGCR 指导和管理，受美国白宫科学和技术政策办公室（OSTP）和管理和预算办公室（OMB）联络人监督，并由国家协调办公室（NCO）与跨机构工作组（IWGs）协调、推动和促进部门活动。NCO 早在 20 世纪 90 年代就开始从事 USGCRP 的协调工作，当前的管理活动是对 USGCRP 和更为广泛的利益共同体的支持，具体包括研究者、决策者、政策制订者和其他气候信息用户。NCO设置专人专岗，由不同的人负责不同领域内的协调工作[1]。USGCRP执行主任与白宫官员和SGCR进行协商，以确保USGCRP满足《全球变化研究法案（1990）》的要求（表9-1）。

表9-1 《全球变化研究法案》的要求

要求	《全球变化研究法案》要求描述
计划管理	作为制订国家全球变化研究计划并监督其执行情况的平台
全球变化研究协调	改善联邦机构和部门之间在全球变化研究活动方面的合作
预算协调	提供预算指导和建议
计划审查	与学术界、州政府、行业和其他团体合作开展全球变化研究，定期进行公开的同行审查程序
国际研究与合作	配合国务卿：①派代表出席美国参与的全球变化研究国际会议；②协调美国联邦政府与其他国家计划/国际全球变化研究项目的活动
支撑应对全球变化	与USGCRP研究成果的实际、潜在用户进行商议，以确保这些成果有助于制订国家和国际政策应对全球变化
年度报告	至少每年一次通过OSTP主任向总统和国会提交有关联邦全球变化研究优先事项、政策和计划的年度报告
国家全球变化研究规划	该计划应当包括国家全球变化研究的建议，并建立联邦全球变化研究的目标和优先事项；应当至少每三年提交修改后的计划
四年一度评估报告	为总统与国会准备和提交评估报告：①集成、评估和解释全球变化研究计划的发现，探讨这些发现的科学不确定性；分析全球变化对自然环境、农业、能源生产和使用、土地和水资源、交通、人类健康和福祉、人类社会系统和生物多样性的影响；③分析全球变化的当前趋势，包括人为因素和自然因素，预测未来25～100年的主要趋势

USGCRP与SGCR和白宫办公室密切合作建立符合国家重点、预算计划和《全球变化研究法案（1990）》需求的研究优先事项。

USGCRP还与联邦其他部门间机构，如国家海洋委员会（NOC）、机构间气候变化适应工作小组（ICCATF），以及CENRS下设的其他小组委员会进行协作，以确保USGCRP的工作可以被其他联邦组织所用，从而准备或尽可能减少全球变化的影响。

为确保USGCRP顺利实施，SGCR于1993年6月成立了由参与计划的各部门和组织代表组成的USGCRP办公室，负责编辑出版《我们变化的星球》及定期的研究计划。

美国国家研究理事会（NRC）是USGCRP的咨询机构，不定期对USGCRP进行独立、科学的评估，并每年通过《我们变化的星球》向国会和公众报告进展。

（二）协调机制

SGCR规划和协调USGCRP。SGCR向NSTC下设的CENRS报告，CENRS由代表总统科学和技术助理的白宫OSTP管理。SGCR负责设置USGCRP的战略方向和优先事项，并监督实施。执行主任代表SGCR负责监督USGCRP集成和规划活动，并指导NCO的活动以支持USGCRP。NCO为USGCRP提供日常的协调和支持。OSTP与OMB和SGCR在确定研究优先事项和资金计划方面进行密切合作，以确保USGCRP符合国家优先事项，反映了机构规划并满足了《全球变化研究法案》的要求。

USGCRP 跨部门协调的主要机制是组建由 USGCRP 的 13 个参与机构代表和 NCO 工作人员组成的 IWGs。IWGs 是 USGCRP 实施和协调跨机构研究活动的主要手段，是项目集成和评估进展的关键。正在制订的新的实施过程将与 SGCR 建立更强大的联系，并加强 IWGs 在制订 USGCRP 优先事项的参与。

IWGs 的设置将通过中期目标的完成情况进行定期评估。核心的 IWGs 必须符合 USGCRP 战略计划的目标。USGCRP 还强调与 NSTC 其他下设委员会和工作小组加强和发展新的关系，以促进 USGCRP 以外的联邦集成[2]（图 9-1）。

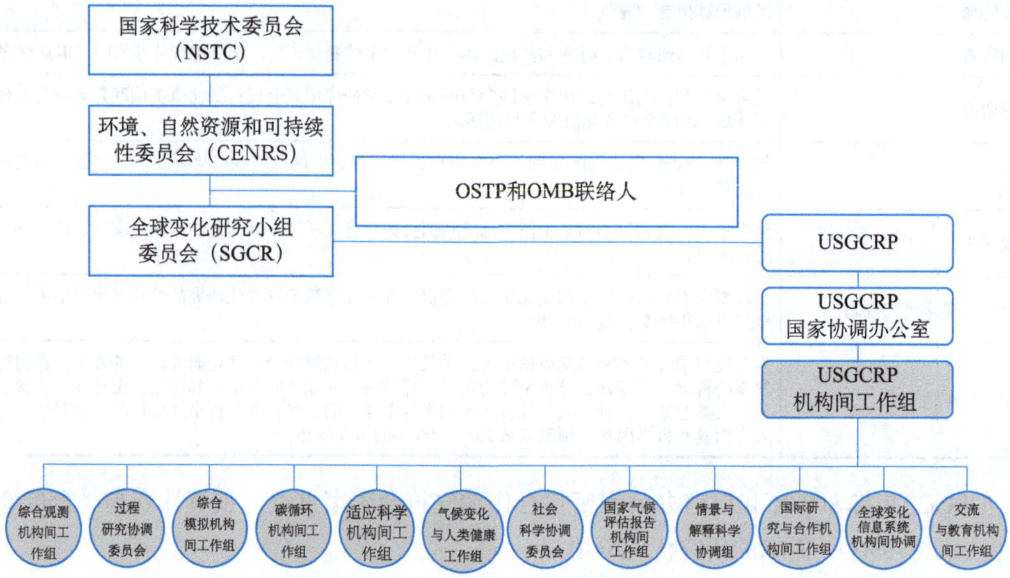

图 9-1　USGCRP 的组织结构图（深色框表示 NCO 的协调）

《全球变化研究法案》强调必须加强在全球变化研究方面国内工作的协调，并将它们具体化在以下七个方面：通过立法保障政策的连续性、保障研究投资获得预期效益；建立一个高层次的、真正具有协调能力的执行机构；制订美国全球变化研究十年规划；规定全球变化研究经费的来源和管理原则；建立对项目进行定期评估的制度；执行机构每年向国会提交报告，接受其监督，并将研究成果及时应用到各个有关部门[3]。

USGCRP 及其成员机构通过制订联合研究优先事项、实现机构间知识与能力传输、尽可能减少跨项目之间的冗余、利用分布式的联邦资源等方式取得了高效、全面的成果。

USGCRP 强调机构之间的紧密合作，通过 USGCRP 领导和协调。与 USGCRP 成员机构 / 非成员机构和其他利用联邦投资的跨部门机构建立联系，促进 USGCRP 成果的广泛应用于支持国家应对全球变化。

USGCRP 将加强和扩大现有关系的优势，包括那些与 USGCRP 有必然联系的 CENRS 及其下设委员会。USGCRP 还将与帮助招募所需专业知识的联邦政府逐步建立新的伙伴关系，将终端需求的优势纳入 USGCRP 方向，并加强 USGCRP 对决策者的支持。

三、USGCRP 的资金来源与管理

（一）资金来源

美国政府在 USGCRP 中长期而稳定的经费投入，是其得以顺利进行的重要保障。根据《全球变化研究法案》的规定，USGCRP 的经费资助，是由美国 OSTP 和 OMB、SGCR、NCO 和 IWGs 共同研究和决定的。其中，SGCR 负责制订全球变化研究年度资助优先事项，OSTP 和 OMB 根据联邦政府预算进行审议和调整，SGCR、NCO 和 IWGs 负责机构间预算协调与实施，通过这一联合工作机制确保研究计划与国家目标相一致[1]。

（二）资金管理

《全球变化研究法案》规定在总统预算经费中特别设立美国全球变化研究预算专项，CENRS 每年应当给参与计划的联邦机构提供预算的一般指导性意见，每个参与 USGCRP 的联邦机构和部门应该提交给总统一个年度拨款要求，总统应根据提案，确定预算是否合理和准确恰当。该要求的内容包括三个方面：确定机构或部门提议的全球变化研究活动的每项具体内容；把研究内容细分为两类，一类是对 USGCRP 有直接贡献的，另一类是对 USGCRP 有间接贡献但对研究计划实施有非常重要作用的；对分配到 USGCRP 中每一部分的拨款进行详细陈述[1]。

USGCRP 颁布的 2014 财政年度预算约为 25 亿美元，较 2013 财年增加 5% 左右[4]。过去五年，USGCRP 年度预算平均为 25 亿美元[4-5]。表 9-2 的预算表显示了 USGCRP 参与机构自我认定的对 USGCRP 的资金投入情况。

表 9-2　2012 ～ 2014 财年 USGCRP 参与机构预算情况[4]

机构	2012 财年预算制订 / 百万美元	2013 财年		2014 财年预算制订 / 百万美元
		实际支出 / 百万美元	占比	
农业部	116	107	4.50%	111
商业部	319	301	12.65%	329
能源部	211	209	8.79%	217
卫生与人类服务部	14	10	0.42%	8
内务部	59	55	2.31%	54
交通部	1	1	0.04%	1
环境保护署	18	17	0.71%	18
国家航空航天局	1427	1355	56.96%	1431
国家科学基金会	333	316	13.28%	313
史密森尼学会	8	8	0.34%	8
合计	2506	2379	100%	2489

《全球变化研究法案》要求USGCRP在制订跨部门优先事项需要与年度预算制订联系起来。每年SGCR制订一套全球变化研究资助优先事项，以识别填补关键科学空白或应对不断变化的社会需求的USGCRP活动。这些优先事项将被USGCRP机构用在谅解备忘录，作为指导各个机构制订预算和优先事项的过程。该备忘录还为SGCR与白宫OMB有效沟通全球变化研究问题搭建了框架[6]。

四、USGCRP报告评估机制

（一）科学评估

联邦科学、工程和技术协调委员会（FCCSET，克林顿执政的20世纪90年代升格为NTSC）对USGCRP进行周期性评估（每个评估周期不少于四年），并通过CENRS为国会准备和递交评估报告。FCCSET由OSTP主任担任主席，成员包括12个联邦政府部门的内阁成员或者代表，以及其他涉及科学和技术部门的负责人和OMB的代表。评估工作主要包括三个方面：①综合、评价和研究计划中的发现，并对这些发现中的不确定性进行讨论；②分析全球变化在自然环境、农业、能源生产和利用、陆地和水资源、交通、人类的健康、人类社会系统，以及生物多样性等方面的影响；③分析由自然和人为引起的全球变化的近期趋势，并预测今后25～100年的大趋势[3]。

（二）年度报告

一般来说，每年给国会递交总统预算的时候，FCCSET主席向国会递交一个关于CENRS执行的研究活动报告，其内容包括三个部分：在报告里所涵盖的时间、研究计划取得的成绩，以及全球变化研究未来的优先方向。为了实现计划的目标，对整个过程进行分析。每个机构或部门为了执行和完成在计划中所承担的部分，对所需经费的要求包括三个方面：刚结束的财政年度里花费的金额、当前的财政年度预计要花费的金额，以及正在提交经费预算的财政年度要求的经费金额[3]。

（三）同其他机构的关系

USGCRP不是一个有预算的管理实体，也不是可以进行项目决策的权威机构，而是一个总体协调有关全球变化研究项目和预算的引领性计划。其协调程度在立法层面上被削弱，USGCRP被分割成几个部分，在授权、拨款和监督的过程中并未被作为一个整体考虑。

USGCRP通过制订国家全球变化研究战略计划和年度进展报告等方式确定USGCRP的优先事项与领域，为美国直接参与具体的全球变化研究的相关联邦政府机构和部门提供意见和指导。

对于国家气候计划的研究活动，总统、FCCSET主席及商业部部长保证，在起草和制订国家全球变化研究计划中，把国家气候计划的相关研究活动考虑进去。总统、FCCSET

主席及各机构和部门的领导保证，CENRS 和联邦各机构和部门的研究发现，能够及时提供给以下部门：其一，给国家环保局提供使用，便于形成与《全球气候保护法案（1987）》中的全球气候变化政策相互协调的政策；其二，给所有的联邦机构和部门提供使用，便于他们对由人为和自然引起的全球变化过程形成协调的国家政策。本计划不应当用于解释、排除或推迟联邦原来计划的任何行动，这些行动或整体或部分地用于解释同温层臭氧减少或全球气候变化带来的危险[3]。

（四）调整机制

美国全球变化的发展经历了以下几个阶段[1]。

（1）计划的前期研究阶段（1988 ～ 1989 年）。在此期间，由美国总统提议，USGCRP 进入前期研究阶段，在这一阶段内，该计划更多的是强调机构间的合作和协作推动，强调 USGCRP 的整体性。

（2）计划的启动阶段（1990 ～ 2000 年）。经过科技界和政界一年多的准备和联合预研究，1990 年国会取得一致意见，顺利通过了《全球变化研究法案》。随着该法案的颁布，USGCRP 得到国会的支持，从而成为一项国家行动。法案要求，“一项综合和整体的美国研究计划，将帮助美国和世界对由人类和自然过程导致的全球变化进行理解、评估、预测和响应”。

（3）计划的转型阶段（2001 ～ 2008 年）。2001 年，美国总统布什启动了气候变化研究行动（CCRI），由于 CCRI 重点发展短期决策支持信息，总统要求，CCRI 需与现行的 USGCRP 紧密结合，以确保研究内容的一致性，因此在随后一年（2002 年），布什政府宣布将 USGCRP 和 CCRI 一起整合成气候变化科学计划（CCSP），该计划遵守《全球变化研究法案》的要求，包括递交年度报告，由国家研究理事会科学评估，并定期出版十年战略规划等。这一行动标志着美国政府更加注重对气候变化的研究和投入，也标志着 USGCRP 得到了更多的经费支持。

（4）计划持续发展阶段（2009 ～ 2014 年）。自 2009 年奥巴马执政以来，在《全球变化研究法案》的指引下，奥巴马政府全力推动 USGCRP。2010 年，奥巴马总统以保持与《全球变化研究法案》的一致性为缘由，决定终止“气候变化科学计划”的提法，恢复“全球变化研究计划”的称号，但气候变化研究仍是核心内容。

美国全球变化研究计划的调整机制可以归纳为国家政策调整和外部独立机构评估调整两种机制。

（1）国家政策调整。美国是多党执政国家，科技政策的执行面临着执政党更替导致的科技政策延续性问题。例如，2001 年美国布什总统发起的 CCRI 旨在为配合美国在国际上气候政策调整进行的国内研究方向调整，并于 2002 年将 CCRI 与 USGCRP 整合为 CCSP。

（2）外部独立机构评估调整。美国国家研究委员会对 USGCRP 进行独立、科学的外部评估工作，以期根据不断变化的国内外形势及时调整战略研究方向和优先事项。

五、经验和启示

综上所述，可以从 USGCRP 的管理、协调、评估机制中得到以下经验和启示是：通过立法保障政策的连续性及研究投资获得预期效益；建立一个高层次的、真正具有协调能力的执行机构，且该机构独立于各部委；规定全球变化研究经费的来源和管理原则；建立对项目进行定期评估的制度等[1, 3]。

（1）通过法律保障研究工作的完整性和长期稳定性把国家的全球变化研究计划以法律方式固定下来，从短期看，是协调政府各部门在全球变化研究中的职能，避免政府各机构间工作的冲突、重复、和遗漏；从长远看，是为了避免四年一届的行政当局变化可能引起的政策不连续性所带来的损失。

（2）研究计划的定期评估与修正。通过法律保障研究工作的先进性在制订“法案”时，已经预见到全球变化研究发展很快，需要对十年计划进行至少四年一次的评估，以保证计划的先进性。

（3）通过法律明确有关各方的责任。《全球变化研究法案》规定了美国总统及参与该计划的政府高级官员的责任，它不是针对某一具体的人，而是对所有对应的职位。法案规定的每年一次向国会的述职报告，面对的是代表不同利益集团的议员，在一定程度上能够防止发生少数利益集团“暗箱操作”，依靠“游说”获得纳税人资助，但却不愿或不能给纳税人回报的事情。政府利用法律鼓励研究团体和个人借助发达的网络和透明的法律程序，利用各种机会展示自己的研究成果，以此进一步获得政府的资助。

（4）从国家层面组建独立的协调机构。USGCRP 的协调机构独立于各部门之外，在国家层面，由各参与部门和机构代表组成的 SGCR 负责协调。不仅有利于化解部门间的矛盾和冲突，便于各部门间的协调和交流，也有利于政策的上传、下达和执行。

（执笔：中国科学院兰州文献情报中心　曲建升、曾静静）

第二节　美国国家植物基因组计划

美国国家植物基因组计划（National Plant Genome Initiative，NPGI）是 1998 年正式启动的跨部门的合作研究计划。该计划的主要目标是了解植物特别是对农业、环境、能源和健康等有重要意义的植物基因组的结构和功能，促进基础研究和创新，以改进农业实践，减少对环境资源的需求，并解决全球气候变化带来的挑战。

一、NPGI 计划的提出机制

20 世纪 90 年代，应美国国会参议院退伍军人、住房与城市发展和独立机构拨款分委员会（Senate VA，HUD and Independent Agencies Appropriations Subcommittee）的提议，美国总统科技助理于 1997 年 5 月任命组建了一个专门的植物基因组跨机构间工作组（The Interagency Working Group on Plant Genomics，IWGPG），负责提出国家植物基因组计划的科学重点，并规划针对这些科学重点的跨机构间合作策略[7]。

在历时半年多的研究与讨论中，IWGPG 参加并组织了若干次会议听取来自学术界和产业界的意见。其中，IWGPG 参加了四次科学会议：第一次是美国国家科学院（National Academy of Sciences，NAS）农业委员会、生物委员会于 1997 年 4 月组织召开的“设计农业基因组计划”（Designing an Agricultural Genome Program）会议。第二次是 1997 年 6 月召开的国家科学院学术讨论会“保护粮食供给：植物基因组计划的价值”（Protecting Our Food Supply：The Value of Plant Genome Initiatives）。第三次会议是“植物细胞遗传与发育高登研讨会”（Gordon Research Conference on Plant Cell Genetics and Development）。第四次会议是 IWGPG 与负责审议“拟南芥测序项目”①（Arabidopsis Genome Sequencing Project）的美国国家科学基金会（NSF）专家小组直接进行交流。此外，IWGPG 还在 1997 年 9 ～ 12 月分别组织召开了三次会议，邀请来自大学、研究机构的知名科研人员进行讨论；与来自孟山都、杜邦等企业界的代表进行交流；与美国玉米生产者协会等商业团体进行沟通[7]。

在上述工作的基础上，IWGPG 在最后的报告中建议制订国家植物基因组计划。1998 年 1 月，NSTC 发布《国家植物基因组计划：1998 ～ 2002 年》（*National Plant Genome Initiative Five-Year Plan*：*1998-2002*），国家植物基因组第一个五年计划正式启动[7]。此后，IWGPG 分别于 2003 年、2009 年和 2014 年发布了第二到第四个植物基因组五年计划[8-10]。

二、NPGI 的组织管理模式与机制

NPGI 是一项跨部门的合作研究计划，旨在协调美国各联邦部门之间在植物基因组领域的研发活动。针对这种跨部门或机构的科技计划，美国建立了一套组织管理机制，用于保障计划在组织实施过程中有效发挥不同部门的作用，以及保障计划能够按进度实施[11,12]。NPGI 在具体实施过程中，也依照并建立了相关的组织管理体制与机制。

（一）依托国家科学技术委员会，建立顶层领导协调机制

NPGI 的宏观管理机构是 NSTC，在 NSTC 的科学委员会（Committee on Science，CoS）的生命科学分委员会（Life Science Subcommittee，LSSC）下设立了 IWGPG。NSTC 是美国联邦科技政策与事务综合协调机构，其职责之一是领导和协调联邦重要的跨部门科技计

① “拟南芥测序项目”由美国国家科学基金会、农业部和能源部联合支持。

划[12]（图 9-2）。IWGPG 作为 NSTC 内部审议过程的一个组成部分，主要通过制订 NPGI 五年计划，报告和发布年度进展等为联邦各部门的植物基因组研究提供总体指导和方向，以及统筹协调相关研究活动。

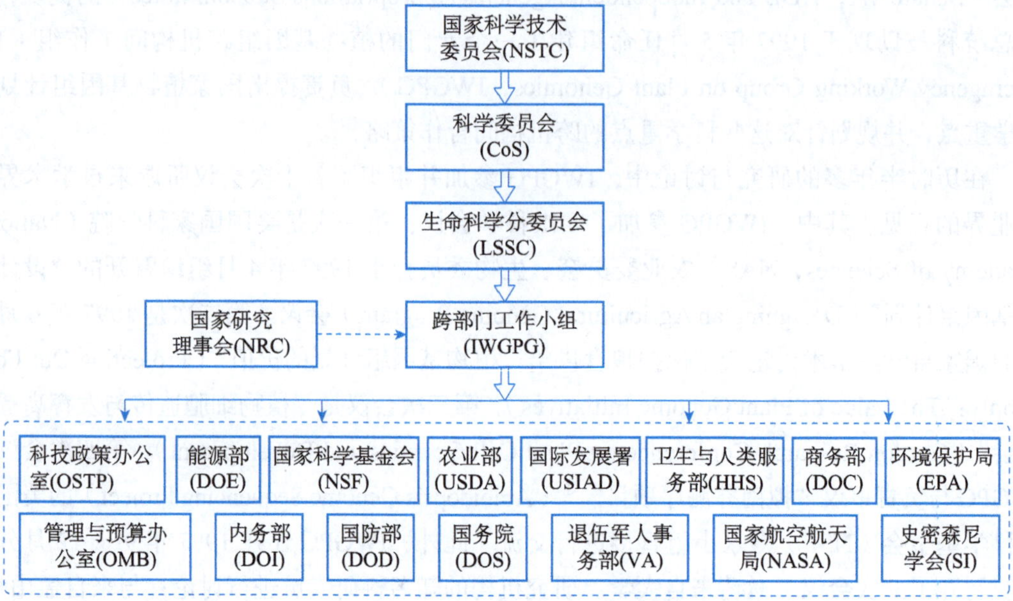

图 9-2 NPGI 的组织管理模式

IWGPG 的组成成员最初是由来自 USDA、NSF、NIH、DOE、OSTP、OMB 的代表组成。随着该计划的逐渐深入与拓展，目前 IWGPG 的成员机构已扩展至 15 个，DOE 和 NSF 的代表担任联合主席职位，USDA 的代表任行政秘书。OSTP 和 OMB 代表参与到跨部门工作组中，在一定程度上强化了工作组的统筹协调能力。

NRC 负责对该计划进行外部咨询和评估。NRC 的评估主要是通过分析该计划资助项目的数据，对获得支持的首席研究员进行问卷调查，以及举办公共研讨会等活动，评价计划产生的科学与社会影响、产出文献的影响、支持开展的教育活动、促进的国际合作和跨部门合作等。

（二）在顶层统一协调下采用各部门分散管理的方式

NPGI 五年计划通过设立共同目标和行动计划建立了一个全面的植物基因组研究框架，用来指导和影响参与该计划的各联邦部门的预算和规划。参与的各部门把植物基因组计划框架下的相关工作纳入到各自的管理体系内，以分散的方式组织具体项目的实施与管理，各部门根据各自的目标导向和任务布局发布项目申请征集方案，按照各自的申请评议程序进行管理。例如，NSF 通过植物基因组研究项目（Plant Genome Research Program，PGRP）支持相关研究，按照 NSF 的规定的标准程序提交申请、接受审议、进行评估。USDA 国家食品和农业研究院的农业与食品研究计划也设立了相关的资助方向，项目的申请与组织实施需要遵循该计划的管理程序。《国家植物基因组计划：2014～2018年》列出了部分参与部门与机构支持开展的项目对实现该计划六个目标的支持[10]（表9-3）。

表9-3 部分参与部门与机构对实现NPGI计划六个目标的支持

机构	国家植物基因组计划的目标					
	开发新一代植物数据库	建立植物种质资源网络	开发有助于增强植物生物学研究的工具	提升工作人员利用新一代工具和资源的能力	加强公私合作，推进基础研究向实践应用的转化	加强国际合作
能源部	+		+	+	+	
国家科学基金会	+		+	+		+
国际发展署		+	+	+	+	+
农业部农业研究局	+	+	+	+	+	+
农业部国家食品和农业研究院	+	+	+	+	+	+
农业部林务局		+	+		+	
史密森尼学会	+	+	+	+	+	+

"+"表示该部门或机构的项目支持NPGI目标的实现

（三）建立了具有约束力的部门间协调和合作机制

在NPGI计划框架下，参与部门之间通过签订谅解备忘录、联合征集项目申请等形式进行跨部门合作。2005年，美国农业部州合作研究、教育与推广局①（Cooperative State Research，Education and Extention Service，CSREES）与能源部联合基因组研究所（Joint Genome Institute，JGI）签订谅解备忘录（*Memorandum of Understanding between the USDA Cooperative State Research*，*Education*，*and Extension Services and the U.S. Department of Energy Joint Genome Institute*：*Cooperation in Support of Coordinated Plant and Microbial Genome Sequencing and Bioinformatics*）[13]，在NPGI框架下协调和支持两个部门之间有关植物与微生物基因组测序和生物信息学的研究。谅解备忘录规定了双方的合作范围、权利义务、限制条件等，如规定双方每年至少会晤一次，审议合作进展，会议由两个机构轮流组织。

同年，NSF、DOE和USDA联合发布了玉米基因组测序项目（Maize Genome Sequencing Project：An NSF/DOE/USDA Joint Program）申请方案[14]，共同支持相关研究。NSF负责发布申请书征集方案，NSF、DOE和USDA三个部门均设立了主管项目官员，其中NSF的项目官员负全面责任。联合征集申请书的方案针对三个部门在具体资助中的不同

① 目前该机构已取消，取而代之的是国家食品和农业研究院（NIFA）。

情况，分别对申请机构、审议过程、预算要求、资助类型等进行了规定和要求。

（1）NSF 对申请机构的资格要求是美国的学术机构、非营利研究组织，以及研究教育联盟等，对于有资格的联邦机构递交的申请，规定只能通过 DOE 和 USDA 进行资助。

（2）申请书的审议程序分为两种类型，一种是提交给 NSF 的申请按照 NSF 的标准审议程序进行专家评议，另一种是遵循审查协议及相关客户服务标准。在后一种情况中，NSF、DOE 和 USDA 联合建立一个特别小组审查征集的申请，各部门可以在小组审查后进行现场评议。负责管理该项工作的项目官员将根据审查人员形成的是否予以支持的意见，形成提议。

（3）三个部门的项目官员在是否支持的提议上要达成一致。一旦明确，各个机构将确定资助类型。在该项目中，NSF 的资助类型是合作协议，DOE 和 USDA 将通过资助或合同的类型进行支持。由于 DOE 和 USDA 对间接成本的预算有限制规定，因此获得资助的申请者将根据资助类型，需要向 DOE 和 USDA 提交单独的间接成本预算①。

（4）申请书征集方案规定，无论 DOE 和 USDA 采用什么样的资助类型，获得资助的申请者必须要遵循 NSF 合作协议的资助条款。来自 NSF、DOE 和 USDA 的一组项目官员将负责管理这些资助。

（四）法律与制度约束保证了 NPGI 管理的规范性

目前没有针对 NPGI 的专门立法，NPGI 在组织管理上遵循了 NSTC 法定的一些运作程序和制度，包括决策规则、咨询机制、评估机制、报告机制等，使该计划的协调管理得到了一定的法律保障[15-17]。如制订了跨部门工作小组的章程（Charter of the Interagency Working Group on Plant Genomics）规定了该工作组的工作目标、职责范围、组成成员、工作期限等。在进行外部评估和咨询时，主要参与部门和机构，包括 NSF、DOE，以及 USDA 的农业研究局 (Agricultural Research Service, ARS) 和林务局（Forest Service，FS），分别与 NAS 签订了合同，接受 NRC 对该计划的评估和咨询。

三、NPGI 计划组织管理中存在的问题

（一）顶层指导协调机制不健全

在 NRC 2002 年对该计划的评估咨询报告（*The National Plant Genome Initiative: Objectives for 2003-2008*）[18] 中，曾提出建立植物基因组计划指导委员会（National Plant-genomics Initiative Steering Committee），以指导和帮助跨部门工作组明确战略需求、设计研究目标等，但该建议截至目前尚未被采纳。

---

① NSF对提交申请的间接成本预算按标准政策规定，没有额外限制。

（二）缺乏具体的工作协调机构

植物基因组计划跨部门工作组的核心职责是制订五年计划，该工作组根据工作需要临时组建，成员来自多个机构，均为兼职人员。例如，制订《国家植物基因组计划五年计划：2014 ～ 2018 年》的 IWGPG 成立于 2012 年，章程规定的解散日期为 2013 年 9 月 30 日。因此，NPGI 在具体执行层面缺少类似于美国国家纳米计划的协调办公室之类的具体管理与协调支持。

（三）缺少专门的立法

NPGI 没有专门的立法依据，这在一定程度上影响了该计划管理过程的规范化和程序化。例如，IWGPG 负责发布 NPGI 计划的年度进展报告，但本次调研发现，该计划的年度进展报告只有 1999 ～ 2008 年期间的[19-26]，2009 年后未发现后续年度进展报告。此外，NRC 分别于 2002 年和 2008 年对该计划进行了两次咨询和评估[18,27]，但此后也未见有关咨询评估工作。

四、启示与经验

（一）重视针对重大科技计划的立法工作

对具有国家重大战略意义的科技计划，应制订专门的法案，使科技计划的决策、咨询、评估、报告等活动有法可依，保证重大科技计划运行与管理的规范性。

（二）加强对科技计划的宏观领导与顶层协调

针对跨部门科技计划，应强化国家层面领导与协调体制和机制的建设，通过统筹战略规划、预算分配、组织实施及外部评估等工作，有效协调部门间的研究与开发活动，避免重复投资，保障计划的有效运行与管理。

（三）重视制订科技计划的战略发展框架

在听取来自学术界、产业界等多方意见和建议的基础上，制订科技计划的战略发展规划，通过设定共同的目标和行动计划为科技计划提供总体指导和发展方向，来指导和影响各参与部门或机构的预算和规划，并统筹协调相关研究活动。

（四）强化部门间的分工、协调与配合

在跨部门合作计划实施过程中，一方面要根据参与科技计划的各部门的任务、兴趣和需求，明确各部门分别开展的研发活动和项目。另一方面，部门间也应建立具有约束力的部门间协调与配合机制，消除部门各自为政的弊端，联合开展活动，共同推动科技计划的顺利开展。

（执笔：中国科学院文献情报中心　董瑜）

第三节 美国网络与信息技术研发计划

美国“网络与信息技术研发计划”（The Networking and Information Technology Research and Development Program，NITRD）是美国政府设立的一项跨部门的重大研发计划，是美国政府目前最重要的信息技术研发机制。NITRD 负责协调美国各主要政府科研部门围绕最关键的信息技术热点开展研究，以实现各科研部门之间的有机整合，避免计划重复，加强合作，最大化政府投资的效益。NITRD 更关注中长期的研究，关注基础性研究，革新的思想和技术概念，同时注重培养 IT 人员。美国大数据研发计划便起源于 NITRD 计划的相关研究。

NITRD 是美国政府为整合分散力量、应对信息科技重大挑战而建立的，美国国会为其建立、运作和调整提供了坚实的法律基础；其管理和协调机制能够有效协调各方利益，并能保持 NITRD 的高效运作，以了解和响应国家重大需求；NITRD 还规避了协调部门与经费运作部门、项目实施机构之间的利益冲突，使其能够专注于项目规划与协调；此外，多种评估与调整机制也为 NITRD 保持良性运作、实现关键目标提供了有力保障。

一、NITRD 提出机制

1991 年，美国国会认识到多个政府部门都在开展高性能计算研发项目，但缺少一个中央协调机构来保证相关项目的长期协调与规划，因此出台了《高性能计算与通信法案（1991）》，从而建立了“高性能计算与通信研发计划”（HPCC）。1999 年美国政府推出了“21 世纪信息技术计划”（IT2），该计划由当时美国副总统戈尔提出，其后由 NSTC 牵头制订相关执行计划。2001 年，由美国总统信息技术咨询委员会倡议，IT2 计划与 HPCC（含下一代因特网计划），以及能源部的“加速战略计算行动”（ASCI）被整合在一个统一的“国家信息技术研发计划下”[28]。布什执政后，又将其扩展为 NITRD[29]。可见，NITRD 的建立和发展与法律密切相关，《高性能计算与通信法案（1991）》建立了 NITRD 的框架，而《下一代互联网研究法（1998）》和《美国竞争法（2007）》从多个方面扩展了 NITRD 的权责范围，确定了其主要研究领域[30]。

二、NITRD 的管理与协调机制

NITRD 的核心决策与协调单元是 NITRD 分委会，其下由若干跨机构间工作小组（IWG）、协调工作小组（CG）、高级指导小组（SSG）和实践团体（CoP）构成。NITRD 分委会隶属于 NSTC 下设的技术委员会（Committee on Technology，CoT），NSTC 则隶属于 OSTP。NITRD 的组织管理架构如图 9-3 所示。

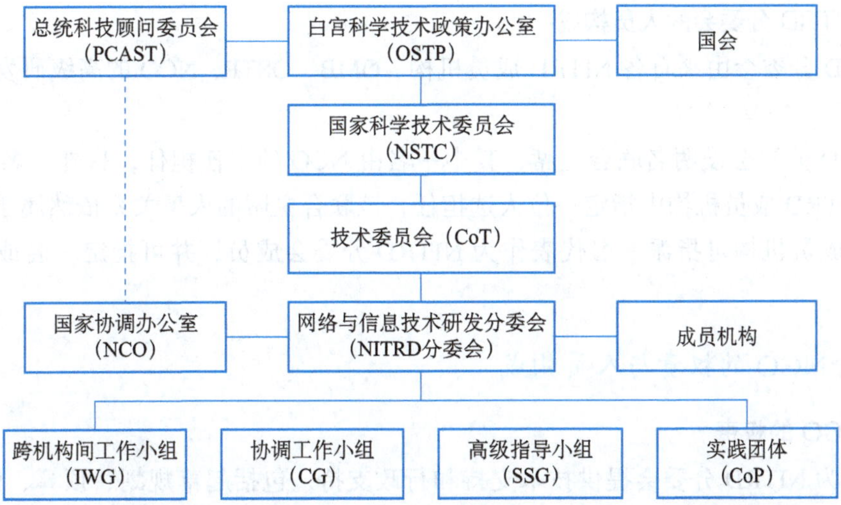

图 9-3　NITRD 组织管理架构

（一）NITRD 分委会的权责与人员构成

1. NITRD 分委会的权责[31]

NITRD 分委会负责对 NITRD 的各项政策、项目、预算等进行审议，还代表 NITRD 同美国国会、OMB、OSTP、NSTC、CoT、各联邦机构、私营机构、国际组织开展协调沟通，具体事务包括：

（1）代表 NITRD 对政府咨询机构的建议做出回应。

（2）负责协调 NITRD 项目的规划、预算、执行和评估工作。

（3）同其他机构协作，以确定 NITRD 的研发目标。

（4）代表 NITRD 与国会、OMB、学术界、产业界保持交流。

（5）与 OSTP 和 OMB 就 NITRD 项目的规划与预算展开协作。

（6）当 PCAST 或其他政府咨询机构对 NITRD 提出建议时，协调 NITRD 的成员机构做出响应。

（7）协调 NITRD 的成员机构与 NTSC 就共同关心的话题开展合作。

（8）每年至少举行三次 NITRD 分委会会议，以讨论项目规划、预算、技术评审等问题。

（9）代表 NITRD 项目与 OSTP、国会保持沟通。

（10）监督 NITRD 分委会的下属团体开展工作（包括机构间工作小组、协调小组、高级指导小组等）。

（11）为 NITRD 项目制订短期、中期和长期的战略规划。

（12）编制年度预算，提交给白宫，作为白宫年度预算的一部分交给国会审议。NITRD 分委会负责人需到国会就预算问题参加听证。

2. NITRD分委会的人员构成

NITRD分委会由来自各NITRD成员机构、OMB、OSTP、NCO的高级研发经理和代表组成。

NITRD分委会设两名联合主席，其中一名由NCO的主任担任，另外一名由CoT的主席从NITRD成员机构中指定一位人选担任，该联合主席的人事关系依然属于其来源机构。每个成员机构可指派一名代表作为NITRD分委会成员，并可指定一名或多名候补委员。

（二）NCO的权责与人员构成

1. NCO的权责

NCO为NITRD分委会提供技术支持和行政支持，包括起草规划、预算、评估文件，开发和维护网站，推广宣传。NITRD的跨部门工作与预算协调工作也由NCO直接负责。NCO下设技术部门、管理部门、网络技术部门和管理支持部门，并通过这些部门为NITRD提供各种支撑服务。NCO负责支持NITRD实现以下任务[30]：

（1）举办月度会议。NITRD下设IWG、SSG、CG、下属小组（SG）和工作团队（Teams）等单元，NCO负责协助这些单元举办月度会议，来自各机构的代表可在这些月度会议上交流信息，进而在科研计划、科研活动等方面开展合作，例如标准制订、开发测试床、举办研讨会、合作申请项目等。通过月度会议的交流，NITRD的代表经常被其他机构邀请参加基金评审或参加首席科学家的会议。

（2）根据国家优先领域，制订新的协调项目。

（3）举办研讨会。通常会邀请学术界、产业界和联邦政府机构的代表参加。

（4）撰写各类文件，包括年度预算报告、战略规划文件、研讨会报告。这些文件对于美国确定在关键领域的研发计划十分关键。

（5）为外部研究与评估提供支持。

（6）在联邦机构和私营机构开展工作宣传。

（7）通过与NITRD成员机构、IWG和CG的合作，NCO负责制订NITRD的年度预算和研发计划，并完成研发需求报告。

（8）NCO负责就NITRD的政策与预算问题保持与OSTP和OMB的密切合作。

（9）NCO需要为PCAST提供支持。

（10）NCO的负责人需向OSTP汇报工作，同时与OSTP和OMB保持密切沟通，并参加OSTP的会议。

2. NCO的人员构成

NCO职员数量基本维持在17人，NCO设主任和副主任各一名，为公务员；NCO主任同时也是OSTP和NSTC的成员，副主任也是NSTC的成员；其余职员通过合同聘用，职位包括：合同员工经理，技术主题专家，财务经理，科技编辑，IT人员。NCO还可以根据需求雇佣合同工、专家和顾问协助其工作。NCO 的年度运行经费大约为 400 万美元，由 NITRD 成员机构根据其获得的 NITRD 年度预算分摊。

3. NCO 主任的权责与任期

NCO 主任的权责包括：担任 NITRD 分委会的联合主席；领导 NCO 开展工作；负责与 OSTP 等机构和组织的协调工作；监督指导 NCO 副主任开展工作；对 NITRD 和 NCO 的所有报告和文件进行把关；管理 NCO 的预算，每年向 NITRD 分委会汇报预算工作；与 NSF 协作，管理和监督 NCO 的采购，确保采购符合预算计划和政府规章（NCO 的采购工作可能由副主任负责）；与国会、OMB、学术界、企业界开展交流。

NCO 主任任期两年，先签一年合同，再根据双方意向签署第二年合同。第二年合同期满后不能留任（在必要的情况下，考虑到工作延续性和交接问题，可短期留任，然后交给下一任主任）。

（三）NITRD 下属单元人员构成

NITRD 各下属单元一般设 2 ～ 4 位联合主席，由 NITRD 分委会的两位联合主席从各成员机构和参与机构指派，主要包括 NSF、DOE、NIH 等政府科研部门的代表，以及来自 IBM、Internet2 等企业和科研团体的少数代表。这些联合主席应参加 NITRD 分委会的会议。

三、NITRD 的资金来源与管理

NITRD 的经费来源于政府财政，每年需向白宫提出预算申请并经国会批准。

NITRD 项目的预算工作是一个多机构、多阶段的过程（图 9-4）。预算过程根据时间顺序依次为：NITRD 分委会及其下属的各个小组会确定重点研发方向；在每年春季 NITRD 分委会组织各成员机构准备各自的预算请求；OSTP 和 OMB 会在夏季发布优先领域指南和预算指南；NITRD 成员机构根据指南调整自己的预算请求，并在 9 月提交给 OMB；11 月，NITRD 成员机构与 OMB 就预算问题展开协商；OMB 将协商后的预算请求提交作为总统年度预算案的一部分交由国会审议；预算案若通过国会审议，则由国会在次年 2 月直接划拨给各成员机构，与 NITRD 相关的预算不计入各成员机构独立的预算；在整个过程中，NITRD 项目方、OSTP 与 OMB、国会都可能会寻求外部建议。此外，NCO 的运行费用由 NITRD 的成员机构按照其在 NITRD 预算中所占的比例分摊，其办公场所与设施由 NSF 提供。

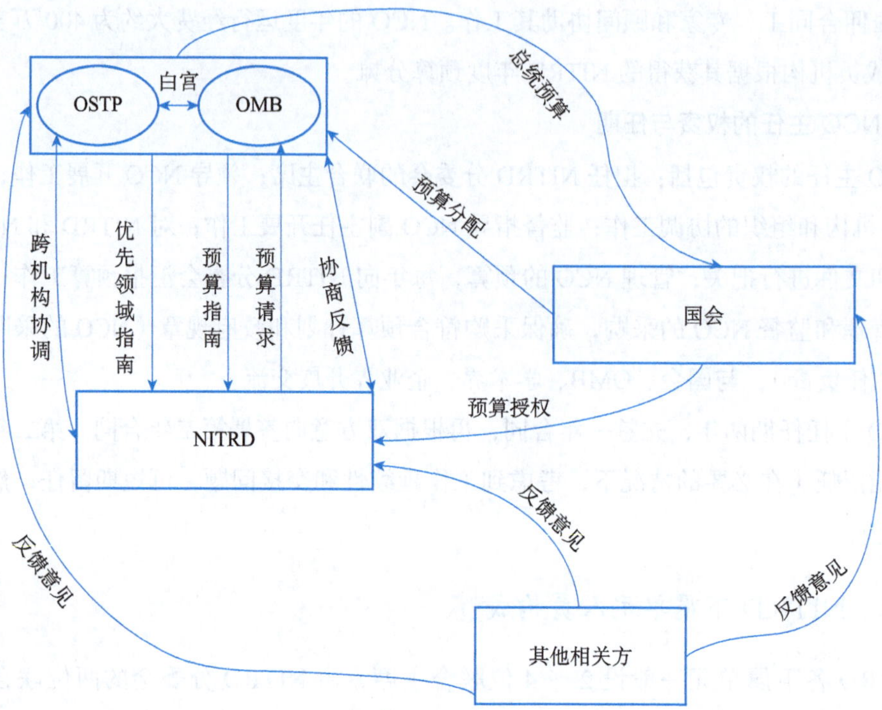

图 9-4　NITRD 的预算机制

四、NITRD 报告评估机制

NITRD 项目建立了多种评估与调整机制，主要包括以下几方面。

首先，美国通过立法来确定和调整 NITRD 的权责范围与主要研究方向。例如，《高性能计算与通信法案（1991）》建立了 NITRD 的前身“高性能计算与通信计划”，为设定科研目标、建立跨机构合作与伙伴关系确立了框架。《下一代互联网研究法案（1998）》和《美国竞争法案（2007）》从多个方面扩展了 NITRD 的权责范围，确定了其主要研究领域。

其次，根据《高性能计算与通信法案（1991）》，PCAST 每两年对 NITRD 进行一次全面评估，并向总统和国会汇报结果。PCAST 成员不超过 21 人，其中一人为总统科技顾问，其余人员为由总统任命的、来自政府外部的专家。PCAST 设两位联合主席，一位由总统科技顾问担任，另外一位由总统指定的非政府人员担任。为了评估 NITRD，PCAST 会成立一个由三人组成的工作小组，这个三人工作小组通过咨询各界人士及分析相关的研究成果和报告对 NITRD 进行评估，包括 NITRD 各研究项目的方向选择是否符合国家优先领域需求、是否按计划执行、美国在全球 IT 竞争中所处的位置、新兴机会等方面，并对 NITRD 提出改进建议。NITRD 会根据 PCAST 的评估结果进行调整。例如，美国“大数据研发计划”就诞生于 PCAST 对 NITRD 的年度评估与建议。国会也会参考 PCAST 的评估结果和其他机构的建议，要求 NCO 的负责人就相关问题与建议到国会做听证汇报，提出相关调整方案，并从立法角度制订改革与调整措施。

最后，NITRD 会根据情况成立工作组，确定重大挑战，调整优先领域。例如，NITRD 于 2002 年专门成立了重大挑战工作组，以确定 NITRD 在科学、工程和社会领域所面临的重大挑战，而这些重大挑战的攻克需要信息技术研发领域中的创新。该工作组最终确定了 NITRD 面临的 16 项重大挑战，为 NITRD 的调整提供了基础。

此外，根据《联邦咨询委员会法》，NCO 需要邀请私营组织对 NITRD 开展评估。

五、经验和启示

美国通过组织实施 NITRD，围绕信息科技重大挑战和国家需求，集中人力、财力开展战略部署和研发，极大地提高了美国信息科技的研发实力。NITRD 的成功经验包括以下几点：

（1）与大部分传统科技领域相比，信息科技具有很强的渗透性，很多重大挑战需要多方合作才能应对，美国通过 NITRD 有效整合了各方面力量，实现了政府投资效益的最大化。

（2）NITRD 专注于重大科技问题的研究与协调，不负责具体科研项目和经费分配。

（3）NITRD 同时接受 OSTP、NSTC、PCAST、国会等决策机构的监督与指导，能够从多个渠道了解国家的重大需求，降低了研发目标与国家实际需求相脱节的可能。

（4）美国国会为 NITRD 的成立、调整、评估、预算等提供了坚实的法律依据，使得有关 NITRD 的多方协作能够依法得到切实执行。

这些成功经验可为我国的信息科技研发带来以下启示：

（1）我国应针对信息科技重大挑战建立跨部门的协调框架，统一构建和推动重大研发项目，扭转“九龙治水”局面。

（2）我国跨部门协调机构应重点负责战略规划、组织、协调，不直接管理和使用经费，不直接主导评估，规避利益冲突。

（3）将跨部门的重大科技项目置于国家决策部门的直接监督与指导之下，以把握和响应国家的真实需求。

（4）我国应通过立法确保跨部门研发协调机制的有效运作，使得关键单位能够摆脱其他部门的干预，依据法律严格执行预算、评价等工作。

（执笔：中国科学院成都文献情报中心　唐川）

第四节　美国国家纳米技术计划

纳米技术是高度跨学科的科技领域，其研究涉及物理、化学、生物科学、电子、材料等诸多学科领域，其应用与发展影响医疗卫生、通信、能源、航空航天、环境保护、制造业等多个方面。美国联邦政府自2000年制订了“国家纳米技术计划”（National Nanotechnology Initiative，NNI）以来，纳米技术已取得了举世瞩目的成就。NNI是美国跨联邦部门和机构参与研究和开发的计划，旨在通过各联邦部门和机构间的研究与开发经费、研究与开发和基础设施等方面的协调，促进纳米技术的发展。纳米技术正处于关键的转折点，已进入第二个发展阶段即“NNI2.0”时期（2011～2020年为NNI2.0时期，纳米技术的第一个发展阶段为2000～2010年），需在注重纳米技术基础研究的同时，向纳米制造、纳米产品的快速商业化转移。美国建立了对NNI进行管理、协调与评估的体系，并根据世界科技的发展趋势、美国的国家战略需求不断加以调整，促进纳米技术向着实现美国NNI战略规划的远景与目标的方向发展。本节对NNI的立项缘起与计划制订过程，立项后的管理、协调、预算资助和评估等进行研究，拟为我国重要的科技计划和项目管理提供启示与借鉴。

一、NNI的提出机制

NNI的立项缘于20世纪90年代美国世界技术评估中心对包括美国在内的若干发达国家早先从事纳米技术研究开发的评估结果。早在20世纪80～90年代，欧盟、德国、英国、日本和美国等国就开始进行纳米技术的研究与开发。NSF牵头与另六个联邦政府部门和机构（美国空军科学研究办公室、海军研究办公室、DOE、NIST、NIH、NASA）共同资助美国世界技术评估中心评价美国在纳米粒子、纳米结构材料和纳米器件方面的研究现状与发展趋势。世界技术评估中心在调查研究的基础上于1998年推出了调查报告，评估了美国、欧盟及其各国、日本等国的纳米技术研究与发展现状，认为：美国在纳米合成、化学品和纳米生物技术方面占优势，而在纳米器件、纳米仪器的制造、超精细工程、陶瓷和其他纳米结构材料方面落后于日本和德国等国家。为提升美国纳米科技在国际上的竞争力并力争其在世界上的领先地位，美国在充分调查和研究的基础上，1998年由NSTC下设的CoT组建了“纳米科学、工程与技术跨机构工作组”，准备纳米技术计划的起草，相继推出了《纳米技术：原子依原子地构建世界》等背景研究报告。该工作组由联合主席两人、副主席一人，执行秘书一人，成员11人，以及公共事务顾问一人组成。联合主席由当时的NSF的主任和美国总统特别助理共同担任，副主席来自国防部，成员来自NSTC、OSTP、OMB，以及主要联邦部门和机构（如DOE、NSF、DOD、NIST、NIH、NASA）等。之后，由NSTC和OSTP等向国会陈述并通过国会的听证会，1999年8月“纳米科学、工程与技术跨机构工作组”（IWGN）起草了美国第一个国家纳米技术计划，总统科技顾问委员会（PCAST）纳米技术顾问组对该草案进行了评估，1999年12月召开总统科学技术咨询委员会全体会议，OSTP批准了“国家纳米技术计划”，并于2000年正式出台。该计划的立项缘起、计划筹备、计划制订、计划发布和实施过程[32]等如图9-5所示。

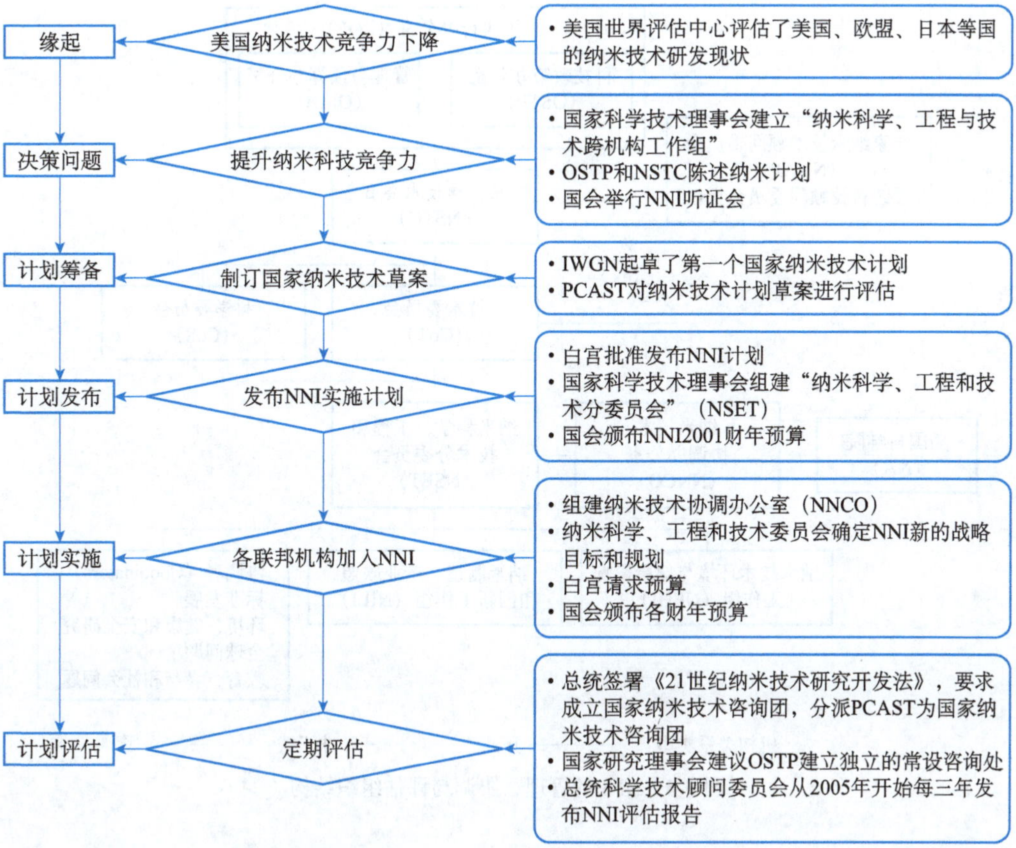

图 9-5　美国 NNI 的立项缘起与制订实施过程

二、NNI 的管理与协调机制

美国政府构建了自上而下、各联邦机构有机合作和协作的 NNI 的管理体系（图 9-6），并根据纳米技术的进步和 NNI 的战略重点加以调整。NNI 的组织管理体系主要由三大部分组成：联邦监督与预算机构；NNI 战略规划、管理与协调机构；外部咨询与评估机构。

（一）联邦监督与预算机构

联邦监督与预算机构主要由 NSTC、总统执行办公室（Executive Office of the President，EOP）、OSTP 和 OMB 组成。

NSTC 是美国最高层的科技管理机构，主席由美国总统担任。所有联邦行政管理部门都通过 NSTC 协调科技政策，共享与 NSTC 进行的有关研究与开发预算的请求信息。

NSTC 也是 NNI 的最高管理机构，其下设的 CoT 是专门为政府跨机构研究与开发计划提供政策指导和预算指南的常设机构，CoT 设主席和执行主席各一名，均由 OSTP 的成员担任，CoT 下设纳米科学、工程和技术分委员会（Nanoscale Science，Engineering and Technology Subcommittee，NEST）负责 NNI 的战略规划、管理和协调工作。

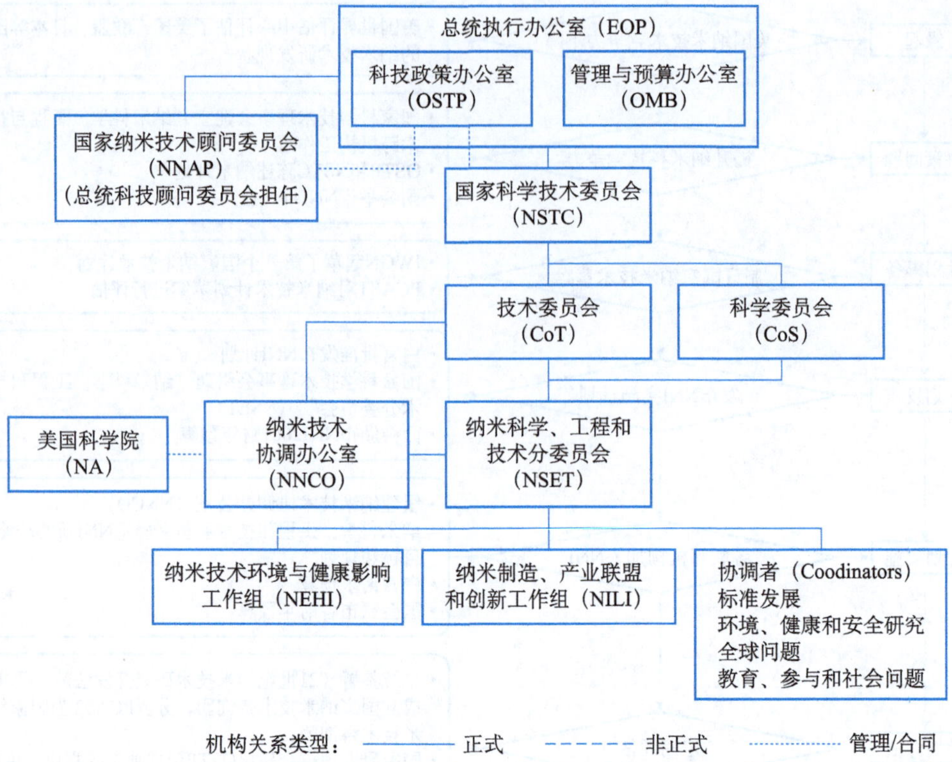

图 9-6　NNI 的管理、协调与评估组织结构

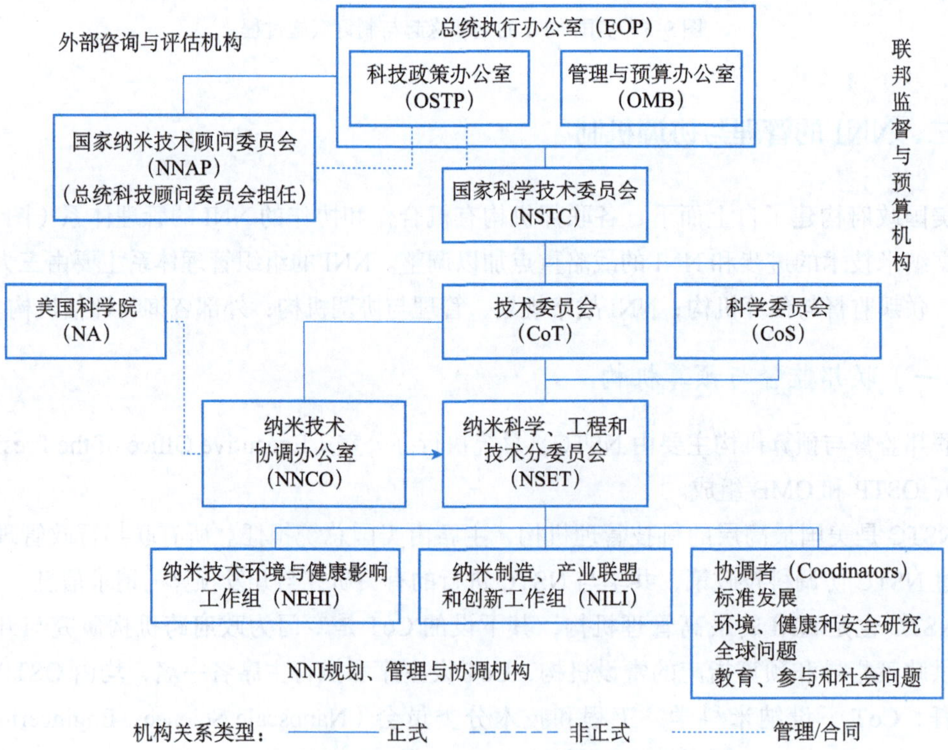

图 9-7　NNI 计划组织管理机构分类

（二）NNI 的规划、管理与协调机构

NNI 的规划、管理与协调机构由 NSET[33] 及其下属的两个工作组和四个协调者，以及国家纳米技术协调办公室（NNCO）组成（图 9-8）。

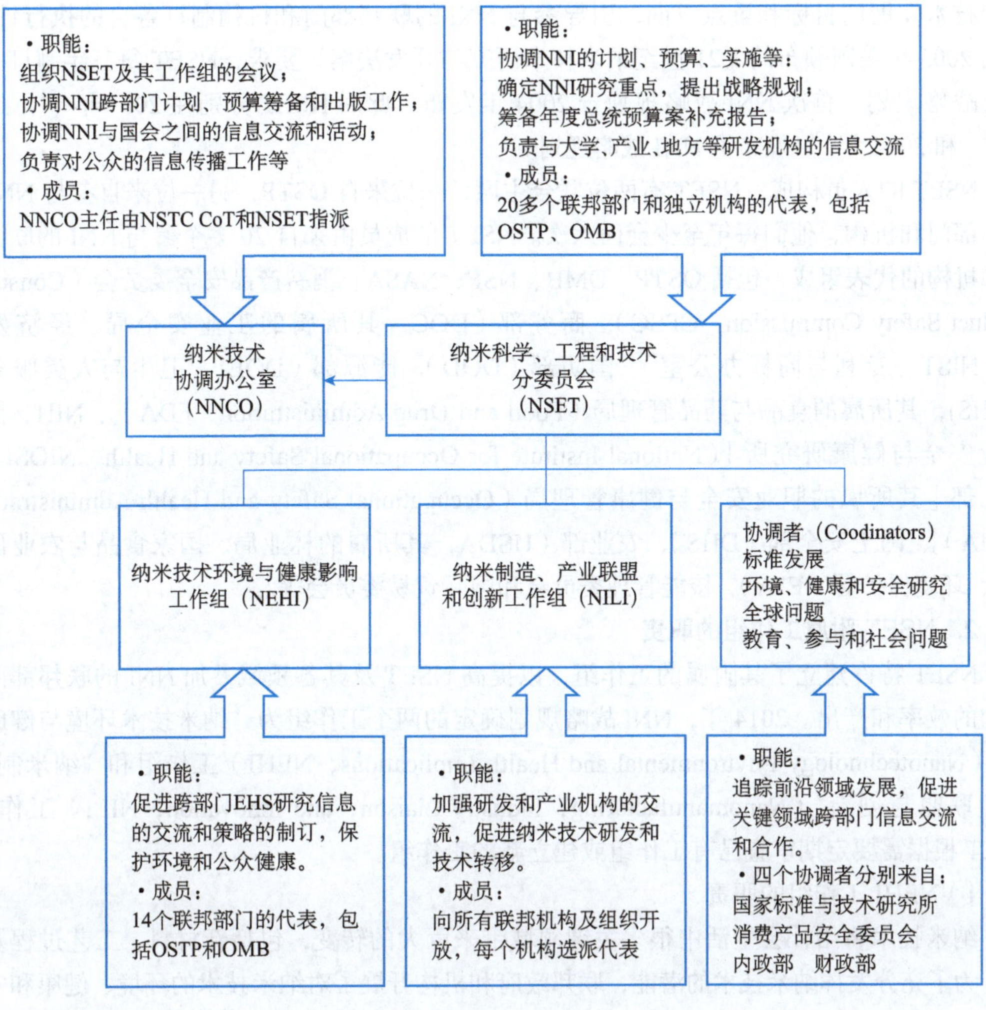

图 9-8 NNI 规划、管理与协调机构的职能及构成

概括而言，NSET 在 NSTC 所属技术委员会的领导下，协调各参与 NNI 的联邦部门和机构从事纳米技术的研究与开发活动，制订 NNI 战略规划、预算方案，举办研讨会或其他跨部门活动以支持联邦政府的纳米技术相关决策；NNCO 为 NSET 提供技术和管理方面的支持；NSET 附属的工作组为国家纳米技术关键问题上的跨机构协调和合作提供平台；NSET 协调者为交叉前沿领域方向的国际和公众信息交流提供服务。

1. NSET 的职责

NEST 成立于 2000 年，主要负责制订 NNI 战略规划、编制预算、协调项目实施和评估，协调跨联邦部门和机构的纳米技术的研究与开发活动，举办研讨会或其他跨部门活动，以

支持联邦政府纳米技术相关的决策。NSET 的成员机构对所有有助于纳米技术开发和利用的关键领域投入经费。NSET 与相关的学术和产业机构、州和地方政府、国际组织及联邦政府的其他机构开展沟通交流活动。

NEST 制订的 NNI 战略规划为纳米技术的研究与开发提供了高水平的框架，确定国家纳米技术发展的目标和重点方向，引导参与 NNI 的联邦部门和机构制订各自的执行计划。根据 2003 年美国颁布的《21 世纪纳米技术研究与开发法案》要求，NSET 每三年制订一次 NNI 战略规划。首次 NNI 战略规划于 2004 年发布，此后 NSET 分别在 2007 年[34]、2011 年[35]和 2014 年[36]发布了 NNI 战略规划。

NSET 的人员构成。NSET 有两位联合主席，一位来自 OSTP，另一位来自参与 NNI 的联邦部门和机构，他们每年至少会面六次。NSET 的成员由来自 20 多个参与 NNI 的联邦部门和机构的代表组成，包括 OSTP、OMB、NSF、NASA、消费产品安全委员会（Consumer Product Safety Commission，CPSC）、商务部（DOC，其所属的工业安全局、经济发展局、NIST、专利与商标办公室）、国防部（DOD）、能源部（DOE）、卫生与人类服务部［(HHS)，其所属的食品与药品管理局（Food and Drug Administration，FDA）］、NIH、国家职业安全与健康研究所［(National Institute for Occupational Safety and Health，NIOSH）］、劳工部［其所属的职业安全与健康管理局（Occupational Safety and Health Administration，OSHA）］、国土安全部（DHS）、农业部（USDA，其所属的林业局、国家食品与农业研究所）、环境保护署（EPA）、核能管理委员会和国际贸易委员会等。

2. NSET 附属工作组的职责

NSET 特许建立了其附属的工作组，以提高 NSET 及其各领域参加 NNI 的联邦部门和机构的效率和产出。2014 年，NNI 战略规划确定的两个工作组为“纳米技术环境与健康影响”（Nanotechnology Environmental and Health Implications，NEHI）工作组和“纳米制造、产业联盟与创新”（Nanomanufacturing，Industry Liaison，and Innovation，NILI）工作组，NSET 根据需要定期审查已有工作组或建立新的工作组。

1）NEHI 工作组的职责

纳米技术将给社会生活中很多关键领域带来巨大的转变，包括新材料、工艺过程及产品。为了充分发挥纳米技术的潜能，联邦政府和机构开展了对纳米技术的环境、健康和安全（Environmental，Health，and Safety，EHS）效应的研究，为纳米材料的生产过程提供指导。

NEHI 工作组的目的和目标[37]：为纳米技术研究与发展机构、纳米材料及产品监督和指导机构提供信息交流的平台；辅助纳米技术研究与开发方向的确立、优先领域设置、计划实施，以及其他有利于高质量纳米技术研究的活动；促进纳米技术“环境、健康和安全影响”研究的相关研究信息的交流；协调、审查及修正跨部门 EHS 研究战略；为纳米材料和产品安全操作与使用指南的建立提供信息和实施策略；支持纳米技术标准的制订；通过 NSET 和其他跨部门机构的投入，开发相关工具和方法，以实现纳米材料及相关产品的风险分析和管理决策；与国际组织和政府共同合作以分享信息，制订纳米技术 EHS 战略。

NEHI 工作组的成员主要来自参与 NNI 的联邦部门和机构，包括 CPSC、NNCO、OMB、OSTP、USDA、DOC、NIST、DOD、DOE、NIH、NIOSH、FDA、NSF、EPA 等。

2）NILI 工作组的职责

持续承诺基于纳米技术的创新是实现国家纳米技术计划目标的关键，纳米技术创新系统中的利益相关者的协作、合作和对话是这种持续性力量的来源，NILI 工作组的主要工作是协调该领域的各项活动。

NILI 工作组的目标[38]：促进联邦机构中纳米技术创新、纳米制造进步和纳米技术的转移；促进联邦机构、学术界、产业界、专业团体、州和地方组织之间有关纳米科学、纳米技术和纳米制造方面的信息交流；建立创新性方法促进纳米技术向产业的转移。

NILI 工作组将加强 NSET，参加 NNI 的联邦部门和机构及 NNCO 之间有关纳米技术和纳米制造的信息交流。例如，研究和人才教育、制造业问题、市场需求、技术标准，以及小企业创新研究和技术转移项目的应用；组织和开展活动以促进联邦、州、地方组织、大学和产业界之间进行纳米技术的相关信息交换，帮助相关资源、信息、方法和策略的开发，以支持纳米技术创新向产业界的快速转化；促进联邦机构和私营企业之间纳米制造研发合作项目的建立，使纳米技术创新能够快速应用于新产品和服务之中；促进 NNI 与产业部门之间建立以产业为主导的合作关系。

NILI 工作组向所有联邦机构及下属组织开放，每个参加 NNI 的联邦部门和机构都派出一名代表参加该工作组。

3）NSET 附属的协调者及其工作职责

美国 PCAST2010 年对 NNI 的评估提出建议，在纳米技术的一些前沿主题领域指定协调者，负责追踪纳米技术的前沿方向的发展、领导相关工作、定期向 NSET 委员会汇报，并作为 NNI 相关领域信息联系的中心点。协调者与参加 NNI 的联邦部门和机构共同确立纳米技术的研究重点和新兴领域，并加强这些关键领域的跨部门合作。由 NNCO 或参加 NNI 的联邦部门和研究机构指定协调者人选。

2014年已有四位协调者负责NNI相关领域的联络和协调工作：①标准发展协调者一位，由来自 NIST 的标准协调办公室的资深标准政策顾问 Ajit Jillavenkatesa 担任。②环境、健康和安全研究方向的协调者一位，由来自 CPSC 危险品识别与降低办公室的毒理学专家 Treye A. Thomas 担任。③全球问题协调者一位，由来自内政部的 Chris Cannizzaro 担任。全球问题协调者承担了之前“纳米技术全球问题工作组”的部分职能，该协调者将与其他相关部门合作（包括“NSET 的 NEHI 工作组”“国家科技委员会－全球科学、技术和创新主题分委员会”“新兴技术跨部门政策协调委员会－纳米技术小组”），致力于开展纳米技术相关的国际研讨会。④教育、公众参与和社会问题协调者一位，由来自财政部雕版与印刷局研究与技术办公室的 John Bobalek 担任。该协调者主要对正规与非正规教育、公众参与和交流、纳米技术的社会影响（种族、法律等层面）等问题开展相关工作。该协调者承担了之前“纳米技术公众参与和交流工作组”的部分职能，如筹备和组织公众宣传活动及其他活动。

协调者的工作机制是以一种灵活有效的方式监督、协调不同机构利益和不同领域的有关人员的交流。对这些问题感兴趣的 NSET 成员是协调者主要的信息资源渠道，协调者可以不定期召开非正式会议进行信息交流。可按照需求增加 NNI 协调者的数量。

3. 纳米技术协调办公室（NNCO）

NNCO 成立于 2001 年。NNCO 为 NSET 及其工作组提供技术和管理方面的支持，是联邦政府纳米技术研究与开发活动的中心联络点，代表 NNI 向公众进行信息传播。

NNCO 负责组织 NSET 委员会及其工作组的会议，为会议的联络、记录等工作提供人员支持；负责 NNI 研讨会的组织协调，研讨会报告的筹备和出版工作；负责协调 NNI 跨部门计划、预算和评估文件的筹备和出版工作；NNCO 作为国会的联络员，负责协调 NNI 与国会之间的信息交流和相关活动。

NNCO 负责对公众传播信息，包括：宣传手册、研讨会报告、纳米技术新闻、教育资源、资助信息等。NNCO 设立了 NNI 网站[39]，向公众提供最新的纳米技术信息和 NNI 研究机构的动态。NNCO 与大众媒体和 NNI 研究机构之间建立了紧密的联系，持续关注 NNI 相关的学术会议和公众活动，还致力于组织与纳米技术相关的公众研讨、交流及教育活动。

NNCO 由 NNI 各机构提供资金支持，NNCO 的主任和副主任的任命由 NSTC 技术委员会主席与 NSET 联合主席共同决定。

三、NNI 的资金来源与管理

（一）美国联邦政府对 NNI 的预算

参加 NNI 的各联邦部门和机构按 NNI 战略规划确定的计划构成领域（Program Component Areas，PACs）和申请程序要求进行预算，再递交 OMB 进行评议和批准；由 NNCO 将各联邦部门 / 机构提出的 NNI 的预算请求汇总，交由美国国会纳入综合性年度拨款报告，以 NNI 总预算的形式呈现[40]（图 9-9）。例如，“2015 财年 NNI 预算补充”（FY2015 NNI Budget Supplement），2015 财年纳米技术计划总预算申请为 15.37 亿美元[41]。2015 财年参加 NNI 研究与开发投资的联邦部门和机构按 NNI 2014 年战略规划确定的计划构成领域提出的预算申请额如表 9-4 所示。

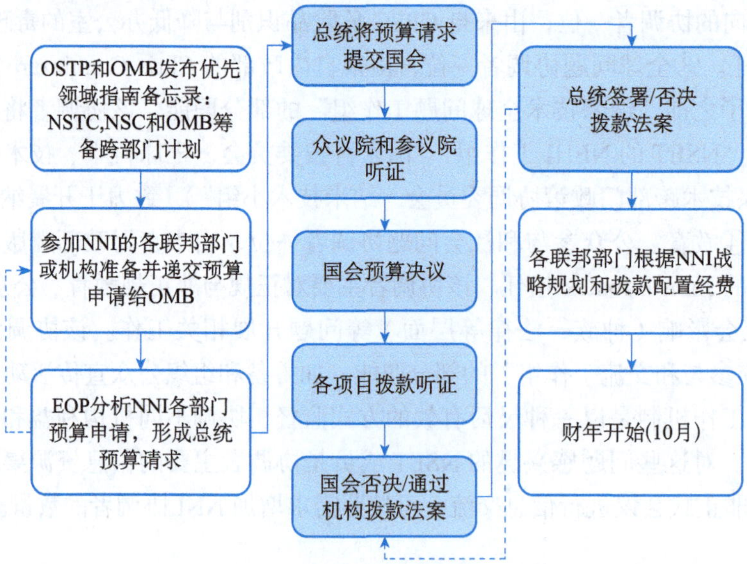

图 9-9　NNI 预算流程

表 9-4　2015 财年 NNI 各联邦部门和机构按计划构成领域的预算申请（单位：百万美元）

参加 NNI 的联邦部门和机构	1. 纳米技术联合计划	1a. 太阳能	1b. 纳米制造	1c. 纳米电子学	1d. 纳米知识基础设施	1e. 传感器	2. 基础研究	3. 纳米技术使能应用、器件与系统	4. 研究基础设施与仪器	5. 环境健康与安全	部门总计
消费品安全委员会	0.0	0.0	0.0	0.0	0.0	0.0	0.0	0.0	0.0	2.0	2.0
国土安全部	0.0	0.0	0.0	0.0	0.0	0.0	0.0	24.4	0.0	8.0	32.4
商务部 / 国家标准与技术研究院	24.4	3.1	6.1	11.5	1.3	2.4	11.3	4.6	35.6	6.7	82.6
国防部	47.3	2.3	0.8	22.0	0.9	21.3	72.2	22.4	0.0	2.1	144.0
能源部	42.8	35.3	0.0	0.0	5.0	2.5	136.7	29.2	134.4	0.0	343.1
交通部 / 联邦铁路局	0.0	0.0	0.0	0.0	0.0	0.0	0.0	1.5	0.0	0.0	1.5
环境保护署	0.0	0.0	0.0	0.0	0.0	0.0	0.0	0.0	0.0	16.8	16.8
卫生与人类服务部（合计）	49.1	0.0	0.0	0.0	0.0	49.1	119.0	228.1	19.9	53.4	469.6
食品与药品管理局	0.0	0.0	0.0	0.0	0.0	0.0	0.0	0.0	0.0	17.0	17.0
国立卫生研究院	49.1	0.0	0.0	0.0	0.0	49.1	119.0	228.1	19.9	25.3	441.5
国家职业安全与健康研究所	0.0	0.0	0.0	0.0	0.0	0.0	0.0	0.0	0.0	11.1	11.1
国家航空航天局	6.4	0.1	3.9	0.0	0.0	2.4	5.6	1.3	0.4	0.0	13.7
国家科学基金会	115.6	27.7	23.4	38.0	19.0	7.5	181.4	46.6	46.5	22.3	412.4
农业部（合计）	5.7	0.7	2.0	0.0	0.0	3.0	4.2	4.9	3.0	1.0	18.8
农业研究局	0.0	0.0	0.0	0.0	0.0	0.0	0.0	2.0	0.0	0.0	2.0
林务局	1.0	0.0	1.0	0.0	0.0	0.0	2.0	0.0	1.0	0.0	4.0
国家食品与农业研究院	4.7	0.7	1.0	0.0	0.0	3.0	2.2	2.9	2.0	1.0	12.8
合计	291.3	69.2	36.2	71.5	26.2	88.2	530.4	363.0	239.8	112.4	1536.9

资料来源：NNI2015 财年预算

（二）NNI 的主要资助机构

美国联邦政府于 2000 年制订 NNI，2001 年开始拨款。2003 年，国会通过的《21 世纪纳米技术研究与开发法案》明确授予国防部以外的五个联邦部门或机构拥有纳米技术研究与开发领域的拨款权，即 NSF、DOE、NASA、NIST 和 EPA。

根据 2014 年 NNI 战略规划，参加 NNI 的联邦部门和机构共 20 个，其中 NSF、DOD、DOE、NIH、NIST 和 NASA 等 11 个联邦部门和机构是 NNI 的主要投资部门和机构，其余的九个为非投资的联邦部门和机构。

（三）NNI 战略规划与 NNI 专项项目的组织实施

在 NSTC 下设的 CoT 领导下和 NSET 的协调下，NNI 通过纳米技术战略规划为纳米技术研究与开发项目的实施提供了一个框架，在NNI战略规划确定的共同目标和优先资助领域下，每个参加NNI的联邦部门和机构执行与自身使命相关的纳米技术项目和开展相关的活动，同时保持与跨部门和机构的协调和合作。该战略规划框架为每个NNI的参加机构提供了可利用所有参加机构资源的途径，为所有利益相关者（政府、学术界、产业界、国际合作伙伴等）提供了相互作用的平台。为此，NNCO为NSET提供管理和技术支持，并作为联邦纳米技术研究与开发活动的中心联络点为参加NNI的各方提供服务，负责NNI的公共宣传活动。NSET建立的工作组为加强在纳米技术关键问题方面的跨机构协调与合作提供基础设施；NSET的协调者作为NNI设立的前沿领域方向服务的主要联络点。

2014年NNI战略规划在原有的四大目标基础上，新确定了15个子目标，并将纳米技术研究与开发投资领域按新的五大类计划构成领域划分：纳米技术联合计划（Nanotechnology Signature Initiatives，NSIs）；基础研究；基于纳米尺度的应用、器件与系统；研究基础设施与仪器；环境、健康与安全。

参加NNI的联邦部门和机构在实现NNI战略目标及其子目标中，以两种方式对NNI的项目做出贡献，一是联邦部门和机构单独开展的活动，二是跨联邦部门和机构开展的活动。

1. 各联邦部门和机构单独开展的活动

主要依据各联邦部门自身的使命，通过项目来资助纳米技术的研究与开发。例如，能源部科学办公室主要通过资助大学的研究人员个人、能源部国家实验室的研究组、建在能源部国家实验室的五个纳米科学研究中心等开展纳米技术的研究与开发，这些中心作为用户设施运行；NIST在NNI中主要负责支持纳米电子学，纳米制造，能源、环境、健康和安全方面的纳米材料的研究与开发和协调；NSF主要通过资助研究人员个人、研究团队和设在美国学术机构中的研究中心支持纳米技术的研究与开发活动。

2. 资助跨联邦部门或机构的项目

主要包括上述的NSIs——作为跨部门协调和跨机构合作的纳米技术专项项目，该类项目旨在通过增强跨部门的协调和跨机构的合作加速纳米技术优先领域的创新，这类计划构成领域被列入2015年预算与OMB/OSTP优先领域备忘录，因此NSIs属于NNI专项预算类计划构成领域。2013～2015年NNI共设有五个NSIs，即纳米技术太阳能收集和转化——贡献于未来能源解决方案；可持续纳米制造——创建未来的产业；2020年及其以后的纳米电子学；纳米技术知识基础——使美国在可持续设计方面领先；纳米技术传感器——提升并保护健康、安全和环境。

2011年NNI战略规划首次提出了三个NSIs[42]，确定了这类项目的计划目标、推进领域，并规定必须有跨多个联邦部门和机构参加。以“可持续纳米制造——创建未来的产业”计划为例，参加该计划的联邦部门和机构有DOD、DOE、EPA、DNI、NASA、NIH、NIOSH、NIST、NSF、OSHA、USDA/FS；该计划的目标：建立为经济和可持续的将纳米尺度的构件块集成为更复杂的大尺度系统的制造技术；其推进领域：设计可伸缩和可持续的纳米材料、组件、器件和工艺；纳米制造计量技术。又如，“纳米技术知识基础设施：使国家在可持续设计方面领先”计划，涉及的联邦部门和机构有 CPSC、DOD、EPA、FDA、NASA、NIH、NIOSH、NIST、NSF、OSHA；该计划的目标：提供基于交流和面向解决方案的知识基础设施，加速纳米技术的知识发现和创新。再如，“2020 年及其以后的纳米电子学”计划，参加的联邦部门和机构有 DOD、DOE、NSF、NASA、NIST 等；其计划目标：加速发现和利用新兴的纳米尺度制备工艺和创新性概念，以生产革命性的材料、器件、系统和体系结构，促进纳米电子学领域的进步。

发布项目指南评审批准项目立项：以 NSF 对“2020 年及其以后的纳米电子学”项目[43]的资助为例看其对该项目的资助管理。

NSF 通过发布“2020 年之后的纳米电子学”项目指南[44]资助跨学科研究小组进行纳米技术的研究与开发。

“2020 年之后的纳米电子学”项目主要由 NSF 的工程学部、数理学部和计算机与信息科学技术学部，以及半导体行业的“纳米电子学计划”联合资助，通过跨学科研究小组资助金进行资助。NSF 发布项目申请指南，基金资助类型是标准拨款基金（standard grant），申请者按照该指南的要求提出项目申请。

项目申请书必须涉及三个及以上不同学科研究人员组成的跨学科合作研究小组或团队，项目申请内容必须涉及两个以上的研究主题（“纳米电子学 2020 项目”共涉及三个主题：探索用于纳米电子学的新型化学成分和新材料；探索可替代变量和多相集成的纳米电子器件与系统；探索新的计算范式）。

该项目申请书由 14 个项目审理官员审理，其中 13 人来自 NSF 的数理学部、工程学部和计算机与信息科学技术学部，一人由半导体行业的“纳米电子学计划”的主任担任。

项目资助金额：NSF 资助跨学科研究小组的每个项目经费为期四年，经费额度在 1000 万～ 2000 万美元，每个项目的总经费不超过 2000 万美元。2011 财年 NSF 计划资助 10 ～ 15 个跨学科研究小组。对“纳米电子学 2020 项目”共资助 2000 万美元，其中 NSF 资助 1800 万美元，按 NSF 的标准拨款基金对项目申请方给予资助。半导体行业的“纳米电子学研究计划”资助了 200 万美元。

对项目申请机构及其负责人的限制：美国大学内有资质的学术机构均可以成为该类项目申请的牵头机构。每个项目申请机构可提交不超过两份项目的申请书。每个项目负责人只能提交一份项目申请书，个人可以作为项目负责人、项目联合负责人或资深人员在项目申请书中列出。

NSF 依据其价值评估标准通过同行评议评估递交的项目任务书，通过评估者方可立项，并由项目申请方与 NSF 签订项目合作协议。

（四）NNI 的资助对象与资助方式

NNI 的主要资助对象包括研究人员个人、研究团队或研究组、跨学科研究中心，以及重要的用户设施。NSF 在 2013 年就支持了超过 5000 项的研究项目和 30 多个研究中心和网络。

1. 通过资助研究人员个人投资创造性和高风险的研究

这是 NNI 研究与开发资助结构中最关键的部分，旨在支持研究人员个人提出的新概念和新思想，以及具有高风险性的研究项目，因为科学上的重大进展或突破，往往来自研究人员个人的创新思想。

2. 资助跨学科研究小组或团队

资助跨学科研究小组或团队的目的是汇集各学科的专家，促进传统学科的相互作用，促进各学科的科学家了解纳米尺度下的新现象和纳米技术的应用，通过学科交叉激发科学家的创新思维。联邦政府和机构通过纳米科学的跨学科论坛支持一些研究中心，如下述研究中心就是成功的例子：NIH 所属的国家癌症研究所的癌症纳米技术卓越中心；NSF 支持的工程研究中心；DOD 支持的多学科大学研究计划；DOE 支持的能源前沿研究中心等。

3. 通过投资纳米科学中心进行探索研究

实现纳米技术的重大挑战需要跨学科性的探索研究，联邦机构可以通过投资研究中心促进这样的探索研究。研究中心既可以是集中式的：在某个共同的研究远景下共同资助的研究人员的合作，可以利用研究者自己的实验室，或在一个机构中，如建在能源部国家实验室的五个纳米科学研究中心；也可以是跨机构的分布式的。在资助研究中心的研究时要认识到研究中心是将科学发现的研究转化成为技术探索研究的关键，但也要认识到研究中心既能产生潜在的巨大效益，也存在高风险。

四、NNI 的评估机制

美国依法成立和指定评估纳米技术计划的机构，负责对 NNI 进行定期评估，法律规定由 PCAST 和美国国家科学院国家研究理事会（NRC/NA）这两个机构负责对 NNI 进行定期评估。

（一）依法建立两种评审机制

美国国会颁布的《21 世纪纳米技术研究与开发法案》要求建立评审机制对 NNI 进行定期评估，法律规定由两个机构担当此任，即 PCAST 和美国国家科学院国家研究理事会（NRC/NA）。这两种机制属于外部顾问团队对 NNI 的评估（图 9-10），这对保持 NNI 实施的集中性和平衡性非常重要。

两个机构的评估角度和评估内容是互补的，它们会针对自身关注的重点提出建议，引导 NNI 对特定领域的工作进行改进，如纳米技术环境、健康安全方面的研究，计划过程的定量研究，项目管理，人才教育与培养等。

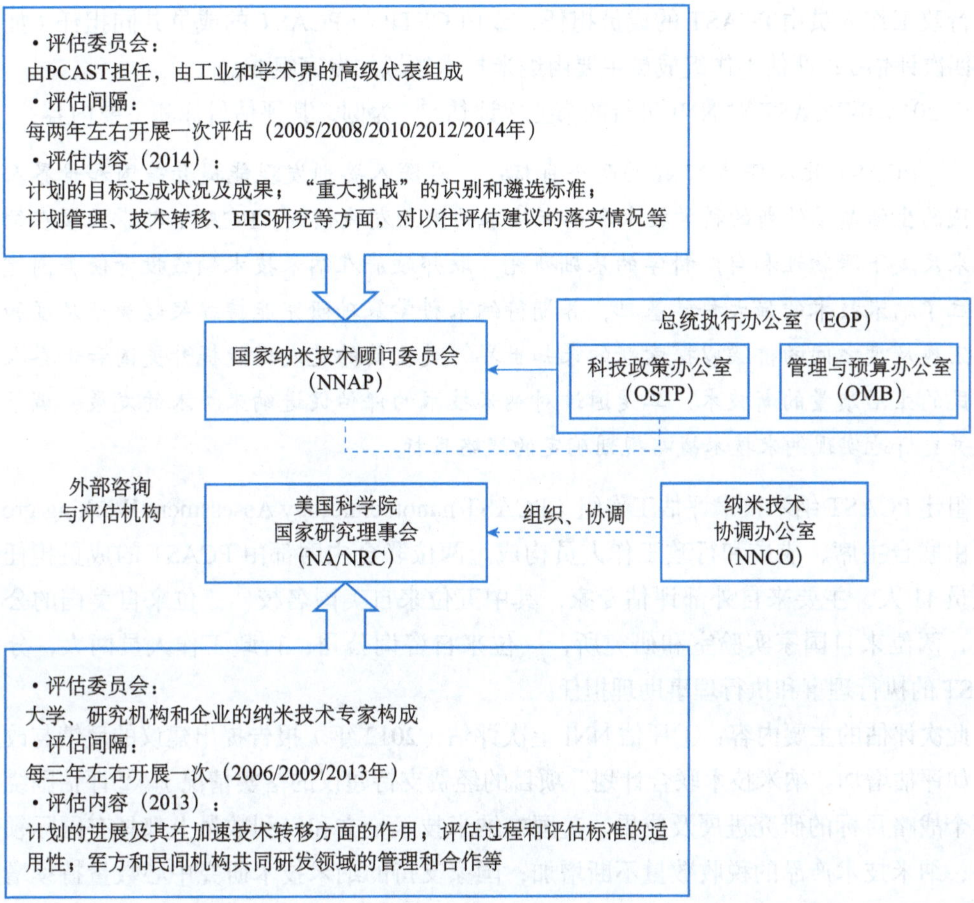

图 9-10 NNI 外部咨询与评估机构

（二）两个咨询评估机构对 NNI 的评估

1. PCAST 负责的评估

1）PCAST 的评估职责

2003 年，美国颁布的《21 世纪纳米技术研究与开发法案》要求建立“国家纳米技术顾问团”，为总统及 NSET 对有关 NNI 的决策提供咨询建议，该法案特别要求顾问团对联邦纳米技术研究与开发项目进行至少两年一次的评估（2014 年 NNI 战略规划中建议 PCAST 对 NNI 的评估周期改为每三年一次）。2004 年，总统令正式授权 PCAST 承担“国家纳米技术顾问团”的职责，开展对 NNI 的评估工作。PCAST 至今对 NNI 组织了五次评估，分别为 2005 年 5 月、2008 年 4 月、2010 年 3 月[45]、2012 年 4 月[46]和 2014 年 10 月[47]。PCAST 主要由来自工业界和学术界的高层次代表组成，他们在大型科技组织管理中具有丰富的经验。

2）PCAST 的评估机制与主要内容

根据 PCAST 对 NNI 的五次评估工作组的构成看，其联合主席均是由 PCAST 的成员担任；行政工作人员由 PCAST 的成员担任，或由 OSTP 与 PCAST 的成员共同担任（如第三和第四次评估）；评估工作组成员主要由纳米技术领域的专家组成。

以 2014 年 PCAST 对 NNI 进行的第五次评估[48]为例，其评估目标和主要内容：

PCAST 此次评估 NNI 的两个目标：一是深入鉴别发现能提升美国和世界人民的生活质量的新的科学技术和纳米技术的重点发展领域。PCAST 非常注重在纳米尺度下跨物理和自然科学的基础研究，联邦政府在纳米技术领域投资使美国建立了纳米技术的强大科学基础，并期待纳米科学基础研究能持续架起原子尺度和宏观尺度之间的桥梁以探索新的未知世界，更重要的是发现能提升美国和世界人民的生活质量的新技术；二是通过对纳米技术的评估促进纳米技术的发展，调整并更好地实现纳米技术战略规划确定的战略目标。

组建 PCAST 纳米技术评估工作组（PCAST nanotechnology Assessment Working group），人员由联合主席、成员和行政工作人员构成。两位联合主席都由 PCAST 的成员担任；评估成员 11 人，主要来自外部评估专家，其中五位来自美国名校，三位来自美国的公司或企业，两位来自国家实验室和研究所，一位来自咨询公司；行政工作人员两人，分别由 PCAST 的执行理事和执行理事助理担任。

此次评估的主要内容：①评估 NNI 上次评估（2012 年）报告提出建议的反馈与改进情况（如评估增加“纳米技术联合计划”项目的经费支持建议的落实情况）。②评估围绕 NNI 的四个战略目标的研究进展及成果。美国在纳米技术论文和专利数量上都具有国际领先的优势；纳米技术产品的税收数量不断增加；国家支持的纳米技术研究中心数量持续增加并在 2010 年后保持平稳发展；对纳米技术“环境、健康和安全”影响研究的经费持续增加并保持稳定的比例。③评估联邦政府对纳米技术计划的投资结构（这是支持纳米技术研究方向和优先领域设置，保持美国在纳米技术的世界领先地位的关键），评估结果表明，五家联邦政府部门和机构（NSF、NIH、DOD、DOE 和 NIST）投入 NNI 的经费总计占 NNI 联邦投资 NNI 总经费的 93%。NNI 的经费在 2010 年达到约 190 亿美元的峰值，2011 和 2012 年稍有下降至约 185 亿美元，而 2013 年、2014 年下降幅度较大，均下滑至约 150 亿美元。④定量评估纳米技术的基础研究发现到商业化的开发（通过论文、专利、项目信息等测度 NNI 研究创新的影响和竞争力等）。⑤评估纳米技术领域的国际合作与竞争状况。美国 2011 年后纳米技术论文产出低于欧洲和中国，中国 2013 年成为纳米技术论文产出最多的国家；美国、日本、俄罗斯和德国居纳米技术经费投入前四名；美国与俄罗斯、中国、印度、巴西、日本、韩国等国签订了双边科学协议，继续在纳米技术创新、经济发展和可持续发展方面占据世界领先地位。⑥确定面向重大挑战的公私合作协调管理机制。针对“纳米技术联合计划”实施存在的问题，确立了面向重大挑战的公私协调管理机制，阐述了重大挑战的特征、识别和实施建议（通过此举为 NNI 下一阶段布局重点研究方向提供指南）。“重大挑战”反映重要的社会问题，其目标是可衡量的，它需要面向外部的、广泛的努力才能应对。“重大挑战”还具有以下特征：具有一定风险但又可实现，能够激发网络化的合作活动；需要科学知识、工具、设施的共同进步才能实现；重大挑战在通往最终目标的过程中有清晰的阶段性目标，且是可衡量和有价值的，且多学科融合的；一个或很少的几个机构不足以实现重大挑战的目标。⑦提出 NNI2.0 发展阶段下的评估建议。PCAST 对下述四方面提出评估建议：建议一：对重大挑战识别、确立及实施的建议。确定“重大挑战”是聚焦和扩大联邦纳米技术活动影响的有效方式，NSET 和 PCAST 应确立一系列备选的纳米技术重大挑战问题，以反映重要的社会需求；NSET 和总统执行办公室应在识别和遴选重大挑战问题过程中担任重要角色，将研究、开发和产业的利益相关者联合起来进行对话和商议，遴选是定期而持续的；联邦机构应设立创新奖项等激励措施，鼓励研究者不断取得阶段性成果，最终实现重大挑战的目标。建议二：对项目管理的建议。建议 NSET 应将“重大挑战”作为管理联邦纳米技术活动的基本工具；PCAST 应按照国会的要求继续定期对 NNI 进行评估，国会应调整 PCAST 的评估间隔，与美国科学院国家研究理事会三年一次的评估间隔保持一致，以减少 NNI 的负担；NSET 应与商务部合作，建立一系列定量评估方法，测度纳米技术对劳动力和生产率等的影响。建议三：对纳米技术商业化的建议。建议 NSET 应与联邦机构共同组建致力于纳米科学与技术、有潜力的制造业创新研究所，使其成为“国家制造业创新网络项目”的一部分；NSF 应扩大其“创新团队项目”，促进纳米技术领域的科学家和工程师参与创业，从而促进纳米技术进步并将之转化为产品；NSET、NIH 和 DOE 应利用创新团队项目的基本理念，使其惠及更多的纳米科学与技术研究者；NNCO 和 DOC 应建立一个聚焦纳米技术的年度经济发展论坛，召集研究者、企业家、投资者及生物技术等产业的人士共同探讨，促进纳米技术领域商业合作的形成。建议四：对纳米技术研究与开发的建议。国家应意识到国际上对纳米技术的投入正在不断吸引美国的研发人才流向国外，参加 NNI 的联邦政府和机构应持续支持优秀的独立研究者进行有创造力的、高风险的研究，尤其是 NSF、DOE、DOD 和 NIH 应联合设立年度资助基金，支持纳米科学和技术领域的高级研究者；这几个联邦部门和机构及 NIST 应大力支持纳米技术研究中心和基础设施网络[48]的建设与运行，以保证培养下一代跨学科的科学家和工程师。建议五：对纳米技术“环境、健康和安全”研究的建议。建议 NSET 应继续支持建设多学科的纳米技术“环境、健康和安全”生态系统，促进安全性评价中替代性实验策略的实施，促进利益相关者参与相关标准和法规的制订，使纳米材料和产品能够安全进入市场。

2. NRC/NA 的评估机制与主要内容

1）NRC/NA 的评估职责

依据《21 世纪纳米技术研究开发法案》的规定，由 NNCO 要求 NRC/NA 每三年对 NNI 进行一次评估。该过程由 NNCO 的主任负责组织安排。NRC/NA 评估委员会由具有纳米技术专业背景的跨部门技术专家构成，委员会为联邦政府提供独立的科学、技术和健康政策建议。NRC/NA 至今已对 NNI 进行了三次评估（分别为 2006 年 11 月[49]、2009 年 12 月[50]和 2013 年 4 月[51]）。

2）NRC/NA 的评估机制与主要内容

根据 NRC/NA 三次组建的评估委员会的人员构成看，评估委员会的联合主席和副主席由来自大学的纳米技术专家担任，成员主要来自大学、研究机构和企业，少量来自慈善基金会和专业学协会。

以 2013 年 NRC/NA 对 NNI 的评估[51]为例，其评估机制和主要内容如下。

NRC/NA 组建对 NNI 的评估委员会。该评估委员会由两位联合主席和 14 位成员，以及五位工作人员构成。两位联合主席中一位来自美国著名大学，另一位来自美国的咨询公司。14 位成员中，八位来自美国的著名大学，六位来自企业界（其中一位是日本的公司）；工作人员五位，其中执行主任一位，研究主任一位；项目助理一位，财务助理一位，管理协调者一位。

此次评估的主要任务：①评估 NNI 在加速技术转移方面的作用，提出促进技术转移转化的新机制建议与改善 NNI 运行的建议。②测度研究进展评估过程和评估标准的适用性。③评价纳米技术研发活动的管理和合作状况。④提出评价标准设立相关的建议，为组织机构实施评估提出建议等。

此次评估的主要内容包括：评估纳米技术计划的实践、机构间的合作；评估“纳米技术联合计划”项目所取得的进步，采用美国政府审计署公布的对科技计划评估的最好的实践（即评价目的、评价范畴和方法，确定的问题，风险评估等），对三个“纳米技术联合计划”项目分别进行了评估；最后提出了评估建议。

（执笔：中国科学院文献情报中心　谭宗颖、陶斯宇、王海涛）

第五节　美国脑科学计划

2013 年 4 月，美国提出“通过推动创新型神经技术开展大脑研究”（Brain Research through Advancing Innovative Neurotechnologies，BRAIN）计划，预期投入 30 亿美元，为期 10 年，以更加全面、深入地理解大脑功能，同时加快神经科学相关技术的研发，最终开发大脑损伤的新疗法。BRAIN 计划是一项跨政府部门的公私协作研究计划，在 NSTC 的整体协调下，由参与该计划的各机构利用其管理体系对其参与部分进行管理。这一机制保障其在实施过程中不同部门各有所侧重，确保计划的顺利实施（图 9-11）。

一、BRAIN 计划提出机制

（一）计划提出过程

美国联邦政府目前涉及科技政策制订的具体办公部门有三个：NSTC、OSTP、OMB。对于科技计划的制订，联邦政府采取“自下而上”和“自上而下”的综合方式进行[52]。“自下而上”的范式是：研究人员达成共识，将其提交给对应的政府部门机构整合成部门机构科技计划；科技计划呈交 OSTP，OSTP 与 OMB 等会商后，制订联邦政府科技计划，提交总统批准；总统会把整个计划做成年度预算法案的一部分提请国会审议。“自上而下”的方

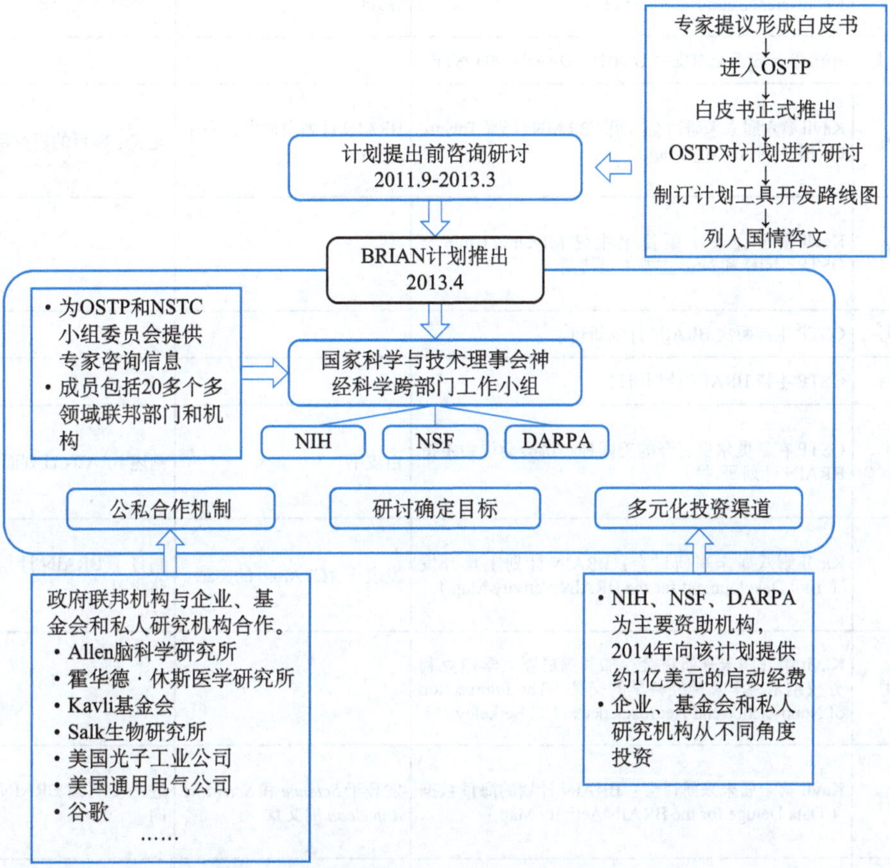

图 9-11 美国 BRAIN 计划立项与管理流程

式是：联邦政府根据科技服务于国家最根本的利益和目标，把抽象的目标细化成科技政策指南，报请国会批准。

BRAIN 计划是遵循“自下而上”的方式提出的。计划的概念和初步意向于 2011 年 9 月，由 Kavli、Gatsby、Allen 等基金会共同举办的研讨会上提出，专家提议开发一项新技术用于追踪人类大脑的功能连接活动，最终达到可测量每一个神经元活动的水平，该提议形成白皮书；随后，该白皮书提交给 OSTP，计划进入 OSTP 程序，2011 年 12 月至 2013 年 1 月 OSTP 与各参与机构经过多轮研讨和论证，最终明确了计划的研究目标和研究方向；至 2013 年年初，计划提案提交给总统并将其列入国情咨文中，进入国会审议阶段；2013 年 4 月，国会审议通过，奥巴马宣布该计划成立[53]，至此，BRAIN 计划正式提出（表 9-5）。

表 9-5 BRAIN 计划的提出过程

时间	活动	产出	内容
2011 年 9 月	Allen/Gatsby/Kavli 研讨会：神经科学和纳米科学接口的机遇（Opportunities at the Interface of Neuroscience and Nanoscience）	BRAIN 计划的最初设想：形成白皮书并提交给 OSTP	提议开发新技术追踪人类大脑功能连接的活动，最终测量每一个神经元活动
2011 年 12 月	小组参与者提交白皮书给 NIH、DARPA 和 OSTP		
2012 年 1 月	Kavli 第六届未来研讨会：面向 BRAIN 计划（Toward the BRAIN Activity Map）	BRAIN 计划白皮书发表于 *Neuron*	充实了项目的研究目标和细节
2012 年 5 月	Kavli 基金会科学项目副主席 Miyoung Chun 与 OSTP、NIH 和 NSF 主要人员协商		
2012 年 5 月	OSTP 主持两次 BRAIN 计划研讨		
2012 年 8 月	OSTP 主持 BRAIN 计划研讨		
2012 年 10 月	OSTP 在新奥尔良召开的美国神经协会会议中主持 BRAIN 计划研讨	白皮书	阐述 BRAIN 计划面临的挑战
	Kavli 第八届未来研讨会：BRAIN 计划工具开发（Tool Development for the BRAIN Activity Map）	发表于 *ACS Nano* 的文章	制订了 BRAIN 计划工具开发路线图
2013 年 1 月	Kavli 第九届未来研讨会：加利福尼亚大学伯克利分校纳米科学和神经科学的交叉（The Intersection of Nanoscience and Neuroscience at UC Berkeley）		
2013 年 1 月	Kavli 第十届未来研讨会：BRAIN 计划的海量数据（Data Deluge for the BRAIN Activity Map）	发表于 *Science* 和 *Scientific American* 的文章	进一步明确 BRAIN 计划的方向
2013 年 3 月		发表于 *Science* 的文章	对 BRAIN 计划进行阐述

（二）计划目标确定

美国 BRAIN 计划从最初讨论到正式设立，其目标经多次调整确定为不仅致力于脑功能的研究，也致力于神经技术和工具的研发。

BRAIN 计划实施之初，NIH、NSF、DARPA 三所联邦机构参与研究，计划实施至今，FDA、美国情报高级研究计划局（IARPA）也相继参与进来。NIH、NSF、DARPA 三大联邦机构相继开展研讨并提出各自的研究重点，各有侧重（表 9-6）。2013 年 5 月，NSF 组织 NIH、DARPA 和其他联邦机构、研究机构、学术期刊和私营部门等 60 多个机构的 150 位物理、数学和神经生物学领域研究人员展开研讨，确定了 NSF 参与的 BRAIN 计划的优先发展方向；2013 年 9 月，NIH 的 BRAIN 工作组基于 NIH 的 2014 财年资助计划发布了一个中期报告，阐述了 NIH 的高度优先研究领域和核心原则；DARPA 则通过其 2015 财年预算确定了其研究重点。

表 9-6　主要联邦机构目标的确定

机构	时间	活动	研究重点
NSF	2013 年 5 月	组织召开“脑结构和功能的物理和数学原理”的研讨会[54]	确定 NSF 参与的 BRAIN 计划优先发展方向
NIH	2013 年 9 月	BRAIN 工作组基于 NIH 的 2014 财年资助计划发布了一个中期报告[55]	阐述了 NIH 的高度优先研究领域和核心原则
	2013 年 12 月	正式发布 2014 财年资助计划[56]	发布 2014 财年 NIH 针对 BRAIN 计划的六个资助方向
	2014 年 6 月	BRAIN 工作组提交《BRAIN 计划 2025：科学愿景报告》[57]	建议制订 2016～2025 财年的发展规划，阐述了 NIH 的七个高优先级研究领域、目标、具体成果、时间节点和成本评估
DARPA		发布 2015 财年预算	2015 财年主要资助“恢复主动记忆”（RAM）、“用于新型疾病治疗方法的系统神经技术”（SUBNETS）、HAPTIX 项目（发展能实现人体植入的微电子系统）

二、BRAIN 计划管理与协调机制

（一）NSTC 整体协调管理

BRAIN 计划的实施由 NSTC 下设的神经科学跨部门工作小组（IWGN）协调管理。NSTC 是总统协调科技、空间以及各种联邦政府研发机构的主要手段，旨在决定美国科技政策的主要方向，协调科技政策各委员会的活动。该委员会由总统主持，成员包括副总统、总统科技事务助理、各内阁部长、与科技有很大关系的部门的领导及其他的白宫官员。美国总统将直接指导总统生物伦理委员会对 BRAIN 计划所涉及的伦理、法律和社会问题进行探究。

IWGN 主要负责协调神经科学研究活动，就国家关心的神经科学和相关技术问题，为 OSTP 和 NSTC 小组委员会提供专家咨询信息，通过将神经科学研究需求和重点反馈给政府和联邦机构，促进联邦机构加强对神经科学研究进程的协调和协作。IWGN 成员包括 20 多个涉及多领域的联邦部门和机构（表 9-7），为参与机构之间信息和思想交流提供了平台。

表 9-7　IWGN 联邦部门和机构成员

农业部	美国中央情报局
国防部	环境保护署
教育部	国家航空航天局
能源部	国家科学基金会
卫生与人类服务部	国家情报总监办公室
国土安全部	管理和预算办公室
司法部	国家药物控制政策办公室
退伍军人事务部	科技政策办公室
还包括主席根据实际情况指定的其他行政组织、部门和机构	

（二）各参与机构独立管理

在基于 NSTC 下设 IWGN 的协调管理下，各参与部门利用其管理体系对其参与部分进行管理。其中，NIH 的同行评议体系为其资助方向提供了保障，NIH 还针对 BRAIN 计划建立了一个工作小组管理其科学目标并制订计划，并与 DARPA、NSF 等其他联邦机构成员共同组成多机构委员会工作小组，协调此项跨机构计划的实施。

1. NIH 同行评议体系严密运行，保障项目执行

院外研究与院内研究的密切结合，是 NIH 资助机制最主要的特色。NIH 总经费中的 80% 左右用于支持院外研究，每年受理约四万项院外基金申请（每年受理三次），建立了一套内外结合、相互制衡、运行严密的同行评议体系。院外研究办公室（Office of Extramural Research）负责制订和落实整个 NIH 同行评议的有关政策；NIH 同行评议顾问委员会则负责就所有与同行评议过程有关的程序、政策提供意见和建议。

学术评审中心（Center for Scientific Review，CSR）是整个同行评议系统的中心节点，负责申请项目的受理和初级学术性评审，之后按照其研究领域分送到 NIH 的相关研究所 / 中心；各研究所 / 中心的最高学术咨询机构——国家咨询委员会（National Advisory Council）对申请项目进行二级评审，根据其评议结果及各研究所 / 中心预算情况决定基金项目的批准，各研究所 / 中心项目管理人员负责对通过申请的项目进行后期管理。其中，CSR 咨询委员会定期评估 CSR 评议机构、资助机制、评议标准，研讨评议中存在的问题；国家咨询委员会对各研究所 / 中心的资助决策及研究发展方向起着重要的咨询及监督作用，每年定期召开三次会议，决定资助项目、讨论资助方向和相关政策（图 9-12）。

其中，进行一级评审的学术评审组由院外科学家组成，成员由 NIH 主任或主任授权的副主任任命，任期四年，可以再任，但中间至少需间隔一年，其中评审小组成员每年要考虑轮换四分之一。进行二级评审的国家咨询委员会成员由美国卫生与人类服务部（HHS）审定，任期一般为四年或六年，可以再任，但中间必须间隔两年。另外，要求 NIH 之外的成员须达到一定比例，且近 1/3 成员为非医学界人士，以体现公众参与 NIH 研究所的管理。评审员参与的项目申请必须由其他评审组评审，以保证评审意见的客观有效。

对提交研究项目基金的新申请者，CSR 在学术评审会议结束后 10 天内就反馈评审意见，对所有项目在 30 天内反馈评审意见，而不是等到二级评审结束、做出资助决定后才反馈评审意见。这样就使学术评审结果不佳的申请者能及时修改申请书，在下一轮评审周期开始前提交申请。这些措施将使申请者和 NIH 对有前景的研究课题的反应更为迅速。

学术性评审中，每个申请项目由三位专家重点评审，其中两位专家需要提供书面意见，称为主审专家（Reviewers），另外一名专家为副审专家（Discussant），无需提供书面意见。评审结束后，各研究所 / 中心的项目官员进一步讨论两级评审的推荐意见，最后由研究所 / 中心主任做出最后的资助决定。

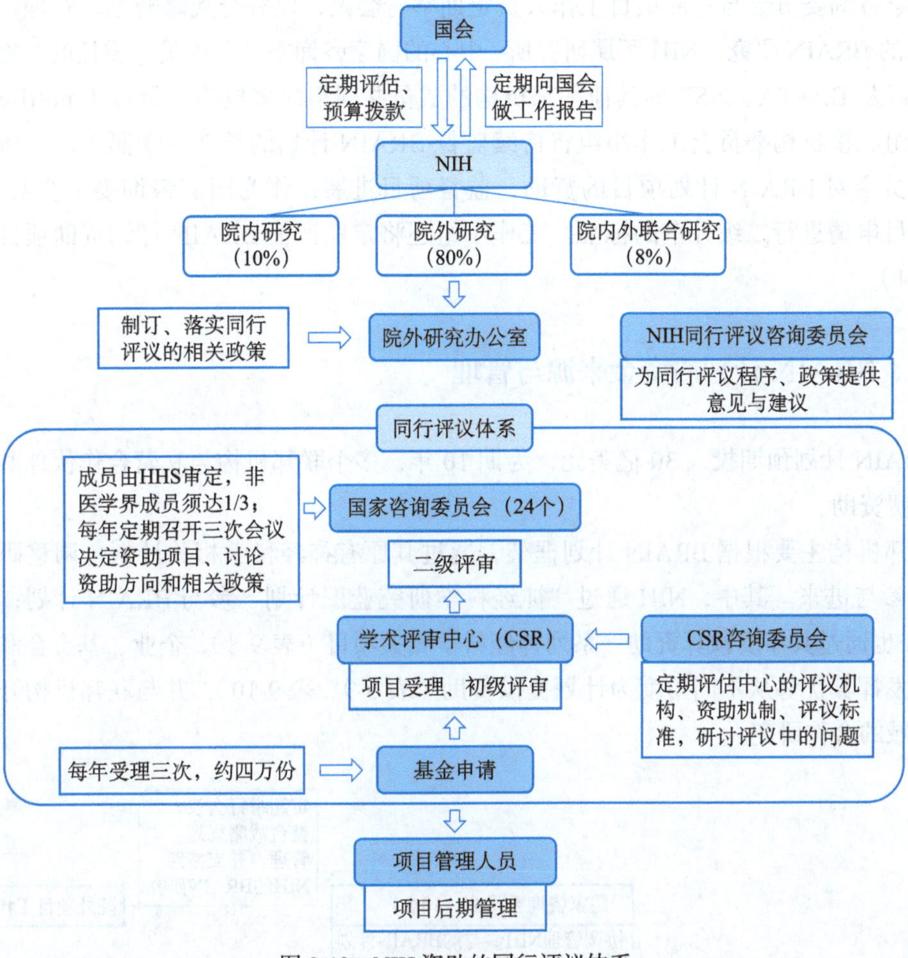

图 9-12　NIH 资助的同行评议体系

2. NIH 成立专门工作小组，协调管理 BRAIN 计划

对于 BRAIN 计划，NIH 成立了一个由美国洛克菲勒大学 Cornelia Bargmann 博士和斯坦福大学 William Newsome 博士共同领导的高级工作小组。该 BRAIN 计划工作小组将对 NIH 的投资确定详细的科学目标，并制订达到这些目标的科学计划（包括时间表），且进行成本估算（图 9-13）。

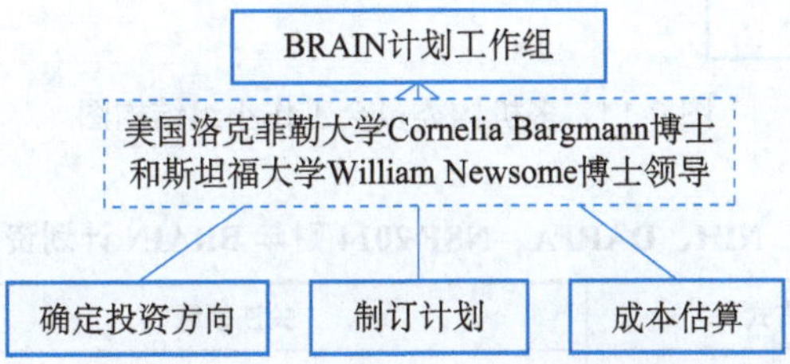

图 9-13　BRAIN 计划工作组结构图

NIH 下属的参与 BRAIN 计划的 10 个研究所 / 中心协调管理 NIH 参与的 BRAIN 计划，国家咨询委员会与外部项目工作人员定期举行会议，以整合战略规划、管理，并支持跨 NIH 的 BRAIN 研究。NIH 下属研究所 / 中心的国家咨询委员会成员，委任的补充工作组成员，以及 DARPA、NSF 等其他联邦机构的成员共同组成多机构委员会（multi-council）工作小组。多机构委员会工作小组将持续监督 BRAIN 计划的长期科学愿景，并协调国家咨询委员会对 BRAIN 计划项目的资助，监督项目进展，作为国家咨询委员会对 BRAIN 计划项目申请进行二级评审的标准。工作小组还将定期评估 BRAIN 计划资助项目的进展（图 9-14）。

三、BRAIN 计划的资金来源与管理

BRAIN 计划预期投入 30 亿美元，为期 10 年，多个联邦机构与私营合作伙伴共同为其提供经费资助。

联邦机构主要根据 BRAIN 计划框架，通过其原有神经科学相关计划，调整研究方向与重点参与进来。其中，NIH 通过“神经科学研究蓝图计划”参与 BRAIN 计划；NSF 与 DARPA 也通过其年度预算资助一系列神经科学相关项目（表 9-8）。企业、基金会和私人研究机构发挥其优势从不同角度为计划提供资助（表 9-9、表 9-10），并与联邦机构开展神经科学领域的合作研究。

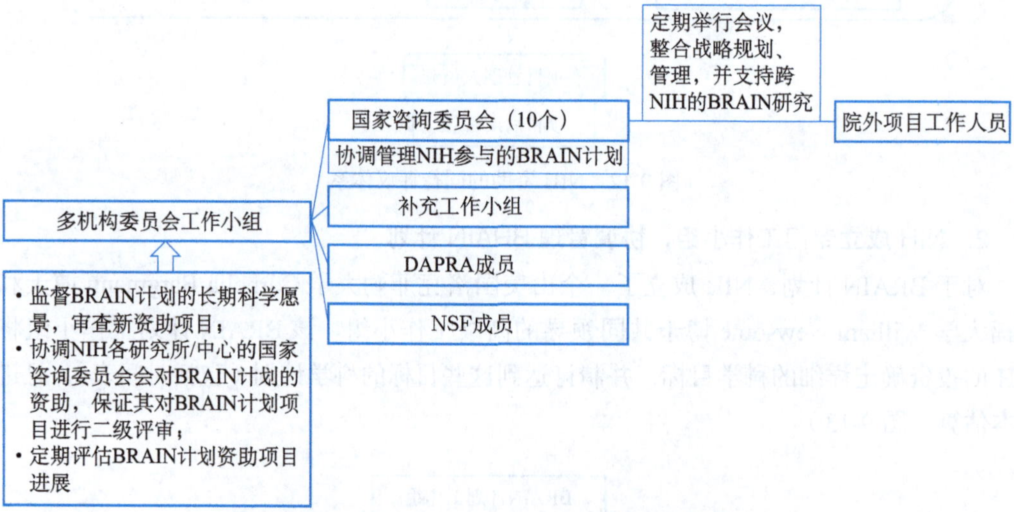

图 9-14　多机构委员会工作小组结构图

表 9-8　NIH、DARPA、NSF 2014 财年 BRAIN 计划资助额度

政府联邦机构	资助方式	关注领域	2014 财年经费 / 万美元
NIH	通过神经科学研究蓝图计划参与 BRAIN 计划	资助神经科学领域的新工具开发、提供相关培训机会和其他资源	4000

续表

政府联邦机构	资助方式	关注领域	2014 财年经费 / 万美元
DARPA	资助一系列项目	提高对士兵患脑部创伤后应激、脑损伤、记忆力减退的诊断和治疗效果，并联合专家广泛探讨神经技术进步所带来的伦理、法律和社会问题	5000
NSF	资助一系列项目	开发可感知并记录神经元网络活动的分子探针；推进“大数据”研究，对研究产生数据进行必要的分析；增进对大脑中的思想、情绪、行为、记忆的理解	2000

表 9-9 BRAIN 计划主要私营合作伙伴

性质	机构
主要私营机构	Allen 脑科学研究所
	霍华德·休斯医学研究所
	Kavli 基金会
	Salk 生物研究所
企业	美国光子工业公司
	美国通用电气公司
	谷歌公司
	葛兰素史克公司
	美国 Inscopix 公司
私营研究机构	匹兹堡大学
	西蒙斯基金会
	卡内基梅隆大学
	得克萨斯大学系统
	加利福尼亚大学伯克利分校与卡尔·蔡司显微镜公司
	犹他大学
	波士顿大学
	大脑与行为研究基金会
	儿童神经生物学解决基金会（Children's Neurobiological Solutions Foundation）
	西北太平洋地区神经科学（Pacific Northwest Neuroscience Neighborhood）
	神经技术架构网络（Neurotechnology Architecting Network）

表 9-10 企业、基金会和私人研究机构合作伙伴对 BRAIN 计划的资助

私营机构、基金会与企业	资助重点	资助额度
Allen 脑科学研究所	大规模脑科学研究和数据与工具共享	6000 万美元 / 年
霍华德·休斯医学研究所	新成像技术开发，并研究神经网络如何存储和处理信息	3000 万美元 / 年
Kavli 基金会	通过“动态脑计划”对神经科学进行跨学科研究	400 万美元 / 年
Salk 生物研究所	从单个基因到神经通路、行为各个层面，全面理解大脑的复杂性	2800 万美元
美国光子工业公司	推动理解大脑机制	3000 万美元
葛兰素史克公司	开发创新外围神经技术	500 万美元
匹兹堡大学	资助匹兹堡大学大脑研究所，聚焦于解开正常和不正常大脑功能的奥秘	6500 万美元

续表

私营机构、基金会与企业	资助重点	资助额度
加利福尼亚大学伯克利分校与卡尔·蔡司显微镜公司	开发新光学技术应对 BRAIN 计划的挑战	1200 万美元
卡内基梅隆大学	支持 BRAIN 计划的多项活动	4000 万美元
西蒙斯基金会	支持 BRAIN 计划的全球大脑目标与行动	6200 万美元

四、经验和启示

计划的提出经过广泛而深入的咨询研讨，涉及管理层、科研人员及产业界，这种咨询机制保证了计划目标的确定及计划的实施。计划遵循“自下而上”的方式提出，首先由领域科学家提出，提交到美国 OSTP，之后经多轮研讨明确研究目标，提交给总统并进入国会审议阶段，至计划最终成立。

计划设有专门的协调机构进行协调，相关参与机构对其参与部分进行独立管理。在计划的组织中，NSTC 下设 IWGN 对计划实施进行协调，各参与机构研究目标与方向各有侧重，并努力吸引产业参与。保证了多部门参与的计划的协同工作，避免了重复设置项目，达到资源的最大利用。

（执笔：中国科学院上海生命科学信息中心　许丽、徐萍）

第六节　美国蛋白质结构计划

美国国立卫生研究院（NIH）下属国家普通医学研究所（NIGMS）于 2000 年启动实施，历经三个“五年计划”，预计将于 2015 年转型调整、累计投资超过 10.5 亿美元的“蛋白结构计划”（Protein Structure Initiative，PSI）。PSI 计划取得重大成就，但由于在技术路线选择、合作各方协调交流方面还存在设计缺陷，NIGMS 已经决定在 2015 年 PSI 计划三期结束后对其进行调整转型[58]。PSI 计划虽然由一家国立科研（同时兼资助）机构具体操作执行，但实际上代表了一类专业学科性质的国家级科技计划，其组织管理特点具有鲜明的“非专业团体”决策、“专业团体”建议与执行，兼具民主决策、科学决策特色，具有新理念、新制度、新框架。

一、PSI 计划提出机制

NIGMS 设立 PSI 计划，遵循以下路径。

（一）设立重大科研计划，符合机构法定使命

NIGMS 所资助的研究领域在行政上主要划分为五个部分，即细胞生物学和生物物理学，遗传和发育生物学等[59]。PSI 计划涉及的蛋白质结构解析属于细胞生物学和生物物理学领域的基础研究，符合 NIGMS 支持领域。

（二）通过选题建议、筛查和优化、审议流程，对计划进行立项

对重大科学研究计划进行立项由 NIGMS 下属项目规划分析和评价办公室、NIGMS 咨询理事会等负责。

选题建议提出有三种渠道：由 NIGMS 职员识别、提出的选题建议；NIGMS 咨询理事会发起的选题建议；NIGMS 组织所资助的研究团体定期研讨会所提出的选题建议[60]。PSI 计划主要是通过第三种方式发起，在由 NIGMS 组织科技界专家研讨会上，由科学家群体提出科技计划概念和初步意向[61]。

选题筛查和优化。项目规划分析和评价办公室经过与研究所高层领导、NIGMS 咨询理事会的讨论后，组织专家研讨会，对其中的一些重大研究计划选题建议进行深度系列研讨，形成比较成熟的建议，明确计划可行性、具体的科技任务等。深度系列研讨参与人员包括科技界代表、观察员（包括国际科技界同行）、其他科技资助机构，如美国能源部、美国国家航空航天局、美国国家科学基金会等代表[61]。期间，至少有一位 NIGMS 咨询理事会参与这些系列研讨会。

选题审议和正式立项。项目规划分析和评价办公室将比较成熟的建议提交 NIGMS 咨询理事会全体会议讨论，并由 NIGMS 咨询理事会做出是否立项决定建议（通过投票），并报 NIGMS 所长最终决定。这一过程中，NIGMS 咨询理事会同意并通过新的重大研究计划（或同意对现有重大研究计划进行调整）的步骤被称为“概念清晰化”（concept clearance），该步骤授权 NIGMS 职员开展下一步的资助计划设计等相关工作。在 PSI 计划的发起、延续过程中，NIGMS 咨询理事会曾先后与 1999 年、2003 年和 2009 年审议通过“结构基因组计划”、PSI-2 期、PSI-3 期[62]。

需要指出，NIGMS 咨询理事会在该机构重大决策中发挥关键作用。NIGMS 咨询理事会成员由美国卫生与人类服务部部长任命，多为科学家、医生，也包括外行或从事公众事务人员，任期四年[63]。主要负责 NIGMS 使命相关的院外项目的二级评议，向 NIGMS 所长提出关于政策、科技计划设置实施和评估及与 NIGMS 使命相关重大事务的建议，并可根据工作要求，设立各类工作小组。NIGMS 咨询理事会工作小组成员包括理事会的部分成员、NIGMS 职员，必要时候也可以聘请外部咨询专家[64]。

二、PSI 计划管理与协调机制

PSI 计划的管理和协调分两部分，分为项目微观管理和宏观管理，同时有机整合

（图 9-15）。

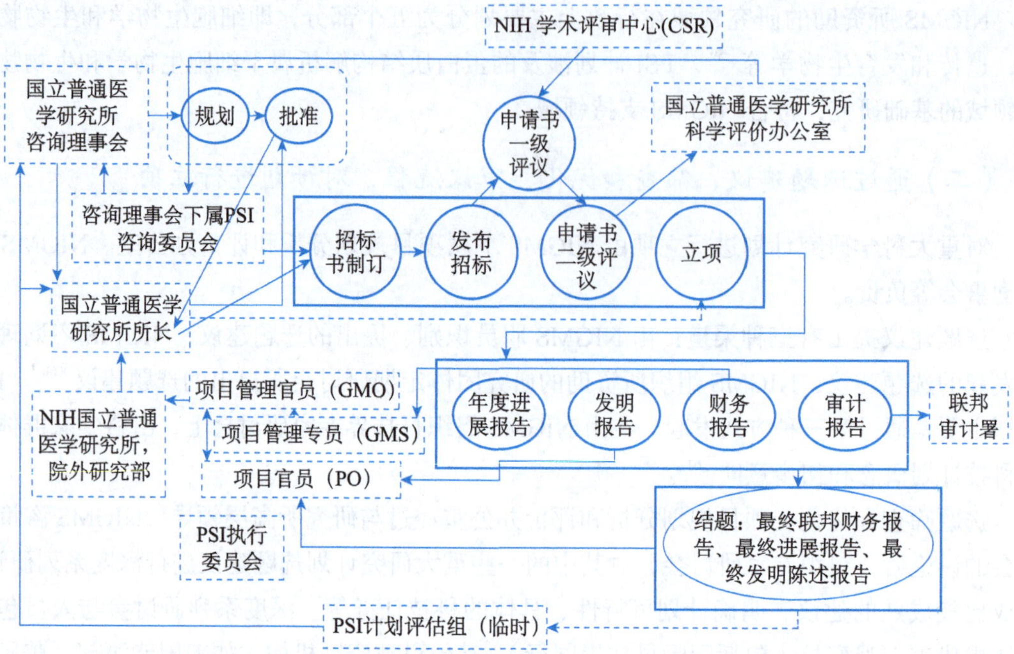

图 9-15　美国蛋白质结构计划科技管理与协调图示

（一）具体科研项目的微观项目管理

PSI 计划科研的组织实施具体由 NIGMS 院外研究部（Division of Extramural Activities）负责。从流程上来看，PSI 计划经 NIGMS 所长批准立项实施后，具体科研项目先后进行以下管理流程[65]。

1. 项目立项前管理

项目招标书的制订。院外研究部组织负责招标书的制订，NIGMS 咨询理事会成立 PSI 咨询委员会，作为特设辅助机构，辅助招标书的制订。

项目招标书发布。院外研究部发布招标书。

申请人提交项目书与第一级评审。申请人提交项目书，统一转入 NIH 学术评审中心进行第一级评审。NIH 学术评审中心是 NIH 运营支持中心，不从事具体科研和资助，仅负责评审。拥有 450 名工作人员，1.6 万名评审专家库，每年评审 8 万项项目，拥有完善的评审机制。

项目书的第二轮评审。项目书经过 NIH 学术评审中心第一级评审后，转入 NIGMS 科学评价办公室，后者组织第二轮评审，评审委员会是 NIGMS 咨询理事会及其附属 PSI 咨询委员会。

项目立项。两轮评审过关的项目最终由 NIGMS 所长确定是否立项。

2. 项目立项后管理

对于正式立项的项目，院外研究部负责项目过程管理，设有项目管理官员（GMO）、项目管理专员（GMS）、项目官员（PO）三个职位。项目管理官员负责签署立项通知、总负责项目的运营管理和非科学内容方面的管理。项目管理专员向项目管理官员报告，负责日常管理。每项立项项目都指定一名项目管理专员和联系方式，开展进展报告的行政和财务审查。项目官员负责项目的科学内容方面的管理，开展进展报告的科技内容审查、参与实地考察和其他活动。

在项目运行期间，项目承担人和承担机构提交进展报告、发明报告、财务报告、联邦财务报告（SF425）现金交易报告、联邦财务报告支出数据报告、财务审计报告。

其中，进展报告（PHS 2590）：项目承担人提交进展报告（电子版和打印版），至少一年一次。得到 NIH 批准后，才能获得项目的滚动预算支持。

发明报告：由项目人所在机构提交，提交资助项目所涉及的发明报告。

财务报告：由项目所在的机构提交。

审计报告：对年度财务支出超过 50 万美元，项目承担人提交年度审计报告。报告一般提交到审计署。

相关报告需按政策管理规定，按时提交院外研究部项目管理对应官员。报告得到批准后，才能进行下一年度的预算支持。

3. 项目结题

项目结题。提交最终联邦财务报告、最终进展报告、最终发明陈述报告（HHS 568）。但如果得到新项目支持，则可以不用结题。

计划执行期间，院外研究部还组织各方成立 PSI 执行委员会，进行计划各资助项目的互动协调。

（二）科技计划的宏观管理与协调

PSI 计划的实施过程中配置有专设的混合组织管理架构，加强科技计划的所内、院内和与科技界的协调。

1. PSI 咨询委员会

PSI 咨询委员会是 NIGMS 咨询理事会下属工作小组之一（同时承担项目申请书的二级评审），就项目管理和规划提供战略建议[66]。PSI 咨询委员会由独立于 PSI 计划的 11 名科研人员组成，包括 10 名高校人员和 NIH 其他所研究人员一名。

2. PSI 执行委员会

PSI 执行委员会在 NIGMS 院外研究部、PSI 咨询委员会指导的框架下负责规划的实施及整个项目的运作[66]。人员构成上包括资助机构代表四名、所资助项目首席科学家、五位外部专家。其下设多个分委员会：目标和阶段性成果组、研究中心联络组、科研团体联络组、方向选择组，定期讨论进程、计划和战略。另外，为加强技术路线选择，还设立“操作管理组”“生物信息组”和“知识库执行委员会”。

3. 资助项目代表与 PSI 咨询委员会的年度研讨会

为增进项目内部协调和知识交流，NIGMS 组织资助项目代表与 PSI 咨询委员会的年度研讨会，会议议程分两部分：第一部分，全体成员参与，资助项目报告工作最新进展和未来工作计划。第二部分，PSI 咨询委员会的闭门会议，对年度进展情况进行回顾评价。

此外，NIGMS 还有机构的内部平衡机制。每隔数年，NIGMS 会组织全体职员对机构资助的重大项目进行内部平衡[60]。

三、PSI 计划的资金来源与管理

（一）资金来源与预算

PSI 计划所需要的资金，主要是 NIGMS 申请安排额外的财政预算，从而不与其他重大研究计划形成竞争关系[61]。这与美国政府决定在 1998 ～ 2003 年五年间将 NIH 等基础科研机构的预算翻一番有关。NIGMS 预计，相应的 NIGMS 的预算安排也将有大幅上涨，从而为安排新的重大科技计划提供了充足的财政支持和协调空间。实际上，1999 ～ 2004 财年，NIGMS 总预算从 11.97 亿美元上升到 19.05 亿美元[63]。这一期间，NIGMS 安排了复杂系统计划、蛋白质结构计划、NIH 药物遗传学研究网络等[67]。

预算规模主要是基于 PSI 计划所提出的解析单个蛋白的平均成本、需要解析蛋白的数量、机构类型等，同时考虑总量控制和与其他计划的预算安排协调等。表 9-11 是 NIGMS 为 PSI 计划 2009 财年和 2010 财年预算规模的估计[62]。

表 9-11 美国 PSI 计划年度预算规模形成机制

	2009 财年预算申请			2010 财年预算申请		
	资助项目 / 个	单个项目资助 / 万美元	总预算 / 万美元	资助项目 / 个	单个项目资助 / 万美元	总预算 / 万美元
高通量结构生物学中心	4	1027	4110	3 ～ 5	700 ～ 800	2100 ～ 2800
专业中心	6	363	2180	0	0	0
同源建模中心	2	65	130	0	0	0
同源建模研究	7	27	190	0	0	0
膜蛋白结构中心	0	0	0	4 ～ 10	150 ～ 500	800 ～ 1500
高通量结构生物学伙伴	0	0	0	5 ～ 10	100 ～ 250	500 ～ 2500
知识库	1	260	260	1	250 ～ 300	250 ～ 300
材料存储库	1	120	120	1	120 ～ 150	120 ～ 150
总计			6990			3770

资料来源：NIGMS，2009

（二）资金管理

如前所述，资助金管理是项目立项后管理的重要部分。项目承担人和承担机构需按政策管理规定，按时提交财务报告、联邦财务报告现金交易报告、联邦财务报告支出数据报告、财务审计报告。报告得到批准后，才能进行下一年度的预算支持。

四、PSI 计划报告评估机制

（一）PSI 计划的实施周期和内在终止机制

美国 NIGMS 实施的 PSI 计划在提出阶段就带有实施结束时间的实施周期。理论上，如果不经过新的提议、优化和审议等重大科技计划的发起流程，所发起的研究计划将在实施周期结束后自然终止。PSI 计划首次提出时，实施周期为 10 年，分为两个阶段，第一阶段为五年探索期，第二阶段为五年规模化扩张阶段。理论上，PSI 计划将在 10 年内（2000 ～ 2010 年）自然结束[68]。

（二）PSI 计划的延续评估和转型机制

作为大型科技计划，特别是正在开展实施过程中的大型科技计划的战略管理的重要机制，NIGMS 咨询理事会主要通过下属大型项目工作小组组织对大型科研项目进行计划中期评估。NIGMS 咨询理事会将根据评估结果，结合最新的大型科技计划的发起机制结果，提出大型科技计划的走向。

NIGMS 咨询理事会主要通过下属大型项目工作小组组织 PSI 评估小组，授权其开展以下内容评估：评估计划的目标、进展、影响力、机遇和存在问题[68]。评估小组的报告将以书面形式递交 NIGMS 所长、NIGMS 咨询理事会。PSI 评估小组成员不固定，一次一授权。具体实施过程中，NIGMS 咨询理事会聘请临时外部专家，组成 PSI 计划评估组（2007 年），成员包括八名高校研究人员和一名产业界人士，以及 PSI 计划评估组（2013 年），成员报告九名研究机构研究员和一名产业界人士[69]，组织了 2007 年和 2013 年两次中期评估。PSI 计划评估组均向 NIGMS 咨询理事会报告评估结果，报送 NIGMS 所长。

NIGMS 咨询理事会根据 2007 年中期评估结果和 2008 年 PSIAC 组织的未来规划研讨会结果，对 PSI 计划进行了重大调整，使原定于 2010 年终止的 PSI 计划继续延续五年。但在 2013 年，NIGMS 咨询理事会根据新的中期评估结果，决定对 PSI 计划进行转型，并成立 PSI 计划转型规划委员会[58]，包括负责分析科技界需求并提出领域挑战和机遇的外部委员会，以及由 NIH 内部职员组成的内部委员会，负责研讨如何执行外部委员会确定的优先发展领域。

五、经验和启示

（一）加强大型科技计划的框架设计，使得科技计划内嵌有自动终止或转型的实施周期

从框架设计上看，美国蛋白质结构计划在发起立项的时候，就需要保证有强制性、“封闭式”科技计划运作周期，使科技计划在理论上具有明确的实施终点。虽然带有无法考虑到大型科技计划的运作结果能否最终达成计划的预期目标的缺陷，但具有避免特定科技计划的无限期延长和需要持续预算安排的优势。而且，如果有新的发展机遇，可以通过对科技计划的阶段性评估延续原有的科技计划，使得内嵌自动终止实施周期的优势进一步体现，而缺陷则得以一定程度修正。

目前，我国的大型科技计划一般都没有明确指出科技计划的运作周期，也缺乏适当的调整终止机制，科技计划整体持续运作的合理性缺乏科学论证。需要借鉴国际上科技计划的整体框架设计理念，加强我国科技计划整体运作，特别是科技计划终止的宏观管理。

（二）超越一般“决策—执行—监督—评估”线性管理模式，科技管理兼顾科学决策和民主决策

在权力运行的制度设计上来看，美国蛋白质结构计划的科技管理运作流程透明。从发起、实施和转型终止整个流程的各个环节都具有明确的负责主体，运作流程透明化、规范化。重要的是，除部分法定保密内容外，各个环节的核心信息均以适当形式对外公开，为各界公众以适当形式参与和监督提供了机会。

美国蛋白质结构计划科技管理具有新理念、新制度、新框架。美国蛋白质结构计划虽然具体由一家国立科研（同时兼资助）机构操作执行，但并非单纯的所级科技计划，而是一项“正宗”国家级重大科技计划。其科技管理并非遵循一般意义上的“决策—执行—监督—评估”的管理模式甚至“管理思想窠臼”，而是在此基础上添加了“非专家团体决策”+专业的“专家团体执行”的管理模块和工作模式，且整个科技管理环节都围绕一个明显的核心——国立普通医学研究所理事会，既体现了科技管理权力的分离和统一，又体现了科学决策、民主决策兼顾和特点，贴合“科技的事交由科技界办”的理念。

例如，从科技计划的发起立项模式来看：发起机制多元化，这主要表现为“专家团体执行”规划环节；科技计划立项决策的实际主体表观上为所长个人，事实上为国立普通医学研究所理事会群体组织的民主投票来决定是否向所长推荐，因此，这并非通常意义上的建议，而且考虑到其组成成员的多样性，其实质内涵为“非专家团体决策”。从科技计划的实施模式来看，国立普通医学研究所理事会依托下属蛋白质结构计划咨询委员会、大型项目工作小组两个相互独立的工作组来分别完成执行监督与评估，依托专业项目评估组织NIH学术评审中心进行项目申请书的科学评估。这再次表现为工作小组（或NIH学术评审

中心）专业的“专家团体执行”+国立普通医学研究所理事会“非专家团体决策”的工作模式。而上述发起环节和执行环节的重大决策都统一集中于国立普通医学研究所理事会，因此体现出高度的管理权力分离与统一、科学决策与民主决策兼顾的特点。

我国的大型科技计划的宏观科技管理过程中，可以借鉴国际经验，在运作流程清晰、透明性、重要信息公开方面进一步规范化、公开化。另外，我国大型科技计划的管理架构中虽然也普遍设有类似咨询性质的咨询机构或团队，但其定位和功能发挥均立足于建议咨询，高级别专家群体的“团体决策”性质不突出，领域内专家群体的“专家团体执行”功能则涉及众多利益冲突。需要借鉴国外“科技的事交由科技界办”的理念，建立和加强公众和专家参与的高级别咨询团体的决策机制、功能，同时加强对专业领域专家组成的领域专家群体咨询功能的制衡，加强咨询制度正规化、法规化建设。

（三）组建呈现“中心辐射网络状”的内外双重组织管理建构，提高科技计划项目参与方自我管理和与社会的有机联系

为加强大型科技计划项目间的合力和凝聚力，美国蛋白质结构计划除配置与计划组织实施相配套的外部官方组织管理架构之外，还根据目标导向，配置主要由项目实施科研人员为主体的“内部”“半官方”性质的管理架构，形成外部官方组织管理架构+“内部”“半官方”性质管理架构叠加的双重组织管理架构，并通过人员兼职、组织联合会议，强调资助机构、受资助项目、外部科学家代表的多层次“混编”，力图实现组织功能与框架相互耦合。

我国的科技计划管理架构相对简化，整体上倾向于科技管理机构—科学计划项目执行层“从上到下”线性管理的模式，而以提高科技计划效率为目标、以科技管理职能为核心、科学计划执行层部分参与科技管理协调过程、科学计划与外界有机联系的“中心辐射网络状”的管理架构未能建立。需要借鉴国外有益经验，通过多种渠道和形式，组织承担科研项目人员及其他利益相关方参与到科技计划的自我管理中。

（执笔：中国科学院上海生命科学信息中心　王小理、阮梅花、黄菲、于建荣）

第七节　英国干细胞计划

2005年3月，时任英国首相戈登·布朗在其发布的预算中推出了英国干细胞计划（UK Stem Cell Initiative，UKSCI），对此后10年干细胞的发展进行整体规划，以保证英国的领先地位[70]。UKSCI计划确立全国一盘棋的发展模式，是顶层设计科研计划的典范。由于英国的科技管理体制中成熟的评估机制，在干细胞计划的立项前和执行期内都进行了有效的

评估，这保证了英国干细胞计划立足英国现状、社会需求、研究前沿，目标设定合理并具有前瞻性；在执行过程中参与机构根据职能不同，对干细胞研发整体链条的支持各有侧重，避免了重复支持、资源浪费等问题。

一、UKSCI 计划提出机制

英国在再生医学和胚胎学研究领域占据领先地位，取得了许多具有里程碑意义的成就。为保证英国的领先地位，2005 年 3 月，时任英国首相的戈登·布朗提出了由内阁审批的英国干细胞计划。该计划的目的是为英国干细胞研究确定 10 年的远景规划（2006～2015 年），并制订一个节约成本的执行策略。UKSCI 的总体远景规划如图 9-16 所示。

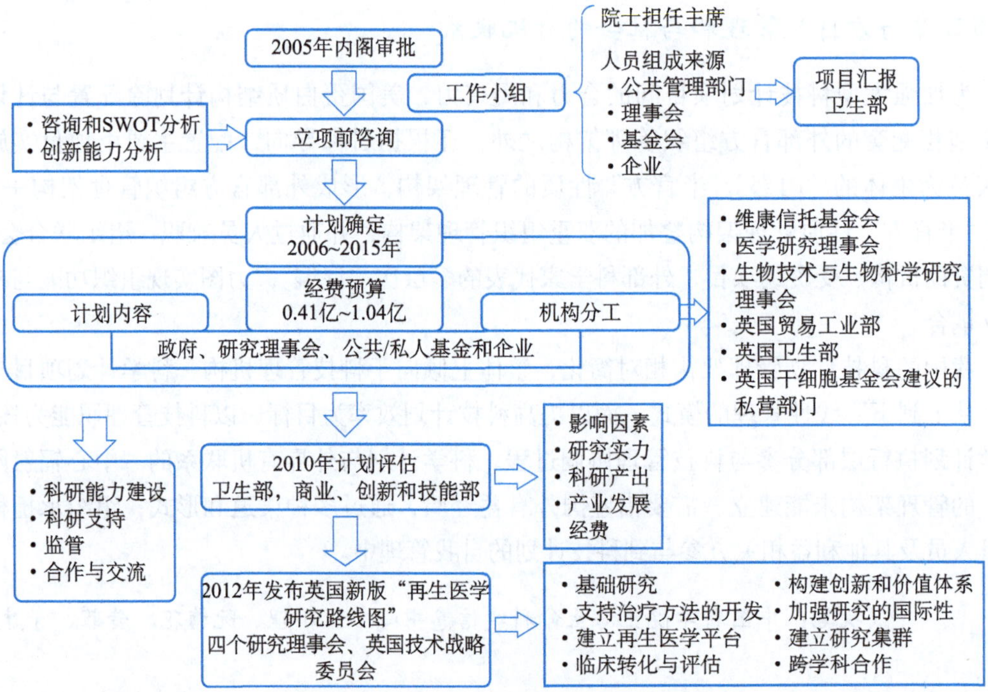

图 9-16 英国干细胞计划立项与管理流程

在此后的 10 年中，巩固英国在干细胞研究领域的优势，使英国在干细胞治疗和干细胞技术领域成为全球领导者之一。从长期角度看，该计划旨在促进新型干细胞疗法的开发；从中短期利益来看，该计划将英国干细胞研究投入部分转向传统的医药领域，开发传统新药[71]。

二、UKSCI 计划管理与协调机制

（一）计划管理

UKSCI 计划成立了专项工作小组，由英国医学科学院院士 John Pattison 担任主席，小组成员来自公共管理部门、理事会的管理人员及企业人士，小组秘书处设在卫生部（表 9-12）。工作小组组织计划的立项前评估。

表 9-12 UKSCI 计划工作小组成员组成（2005 年）

主席	John Pattison 管理经营学博士英国皇家学院病理学家会员、英国医学科学院院士
小组成员	Colin Blakemore 教授，执行主席，医学研究理事会（候补：Diana Dunstan 博士）； Julia Goodfellow 教授，执行主席，生物技术与生物科学研究理事会； Sally Davies 教授，研发主管，卫生部； Mark Walport 博士，主管，维康信托基金会； Fiona Watt 博士，医学科学院； Diana Garnham 执行主席，医学研究慈善协会； Peter Mountford 博士，执行主席，干细胞科技有限公司； Peter Arnold 博士，主管，Technology，Smith and Nephew（公司）董事； David McCauley 博士，执行主席，英国干细胞基金会； Christopher Evans，受托人，英国干细胞基金会； 牛津市市长，受托人，英国干细胞基金会
秘书处	John Connolly 博士，卫生部

（二）立项前咨询分析组织

在 UKSCI 计划制订前，工作小组委托英国外交部科学创新网络办公室和联邦事务部对英国干细胞研究的国际地位进行了咨询分析（图 9-17），并利用 SWOT 分析方法对英国自身的优势和劣势进行分析（表 9-13）；委托剑桥大学仿制药团队的 Scientific-Generics 组对全球干细胞的知识产权情况进行了分析。

（三）参与机构及职能分工

英国政府通过制订战略举措、建设基础设施、提供监管支持和投入资金来全面支持干细胞研发。根据干细胞研究和产业链，不同的机构职能侧重点不同（图 9-18）。技术战略委员会对公共部门的资金进行协调，包括医学研究理事会（MRC）和生物技术与生物科学研究理事会（BBSRC）的资助以及英国卫生部（DH）、经济和社会研究理事会（ESRC）的小型资助。研究理事会（Research Councils）协调七大领域研究理事会支持科学研究，在项目中主要负责基础研究阶段；技术与创新中心（TIC）支持应用和转化阶段；英国卫生部为国家医疗服务体系（National Health Service，NHS）开展临床研究，以及服务于 NHS 相关科学研究的国家卫生与保健评价研究院（NICE）、国家健康研究所（NIHR）提供支持，在产业开发中发挥各自的作用（图 9-19）。

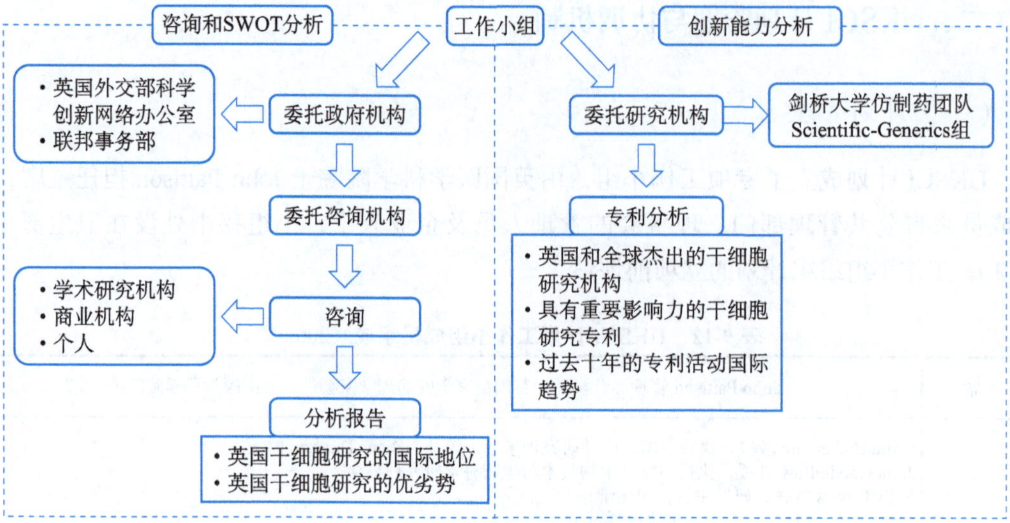

图 9-17　英国干细胞计划立项前咨询

表 9-13　英国干细胞研究的 SWOT 分析

竞争优势	竞争劣势
政府支持 授权监管胚胎干细胞研究 有利的伦理环境和公众支持 世界一流的发育和生殖生物学研究专家 英国强大的创新氛围 英国干细胞银行 国家血液服务 来自公共或慈善资助机构每年约 3000 万英镑的干细胞研究资助 强大的临床试验基地和英国临床研究协会（UKCRC）	转化研究的资金缺口 未知的商业模式和投资回报 缺乏大型制药企业参与 缺乏风投资本 干细胞治疗的临床监管缺乏清晰度 缺乏中央统筹战略导致“家庭手工业”的做法 次于美国的科研基础 在商业化阶段的创新历史不敌美国 知识产权和许可问题不清晰
机会	**威胁**
世界领先的胚胎干细胞疗法 加强药物研发和癌症研究 利用国家卫生服务系统推进临床转化 将发育生物学专家导向干细胞研究 公共投资配以私人资金 作为国际中心吸引国外技术 驱动国际议程 吸引国际外来投资 发展国际联盟	基础设施缺乏阻碍临床转化 人才流失到美国和远东地区 知识产权被美国和远东地区掌控 英国生物技术部门的削弱 欧盟转向限制干细胞研究 临床研究的不良事件降低公众支持 国家卫生服务系统不得不进口昂贵的干细胞疗法护理老年人

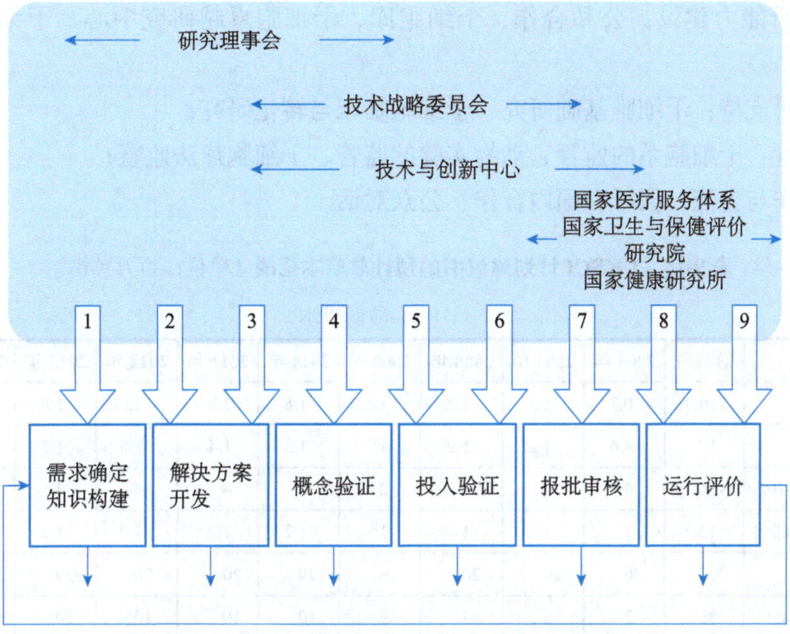

图 9-18　公共管理部门对 UKSCI 计划的支持

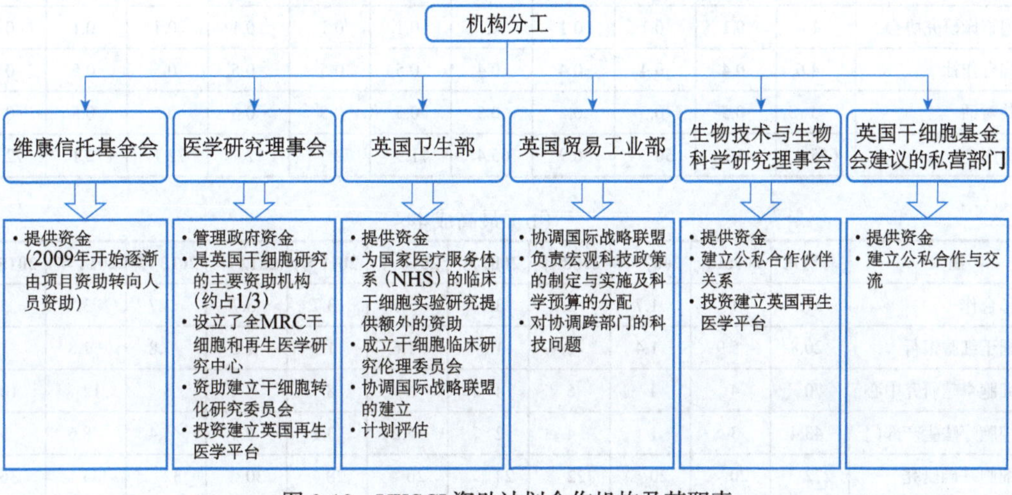

图 9-19　UKSCI 资助计划合作机构及其职责

三、UKSCI 计划的资金来源与管理

（一）投资战略确定

英国在设立科技计划前的咨询工作也包括了对计划投资成本的评估，UKSCI 计划在立项前评估中制订了 2006 ～ 2015 年的成本范围建议，预计年均投资 4100 万英镑～ 1.04 亿英镑之间（表 9-14）。建议确定了对以下四个方面进行投资的额度范围：

（1）科研能力建设：公私合作、干细胞库、干细胞卓越研究中心、干细胞疗法生产部门；

（2）科研支持：干细胞基础研究、干细胞临床与转化研究；

（3）监管：干细胞系的监管、动物实验的监管、干细胞疗法监管；

（4）合作与交流：国际和国内合作、公众对话。

表 9-14 UKSCI 计划建议书的预计总成本范围（单位：百万英镑）

（a）最低成本

建议	总费用	2006 年	2007 年	2008 年	2009 年	2010 年	2011 年	2012 年	2013 年	2014 年	2015 年
公私合作	16.4	0.7	1.3	1.8	1.8	1.8	1.8	1.8	1.8	1.8	1.8
英国干细胞银行	17	4.6	1.2	1.2	1.3	1.3	1.4	1.5	1.5	1.5	1.5
干细胞卓越研究中心	36	4	4	2	2	4	4	4	4	4	4
干细胞疗法生产部门	12.2	2	1	1	1	1.2	1.2	1.2	1.2	1.2	1.2
干细胞基础研究	200	20	20	20	20	20	20	20	20	20	20
英国干细胞基金会	83	2	5	7	9	10	10	10	10	10	10
国家卫生服务总费用	265.6	6.4	16	22.4	28.8	32	32	32	32	32	32
监管举措	5	0.5	0.5	0.5	0.5	0.5	0.5	0.5	0.5	0.5	0.5
英国临床研究协会	1	0.1	0.1	0.1	0.1	0.1	0.1	0.1	0.1	0.1	0.1
英国合作社	4.6	0.4	0.4	0.4	0.4	0.5	0.5	0.5	0.5	0.5	0.5
公共对话	5	0.5	0.5	0.5	0.5	0.5	0.5	0.5	0.5	0.5	0.5
总费用	645.8	41.2	50	56.9	65.4	71.9	72	72.1	72.1	72.1	72.1

（b）最高成本

建议	总费用	2006 年	2007 年	2008 年	2009 年	2010 年	2011 年	2012 年	2013 年	2014 年	2015 年
公私合作	31.3	1	1.7	2.7	3.7	3.7	3.7	3.7	3.7	3.7	3.7
英国干细胞银行	20.8	5.9	1.4	1.4	1.6	1.6	1.7	1.8	1.8	1.8	1.8
干细胞卓越研究中心	70	4	4	6	4	6	8	8	8	12	10
干细胞疗法生产部门	43.4	3	1	4	2	5.2	3.2	6.4	4.4	8.6	5.6
干细胞基础研究	272	20	20	22	24	26	28	30	32	34	36
英国干细胞基金会	87	2	5	10	10	10	10	10	10	10	10
国家卫生服务总费用	278.4	6.4	16	32	32	32	32	32	32	32	32
监管举措	5	0.5	0.5	0.5	0.5	0.5	0.5	0.5	0.5	0.5	0.5
英国临床研究协会	1	0.1	0.1	0.1	0.1	0.1	0.1	0.1	0.1	0.1	0.1
英国合作社	6	0.6	0.6	0.6	0.6	0.6	0.6	0.6	0.6	0.6	0.6
公共对话	5	0.5	0.5	0.5	0.5	0.5	0.5	0.5	0.5	0.5	0.5
总费用	819.9	44	50.8	79.8	79	86.2	88.3	93.6	93.6	103.8	100.8

资金来源包括政府、研究理事会、私人资助机构、公共 / 私人基金和企业，技术战略委员会对公共部门的资金进行协调。具体由维康信托基金、医学研究理事会、生物技术与

生物科学研究理事会、英国贸易工业部、英国卫生部、英国干细胞基金会建议的私营部门为 UKSCI 提供资金支持。

四、UKSCI 计划报告评估机制

在项目评估方面，英国拥有一套长期运行的科技咨询体制（图 9-20）。英国政府各部门都可设立和选择最合适本部门需求的科技咨询机构和组织，对科技项目计划进行评估和管理。最高决策层面设有科学技术委员会和首席科学顾问（科学技术委员会的副主任和科学技术办公室的主任），科学技术办公室负责制订英国政府科学、工程和技术的政策，负责七个研究理事会、皇家学会、皇家工程院等部门的宏观管理和经费拨款，协调跨部门的整体科技合作，是英国科学技术发展的主要政府管理部门。除了政府内设咨询机构之外，非政府公共机构是最重要的科技咨询意见来源，其参与政府运作但并不是政府部门或其中部分，它可以看作是各部门职能的一种延伸，通常由一个政府部门的秘书处负责其开销（如卫生部资助基因治疗咨询委员会和全国信息管理委员会等）。此外，学术团体，如皇家学会、皇家工程院等，国际性团体和利益团体等也是提供咨询意见的重要来源。

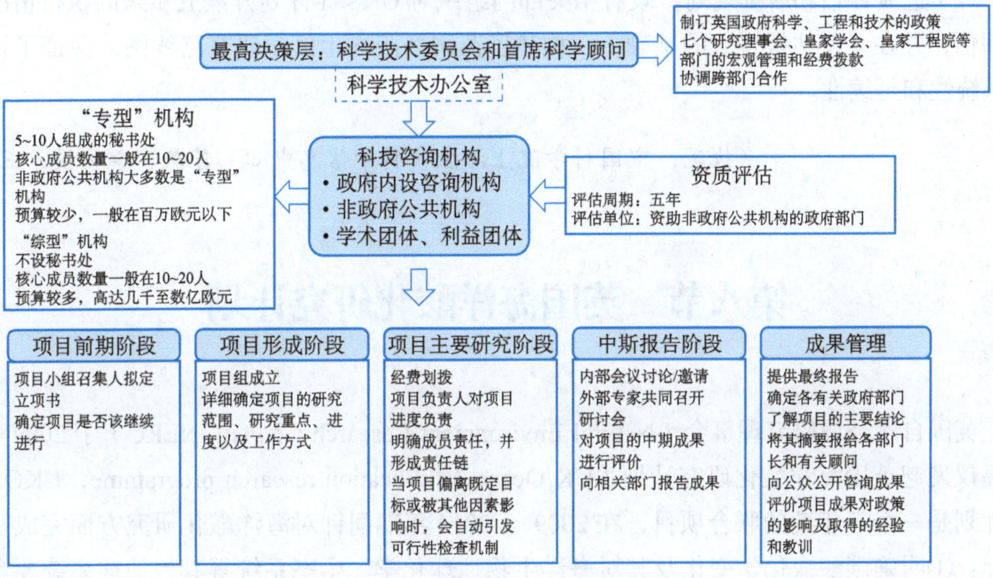

图 9-20　英国科技咨询体制

2011 年 1 月，英国商业、创新和技能部（BIS）与卫生部开始对 UKSCI 计划开展五年来的执行情况进行中期评估，以识别商业化和临床应用的瓶颈环节，并确定在实现干细胞疗法临床应用的过程中，英国国家医疗服务体系需要进行的准备工作。2011 年 7 月 18 日，英国商业、创新与技术部生命科学办公室与英国卫生部共同发布《英国再生医学评估报告》（*Taking Stock of Regenerative Medic in einthe United Kingdom*）（简称《评估报告》）。《评估报告》涵盖了英国再生医学发展影响因素分析、英国干细胞研究实力的国际地位分析、英国干细胞文章和专利分析、英国干细胞产业发展分析。《评估报告》对私人、公益投资，以及政府经费投入情况进行了分析。

2012 年，英国医学研究理事会、英国工程和物理科学研究理事会（EPSRC）、英国生物技术和生物科学研究理事会、英国经济和社会研究理事会与英国技术战略委员会（TSB）在 2011 年《评估报告》的基础上，进一步分析，构建了英国新版再生医学研究路线图——“英国再生医学战略”（UK Strategy for UK Regenerative Medicine），提出八个领域的战略目标：基础研究；支持治疗方法的开发；建立再生医学平台；临床转化与评估；构建创新和价值体系；加强研究的国际性；建立研究集群；跨学科合作。

五、经验和启示

（1）计划制订前的综合咨询分析。UKSCI 工作小组委托英国外交部科学创新网络办公室和联邦事务部对英国干细胞研究的国际地位进行了咨询分析，并利用 SWOT 分析方法对英国自身的优势和劣势进行分析；委托剑桥大学仿制药团队的 Scientific-Generics 组对全球干细胞的知识产权情况进行了分析。在充分调研的基础上科学地进行计划制订。

（2）进展评估和后续规划。政府相关部门组织对 UKSCI 计划开展五年来的执行情况进行评估，并在《评估报告》的基础上，构建了英国新版再生医学研究路线图，保证了计划的系统性和延续性。

（执笔：中国科学院上海生命科学信息中心　苏燕、李祯祺、王玥）

第八节　英国海洋酸化研究计划

英国自然环境研究理事会（Natural Environment Research Council, NERC）于 2009 年 5 月提议发起英国海洋酸化研究计划（UK Ocean Acidification research programme，UKOA）。该计划是一个五年期的联合项目，在 2009 ～ 2014 年期间针对海洋酸化研究方面完成三个目标：①明确碳酸盐化学变化及其对海洋生物地球化学、生态系统等其他地球系统要素的影响；②认识海洋生物对于海洋酸化和其他气候变化后果的响应，提高海洋生物对海洋酸化的抵抗力和脆弱性的认识；③为决策者和管理者提供数据和有效建议[72]。

UKOA 研究计划总投资 1200 万英镑，由英国自然环境研究理事会、食品和农村事务部（Defra）和能源与气候变化部（DECC）联合资助。UKOA 的研究目的是：深入理解海洋酸化的意义和影响以及其对海洋生物地球化学、生物多样性和整个地球系统的风险。

一、UKOA 研究计划的提出机制

海洋酸化问题是英国科学界和政府部门关注的重点问题之一，曾有多个机构设立相关的研究项目开展研究。2007 年 11 月，NERC 的发展战略确定了海洋酸化是一个重大的挑战。2008 年，NERC 批准了一个 770 万英镑的 NERC 大尺度海洋酸化计划，该计划由 NERC 下属的科学与创新局（Science & Innovation Strategy Board，SISB）和 NERC 负责评估和支持。英国的 Defra 和 DECC 两个部门也开展了相关的研究计划，以实现英国的国家目标[73]。

2009 年起，NERC 海洋酸化研究计划与 Defra 和 DECC 的海洋酸化相关研究项目整合成为 UKOA 研究计划（2009 ～ 2014）[74]，将此前计划的科学目标、研究内容，以及原分属于三个部门的经费、管理组织、实施措施等进行了全方位的整合。

二、UKOA 研究计划管理与协调机制

该计划由 NERC、Defra 和 DECC 三个英国政府资助机构共同管理，主要管理职能由 NERC 负责。该研究项目充分体现了目标一致、资源整合的原则，见图 9-21。对英国国家海洋酸化研究整体目标的实现具有促进作用。[75]

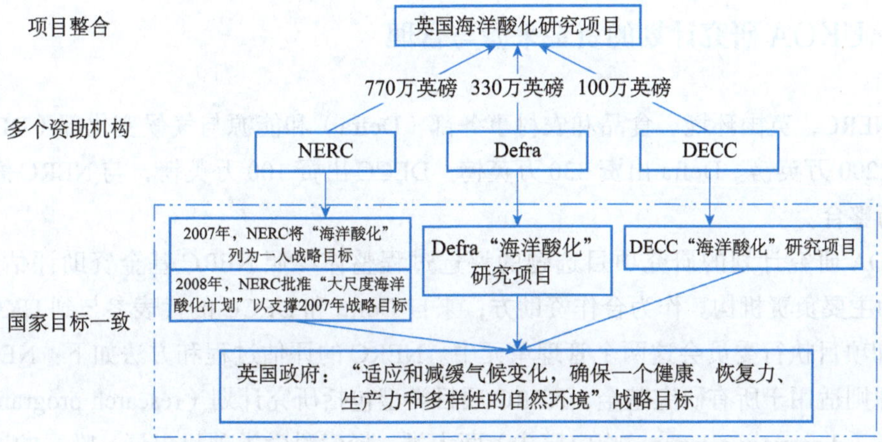

图 9-21　UKOA 研究计划由三个部门项目整合而来

UKOA 研究计划与 NERC 整体战略（特别是地球系统科学和生物多样性科学主题）直接相关，并支撑英国政府的国家战略目标。这两条也是计划得以批准的必要条件。

在直接服务于 NERC 科学目标和英国国家目标的同时，UKOA 研究计划还为英国“与环境变化共存”项目（Living with Environmental Change programme，LWEC）提供科学支撑。

英国 LWEC 项目是一个由英国 22 个研究和管理机构共同资助、推动的研究和观测项目集群，目的是“确保政府、商业和社会团体的决策制订者拥有环境变化方面的知识、预见和工具，以减缓、适应环境变化，并从中获益”。LWEC 包括管理、研究和知识交换与集

成等五个方面的工作[76]。UKOA研究计划为LWEC项目的“研究行动和相关投资”部分中57个研究行动之一，见图9-22。

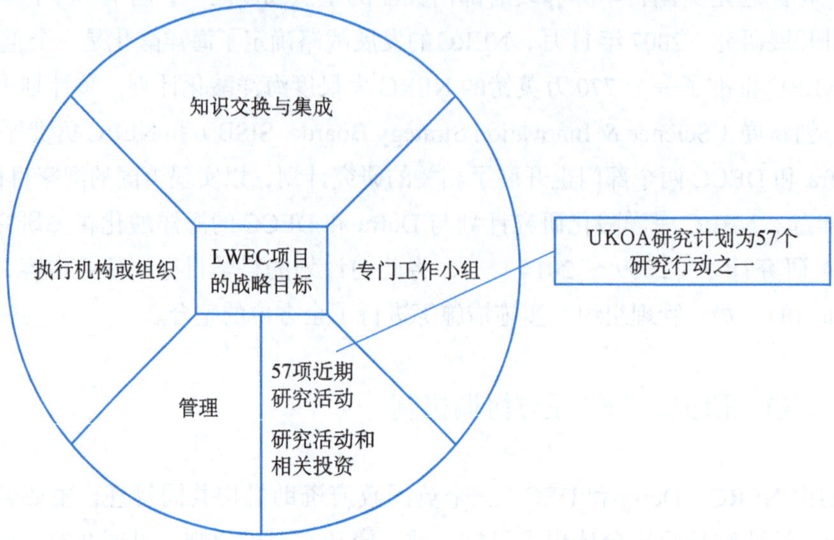

图9-22 UKOA研究计划与LWEC项目的集成

三、UKOA研究计划的资金来源与管理

由NERC，英国环境、食品和农村事务部（Defra）和能源与气候变化部（DECC）共同资助1200万英镑。Defra出资330万英镑，DECC出资100万英镑，与NERC海洋酸化项目进行整合。

UKOA研究计划的研究项目选题的评选过程整体参照NERC基金资助评估的过程，NERC为主要负责机构。作为合作资助方，来自Defra和DECC的代表参与到UKOA项目管理组和项目执行委员会这两个管理单元中。NERC的评估过程和方法如下：NERC项目评估的原则适用于所有研究基金，NERC项目类型包括研究计划（research programme）和探索科学（discovery science，响应模式）两大类。探索科学类项目申请，唯一的原则是研究申请是否足够“优秀”（excellence）。研究计划类在探索科学类项目标准上附加的准则包括是否与NERC的优先方向一致。

同行评议过程一般包括两个阶段：专家评议阶段和协调小组阶段。

（一）专家评议

项目的第一阶段是专家评议。在这个阶段中，NERC邀请与项目领域相符的国际知名专家进行项目书的评阅。对于探索科学类的申请书，主要的专家来自NERC的同行评议院（Peer Review College）。申请者有权推荐评议人。申请者有机会对评议人的意见进行回复响应。

NERC 为项目同行评议专家组成员设置了最小和最佳的人数。一些特殊情况下，同行评议的数量可以低于或高于规定人数，见表 9-15。

表 9-15 NERC 不同项目同行评议人数

项目申请类别	同行评议最小人数	同行评议最佳人数
标准资助 / 标准新研究人员资助	3	4
大型项目资助	4	6
应急项目资助	2	3
独立研究基金	3	4
研究计划	依据项目书的复杂程度	依据项目书的复杂程度

（二）第二阶段：协调小组

探索科学（响应模式）协调小组成员来自 NERC 的同行评议院，一半的小组成员为"核心成员"，其中一名为"评估小组主席"，其他成员根据项目书从同行评议院选择。

研究计划（research programme）的协调小组由英国和国际的学术专家，以及研究计划产出成果的使用方代表组成。

协调小组综合考虑申请书、同行评议结论，以及申请者对评议结论的回复。

此外，NERC 将项目类别划分为大型项目资助、应急项目资助、独立研究基金、研究计划等几大类，在坚持 NERC 整体评审原则的基础上，针对不同尺度和性质的研究采取相应的评审方式。

四、UKOA 研究计划报告评估机制

（一）NERC 管理架构

NERC 作为该项目的主要负责机构，其内部机制直接决定了 UKOA 项目的运行机制。NERC 高层决策单元由五个委员会组成：NERC 委员会、科学与创新战略委员会（SISB）、审计与风险保障委员会（ARAC）、薪酬委员会（RC）和执行委员会（EB），见图 9-23。

英国商业、创新与技能部（BIS）负责任命 NERC 的委员会和主要负责人，但是并不干涉其内部运行。NERC 的研究项目活动具有完全的自主性。NERC 同行评议院是研究项目的主要审核人，其构成充分吸纳研究成果的使用方（包括公众和企业人员等）。

其中，NERC 委员会主要负责人由 BIS 部长任命，拥有最高决策权。SISB 是 NERC 委员会在科学和创新事务方面的建议主要来源，主要职责有：①开发 NERC 整体科学战略；②对科学研究结构的平衡提供建议；③建议基金项目的优先方向；④对英国环境科学事务进行评估和建议。ARAC 全方位评估 NERC 各项事务，属于纯咨询单元，无行政职权。NERC 的 EB 具体负责实施 NERC 委员会的政策、决策和管理事物。RC 负责 NERC 工作人员的基础薪酬和年度奖金。

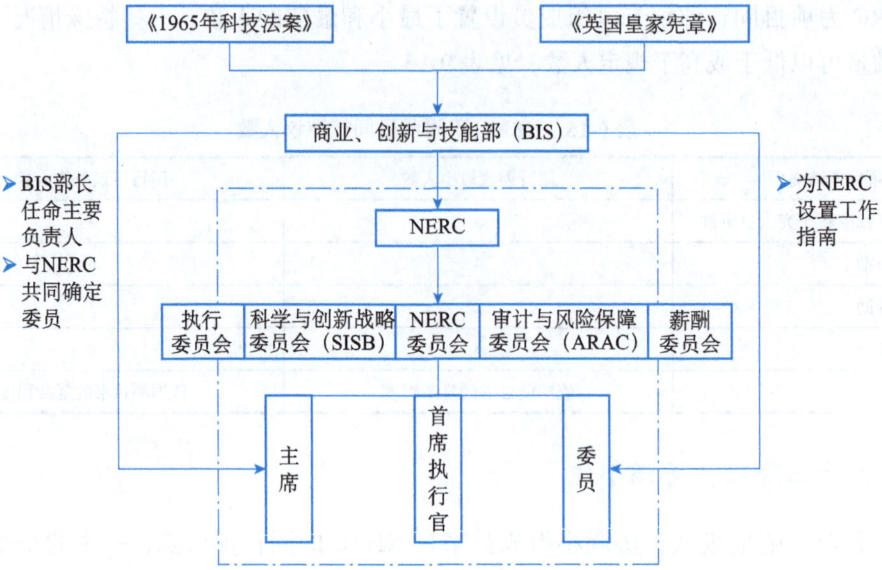

图 9-23　NERC 构架

（二）英国 NERC 研究项目管理机制

UKOA 研究计划的审查评议遵循 NERC 的项目审查规则。同行评议院是 NERC 专门负责研究项目评议的独立机构。NERC 的同行评议院建立于 2003 年，取代了之前的五个标准的同行评议委员会。同行评议院对 NERC 的研究资助提供评估、建议和指导。大部分成员参与评议探索科学类研究申请书的评议，参与探索科学协调组（moderating panel）会议。

同行评议院定期召集补充成员，大部分成员是来自研究机构的人员，也包括 NERC 科学研究最终用户的公众和私营企业人员。同行评议院作为 NERC 的常设单元，其组成人员保持一定的流动性，其特点是机构常设而人员流动。

同行评议院是专门负责项目评审的常设机构，其与具体研究项目管理机构地位对等，在机制上保证了其评估的客观性。此外，NERC 委员会通过收集以下数据对同行评议院进行考核，基于这些问题的评议员工作表现评价是为了保证其评价工作的客观性和有效性。这些问题包括：

（1）评议员被邀请参与评审的项目数量是多少？

（2）评议机构是否提交？如果没有，理由是什么？是否向 NERC 及时说明原因以及时更换评议员？

（3）评估结果是否及时提交？

（4）评估结果是否达到 NERC 的质量要求期望值？表格是否完整填写？评估结果对最后结论是否支撑最终结论？

（5）评议员是否持续给出高分或持续给出低分？

（6）评议员的评估分数与最终分数的相关性有多大？

（7）评议员被邀请参加的会议数量？

（8）评议员是否参加了发出邀请的会议？

（9）评议员是否为 NERC 提供了有效的信息？

（三）UKOA 研究计划的管理机制

UKOA 研究计划作为一个专门性专项研究计划，管理机制较为完善，总体由四个小组和两名协调员共同完成（图 9-24）。UKOA 研究项目的四个管理单元按照 NERC 的相关规定设置，管理和运行遵循 NERC 的相关规定。Defra 和 DECC 作为出资方，通过派出人员参加到项目执行委员会和项目管理组中，参与项目的管理。负责项目管理的四个管理委员会（小组）一旦成立，在 NERC 相关规则下独立运行。

各小组分别按照各自分工负责项目的组织、实施、评估等。项目的资格审查和申请书审查主要由资助调节专家组组织实施。项目评审有两个方面的基本要求：项目书是否足够优秀和是否符合 NERC 和英国国家目标。

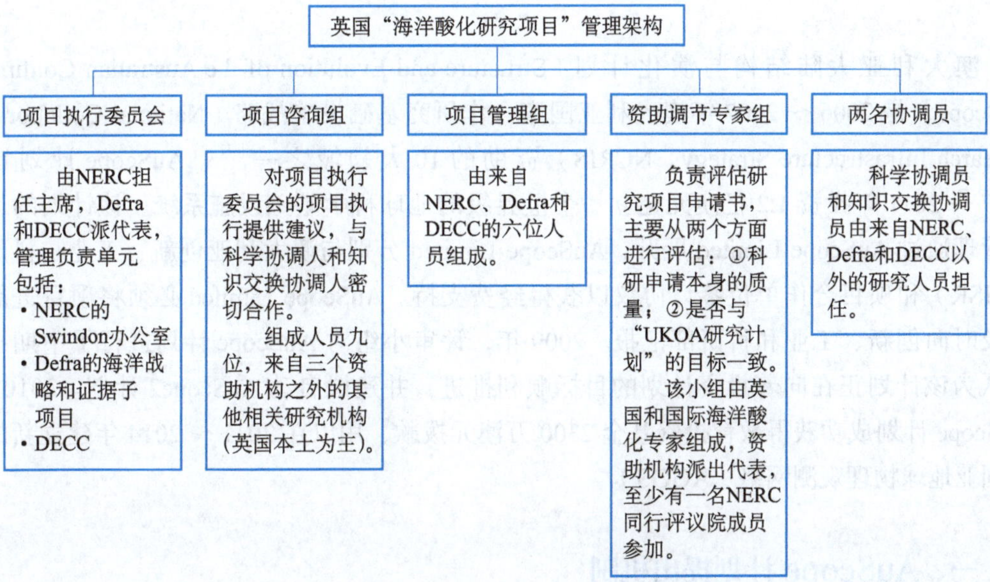

图 9-24　UKOA 研究计划管理架构

五、经验与启示

（1）整合研究力量和资源。UKOA 研究计划在国家目标一致的基础上，通过更高层面的协调机制进行资源整合。UKOA 研究计划由原来的三个研究体系和三个管理体系整合为一个统一的管理体系，在人力、经费等方面节约了成本，运行效率也大大提高，对研究人员和管理人员的工作效率起到了促进作用。我国应从整体科技战略方向出发，对一些专业方向明确、目标一致的研究计划和项目进行整合，成立跨部门的管理机构，统一管理项目的运行。对研究内容相近、研究目的相似的研究计划经费进行合并，减少管理人员数量，降低管理成本。

（2）成立独立的项目评议单元。UKOA研究计划总体由四个小组共同完成：项目执行委员会；项目咨询组；资助调节专家组；项目管理组。各部门职责明确，运行严谨。其中特色较为突出的是“同行评议院”制度，既保证了评议专家的独立性，又可以对其组成进行管理。我国应在各研究领域建立各自独立的项目评议机构，评议机构人员构成以科研人员为主，并吸纳研究成果潜在用户（企业和公众）参与，这样既可以保证科学前沿性，又能保证评议的独立性，而专门的评议机构还可以统筹资源，提高管理效率和评审的公正性。

（执笔：中国科学院兰州文献情报中心　王金平）

第九节　澳大利亚大陆结构与演化计划

澳大利亚大陆结构与演化计划（Structure and Evolution of the Australian Continent, AuScope）是2006～2007年澳大利亚国家合作研究基础设施战略（National Collaborative Research Infrastructure Strategy，NCRIS）资助的10大领域之一[77]。AuScope计划旨在2007～2011年投资1.2亿澳元建立一个世界级的地球科学基础设施系统。该计划的运行和管理通过AuScope Limited展开，AuScope Limited分别与澳大利亚创新、工业与科研部（DIISR）和项目合作单位签订协议以获得经费支持。AuScope Limited必须将项目进展情况及时向创新、工业和科研部汇报。2009年，评审小组对AuScope计划进行了中期检查后认为该计划正在向着投资计划的目标顺利推进，并建议启动AuScope2计划。2010年，AuScope计划成功获得教育投资基金2300万澳元拨款，用以在2011～2014年建立新的澳大利亚地球物理观测网络（AGOS）。

一、AuScope计划提出机制

2005年，澳大利亚启动NCRIS战略，2006～2007年该战略对10个领域实施了资助，包括生物技术产品、综合生物系统、综合海洋观测系统、合作平台、光学、无线电天文学、生物安全框架网络、生物分子、信息、AuScope等。

AuScope计划（2007～2011年）旨在地理空间和地球科学领域，通过对数据进行采集、管理、建模与仿真等，建立一个世界级的地球科学基础设施系统。该计划下设六个组成部分，包括AuScope网格和互操作性（AuScope grid and interoperability）、地球的组成和演化（earth composition and evolution）、全国虚拟岩心库（national virtual core library）、地球成像与结构（earth imaging and structure）、地球模拟与建模（earth simulation and modelling）和地理空间框架和地球动力（geospatial framework and earth dynamics）[78]。

二、AuScope计划管理与协调机制

AuScope计划的运行和管理通过AuScope Limited展开。在AuScope计划的投资计划报告中[79]，NCRIS委员会建议以公司管理模式来负责NCRIS项目对AuScope计划的所有投资。随后，AuScope Limited成立，它是依照《公司法》(*Corporations Law*)建立的一个非营利担保有限公司，主要职责包括：接受和管理来自政府机构提供的资金；利用数据采集、管理、建模和仿真等方面的技术和能力来促进地球科学世界一流的基础设施系统的实施等。AuScope Limited的总部设在墨尔本大学地球科学学院，由一个独立的董事会进行管理，该董事会由NCRIS指导委员会任命（董事会的绝大多数董事都来自AuScope Limited成员机构和AuScope计划参加机构以外的单位）。科学咨询委员会由来自AuScope Limited的成员、项目参加单位，以及用户群体的高级科学家和研究人员组成。他们将为AuScope Limited董事会提供有关AuScope基础设施所面临的机遇与挑战方面的建议。日常工作由首席执行官协调，每一个子项目都有相应的项目主管。具体如图9-25和图9-26所示。

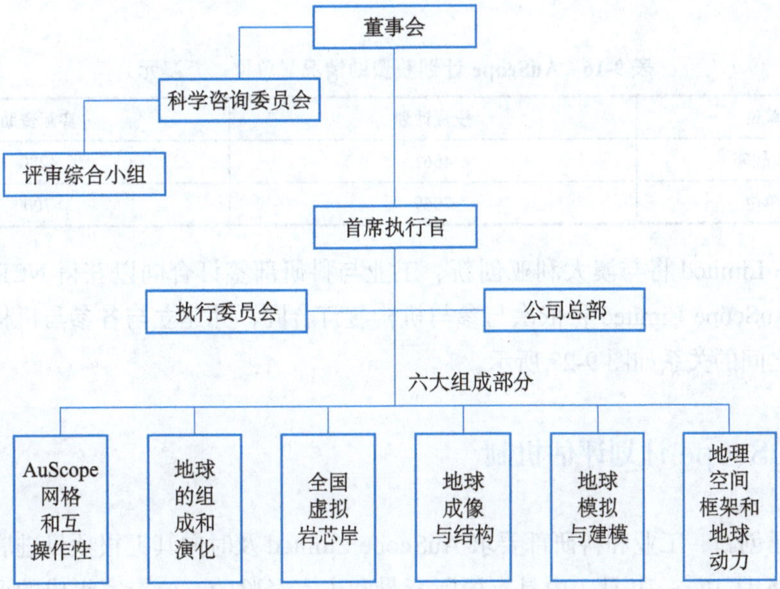

图9-25 AuScope计划管理框架

三、AuScope计划的资金来源与管理

NCRIS启动后，NCRIS委员会制订了相应的投资计划及各个资助领域的投资计划（表9-16）。其中，AuScope计划的投资计划拟获NCRIS战略资助4661万澳元，获合作单位资助7969万澳元。并且在该投资计划中，AuScope Limited的运营经费也作为单独的支出项

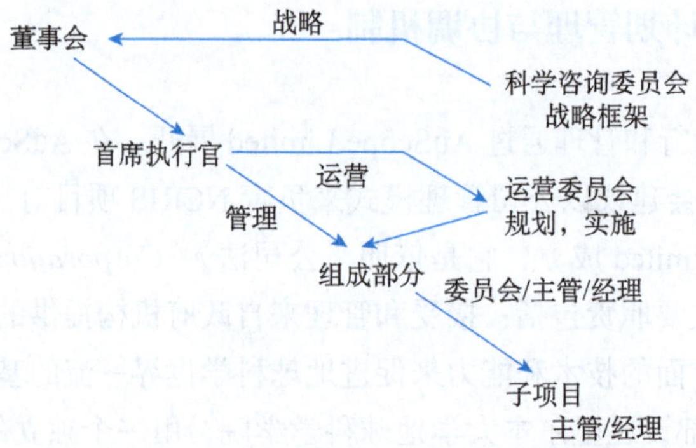

图 9-26　AuScope 计划各级管理机构主要职能

目列出，2007～2011 年运营经费共计 250 万澳元，其中 NCRIS 项目承担 100 万澳元，合作单位承担剩余 150 万澳元。之后经澳大利亚教育科学和培训部①（DEST）部长批准。AuScope 计划实际获得 NCRIS 战略资助 4280 万澳元。2007～2011 年，该计划实际获合作单位投资超过 7000 万澳元②，包括澳大利亚地球科学机构、11 个大学和州政府部门等 23 个单位。

表 9-16　AuScope 计划获资助情况（单位：万澳元）

出资单位	投资计划	实际资助
NCRIS 战略	4661	4280
合作单位	7969	>7000

AuScope Limited 将与澳大利亚创新、工业与科研部签订合同以获得 NCRIS 项目的资助。然后，AuScope Limited 将依次与参与机构签订合同，并建立与各参与机构之间的出资协议。双方之间的关系如图 9-27 所示。

四、AuScope 计划评估机制

澳大利亚创新、工业和科研部要求 AuScope Limited 及时向其汇报项目进展情况。

2009 年 6 月 17～19 日，由具有国际背景和丰富经验的三位专家组成的评审小组（表 9-17）对 AuScope 计划进行了中期检查[80]。评审小组预先设定了四个贯穿整个项目始终的关键问题，最后都得到了肯定的答案，认为 AuScope 计划正在向着投资计划的目标顺利推进，并建议启动 AuScope2 计划。

2010 年，时任澳大利亚创新、工业与科研部部长的 Kim Carr 宣布 AuScope 计划成功获得教育投资基金（education investment fund，EIF）的第三轮拨款 2300 万澳元[81]，用以

① 2007年12月3日，澳大利亚新政府对政府机构进行了调整，原“教育、科学和培训部”（DEST）撤销，其职能被划归到两个新成立的部委——“创新、工业和科研部”（DIISR）和“教育、就业和劳资关系部”（DEEWR）。

② 在调研过程中没有查到具体金额。

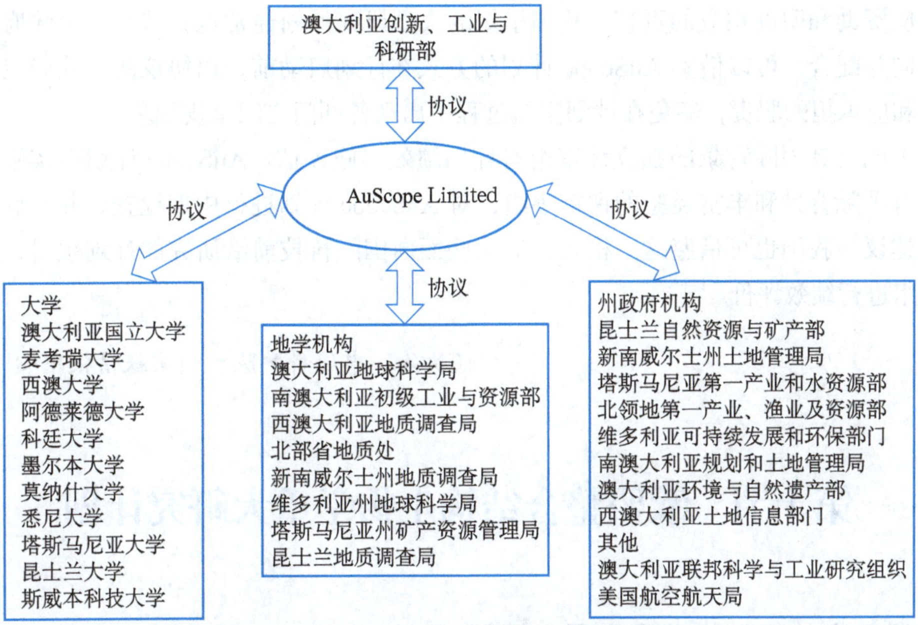

图 9-27　AuScope Limited 与投资机构的关系

在 2011 ～ 2014 年建立一个新的澳大利亚地球物理观测网络（AGOS）。此外，该计划还将从合作单位获资 8200 万澳元。

表 9-17　中期检查评审小组

职务	姓名	来源机构
主席	Mary O'Kane	Mary O'Kane & Associates 有限责任公司
成员	Kevin Furlong	宾夕法尼亚州立大学
成员	Edwin van Leeuwen	必和必拓公司

五、经验和启示

（1）委托第三方机构对政府投资的科研计划进行具体管理。AuScope 计划实施过程中，专门成立了一个非营利性的公司——AuScope Limited 对计划实施具体管理。AuScope Limited 由一个独立的董事会负责管理，日常工作则由首席执行官协调，每一个子项目都有相应的项目主管。我国可以借鉴澳大利亚 AuScope 计划的管理模式，在政府科技管理部门确定重大研究计划的目标和方向后，通过设立或委托非营利性的第三方机构对政府投资的科研计划进行具体管理，这样既保证了整个计划的科学目标，又可以增加具体项目实施中立项、评审、考核、评估过程的独立性和公平性，还可以大幅减少政府科技管理部门的事务性工作，将主要力量放在国家重大科技规划制订上。

（2）通过协议形式确定跨部门研究计划的责权。AuScope 计划实施过程中，负责管理的 AuScope Limited 分别与澳大利亚创新、工业与科研部和 23 个项目合作单位签订合同以获得相应资助和明确相应的责权。我国组织的大型研究计划通常也会涉及多个政府部门之间的协同与配合，可以借鉴 AuScope 计划的方式在计划启动前，以协议的方式确定各部分的权利和应承担的职责，避免在计划实施过程中出现各部门之间扯皮现象。

（3）成立具国际背景的独立评审组对计划绩效实施评估。AuScope 计划在实施中期成立了具有国际背景和丰富经验的评审小组，对 AuScope 计划进行中期检查，并对后续支持提出了建议。我国也可借鉴这一模式，对一些面向国际科技前沿研究的计划项目，采用国际评审组进行绩效评价。

（执笔：中国科学院兰州文献情报中心　刘学）

第十节　欧盟整合结构生物学重大研究计划

欧盟整合结构生物学重大研究计划（Integrated Structural Biology Infrastructure for Europe，INSTRUCT 计划）①从 2000 年酝酿，2002 年 10 月正式启动，先后得到欧盟框架研究计划第 5 ~ 7 轮的资助，INSTRUCT 预计将执行到 2018 年，总投资预计超过五亿欧元，以便“欧洲迎接未来 20 年的结构生物学研究挑战”。在科技计划相关各类主体的机制性分离、功能性整合方面具有诸多崭新理念和新特点，具有组织管理架构复杂、整体竞争力和效率较高特色。

一、INSTRUCT 计划提出机制

前期 INSTRUCT 计划的立项过程表现出科研计划的方向性不清晰，论证具有临时性，以及评价机制不完整的特点[82]。欧盟采取两轮项目招标形式（第一轮中，研究人员提交从下到上的项目意向表达，第二轮中，欧盟进行的从上到下的重点领域项目招标）、不同于常规项目评价机制（每项计划针对性引入至少四名欧盟区域外评审专家）。

而在第 6 ~ 7 轮研究框架下，欧盟转向面向未来 5 ~ 10 年需求的重大科学研究计划战略论证。组建欧盟研究基础设施战略论坛（ESFRI）生物医学和生命科学工作组（BMS RWG）专设机构，作为常设规划机构，就面向未来 5 ~ 10 年需求的重大科学研究计划战略进行论证[83]。在这些战略咨询和评估基础上，新 INSTRUCT 计划的必要性、可行性和实施过程都非常明确。规划结果纳入欧盟框架研究规划或年度计划（work programme）。

---

① INSTRUCT，从英文原词可理解为“整合结构生物学基础设施”，但从具体目标和实施过程来看，这是一项多方参与的，有时间节点的、以蛋白质结构解析能力建设为目标的重大科研计划，而不是一般意义上的科技基础设施建设。

二、INSTRUCT 计划管理与协调机制

科技计划的管理和协调分两部分。

（一）具体科研项目的微观项目管理

欧盟遵循“项目招标—项目申请书填写—申请书审查—专家评审—项目执行——项目汇报”科研计划实施机制（至少自第五研究框架实施以来）的基本流程。INSTRUCT 计划具体科研项目操作遵循欧盟一般性科研项目的立项、执行和评估流程，并由专职执行机构进行具体科研项目的事务性管理。

值得关注的是，欧盟主要通过对科研计划书的各项目标的完成情况考察，来对计划的实施进行书面考核，因此要求科研计划内容非常详尽[84]。如在科研计划资助协议书模板中，科研计划必须包含格式化的 PART A 部分和文字描述、PDF 格式的 PART B 部分，而格式化的 PART A 部分则规定各种格式化的工作包（word package，WP）、阶段需交付成果（deliverables）和阶段性成果（milestones）指标等。这种高度格式化的组织形式和管理工具，便于研究人员提交电子化、格式化的科研计划申请书，也便于欧盟评价科研计划的各种组成要素，也便于科研管理团队和欧盟监测、评估科研进程。

1. 科研计划工作包

INSTRUCT 计划设有 14 个工作包，每个工作包有各自明确的工作目标和主要任务（表 9-18）。根据科研计划整体目标，科研计划任务实施被分解为针对不同子目标的两类：行政管理类性质的工作包和科研工作性质的工作包。整个工作计划包括 14 个工作包，它们分为两类：第一类属于行政管理性质，包括管理（WP1）、流程计划（WP2）、法律地位和治理（WP3）、财务计划（WP4）、技术战略（建筑和设施）（WP5）、技术战略（使用者获取规则）（WP6）和能力建设与培训（WP13）。第二类属于科学技术规划，包括数据和协调管理（WP7）、四组核心技术（X 光、核磁共振技术、电子显微镜和样品获取技术，分别对应 WP8-WP11）、与其他生物学大型计划关联的新兴技术（WP12），以及技术机遇的可行性研究（WP14）。各项工作包的任务被制成工作计划甘特图，包含多个主要时间节点，非常直观，也便于考察计划的实施结果。

表 9-18　INSTRUCT 计划 14 个工作包及其职责

工作包名称	主要职责	参与方（名称缩写）
WP1：管理	界定管理构架和决策流程；建立通信、报告策略	英国牛津大学，欧洲生物与医学研究中心，欧洲分子生物学实验室，意大利金属蛋白核磁共振大学联盟，以色列魏茨曼科学研究所，德国马普学会
WP2：流程计划	确定操作阶段的科学项目；建设和操作阶段的管理和工作计划	英国牛津大学，欧洲生物与医学研究中心，欧洲分子生物学实验室，意大利金属蛋白核磁共振大学联盟，以色列魏茨曼科学研究所，德国马普学会
WP3：法律地位和治理	明确权利、责任和义务；提供外部治理架构	英国牛津大学，欧洲生物与医学研究中心，欧洲分子生物学实验室，意大利金属蛋白核磁共振大学联盟，以色列魏茨曼科学研究所，德国马普学会

续表

工作包名称	主要职责	参与方（名称缩写）
WP4：财务计划	提供建设和运行阶段的商业计划书	英国牛津大学，欧洲生物与医学研究中心，欧洲分子生物学实验室，意大利金属蛋白核磁共振大学联盟，以色列魏茨曼科学研究所，德国马普学会
WP5：技术战略（建筑和设施）	明确核心中心和副中心的必要条件；起草建设计划	英国牛津大学，欧洲生物与医学研究中心，欧洲分子生物学实验室，意大利金属蛋白核磁共振大学联盟，以色列魏茨曼科学研究所，德国马普学会
WP6：技术战略（使用者获取规则）	开发用于项目应用评价的成本和管理模型；建立安全管理流程和标准操作程序	英国牛津大学，欧洲生物与医学研究中心，欧洲分子生物学实验室，意大利金属蛋白核磁共振大学联盟，以色列魏茨曼科学研究所，德国马普学会
WP7：数据和协调管理	制订关于标准、操作界面和分析工具的计划，形成数据共享和汇集的机制	英国牛津大学，欧洲生物与医学研究中心，欧洲分子生物学实验室，意大利金属蛋白核磁共振大学联盟，以色列魏茨曼科学研究所，德国马普学会
WP8：X 光	建立可包含同步加速器的模式	英国牛津大学，欧洲分子生物学实验室，德国布鲁克拜厄斯宾有限公司
WP9：核磁共振技术	建立基础设施计划、开展可行性研究	英国牛津大学，意大利金属蛋白核磁共振大学联盟，以色列魏茨曼科学研究所，德国布鲁克拜厄斯宾有限公司
WP10：电子显微镜	建立基础设施计划，开展可行性研究	英国牛津大学，欧洲生物与医学研究中心，德国马普学会
WP11：样品获取技术	基础设施和新兴技术的计划开发，开展可行性研究	英国牛津大学，欧洲生物与医学研究中心，欧洲分子生物学实验室，意大利金属蛋白核磁共振大学联盟，以色列魏茨曼科学研究所，德国马普学会
WP12：与其他生物学大型计划关联的新兴技术	建立辐射到其他领域，包括生物医学和生命科学大型科技计划的机制；与计算生物学形成交叉	英国牛津大学，欧洲生物与医学研究中心，欧洲分子生物学实验室，意大利金属蛋白核磁共振大学联盟，以色列魏茨曼科学研究所，德国马普学会
WP13：能力建设与培训	开发项目扩展的前瞻计划；整合新成员国的计划	英国牛津大学，意大利金属蛋白核磁共振大学联盟，以色列魏茨曼科学研究所
WP14：技术机遇的可行性研究	与欧洲产业界开展七项可行性研究	英国牛津大学，欧洲分子生物学实验室，意大利金属蛋白核磁共振大学联盟，德国马普学会，德国布鲁克拜厄斯宾有限公司

资料来源：欧盟 INSTRUCT 计划（资助号 FP7–211252）任务书附件 I

工作包内含阶段性需交付成果和阶段性成指标，对计划开展和进展情况进行过程管理。

2. 工作组

INSTRUCT 计划实施的一个重要特征是在任务工作包之外，设立人员工作组（working groups，WG）模式。在 INSTRUCT 计划中设有 22 个具有不同职能分工的工作组（表 9-19）。工作组定期集会，讨论具体工作任务的落实，并向项目管理委员会汇报。如果需要将召集成立新的工作组。

表 9-19　INSTRUCT 计划成立的 22 个工作组及其各自职责

工作组名称	INSTRUCT 准备阶段职责描述	领衔机构名称
WG A：法律框架	确立基础设施联盟的法律地位	欧洲生物与医学研究中心
WG B：治理框架	建立治理模式	英国牛津大学
WG C：财务框架	确立基础设施联盟的财务模式	英国医学研究理事会
WG D：建筑设施	确定建筑建设和运行基本计划	以色列魏茨曼科学研究所
WG E：获取利用	建立获取使用基础设施的工作框架	欧洲分子生物学实验室
WG F：外部联系框架	确定与医药产业界、结构生物学其他联盟、其他生物医学科学项目的联系	英国牛津大学
WG G：资源识别	确定参与国家使用者团体资源需求	英国牛津大学
WG H：生物分子和复合体生产	蛋白生产评估	欧洲生物与医学研究中心
WG I：病毒大规模生产	大规模病毒样品准备和处理评估	赫尔辛基大学
WG J：样品处理	样品准备（含结晶和生物物理分析）评估	荷兰癌症研究中心
WG K：质谱	蛋白质谱分析评估	荷兰乌特列支大学，英国剑桥大学
WG L：系统生物学	与整合结构生物学相关的系统生物学等评估	西班牙巴塞罗那基因调控研究中心
WG M：计算结构生物学	评估用于结构生物学的计算生物学和软件开发	英国约克大学
WG N：固相核磁共振	评估用于膜蛋白和其复合体的固相核磁共振技术	德国莱布尼茨分子药理学研究所
WG O：核磁共振	评估核磁共振技术	捷克马萨里克大学
WG P：非结构蛋白表征分析	非结构蛋白分析技术评估	匈牙利科学院
WG Q：电子显微镜和探针	评估电子显微镜和探针技术	欧洲分子生物学实验室
WG R：图像处理软件开发	评估用于电子显微镜和断层成像的图像处理	西班牙科学研究理事会
WG S：X 光成像	评估自由电子激光定位和 X 光成像技术	英国钻石同步辐射光源
WG T：同步辐射加速器	将 INSTRUCT 与同步辐射加速器整合计划	瑞典卡罗林斯卡研究所
WG U：光学显微镜	评估光学显微镜方法	欧洲分子生物学实验室
WG V：互补技术	整合 X 射线小角度散射技术（SAXS）、中子技术	欧洲分子生物学实验室

资料来源：欧盟 INSTRUCT 计划（资助号 FP7–211252）任务书附件 I

（二）科技计划的宏观管理与协调

欧盟 INSTRUCT 计划配有专设的宏观科技管理架构。具体而言，运行管理框架上，坚持计划科研目标面向科技突破、面向需求的目标双面向特征，操作机制上实施资源和技术整合、关键人员整合和信息整合等三类整合。根据计划目标，明确参与者，界定其职能和职责，确定管理和治理构架等。

下面是 INSTRUCT 计划第一阶段的主要管理架构，包括总协调员、管理委员会、项目管理组、外部咨询委员会、国家使用者小组等，如图 9-28 所示。

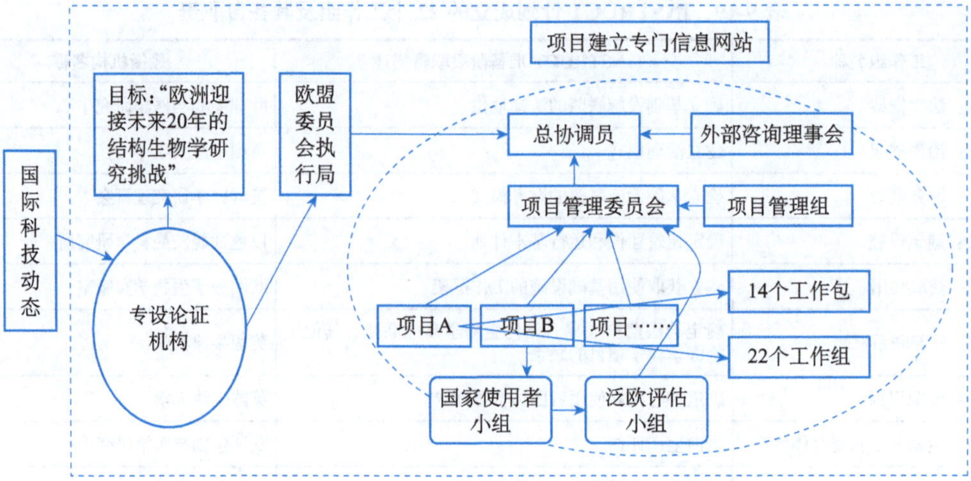

图 9-28 欧盟 INSTRUCT 科技管理图示[85]

1. 总协调员

实施总协调员负责的计划组织管理和推进机制，总协调员直接向欧盟委员会执行局汇报。

2. 项目管理委员会

项目管理委员会：负责计划的重大事项集中决策。由来自核心项目承担机构的代表（每家中心一位）、每家核心资助机构代表、欧洲产业界的企业代表各一名构成，每一家代表只有一票表决权。管理委员会对计划战略决策负责，审批来自项目管理组的所有重要提议。管理委员会定期集会，负责监督计划进展、审查报告、重新评估战略、审查项目预算。管理委员会是重大科研计划的主要管理者、协调者和内部评价者。

3. 项目管理组

项目管理组则可视为项目管理委员会的参谋机构。包括总协调员、欧盟科学计划管理员等。项目管理组受项目管理委员会领导，并向项目管理委员会建议战略行动。

4. 外部咨询委员会

外部咨询委员会由若干名国际著名科学家（包括来自至少三个大洲的代表）、熟悉欧盟法律的一位人员和一位财务代表构成。在项目管理委员会授权下，外部咨询委员会可以在多个领域担任专家，并就任何涉及准备期计划成功的各种问题提供建议。首批成员由项目管理委员会在第一次会议上确定。

5. 国家使用者小组

国家使用者小组：为激发泛欧研究人员的参与，组建国家使用者小组。国家使用者小组由每个国家预期使用计划成果的科研人员选定，代表所有利益相关者利益，由资源识别工作组领导，直接向项目管理委员会汇报。

6. 与其他科技计划的协调机制

常设规划机构的内在协调机制。欧盟研究基础设施战略论坛生物医学和生命科学工作组采取的是从上到下、顶层战略规划的视角，具有内部协调成分。

实施过程内嵌协调机制。通过建立特定工作包、设置专职工作组、主要参与人员在重大计划的交叉担任重要岗位、举办计划整合会议，推进计划的协调。主要举措包括：①一个旨在形成交叉的工作包；②一个外部联系工作组，由计划总协调人出任联络工作组组长，确定其他生物医学科学项目的联系；③核心人员参与其他重大相关科研计划；④与其他重大科研计划举办联席会议等。

需要指出，2012 年 INSTRUCT 计划转入基础设施运行阶段，各参与方达成协议，同意通过特殊目的机构（SPV）——Instruct 学术服务公司（Instruct Academic Services）作为法律实体，负责 INSTRUCT 计划的日常运行管理，组织管理架构也进行了新调整[86]。

三、INSTURCT 计划的资金来源与管理

（一）预算规模

按欧盟批准的 INSTRUCT 计划协议书，欧盟未来八年内将投入总计约五亿欧元（表 9-20）。其中，准备阶段（2008 ～ 2011 年）预算申请 450 万欧元，建设阶段（2011 ～ 2018 年）投入总计三亿欧元。基于准备阶段的工作，INSTRUCT 计划将采取建设和运行同时进行的模式，运行阶段将每年投入 2500 万欧元，持续资助 5 ～ 6 年。

表 9-20　INSTRUCT 计划预算信息[83]

准备阶段	建设阶段	运行阶段	更新和废弃
2008 ～ 2011 年	2011 ～ 2018 年	2012 ～ 2018 年	2012 ～ 2017 年
450 万欧元	3 亿欧元	2500 万欧元 / 年	5000 万欧元

（二）预算形成机制

表 9-21 是 INSTRUCT 计划准备阶段的各类项目的详细预算，这些项目分为：研究技术开发、基础实施示范运行、培训、计划协调、支持、管理等。在准备阶段没有基础设施建设示范和培训费用，申请欧盟资助预算总计约 450 万欧元。

表 9-21　INSTRUCT 计划准备阶段预算（单位：欧元）

机构缩写	整个计划过程的预算							总计	申请欧盟资助
	技术开发	示范	培训	协调	支持	管理	其他		
英国牛津大学	348 000	0	0	1 995 498	224 999	30 1400	0	2 869 897	2 782 895
欧洲生物与医学研究中心	0	0	0	182 600	55 798	36 000	0	274 398	274 398
欧洲分子生物学实验室	217 334	0	0	115 799	29 699	5 400	0	368 232	313 898

续表

机构缩写	整个计划过程的预算							总计	申请欧盟资助
	技术开发	示范	培训	协调	支持	管理	其他		
意大利金属蛋白核磁共振大学联盟	58 000	0	0	218 599	39 599	14 400	0	330 598	316 098
以色列魏茨曼科学研究所	0	0	0	181 600	39 599	14 400	0	235 599	235 599
英国医学研究理事会	0	0	0	0	0	0	0	0	0
法国国家科研中心	0	0	0	0	0	0	0	0	0
以色列科技部	0	0	0	0	0	0	0	0	0
德国马普学会	145 417	0	0	656 800	158 400	43 200	0	1 003 817	516 200
德国教育研究部	0	0	0	0	0	0	0	0	0
德国布鲁克拜厄斯宾有限公司	87 000	0	0	17 400	0	0	0	104 400	60 900
意大利国家研究委员会	0	0	0	0	0	0	0	0	0
总计	855 751	0	0	3 368 296	548 094	414 800	0	5 186 941	4 499 988

资料来源：欧盟 INSTRUCT 计划（资助号 FP7–211252）任务书附件 I

四、INSTRUCT 计划报告评估机制

（一）“国家使用者小组”评估机制

如前所述，考虑到资源整合、方便获取使用和计划可持续发展目标，设计由其他利益相关团体组成的管理结构元素参与科研计划组织管理，如在 INSTRUCT 计划中设计有国家使用者小组，由预期使用 INSTRUCT 计划成果、技术的科研人员代表构成，接受资源识别工作组领导，但直接向管理委员会汇报，就计划实施提供各种反馈意见。国家使用者小组评估科研共同体的需求，召开 20 次会议。未来将组建更大规模的“泛欧评估小组”。

（二）项目阶段性评估报告和终期报告机制

除项目管理委员会对计划开展情况进行内部审查评估外，欧盟通过高度格式化的管理工具——项目阶段性报告模板和项目终期报告模板，要求科研计总协调员提交阶段性报告（每年）和终期报告，按欧盟科研计划书中格式化的阶段需交付成果和阶段性成果指标进行科研计划实施情况的外部监督和评价。

五、经验和启示

（一）将人员与科研任务高度整合的工作包和工作组是科研计划微观管理的重要载体

欧盟科研计划的一个重要特征是工作包和工作组模式，这种特点使得整合科研计划处于人员、任务、工作机制的整合状态。工作包面向科研任务执行。根据科研计划整体目标，科研计划任务实施被分解为针对不同子目标，包含有若干行政管理类性质的工作包和若干科研工作性质的工作包。这些工作包通过协作，共同实现整个科研计划的宏观目标。这些工作包的人员组成上通常包含计划主要参与机构的不同组合，功能定位上根据科研计划的性质归属科研计划的规划层、协调层或处于执行层的上下游。

与国际上若干重大科学研究计划实施的项目任务、人员、管理高度整合的科研活动微观组织形式相比，我国目前的计划整合、项目整合和课题组之间科研能力的整合在相当一部分还停留在形式整合与任务简单整合上，而科研交叉、人员和管理活动交流频度很低，制约科研竞争力的整体提升，降低了高质量科研成果的发生概率。

（二）新的科学研究活动组织形式，对传统决策者和科学研究活动执行者之间的定位、关系提出新要求

随着科学技术的发展，实现重大科技突破，常面临概念或理论的系统性转变，需要更多的资源整合和更高的知识密度。欧盟 INSTRUCT 计划的组织形式呈现新面貌。从科技计划投资规模上讲，投资越来越大，参与科研人员越来越多，周期越来越长；从参与度而言，政府机构、科学共同体、企业、社会团体和人员在科学研究中均扮演特定的角色。新的组织形式使得决策和科研活动传统上相互分离的状态转变为相互交叉、融合的状态。

新的组织形式对传统决策者和科学研究活动执行者之间的定位、关系提出新要求。科技决策主体需要在巩固决策核心地位、提升战略决策高度。而科研活动主体在放弃部分分散探索行为权利进行人员整合的同时，需要一定程度上的自我管理空间，从而提出部分管理职能主张。因此，大型科技计划的决策主体和科技活动主体需要建立新型相互监督、合作的关系。

在我国，科研人员向管理者的转变、决策者向战略管理者的转变，以及外部专业管理人员、新型组织管理和评估工具向科技活动领域的引进，都处于一个起步阶段。

（三）完善信息工具使用，加快科技信息传播和便于社会互动

欧盟非常重视信息技术在科研计划中的应用，大型生物医学科学研究计划尤其如此。除持续完善科研计划申请书的电子化提交程序（EPSS）、基本不接受科研计划书面递交材料外，欧盟在生物医学科研计划的实施和推进中强调信息整合和传播的工具开发和应用。而且，欧盟研究框架下的每一项生物医学科学研究计划，无论资助规模大小，基本建立有

专门网站，以增强信息传播渠道。网站的建设和开通既是科研计划工作包的具体任务之一，也是重要的阶段性成果考核指标之一。

我国重大科技计划需要加快建立相关的科技信息传播渠道和机制。社会公众既有对重大科技计划投资的知情权，也有参与完善重大科技计划组织管理的积极性。科技信息的传播，也有助于增强科技计划的组织管理程序透明性、科技预算合理性，约束部分学术不端行为，提高决策针对性。

（执笔：中国科学院上海生命科学信息中心　熊燕、刘晓、王慧媛）

参考文献

［1］申丹娜．美国实施全球变化研究计划的协作机制及其启示．气候变化研究进展，2011，7（6）：449-454

［2］Committee to Advise the U.S. Global Change Research Program，National Research Council. A Review of the U.S. Global Change Research Program’s Strategic Plan（2012）. http：//dels.nas.edu/Report/Review/13330 [2014-12-12]

［3］罗宗俊，刘闯，王正兴．美国全球变化研究的法律基础．地球科学进展，2003，18（3）：465-470

［4］U.S. Global Change Research Program. Our Changing Planet—The U.S. Climate Change Science Program for FY 2014. http：//data.globalchange.gov/assets/f9/bd/1a8f48ec282b7ea1676451289527/our-changing-planet-FY14-final-high-res.pdf [2014-12-10]

［5］U.S. Global Change Research Program. Our Changing Planet. The U.S. Climate Change Science Program for FY 2013. http：//data.globalchange.gov/assets/f9/bd/1a8f48ec282b7ea1676451289527/our-changing-planet-FY14-final-high-res.pdf [2014-12-10]

［6］U.S. Global Change Research Program. National Global Change Research Plan 2012-2012：A Strategic Plan for the U.S. Global Change Research Program（2012）. http：//library.globalchange.gov/u-s-global-change-research-program-strategic-pla n-2012-2021 [2014-12-10]

［7］National Science and Technology Council，Committee on Science，Interagency Working Group on Plant Genomes. National Plant Genome Initiative Five-Year Plan：1998-2002. https：//www.whitehouse.gov/sites/default/files/microsites/ostp/PlantGenomeInitiative1998.pdf [2014-12-12]

［8］National Science and Technology Council，Committee on Science，Interagency Working Group on Plant Genomes. National Plant Genome Initiative Five-Year Plan：2003-2008. https：//www.whitehouse.gov/sites/default/files/microsites/ostp/npgi2003_2008.pdf [2014-12-10]

［9］National Science and Technology Council，Committee on Science，Interagency Working Group on Plant Genomes. NATIONAL PLANT GENOME INITIATIVE FIVE-YEAR PLAN：2009-2013. https：//www.whitehouse.gov/files/documents/ostp/NSTC%20Reports/NPGI%20Five-Year%20Plan%202009-2013.pdf [2014-

12-10]

[10] National Science and Technology Council. National Plant Genome Initiative Five-Year Plan：2014-2018. https：//www.whitehouse.gov/sites/default/files/microsites/ostp/NSTC/npgi_five-year_plan_5-2014.pdf [2014-12-10]

[11] 徐峰，许端阳 . 国外政府支持重大科技计划或专项组织管理特征分析与借鉴 . 科技管理研究，2011（14）：37-40

[12] 张义芳 . 国家科技重大专项的跨部门协调：美国经验及对我国的启示 . 中国科技论坛，2014（7）：21-25

[13] USDA. Memorandum of Understanding between the USDA Cooperative State Research，Education，and Extension Services and the U.S. Department of Energy Joint Genome Institute：Cooperation in Support of Coordinated Plant and Microbial Genome Sequencing and Bioinformatics. http：//www.csrees.usda.gov/nea/plants/part/pbgg_part_doe.html [2014-12-30]

[14] Maize Genome Sequencing Project：An NSF/DOE/USDA Joint Program. http：//www.nsf.gov/pubs/2004/nsf04614/nsf04614.htm [2014-12-10]

[15] 闫绪娴，侯光明 . 美国科技计划管理及其特点 . 科学学研究，2014，22（增刊）：78-81

[16] 赵铮，顾新 . 发达国家科技计划管理及其对我国的启示 . 科技管理研究，2008（12）：72-73

[17] 孙迎春 . 国外政府跨部门协同机制及其对中国的启示 . 行政管理改革，2013（10）：63-67

[18] Committee on Objectives for the National Plant Genome Initiative：2003-2008，National Research Council. The National Plant Genome Initiative：Objectives for 2003-2008. https：//nsf.gov/bio/pubs/reports/npgi2003/NPGI2003-2008.pdf [2015-1-5]

[19] National Science and Technology Council，Committee on Science，Interagency Working Group on Plant Genomes. National Plant Genome Initiative Progress Report. http：//www.nsf.gov/bio/pubs/reports/index.jsp [2014-12-9]

[20] National Science and Technology Council，Committee on Science，Interagency Working Group on Plant Genomes. National Plant Genome Initiative Progress Report. http：//www.nsf.gov/bio/pubs/reports/index.jsp [2014-12-9]

[21] National Science and Technology Council，Committee on Science，Interagency Working Group on Plant Genomes. National Plant Genome Initiative Progress Report. http：//www.nsf.gov/bio/pubs/reports/index.jsp [2014-12-9]

[22] National Science and Technology Council，Committee on Science，Interagency Working Group on Plant Genomes. National Plant Genome Initiative Progress Report. http：//www.nsf.gov/bio/pubs/reports/index.jsp [2014-12-9]

[23] National Science and Technology Council，Committee on Science，Interagency Working Group on Plant Genomes. National Plant Genome Initiative Progress Report. http：//www.nsf.gov/bio/pubs/reports/index.jsp [2014-12-9]

[24] National Science and Technology Council，Committee on Science，Interagency Working Group on

Plant Genomes. National Plant Genome Initiative Progress Report. http：//www.nsf.gov/bio/pubs/reports/index.jsp［2014-12-9］

［25］National Science and Technology Council，Committee on Science，Interagency Working Group on Plant Genomes. National Plant Genome Initiative Progress Report. http：//www.nsf.gov/bio/pubs/reports/index.jsp［2014-12-9］

［26］National Science and Technology Council，Committee on Science，Interagency Working Group on Plant Genomes. National Plant Genome Initiative Progress Report. http：//www.nsf.gov/bio/pubs/reports/index.jsp［2014-12-9］

［27］Committee on the National Plant Genome Initiative：Achievements and Future Directions，National Research Council. Achievements of the National Plant Genome Initiative and New Horizons in Plant Biology. New York：National Academies Press，2008.

［28］Ruzena，B. Information Technology R&D Crosscut for the President's FY2001 Budget. https：//www.nitrd.gov/pitac/meetings/2000/20000225/itrd/itrd-bri.pdf［2000-2-25］

［29］刘晓君.冷战后美国主要科技研发计划纵览（I）.科技导报，2013，7：11

［30］Strawn，G. O. Oversight of the NITRD Program and Priorities for the Future Testimony. https：//www.nitrd.gov/congressional/testimony/NITRD%20Written%20Testimony%20GStrawn%2009_21_2011.pdf.［2014-12-9］

［31］Committee on Technology，National Science and Technology Council. Charter of the Subcommittee on the Networking and Information Technology Research and Development. http：//www.nitrd.gov/subcommittee/charter/subcommittee.pdf [2010-8-5]

［32］谭宗颖.2005.近5年来世界纳米技术回顾与分析.纳米观察，创刊号（1）：1-73

［33］The Nanoscale Science，Engineering，and Technology（NSET）Subcommittee.http：//nano.gov/nset［2014-12-15］

［34］Subcommittee on Nanoscale Science，Engineering，and Technology，Committee on Technology，National Science and Technology Council. The National Nanotechnology Initiative：Strategic Plan. http：//www.nano.gov/sites/default/files/pub_resource/nni_strategic_plan_2007.pdf［2014-12-15］

［35］Subcommittee on Nanoscale Science，Engineering，and Technology，Committee on Technology，National Science and Technology Council. The National Nanotechnology Initiative：Strategic Plan. http：//www.whitehouse.gov/sites/default/files/microsites/ostp/nni_strategic_plan_2011.pdf［2014-12-15］

［36］Subcommittee on Nanoscale Science，Engineering，and Technology，Committee on Technology，National Science and Technology Council. The National Nanotechnology Initiative：Strategic Plan. http：//nano.gov/sites/default/files/pub_resource/2014_nni_strategic_plan.pdf［2014-12-15］

［37］NNI Nanotechnology Environmental and Health Implications Working Group. http：//nano.gov/nehi［2014-12-15］

［38］NNI Nanomanufacturing，Industry Liaison & Innovation Working Group.http：//nano.gov/nili［2014-12-15］

［39］NNI National Nanotechnology Initiative. www.nano.gov［2014-12-15］

［40］Office of Science & Technology Policy. The Federal S&T Budget Process. http：//www.biometrics.gov/Documents/BCC%2007%20-%20Federal%20Budget%20Process.pdf［2014-12-15］

［41］Subcommittee on Nanoscale Science，Engineering，and Technology，Committee on Technology，National Science and Technology Council. NNI Supplement to the President's 2015 Budget. http：//www.whitehouse.gov/sites/default/files/microsites/ostp/NNI_FY15_Final.pdf［2014-12-15］

［42］National Nanotechonology Coordination Office. A Perspective on the Nanotechnology Signature Initiatives. http：//www.southeastern.edu/acad_research/programs/nano_4_rem_anssers/assets/proceedings/friedersdorf_pohanka.pdf［2014-12-15］

［43］National Science Foundation. Nanoelectronics for 2020 and Beyond. http：//www.nsf.gov/funding/pgm_summ.jsp?pims_id=503577［2014-12-15］

［44］National Science Foundation. A Joint Activity between NSF and NRI. http：//www.nsf.gov/pubs/2010/nsf10614/nsf10614.htm［2014-12-15］

［45］Executive Office of the President，President's Council of Advisors on Science and Technology. Report to the President and Congress on the Third Assessment of the National Nanotechnology Initiative. http：//www.whitehouse.gov/sites/default/files/microsites/ostp/pcast-nni-report.pdf［2014-12-15］

［46］Executive Office of the President，President's Council of Advisors on Science and Technology. Report to the President and Congress on the Forth Assessment of the National Nanotechnology Initiative. http：//www.whitehouse.gov/sites/default/files/microsites/ostp/PCAST_2012_Nanotechnology_FINAL.pdf［2014-12-15］

［47］Executive Office of the President，President's Council of Advisors on Science and Technology. Report to the President and Congress on the Fifth Assessment of the National Nanotechnology Initiative. http：//www.whitehouse.gov/sites/default/files/microsites/ostp/PCAST/pcast_fifth_nni_review_oct2014_final.pdf［2014-12-15］

［48］NNIN. National Nanotechnology Infrastructure Network. http：//www.nnin.org［2014-12-15］

［49］National Research Council. A Matter of Size：Triennial Review of the National Nanotechnology Initiative. http：//www.nap.edu/catalog/11752/a-matter-of-size-triennial-review-of-the-national-nanotechnology［2014-12-15］

［50］National Research Council. Review of Federal Strategy for Nanotechnology-Related Environmental，Health，and Safety Research. http：//www.nap.edu/catalog/12559/review-of-federal-strategy-for-nanotechnology-related-environmental-health-and-safety-research［2014-12-15］

［51］National Research Council. Triennial Review of the National Nanotechnology Initiative. http：//www.nap.edu/catalog/18271/triennial-review-of-the-national-nanotechnology-initiative［2014-12-15］

［52］闫绪娴，侯光明 . 美国科技计划管理及其特点 . 科学学研究，2004，22（增刊）：78-81

［53］White House. Fact Sheet：BRAIN Initiative. http：//www.whitehouse.gov/the-press-office/2013/04/02/fact-sheet-brain-initiative［2013-4-2］

［54］NSF. Prying Open the Black Box of the Brain. http：//www.nsf.gov/discoveries/disc_summ.jsp?cntn_

id=128239

［55］NIH. NIH ACD BRAIN Working Group FY14 High Priority Research Areas. http：//brainfeedback.nih.gov/nih-acd-brain-working-group-fy14-high-priority-research-areas-2/［2013-9-29］

［56］NIH. NIH Announces Six Funding Opportunities for the BRAIN Initiative in Fiscal 2014. http：//www.nih.gov/news/health/dec2013/nih-17.htm［2014-12-15］

［57］NIH. NIH Embraces Bold，12-year Scientific Vision for BRAIN Initiative. http：//www.nih.gov/news/health/jun2014/od-05.htm［2014-12-15］

［58］Sheeley，D. Protein Structure Initiative Transition Planning Committees. http：//loop.nigms.nih.gov/2014/02/protein-structure-initiative-transition-planning-committees/［2014-12-5］.

［59］NIGMS. NIGMS Strategic Plan 2008-2012. http：//publications.nigms.nih.gov/strategicplan2008-2012/［2014-12-5］.

［60］NIGMS. Funding Priorities and Initiatives of the National Institute of General Medical Sciences. http：//www.nigms.nih.gov/News/reports/archivedreports2003-2000/Pages/priorities.aspx［2014-11-20］.

［61］NIGMS. NIGMS Structural Genomics Project Planning Meeting. http：//www.nigms.nih.gov/News/reports/archivedreports1999-1996/Pages/genomics.aspx#roster［2014-11-20］

［62］NIGMS. Concept Clearance：High-Throughput Structural Biology. http：//www.nigms.nih.gov/News/Reports/ArchivedReports2009-2007/Pages/council_concept_clearance_2009.aspx［2014-11-28］

［63］科学技术部社会发展科技司．生物医药发展战略报告机构篇．北京：科学出版社，2009

［64］NIGMS. Council Meetings and Functions. http：//www.nigms.nih.gov/about/council/Pages/CouncilMeetingsandFunctions.aspx［2014-11-21］

［65］NIH.Award Management. http：//grants.nih.gov/grants/managing_awards.htm#post［2014-12-5］.

［66］NIGMS. Protein Structure Initiative Update.http：//www.nigms.nih.gov/News/reports/archivedreports2009-2007/Pages/psi2_update_052007.aspx［2014-11-29］

［67］NIGMS. NIGMS “Visions of the Future” Meeting. http：//www.nigms.nih.gov/News/Meetings/Pages/NIGMSVisionsFutureMeeting.aspx［2014-10-25］

［68］PSI Assessment Panel. Report of the Protein Structure Initiative Assessment Panel. http：//www.nigms.nih.gov/News/reports/archivedreports2009-2007/Pages/PSIAssessmentPanel2007.aspx［2014-12-5］

［69］PSI：Biology Evaluation Team. PSI：Biology Evaluation Team Report.http：//www.nigms.nih.gov/News/reports/Pages/default.aspx［2014-11-21］

［70］The National Archives. Government Response to the UK Stem Cell Initiative Report and Recommendations. http：//webarchive.nationalarchives.gov.uk/+/www.dh.gov.uk/en/Publichealth/Scientificdevelopmentgeneticsandbioethics/Stemcell/Stemcellgeneralinformation/DH_4124082［2014-12-8］

［71］Taking Stock of Regenerative Medicine in the United Kingdom. https：//www.gov.uk/government/uploads/system/uploads/attachment_data/file/32459/11-1056-taking-stock-of-regenerative-medicine.pdf［2014-12-8］

［72］NERC. Natural Environment Research Council：Peer Review College. http：//www.nerc.ac.uk/

funding/application/peerreview/［2014-12-8］

［73］NERC. Natural Environment Research Council：Ocean Acidification.http：//www.nerc.ac.uk/research/funded/programmes/oceanacidification/［2014-12-8］

［74］NERC. The UK Ocean Acidification Research Programme-Science Plan（2009-2014）. http：//www.nerc.ac.uk/research/funded/programmes/oceanacidification/ocean-acidification-science-plan.pdf［2014-12-8］

［75］NERC. Natural Environment Research Council：The UK Ocean Acidification Research Programme-Implementation Plan（2009-2014）http：//www.nerc.ac.uk/research/funded/programmes/oceanacidification/ocean-acidification-implementation-plan.pdf.［2014-12-8］

［76］NERC. Natural Environment Research Council：NERC Management Statement http：//www.nerc.ac.uk/about/organisation/boards/mgt_statement05.pdf［2014-12-8］

［77］National Collaborative Research Infrastructure Strategy Evaluation Report 2010. http：//docs.education.gov.au/system/files/doc/other/national_collaborative_research_infrastructure_strategy_evaluation_report_2010.docx [2014-12-8]

［78］AuScope. AuScope Limited. http：//www.auscope.org.au/about/［2016-1-5］

［79］AuScope. AuScope Investment Plan. http：//www.auscope.org.au/userfiles/file/Sidebar%20files/AuScope%20Investment%20Plan.pdf［2014-12-8］

［80］AuScope. AuScope Highlights-Year 3. http：//www.auscope.org.au/userfiles/file/Communications/Year_3_Highlights.pdf［2014-12-8］

［81］AuScope. AuScope Highlights-Year 4. http：//www.auscope.org.au/userfiles/file/Communications/Year_4_Highlights.pdf［2014-12-8］

［82］European Commission. European Drive for Post-genomic Research European Commission Awards € 39.4 Million to Three Large-scale Projects. http：//ec.europa.eu/research/press/2F002/pr1803en.html［2014-11-25］

［83］BMS. ESFRI Roadmap Working Group BMS Report. http：//ec.europa.eu/research/infrastructures/pdf/esfri/esfri_roadmap/roadmap_2008/bms_report_2008_en.pdf［2014-11-25］

［84］European Commission. Guidance Notes on Project Reporting. http：//ec.europa.eu/research/participants/data/ref/fp7/90389/project_reporting_en.pdf［2014-11-25］

［85］BMS. Biological and Medical Sciences Thematic Working Group Report 2010. http：//ec.europa.eu/research/infrastructures/pdf/bms_report_en.pdf#view=fit&pagemode=none［2014-11-25］

［86］Instruct. Instruct Signing Ceremony. http：//www.structuralbiology.eu/support/whats-on/news/instruct-signing-ceremony-0［2014-11-25］

第十章

发达国家基地型、人才型和技术创新型科技计划的管理机制

基地型科技计划旨在夯实科研基础条件建设，促进科技资源的开放与共享，打造科技创新高地。人才型科技计划重在培养专门人才队伍，助力创新人才和优秀团队的科研工作。技术创新型科技计划涉及开发新技术，或者将已有的技术进行应用创新。本章挑选了七项归属于这三类的科技计划，对它们的全过程管理做了梳理。

第一节　美国长期生态研究计划

大规模的土地利用变化和环境污染已经在世界范围内导致了生态结构和功能的退化、生物多样性降低等危及可持续发展的影响。然而，生态变化通常是渐变和波动的，让人们难以直观地感受。因此，在长时间尺度上获取和分析生态系统无机和有机组分的数据变得非常必要。1980 年，美国国家科学基金会（NSF）启动了长期生态研究计划（Long Term Ecological Research Program，LTER）。LTER 属于美国国家科学基金资助计划，30 多年来，美国 LTER 在研究范围和规模方面都得到了迅速发展。LTER 站点数量从 1980 年的 6 个增长到 2010 年的 26 个（2014 年为 27 个），吸引了各院所、各领域超过 1800 名科学家和学生参加[1, 2]（图 10-1）。

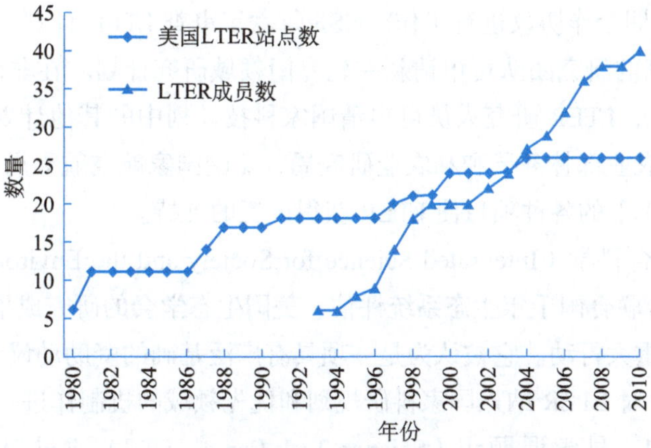

图 10-1　美国 LTER 站点和 LTER 成员数

一、LTER 的提出机制

LTER 为了保持其研究的长期性和延续性，在组织形式上很有特点，以申请建立具有区域或地方研究特色的站点为基础。NSF 会在详细审议和论证的基础上接受某一研究组设置新站点的申请，但是站点一经设立，该研究组就不必与其他研究组竞争下一期的归属权，该站点也不必与其他站点竞争延续权[3]。

LTER 的申请者严格按照 NSF 项目申请书要求提交申请书。收到申请后，由 NSF 将其分配到相应的 NSF 计划下，然后 NSF 特设审查小组根据资格（组织、个人、提案数量、在研数量）审查标准、价值评议标准等遴选标准对项目申请书进行严格的审查。NSF 主要通过国家科学委员会（NSB）批准的择优评审标准和 NSF 价值评议标准对申请项目的学术价值、影响等进行评价、遴选。另外，NSF 的工作人员也将在做出资助决定下慎重考虑：①研究与教育的整合；②计划、项目和活动的多元化整合。

审查通过的所有项目申请书均由领域杰出的科学家、工程师、教育家或 NSF 项目牵头人进行匿名评审，并提出推荐或拒绝建议。申请书的评审人员通常由 NSF 外 3～10 个领域专家进行提名，并由计划审查程序监督人员选定。为避免利益冲突，计划申请人可提出建议和回避的评审人员名单。这些建议可作为审查程序监督人员选定评审人员的重要参考意见[4]。

二、LTER 的管理与协调机制

（一）LTER 与国家科技计划体系其他计划的统筹协调关系

NSF 启动、资助了 LTER 与国家科技计划体系中的其他计划，NSF 严格按照项目审核流程审批 LTER 和其他项目，审核通过的项目申请人将与 NSF 签订合作协议，LTER 根据与NSF签订的六年期合作协议进行工作。NSF每六年审查LTER计划一次。LTER结束后，LTER核心研究计划的研究团队可申请新一轮专门领域研究计划。在非评审年（LTER核心研究计划的执行期），LTER研究人员可申请国家科技计划中的其他计划，并且可申请其他联邦机构（如美国农业部林务局和和农业研究局、美国国家航空航天局、美国地质调查局、美国环境保护局等）下的各种项目使LTER获得广泛的支持。

社会与环境综合科学（Integrated Science for Society and the Environment，ISSE）是以LTER为基础，综合联合国千年生态系统评估、美国生态学会的研究成果形成新的具有广泛基础的多方资助的重大行动。它被认为是一项具有广泛基础的资助动议[5]。

以ISSE为例，对LTER纳入国家科研规划和优先领域的机制作进一步说明：

在规划过程中，科学课题组（Science Task Force，STF）通过对LTER发展历史的回顾，对LTER未来发展方向的分析，以及对实现综合科学途径的讨论，提出了“社会与环境综合科学”的概念和框架，并将其作为战略规划的一个重要产出。ISSE超出了LTER网络层面科学的范畴，融合了LTER本身、联合国千年生态系统评估、美国生态学会的研究成果，在美国生态分析及合成中心（National Center for Ecological Analysis and Synthesis，NCEAS）等更多单位的支持下，为LTER核心研究计划探索了一种全新的发展模式。

ISSE突出了首席研究员推动的长期、短期生态学研究在综合科学中的基础作用；它强调了台站间研究的合作伙伴关系，与计算机设施和研究数据的兼容性；它指明了综合研究的最终产出——生态学的一般规律和通用模型，以及对生态环境变化的预测能力，把它们作为解决人类生态环境问题的根本途径。ISSE简单地说，就是把由NSF单独资助的LTER核心研究项目发展成一项具有广泛基础的多方资助的重大行动（图10-2）。

（二）LTER站点内部的协调管理机制

LTER站点内部实施网络化的运行管理机制[6]（图10-3）。

LTER站点内部最大的一次创新性协调管理战略行动是2004年启动的LTER首次网络水平上的战略规划（动议），目前该规划已完成，已获得一系列重要成果产出。例如，LTER网络层面科学的跨学科问题、概念框架、基本科学问题、社会与环境综合科学动议、网络计算机基础设施的战略规划、教育与宣传战略规划等重大科学产出等[7]。

1. LTER的战略规划（动议）机制

1985年，LTER科学课题组（STF）①于Cedar Creek站点召开了第一届LTER全体学者

① LTER科学课题组不是一个常设机构，以频繁召开会议、定期向协调委员会和课题组指导委员会汇报与交流的形式组织形成。

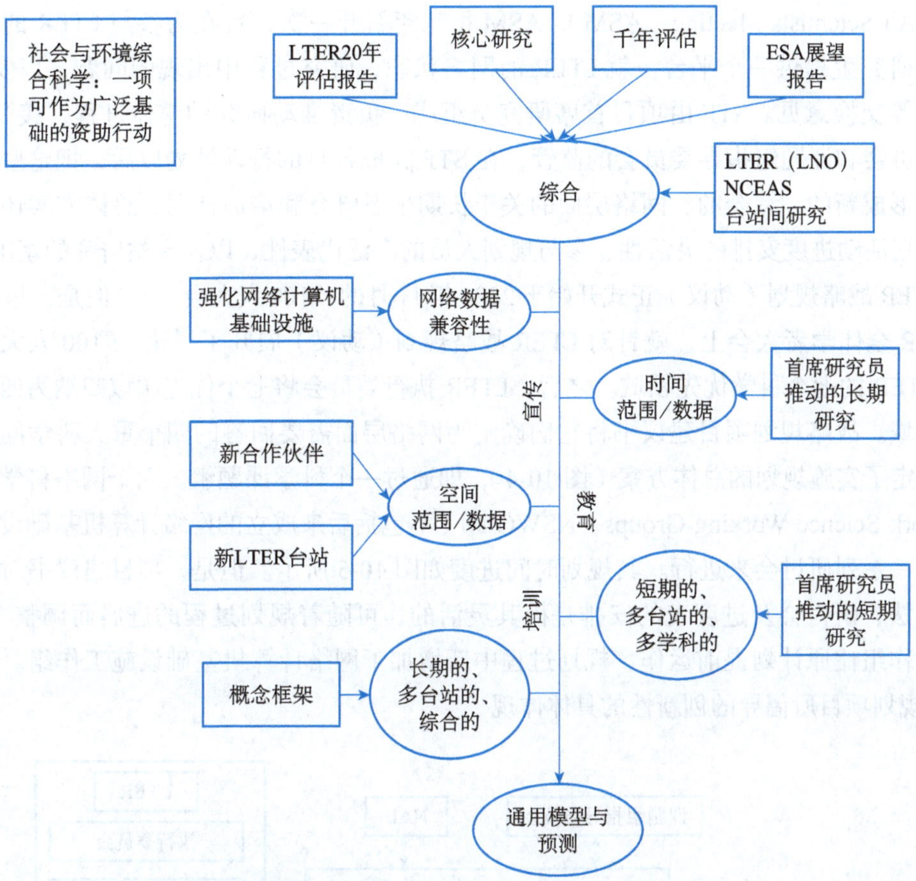

图 10-2　社会与环境综合科学（ISSE）示意图

EAS—Ecological Society of America，美国生态学会；LNO—LTER Network Office，LTER 网络办公室；NCEAS—National Center for Ecological Analysis and Synthesis，美国生态分析及合成中心

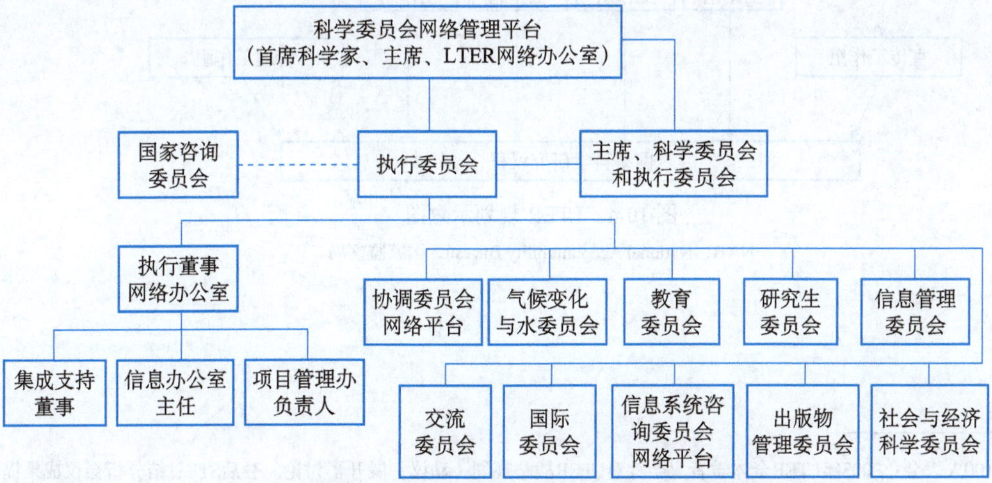

图 10-3　科学委员会网络管理平台的组织架构

大会（Au Scientists Meeting，ASM），ASM 每三年召开一次，旨在为参与 LTER 的所有科学家和研究生提供一个平台，就 LTER 的网络状态、研究过程中出现的问题，以及 LTER 的未来等交换意见。STF 由项目首席研究员组成，负责推动研究的整体进程，接受 LTER 协调委员会和课题组指导委员会的监管，在 STF 完成各自的行动计划以后，把这些计划综合起来形成新的、综合的、网络层面的关于长期生态研究和培训计划。总体方案还着重强调了规划活动进度安排的灵活性、参与规划人员的广泛代表性，以及台站研究的基础作用。

LTER 战略规划（动议）正式开始于 2004 年 11 月的“100 人大会”①。但是，早在 2003 年 LTER 全体学者大会上，就针对 LTER 战略规划（动议）展开了讨论。“100 人大会”确定了 LTER 的七个科学优先领域。之后，LTER 执行委员会将七个优先领域归纳为四个重大问题领域。战略规划项目建议书将它们确定为网络层面需要回答的四个重大科学问题，并据此确定了实施规划的总体方案（图 10-4），即通过一个科学课题组、六个网络科学工作组（Network Science Working Groups，NSWG’s）（不包括后来成立的网络计算机基础设施工作组）和一系列研讨会来进行。其规划时间进度如图 10-5 所示。但是，项目建议书对规划主题、方法、研讨会及进度表的安排是极其灵活的，可随着规划过程的进展而调整。例如，管理工作组比原计划提前运作，规划过程中新增加了网络计算机基础设施工作组。这正是 LTER 规划项目所倡导的创新性的具体体现[8]。

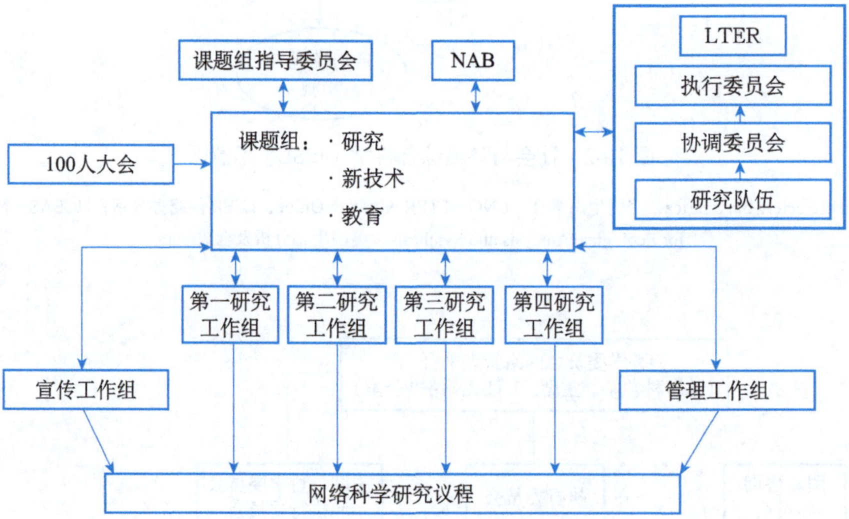

图 10-4　LTER 规划示意图

NAB，National Accountability Bureau，国家监察局

① 100人大会：2003年LTER全体学者大会针对LTER战略规划（动议）展开了讨论。会后STF总结分析会议成果提交科学课题组指导委员会（STF Advisory Committee，STF-AC）审议，STF-AC建议STF针对此次会议的重要议题召开后续的“100人大会”。“100人大会”的参会人员主要以站点为单位通过站点内部的提名组成。

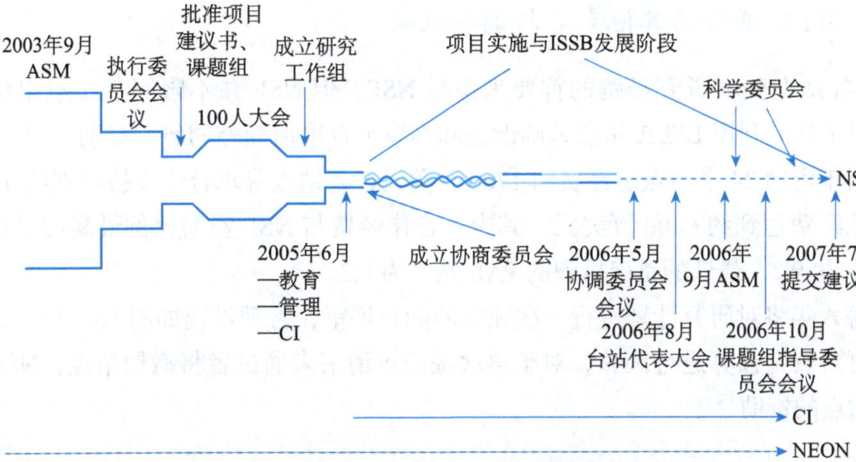

图 10-5　规划时间进度

ASM—All Scientists Meeting，全体学者大会；NSF—National Science Foundation，美国国家科学基金会；CI—Cyber Infrastructure，网络计算机基础设施；ISSE—Integrated Science for Society and the Environment，社会与环境综合科学；NEON—National Ecological Observatory Network，美国国家生态观测站网络

三、LTER 的资金来源与管理

（一）LTER 资金的主要来源、审查与批准机制

LTER 申请者以申请建立具有区域或地方研究特色的站点为基础，严格按照 NSF 项目申请书要求提交申请书。NSF 项目申请书配套使用了《拨款申请指南》（*Grant Proposal Guide*，*GPG*）[9]，所有的计划预算的提出需严格遵循 *GPG* 的指导方针。申请计划（项目、方案）获得批准后，NSF 赠款和合同官员将根据项目内容，比对拨款一般条件（GC-1）、研究条款及细则或 NSF 以任何其他形式签发的公告选择项目适用的资助条件，并按经费支持类别批准或建议修改支出额度。最后 NSF 和评审通过的申请者根据适用的纲领性条款和条件签订符合 NSF 财务合作协议和行政管理条款的协议书（图 10-6）。

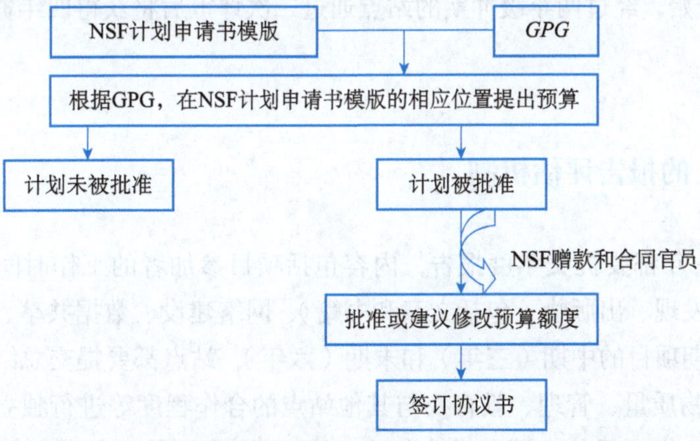

图 10-6　LTER 预算的提出、协调、审查、修正、批准机制

（二）LTER 资金的其他来源与调整机制

LTER 各站点获取研究经费的首要来源是 NSF，但 NSF 并不限制各站点申请其他经费，因此很多站点利用 LTER 站点基础设施和网络平台申请额外的研究资助。以 2001 年为例，NSF 当年资助 24 个站点总经费约 1700 万美元，各站点寻求合作支持经费约 4900 万美元，使得总经费达到约 6600 万美元。其中，合作经费与 NSF 资助比例最高的是佛罗里达的 FCE 站，达 9.2，最低的是南极洲的 PAL 站，为 0.3。

NSF 每六年将对研究计划进行一次独立的同行评审，管理过程如图 10-7 所示，通过这一过程也可对资金预算进行调整，对于再次提交申请书未通过者将撤销站点，NSF 将完全取消对该站点的资助[2]。

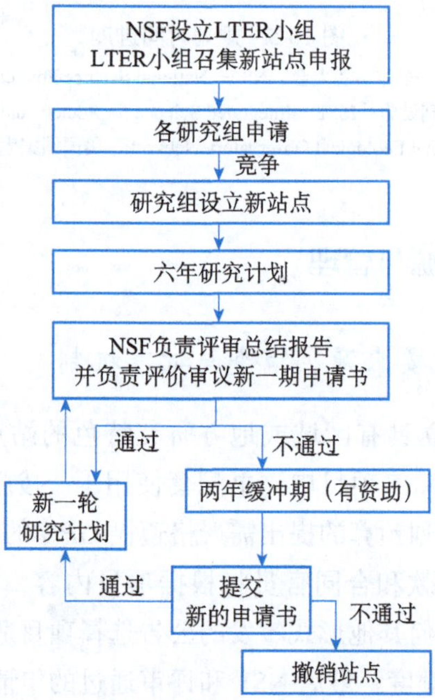

图 10-7 LTER 项目申请和评审机制

自 2000 年开始，经过两年缓冲期的站点通过二次评审后将获得四年资助，以保持六年的周期不变。

四、LTER 的报告评估机制

LTER 站点每年都要提交年度报告，内容包括项目参加者的工作时间和内容、合作组织、科学活动与发现、出版物（包括文章和书籍）、网络建设、数据共享、对科学和社会的贡献等。在每一期项目的中期（三年）和末期（六年），站点都要提交总结报告，NSF 将就科学进展、出版物质量、管理、教育及与其他站点的合作程度等进行独立的同行评审。评审结果将影响下一期项目的申请和后续资助，甚至可能导致资助资格被取消。通过上述机制，虽然很多站点都有申请不通过而进入两年缓冲期的经历，但极少有站点被撤销（目前为止仅有 Illinois Rivers、North Inlet、Okefeno-kee 三个被撤销），从而保证了项目和队伍的长期性[2]。LTER 自建立起就非常注重通过严格的评估保证研究计划朝着符合当代生态学发展新趋势的方向发展。除项目评审外，NSF 还通过 10 年评估与回顾分别于 1993 年、2002 年和 2011 年对 LTER 进行了 10 年、20 年和 30 年评估[10-12]。10 年评估的评估机制：以科学家为主席，另外 16 名有关专家为成员组成的评估委员会。在以后半年多的时间里，该委员会通过向研究人员发放问卷、面谈、召开会议和实地考察等形式，对美国长期生态研究计划自实施以来的工作进行了全面、深入的评估[13]。问卷的主要问题如下：① LTER 是否推动了生态科学的发展？②是否促进了突发科学的发展？③是否采纳了新科学和新技术？④是否具有面向知识创新的信息基础设施？⑤研究工作的适应性、优先领域及进度怎样？⑥对科学界和全社会的影响怎样？⑦网络化研究与合作开展得怎样？⑧是否将人文系统纳入研究范畴？

五、LTER 的决策信息服务机制

LTER 教育委员会和交流委员会依据教育与宣传战略规划鼓励人类学者、社会学者、历史学家和技术市场预测学家等人文领域的学者进行合作，提高人们对自然生态系统与人类社会间相互关系及相互影响的认识，并组织协助相关学者与公共决策部门官员进行定期交流，尤其是与国家公共决策部门官员进行交流，并利用从综合科学中获取的知识，在提供国际、国家和地方层面的环境解决方案和公众决策信息服务方面发挥重要作用[6, 14]。主要行动可分为五类，组织者等相关详细信息如表 10-1 所示。

表 10-1 LTER 决策机制

目标	行动	组织	地点	时间范围	状态
为科学家将 LTER 成果展示给资助者以及为其他特定决策者创造更多的机会	（1）召开小型研讨会，以简报的形式为决策者制订战略和年度计划	执行委员会、NSF 公共事务部	LTER 网络办公室和 NSF	2011 年	需要规划
	（2）协调科学家团体与决策者举办信息交流会	LTER 网络办公室、信息管理委员会	LTER 网络办公室与部分站点	2012 年	需要规划
	（3）考虑在 LTER 中设计以决策者为主要参与人员的科学研究项目	交流委员会	LTER 网络办公室与部分站点	2012 年	需要规划
	（4）每年组织联邦、州、地方官员对每年选定的 4～6 个站点进行实地考察	执行委员会	所有站点	2011 年	需要规划
	（5）出版并分发“LTER 年度成果”报告	LTER 网络办公室、执行委员会	LTER 网络办公室	2011 年	进行中

六、经验与启示

（一）经验与教训

（1）美国 LTER 的成功经验：① LTER 研究网络、研究主题和数据兼容的系统性强，促进了多学科研究。② LTER 项目格局大，通过建立完整网络增强了站际合作，在时空跨度方面的优势显著。③ LTER 资金来源与研究内容灵活，在研究计划的设计中已将国际、人文、方法与机构合作方面的拓展性考虑在内。④ LTER 重视研究数据质量的监管、使用和共享，并且在数据共享方面表现优异，扩大了科学研究的公共影响和效益。⑤ LTER 重视新一代生态学家的培养，通过大力推广“校园长期生态研究计划”、鼓励大学生和研究生参与野外生态研究来增加学生对钻研生态问题的兴趣。⑥通过网络化运行管理机制（图10-3）和共同的数据管理协议建立了完善的兼顾支持监管和减低管理成本的机制。

（2）LTER 规划也存在几个比较明显的问题：①美国重大的财政危机及 NSF 的统筹管理导致 LTER 中一些更宏观的研究申请未获得资助，LTER 面临着减少和有效使用经费的挑战。②由于与正在建设的美国国家生态观测站网络（National Ecological Observatory Network，NEON）有着相似的主题和根本目标，ISSE 动议需要从更多的潜在支持者那里收集意见，否则可能会威胁到 ISSE 动议的出台与实施。③对数据汇总阶段的困难估计不足。④网络研究逐渐成为 LTER 一种主流，而前景光明、生动有效的现场教育项目获得的资助经费已经微乎其微。

（二）启示与建议

（1）基金委可出台科研经费保障制度或法律，保证意义重大的专门领域核心计划免受国家财政危机的影响。

（2）LTER 规划过程长达四年，工作组先后召开会议 29 次，制订了 LTER 战略，使得项目格局大，研究网络、研究主题和数据兼容的系统性强，在时空跨度方面的优势显著，建议我国宏观布局，加强组织建设，通过建立完整的研究和管理网络，充分估计研究和管理过程中将面临的挑战，增强国家层面跨学科研究的合作和管理，并将管理成本最小化。

（3）定期召开的“全体学者大会”（ASM）既能有效地支持既定目标，促进研究合作，又能及时发现问题，为新的优先发展领域指明方向。

（4）LTER 资金来源与研究内容灵活，建议我国在研究计划的设计中将国际、人文、方法与机构合作方面的拓展性考虑在内。

（5）LTER 在数据和教育的共享方面表现良好，建议我国重视研究数据质量的监管、使用和共享，以扩大科学研究的公共影响和效益。

（6）LTER 教育委员会和交流委员会依据教育与宣传战略规划积极策划通过多种方式对社会大众进行教育、组织协助相关学者与公共决策部门官员，尤其是与国家公共决策部门官员进行定期交流、重视并采用多种方式推进对下一代生态学家的培养工作。LTER 在教育和交流方面的成功经验值得我国学习。

（7）在网络研究逐渐成为主流的过程中，需重视并通过项目资助等手段鼓励前景光明、生动有效的现场教育的发展。

（8）通过回顾专门领域计划的发展历史，分析专门领域计划未来的发展方向，并讨论实现这一发展方向的途径，形成新的具有广泛基础的多方资助的重大行动。在专门领域计划的进一步发展过程中突出首席研究员在长期、短期生态学研究中的推动和创新作用，强调了台站间研究的合作伙伴关系，以及计算机设施和研究数据的兼容性。综合性研究是专门领域计划的最终发展方向，而进一步加强多单位的合作将加速专门领域计划向综合性研究的转变，进而提高对生态环境变化的预测能力。

（9）从政策和资助机制上保证重要领域的研究团队和科学家开展长期的持续研究，以确保基础性监测、科研工作，以及重大产出。

（执笔：中国科学院兰州文献情报中心 曲建升）

第二节 美国地球透镜计划

美国地球透镜计划（EarthScope）是经过美国国家研究理事会（NRC）的审查后于2003年批准实施。该计划的目标是建立一个多目标设备的观测站网络，大大提高对北美大陆构造和活动构造的观测能力，最终将为减轻地质灾害，开发利用自然资源和提高公众对动态地球的了解、认识做出巨大贡献。该计划主要包括三大项目[15]，即以利用流动地震台阵勾画美国大陆高精度地下结构为主要目标的“美国地震阵列”项目（USArray）、以利用钻孔数据获取圣安德烈斯断层构造变形资料为主要目标的“圣安德列斯断裂深部观测站”项目（SAFOD）、以利用全球定位系统和应变仪台阵勾画美国西海岸形变场为主要目标的“板块边界观测站”项目（PBO）。

地球透镜计划是一个国家计划，同时也是一个基础前沿研究计划，其经费主要来自美国国家科学基金会，预计投入200亿美元。该计划的管理与协调主要通过相应的委员会来进行，主要包括机构间协调委员会、地球透镜协调委员会、科学团体委员会等。各相关机构有关地球透镜计划的预算根据各自承担任务进行，这部分经费接受美国国家科学基金会的管理，与此同时，在计划实施过程中，项目的变更以基于美元估值的多层次批准程序进行。在计划实施过程中，以重大进展报告来评估组织实施情况，以技术进展分析来评估设施建设情况。

一、EarthScope 计划提出机制

1999年5月，美国国家科学基金会与美国地震阵列、圣安德列斯断裂深部观测站和板块边界观测站的领导人开始讨论整合这三个发展计划，以形成一个称作地球透镜（EarthScope）的国家计划。因此，美国地震阵列、圣安德列斯断裂深部观测站和板块边界观测站的领导人发起成立了地球透镜工作组，与美国国家科学基金会等联邦机构进行协商，并争取业界广泛支持[16]。

2001 年，美国国家科学基金会请求美国国家研究理事会对地球透镜计划进行审查。之后，美国国家研究理事会成立了一个特别委员会，审查地球透镜计划的三个组成部分，即美国地震阵列、圣安德列斯断裂深部观测站和板块边界观测站的科学目标和实施规划（没有正式要求审查合成孔径干涉雷达 InSAR）。2001 年编写了《地球透镜综合科学的评价》（*Review of EarthScope Integrated Science*）战略报告。委员会认为，综合性的地球透镜计划是合理的，该计划构思完美，反映了地球物理界 10 年来深思熟虑的意见与规划[15]。委员会相信，通过广大地学界的参与，对这些设备的使用制订出详细的科学规划和战略方案同样会是完美无缺的。该计划对地学的潜在科学价值意义重大，计划的“应用科学”对社会的潜在效益同样会非常显著。地球探测计划实际上是地学方面一项具有真正远景的计划，委员会支持整个计划及其所有的组成部分。2003 年，美国国会批准了为期 15 年（2003 ～ 2018 年）的地球透镜计划。

二、EarthScope 计划管理与协调机制

地球透镜计划的管理结构如图 10-8 所示，这样一种结构旨在规划优先领域，并指导所有设施的运作，同时与业界的意见和资助机构的指导性建议保持一致。

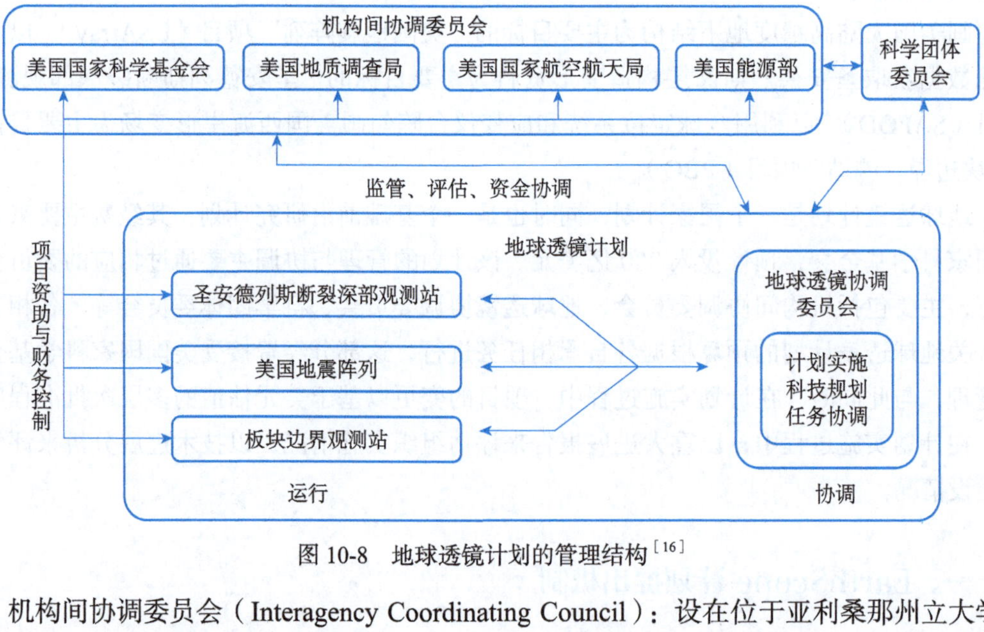

图 10-8　地球透镜计划的管理结构[16]

机构间协调委员会（Interagency Coordinating Council）：设在位于亚利桑那州立大学的地球透镜国家办公室，通过协调资金、确定各联邦机构（美国科学基金会、美国地质调查局、美国国家航空航天局、美国能源部）责任的方式来支持地球透镜计划的实施，并同时确定项目宏观目标及执行指南。

地球透镜协调委员会（EarthScope Coordinating Committee）：设在位于亚利桑那州立大学的地球透镜国家办公室，相关代表主要来自研究团体和设施运行者，该委员会是地球透镜计划设施运行和实现科学目标的关键所在，其主要负责科技规划、预算协调、计划实施

和任务协调。

美国国家科学基金会：地球透镜计划主要的资助机构，同时进行计划的财务控制。通过与设施运行者的合作协议（确定具体任务），以法规和财务控制的形式保证联邦资金的有效和合理使用。

科学团体委员会（Community Science Council）：由来自领域内的科学家组成，通过与美国国家科学基金会及地球透镜协调委员会的合作，高水平地确定科学方向、审议技术成就，并评估地球透镜计划的完成情况。

三、EarthScope 计划的资金来源与管理

美国地质调查局、美国国家航空航天局、美国能源部等机构有关地球透镜计划的预算根据各自承担任务进行，这部分经费接受美国国家科学基金会的管理。

美国地球透镜计划的经费主要来自美国国家科学基金会。申请项目变化的批准程序如图 10-9 所示。它是基于美元估值的多层次批准程序，同时影响计划变化。计划变更小于 10 万美元或造成影响小于一个月的，属于各自管理部门内部可批准的情况，有时会与顾问委员会磋商。对于计划变更大于 25 万美元或影响大于一个月的变更必须由地球透镜计划主管和美国国家科学基金会计划办公室批准。

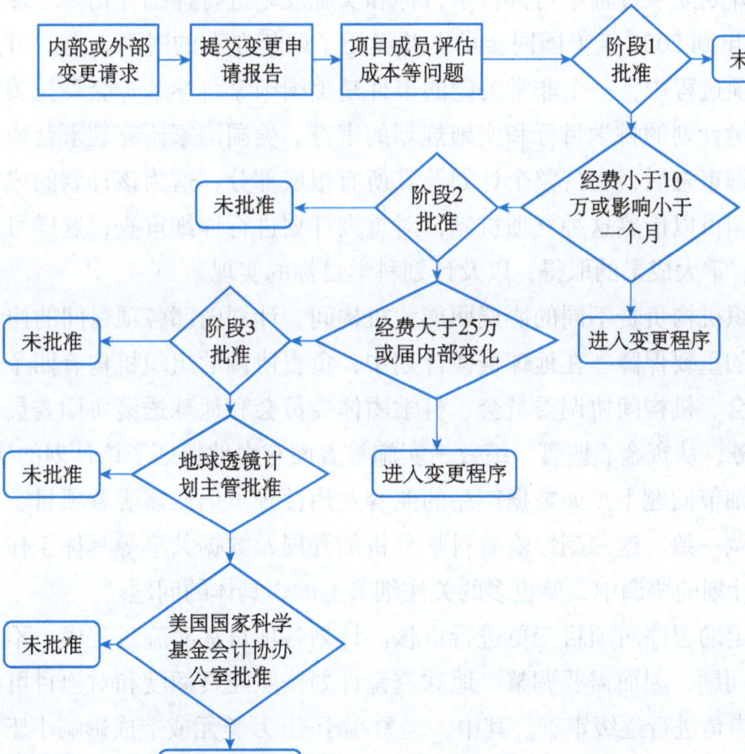

图 10-9 地球透镜计划项目的变更批准程序[17]

四、EarthScope 计划报告评估机制

地球透镜计划采用重大进展报告来评估组织实施情况，以技术进展分析来评估设施建设情况。这些评估由地球透镜协调委员会组织进行，评估报告将提交给美国国家科学基金会。

为跟踪项目目标成果，地球透镜计划开列了一份详细的阶段性评估或重大事件评定清单。这些重大步骤按照季度和工作分解结构（Work Breakdown Structure，WBS）层要求，将其作为评定项目进展框架而有组织地开展。

在技术进展评估方面，地球透镜计划以两种方式进行：①对圣安德烈斯断裂深部观测进程的评定，是根据钻井深度、钻井三个阶段的期限、钻井三个阶段的监测进行的；②对板块边界测量和地震台站进展的评估则是依据安装等效台站的总量来进行。与单纯依靠安装完成数量相比，这种利用等效台站的方法可在更高的层次上判断评估进度。例如，如果一个专门地球透镜台站的 90% 的工作已经完成，这个台站评估等级为 0.9 个等效台站，而不仅仅是将此台站简单地表述为还有 10% 的工作未完成。

五、经验与启示

（1）在科技计划立项过程中对其科学目标和实施规划进行详细评估。地球透镜计划从 1999 年的设想提出到 2003 年美国国会批准共经历了四年左右的时间，由此可见，其立项非常审慎。在立项过程中，一个非常关键的事件是美国国家科学基金会委托美国国家研究理事会对地球透镜计划的科学目标和实施规划的审查。美国国家研究理事会成立的专门审查委员会进行详细审查后，支持整个计划及其所有组成部分，这为该计划的成功立项奠定了坚实基础。我国可以借鉴这种立项机制，对重大计划进行详细审查，这样可以确保相关研究的持续推进、重大成果的取得，以及计划科学目标的实现。

（2）不同组织机构负责不同的协调职能。机构间、计划内部各项目间的协调是推动计划总体顺利进行的重要保障。在地球透镜计划中，负责协调的组织机构有四个，分别是美国国家科学基金会、机构间协调委员会、科学团体委员会和地球透镜协调委员会，它们分别协调不同的事务，从资金、监管、绩效、实施等方面有力地保证了该计划的实施。但是，该计划在更多的细节问题上（如数据产品的兼容互用性等）仍然需要各项目、各课题及子课题之间达成协调一致，这深刻影响着科学分析的开展及数据共享等具体工作。同样，这也提醒我们，在计划的协调中，要更多的关注细节上的、具体的问题。

（3）按照一定的程序对项目变更进行审核。计划各项目在实施过程中，不可避免地会遇到各种困难和问题，因而需要调整。地球透镜计划按照经费额度和对项目可能造成的影响，对项目变更申请进行逐级审查。其中，经费小于 10 万美元或造成影响小于一个月，与经费大于 25 万美元或影响大于一个月的情况相比，二者的审核程序和审核对象完全不同。如此，不仅能够减少项目变更给整个计划带来的影响，在一定程度上也有利于计划的实际

工作的推进。我国可以借鉴这种机制，在一定范围内允许项目内部进行比较灵活且符合规范的调整。

（执笔：中国科学院兰州文献情报中心 郑军卫）

第三节 日本世界顶级研究中心计划

2006年3月，日本第三期科学技术基本计划决定，根据研发活动的各种评价指标，要建立世界顶级研究基地，形成30个左右的优秀研究中心。随后，文部省根据日本综合技术会议的决定，开始对新的政策进行讨论。2006年6月，综合科学技术会议决定把建设世界顶级研究中心作为最优先项目，提出了形成研究中心的最具体的提示。2007年6月，日本综合技术会议在《创新25》中，特别提到要尽快形成世界顶级研究中心的课题。2007年6月，经济产业省《经济成长战略大纲》中提出作为加强日本的国际竞争力，需要加强构筑世界顶级研究中心。因此，文部科学省于2007年3月份正式发布了招标，6～8月成立了审查委员会，正式启动世界顶级研究中心（World Premier International Research Center, WPI）计划。同年，日本学术振兴机构委托日本科技政策研究所对美国、欧洲的顶级研究中心进行了实地调研，并相继出台了《美国顶级研究中心的调研报告》（2007年）与《欧洲顶级研究中心如何形成的调研报告》（2008年），为世界顶级研究中心计划提供可参考的建议。

WPI计划十分注重学科领域的交叉融合和人才培养。经过几年的发展，相继建立的WPI中心已经取得了十分显著的成绩。

一、WPI计划提出机制

日本政府明确提出高强度资助研究中心，重点解决科学、改革、融合、国际化四个问题。WPI计划的目标非常明确：通过重点、集中的支持，促进研究体系的改革，创造良好的研究环境，吸引和凝聚世界高水平的研究人员，形成以高水平研究人员为核心的世界顶级研究基地；在提升日本基础研究能力、推动国家持续创新的同时，发展新的跨学科研究领域，培养大批优秀研究人员。

因此，WPI计划的战略意图可归纳为三个方面。加强与国际接轨的研究制度建设，突破现有的制度束缚，营造出富有魅力的研究环境；吸引来自全世界一流科技人才。培育世界一流水平的研究团队和研究人才；发展日本科技，产出创新成果。

按照WPI计划的设计，研究中心是在日本占优势的跨学科领域，以大学、大学共同利用机构、独立行政法人和公益法人为依托建立的研究单位。基地隶属于依托机构，但它可以打破依托机构的行政制度，有利于研究中心运行的独立机制；他们具有高度的独立性和自主性，依托机构必须对基地的运营给予资助和支持，但不能干涉其行政管理和研究活动。

2007 年，日本文部科学省启动 WPI 计划[18]。日本政府首批选定了五个有望达到世界最先进水平的研究基地予以每年 5 亿～ 20 亿日元的资金（平均 14 亿日元），并计划提供 10 ～ 15 年的稳定支持，促进其成长为世界一流的研究基地。这五个基地是：东北大学原子分子材料学高等研究中心（AIMR）、东京大学数学物理联合宇宙研究中心（IPMU）、京都大学物质 - 细胞综合系统研究中心（iCeMS）、大阪大学免疫学前沿研究中心（IFReC）、日本物质材料研究机构国际纳米技术研究中心（MANA）[19]。2010 年，九州大学碳中和能源国际研究中心（12CN-ER）继上述五个基地之后，第二批入选[20]。2012 年筑波大学国际睡眠医科学研究中心（IIIS）、名古屋大学生命分子研究中心（ITbm），以及东京工业大学地球生命研究所（ELSI）成为第三批入选的基地。

截至 2014 年，日本共选出九个研究中心对其进行经费资助，具体情况及研究领域如表 10-2 所示[21]。

表 10-2 日本选定的 WPI

研究中心名称	研究领域	建立时间
京都大学——物质 - 细胞综合系统研究中心（iCeMS）	建立包含统合材料和细胞科学的多学科领域，强调干细胞的研究。阐述中尺度（10 ～ 100nm）颗粒的现象。应用到环境友好、能源节约的化学反应系统、人造光合成，体内药物合成、解毒技术和世界领先的再生技术领域	2007 年
大阪大学——免疫学前沿研究中心（IFReC）	开发体内观测的先进图像技术；利用这一技术揭示动力学免疫系统，在诊断学、传染病、自体免疫、癌症诊断方面获得突破性的进展	2007 年
东北大学——原子分子材料学高等研究中心（AIMR）	集合材料科学、物理和化学的基础研究的能力，自由发展组装原子和分子的方法，以发展各种物质和材料，如纳米材料、具有硬磁和生态声光的金属玻璃等先进功能材料；非晶合金的研究居于最核心的基础研究位置	2007 年
日本物质材料研究机构——国际纳米技术研究中心（MANA）	引入纳米结构电子学，并将此作为材料发展的范例；发现新材料，包括发展超导材料、关于神经信息处理材料、制造光电转化材料	2007 年
东京大学——数学物理联合宇宙研究中心（IPMU）	利用数学、宇宙学和物理学的方法研究暗物质、暗能量、中子学、大统一理论如量子引力等，解释粒子在时空结构中的相互作用，以及引力的来源，揭示宇宙的产生和演化过程	2007 年
九州大学——碳中和能源国际研究中心（12CN-ER）	通过研发 H_2 能源技术和 CO_2 的储藏、回收技术，以构建清洁高效的“氢社会”；研究领域包括氢制造、氢储藏、耐氢材料、安全高效的燃料电池、“绿化”化学反应触媒、CO_2 回收和储藏、CO_2 有效利用等；同时开展化学、物理、材料科学、热流体理学、地球科学、海洋科学、生物模拟等领域的交叉研究	2010 年
筑波大学——国际睡眠医科学研究中心（IIIS）	分子遗传学、细胞遗传学、细胞生物学、神经生理学、神经化学、医药学、医药化学、临床医学、社会医学等融合睡眠医科学	2012 年
东京工业大学——地球生命研究所（ELSI）	地球形成、地球生命起源、初期进化、宇宙生命行星	2012 年
名古屋大学——生命分子研究中心（ITbm）	分子活性化学、系统生命科学、化学与生物交叉领域	2012 年

二、WPI 管理与协调机制

（一）审查机制

目前计划的审批是由文部省确定的审查委员会进行，主要采用同行评议的方法。考虑到该项目要聚集的海内外第一线的研究人员，具有不同的地理环境、语言等问题，需要建立以世界顶级研究中心委员会为中心的强有力的跟踪审查体制。首先，定期对跟踪体制进行改善；其次，设置研究业务的管理层制度；再次，设置由外国专家构成的世界顶级研究中心委员会的事业部；最后，设置 WPI 委员会研究中心[22]，每年召开研究会议，形成研究报告，对各中心的活动状况进行管理，进行必要改善。

（二）实施周期

入选 WPI 的项目，原则上资助期限大约在 10 ～ 15 年，其中五年进行一次评估，根据评估的结果确定是否继续支持。每个基地的规模大致为 200 人，其中首席研究员为 10 ～ 20 名，而首席研究员中外国人应占到 10% ～ 20%，每一位首席研究员带领一个研究小组，每个研究小组既有独立的研究目标和课题，同时又有交叉和相互间的联系，从而形成种新主任领导下的各小组既能自由开展学术交流，能够促进跨学科研究领域的形成，同时又具有独立性的研究局面[23]。以京都大学物质 - 细胞综合系统研究中心为例，现有 310 人，研究人员 191 人，其中外国研究人员占 30%，29 个课题组。已发展成为培育“未来科学”的优秀研究中心（图 10-10）。

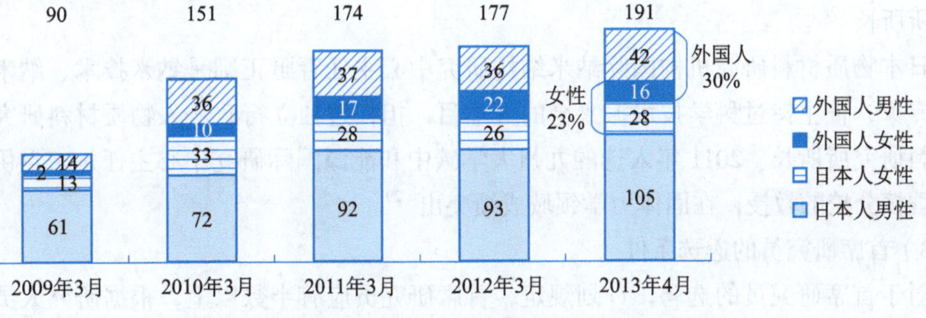

图 10-10　研究中心研究人员变化（2009 ～ 2013 年）

（三）遴选机制

1. 遴选流程

日本文部科学省专门组织成立了由大学、研究机构和企业的研究人员和具有丰富管理经验的各界导标组成“世界顶级研究中心计划委员会”。委员会通过书面审查和听证审查两个阶段对提出申请的研究中心依托单位和设想进行评审，择优予以支持。在审查阶段，平为根据遴选标准，通过函评和集体协商的方式选定几个候选基地。在听证审查阶段，评委基于书面评审结果以及申请负责人和基地设想负责人的答辩，做出最终评审结果。[24]

2. 遴选标准

1）基地遴选标准

基地评审的标准主要是否能够针对以下问题给出满意的解决。

研究领域是否在日本占据优势地位，10 年后是否有望取得重大成果？研究目标的可实现性如何？能否达到世界领先水平？能否对社会发展产生重大影响？对国民而言是否容易理解？研究实施计划是否妥当？研究团队聘请主任研究员的方针和战略的妥当性如何？研究团队的国际化程度如何？研究环境、管理体制等是否与国际接轨？[25]

2）基地主任遴选标准

基地主任的学术威望及个人魅力对于吸引和集聚人才具有重要意义。因此，在基地主任人选方面，选择在国际上具有高度学术影响力、同时具备突出的科研组织能力和管理能力的著名科学家担任。

如东北大学原子分子材料学高等研究中心主任山本嘉则教授是有机化学、有机金属学、催化剂反应领域的专家，其 2007 年 ESI 论文被引个人世界排名第 17 位，他本人曾任东北大学副校长，是 21 世纪 COE 计划子项目的负责人[26]。

东京大学宇宙研究中心主任村山齐是一位年轻的基本粒子物理学家，在接任基地主任之前是加利福尼亚大学伯克利分校的讲座教授，曾于 2002 年获得西宫汤川纪念奖，该奖项主要授予那些在理论物理学领域做出特殊贡献的 40 岁以下的年轻人[27]。

京都大学物质 - 细胞综合系统研究中心主任中边宪夫在干细胞领域具有较高的国际知名度，曾担任京都大学再生医学研究所附属干细胞医学研究中心主任、京都大学再生医学研究所所长[28]。

日本物质材料研究机构国际纳米结构研究中心主任青野正则是纳米技术、纳米材料领域的专家，曾主持过科学技术振兴会的大项目，担任过独立行政法人物质材料研究机构纳米材料研究所所长。2011 年入选的九州大学碳中和能源国际研究中心主任是来自伊利诺伊大学香槟分校的教授，在固体力学领域成绩突出[29]。

3）首席研究员的遴选条件

对于首席研究员的选聘，计划规定，首席研究员应有半数以上，根据研究人员国际影响力综合评判指标，包括：是否应邀在代表该领域最高水平的学会上讲演，担任过主席、理事或名誉会员等；是否应著名论坛邀请讲演；是否担任美国、英国、法国等主要国家科学院院士；是否获得国际奖项；是否担当著名杂志的编委等。被评判为世界顶尖水平的研究人员标准包括：是否获得过大型竞争性经费，论文在国际同行中被引用情况突出、能够以基地为核心，与国内外研究机构建立合作关系网络等。[30]

三、WPI 计划的资金来源与管理

（一）资金来源

日本 WPI 计划是以政府资金为推动，由国家下拨专项经费支持研究中心的建设，资助期限大约在 10 ～ 15 年，其中五年进行一次评估，根据评估的结果确定是否继续支持。特点：经费分配相对集中；资助额度较大，并呈逐年递增的趋势。每个项目获得的资助金额大约是每个中心每年 5 亿～ 20 亿日元。文部科学省根据该计划委员会的审查结果向获准的立项的 WPI 计划下拨研究经费[31]。图 10-11 显示了京都大学研究中心经费的变化情况。

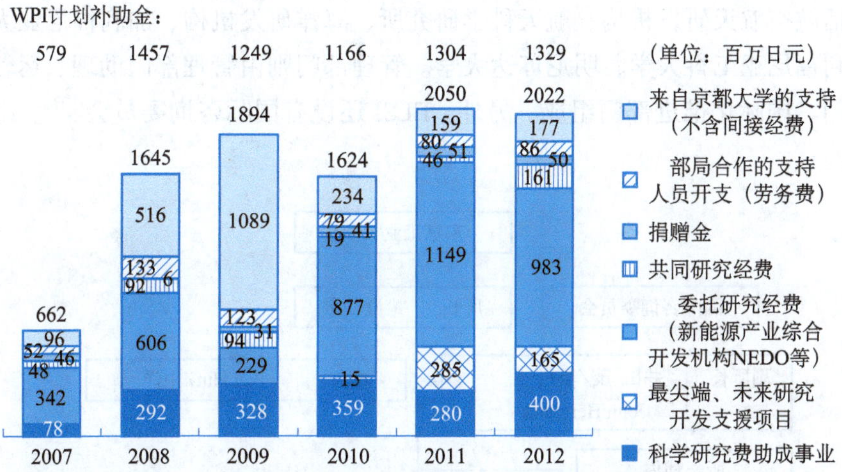

图 10-11　京都大学物质 - 细胞综合系统研究中心经费来源（2007 ～ 2013 年）

（二）管理机制

1. 主任负责制

良好的运营和管理机制是研究基地建设的必要保障。WPI 计划主张各研究中心根据自身的情况采取适当的管理和运营机制。整体而言，为了使研究中心的管理和运营具有快速有效的决策能力，均采取了中心主任负责制，通过自上而下的决策机制对基地进行管理。主任在研究方向选择和首席研究员聘用等方面享有充分的权利，与此同时，为了增强基地的民主性，各中心依据自身的特点和实际状况，设立运营协议会，由基地主任、副主任和事务主任等担任协议会委员，审议和决定人事、预算、基地发展战略等方面的事务。另外，中心与所属大学或研究机构之间也保持信息通畅和良好的沟通机制，以保证研究中心各类制度的灵活性。

在具体运作中，各研究中心均注重增强中心运行的独立性，实现管理的民主化和科学化。如东京大学数学物理联合宇宙研究中心打破东京大学原有的行政运行体制，成立了由一名基地主任、两名副主任和综合办公室主任组成的运营会议，实行自上而下的决策体制。

组建了科学咨询委员会，由基地主任指定五名首席研究员作为该委员会成员，负责向中心主任就研究人员聘任、预算，以及基地的研究发展战略提出建议。实行了较为弹性的人事制度，对于从国外招聘的研究人员，根据能力提供与国际水平相当的年薪，将研究人员聘任期限延长为五年（通常为三年），中心主任根据研究人员的业绩制订、薪酬标准等，建立了合理的运作机制[32]。

2012 年新成立的东京工业大学地球生命研究中心（ELSI），组织机构主要由运营会议、研究部门和管理部门组成。运营会议包括研究计划委员会、财务计划委员会、设施委员会网络委员会、宣传报道委员会、研究交流委员会、招募委员会。研究部门分为外围基地和合作机构，其中外围基地包括爱媛大学、普林斯顿高等研究所、哈佛大学、大阪大学，合作机构包括航空航天研发机构、航天科学研究所、海洋研发机构、加利福尼亚大学伯克利分校、加利福尼亚工科大学、明尼苏达大学。管理部门则由管理部门助理、运营部门、社会合作部门、国际化推进部门组成。另外，ELSI 还设有国际咨询委员会[33]。组织结构见下图 10-12。

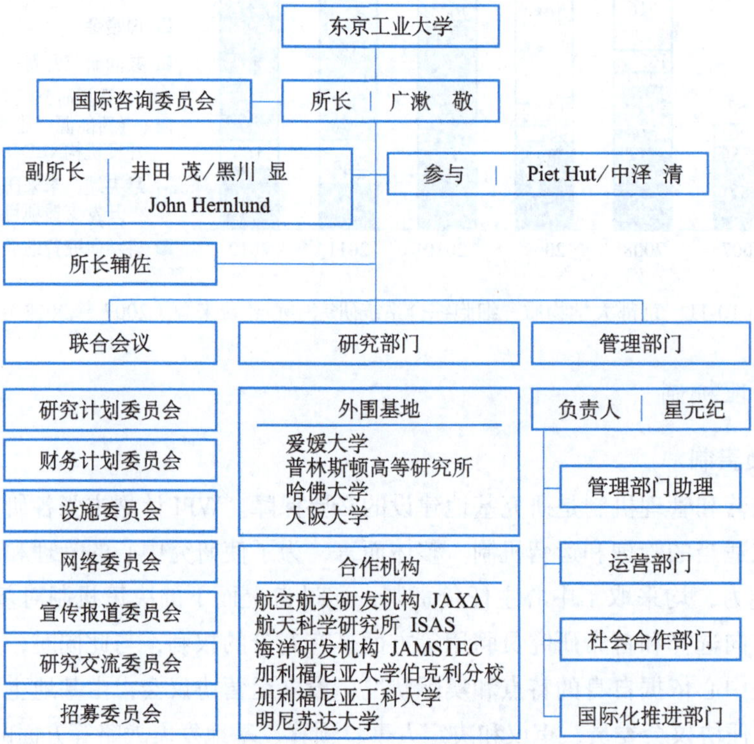

图 10-12　ELSI 的组织结构

2. 薪酬机制

研究中心采用基于严格的研究成果评价体系和研究能力确定工资待遇的薪酬机制。国外招聘的研究人员，根据能力提供与国际水平相当的薪酬，对于特别优秀、在研究工作中做出显著贡献的研究人员予以特别津贴。为了使国外招聘来的研究人员能够全力以赴开展研究工作，中心主任根据情况为其提供必要的科研启动经费。首席研究员实行年薪制。[34]

（三）国际化的研究环境

1. 研究人员公开招聘的国际化

计划要求研究基地必须要有30%以上的研究人员，包括研究生、短期研究人员、访问学者等，从国外招聘。基地必须从国际上公开招聘博士后。基地通常采用在自然和科学杂志、本机构网站，以及国外指明大学网站上刊登招聘信息，并通过书面材料审查和面试环节确定博士后等人选。

例如，日本京都大学物质细胞研究中心，在国际化方面，确保外国研究员比例30%；英语已成为公共语言；实行较为弹性的人事制度，国外招聘的研究人员，根据能力提供与国际水平相当的薪酬，聘任期3～5年，首席研究员年薪制，根据研究人员的业绩制订薪酬标准。

2. 为首席研究员提供与国际接轨的待遇

各基地为首席研究员提供与国际接轨的薪资和福利。通常首席研究员能够得到与美国杰出教授相当的待遇。首席研究员及研究人员也无须参与机构的管理事务，可自由支配自己的研究时间。

3. 配置经验丰富的管理职员

各基地配置经验丰富的管理职员会计事务、人事事务、研究辅助事务、涉外事务，以及宣传方面的管理职员。这些职员不仅处理日常事务，还负责组织对研究人员的评价、促进国际合作研究，对研究成果进行宣传等活动。

4. 设立Mix-lab

为了促进课题组和海外的交流，设置了Mix-lab，提供了视频会议系统及共用实验室和开放办公室。促进研究小组间及不同领域间的合作交流。

5. 联合指导制度

引入联合指导（Co-supervising）制度，各博士后可以接受不同领域首席研究员的指导，以促进研究所的共同研究、培养年轻学者。

6. 引进尖端设备

引进尖端科研设备，以促进WPI计划的实施。科研设施的质量和数量向全球顶尖水平看齐。设立协调员负责科研设施的协调管理，促进合作与国际交流。

7. 设置英日双语管理室

设置英日双语管理室，促进不同领域的交叉融合及国际化合作。[35]

四、WPI评估机制

WPI制订了严格的评价机制。根据评价结果，引入成果和能力导向的薪酬制度。

（一）跟踪评价流程

首先，各中心提交年度研究进展报告。依托单位必须每年向文部科学省提交研究中心的设想及经费使用情况报告。其次，文部科学省组织相应的工作运行委员会进行实地考察确认进展情况。再次，WPI 计划委员会召开会议听取各个研究中心主任和工作组的报告。最后，由 WPI 计划委员会撰写年度跟踪评价报告，如发现与中心设想落实不相符的部分或存在需要改进的事项，WPI 委员会将要求依托单位负责人和研究中心主任予以改进[36]。如图 10-13 所示。

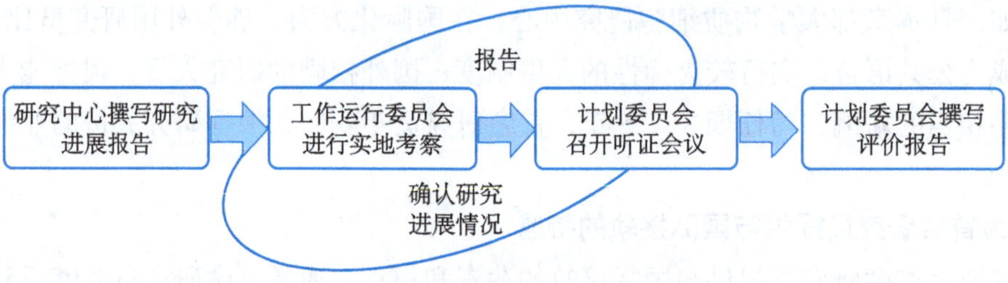

图 10-13　WPI 计划的跟踪评价流程

另外，WPI 计划的研究中心运行周期为 10 ～ 15 年，因此，研究中心运行五年后，WPI 计划委员会将撰写相关的中期评价报告。在事后评估年度，研究中心要召开成果发布会，履行向国民说明的社会责任。

（二）跟踪评价的主体

1. WPI 计划委员会

截至 2014 年 8 月，该委员会由包括六名外国专家在内的 16 名委员构成。其中，日本的专家委员有企业首席执行官、大学校长、公益财团负责人、政府官员、科研机构负责人等。其职能是，负责审查遴选研究据点、跟踪评价据点的研究进展。

2. WPI 计划的工作运行委员会

由各个基地的管理层担任调查负责人，再加上八名领域专家构成。原则上讲，外国专家必须在该委员会中占一半。其职能是，实地考察中心的研究进展情况，形成报告以供 WPI 计划委员会参考。

为了推进项目跟踪评价，WPI 在每个研究中心各设一名管理人员，由中心外的专家担任，目前共九名；另设置两名管理评估人员，协调跟踪评价工作。

（三）跟踪评价的内容

以 WPI 对研究中心的中期评价为例，主要的评价内容包括以下几方面。

1. 研究水平

是否在形成世界顶尖研究水平方面取得了进步；是否实施了挑战世界性难题、对社会产生重要影响的研究；是否取得了新的发现、研究成果；是否购置、增添和调整了科研设施，为形成世界顶尖的科研环境取得了进步；是否保证拥有包括外部资金在内的充足科研经费。

2. 不同领域的交叉融合

是否采取措施使不同领域的研究交叉融合；是否在交叉研究领域取得进步。

3. 国际化水平

科研人员：是否集结了大量全球一线的学者；是否通过国际招聘引进了博士后等年轻学者。

科研环境：是否采取措施、确保海外学者在充满国际竞争的环境下能够专心致力于科研；在与海外机构开展合作时，是否拥有有效的合作体制。

4. 体系改革

是否在建立“以中心主任为领导的运营机制”方面取得了进步；是否建立了使用英语的管理部门并发挥作用；在改革现在有运营组织机构方面是否取得了进展；中心所依托的大学、研究机构是否对其科研工作给予支持并取得了进展。[37]

（四）跟踪评价的特点

1. 评价内容动态化

WPI 计划以“世界最高研究水平”“国际化科研环境”“改革研究组织结构”“开创交叉融合领域”为发展目标，对具体的科研领域和科研方向没有进行规定。

因此，在跟踪评价各研究中心时，WPI 计划委员会注重考查该中心的“进度”与“变化”。不管是各个研究中心的自我评价，还是 WPI 计划委员会的评价，都注重评价在相关方面的工作是否取得进步。

2. 评价主体综合化

从评价主体的职业看，既有政府官员，也有大学校长、科研机构负责人；既有企业首席执行官，又有公益财团负责人。广泛的职业来源能够提高跟踪评价的全面性。

从评价专家的国别看，WPI 计划委员会和各中心的工作组委员会都拥有近一半的海外专家，以确保跟踪评价的国际化和客观性。

3. 评价活动长效化

各研究中心每年都要撰写年度自我评价，WPI 计划委员会每年也要实施跟踪评价，这种长效机制提高了跟踪评价的及时性，能确保主管部门及时掌握中心的科研情况。

五、经验与启示

综合分析日本为建设优秀研究中心所出台的相关计划，有以下几点值得我们关注。

（1）日本政府在国家总体规划中对建设优秀的研究中心进行了明确的部署。比如，第二次科学技术基本计划中提出要建立 30 个左右的世界一流的大学，第三次科学技术基本计划中明确提出建立“世界顶级研究计划”。

（2）日本通过建立 WPI 计划，造就了一批具有人格魅力、学术影响力的研究领袖。一个具有高度个人魅力和国际学术视野的学术带头人往往能够集聚大批优秀研究人员和研究生。例如，京都大学的山中伸弥博士有关干细胞的研究被《科学》杂志列为 2008 年具有突破性的成就，于 2011 年获的沃尔夫奖、西班牙基金会知识前沿奖、美国奥尔巴尼医学中心的医学、生物医学奖，2012 年获诺贝尔生理学与医学奖。东北大学原子分子材料学高等研究中心的井上九博士发现的大块金属玻璃在国际上获得了很高评价，2009 年获得了美国物理学会詹姆斯 · C. 麦高第新材料奖。

（3）国际化的运作模式、管理制度和人事评价机制是成功的关键要素。建立国际化管理和支持体系，实行国际化招聘规则，各研究中心吸引了一批优秀的高层次人才和青年研究人员。例如，物质材料研究机构的国际纳米技术研究中心与世界著名大学建立良好合作关系，并计划从这些大学接受优秀的研究生。

（4）卓越的研究设施和研究项目是成功的必要条件。WPI 计划大力支持入选研究中心基础设施的建设，并要求依托单位给予高于 WPI 计划经费项目的支持，以确保研究人员获得竞争性经费的研究项目，对比较有前景的融合性研究提供启动资金支持。

（5）良好的科学文化和组织文化为各类人员提供的机遇、机会和待遇对于吸引人才也非常重要。例如，京都大学物质－细胞综合系统研究中心在建设过程中，京都大学提供了国际一流的研究场所和办公条件，并设立了共用实验室以及开放办公室。

（执笔：中国科学院文献情报中心　胡智慧、惠仲阳）

第四节　加拿大首席研究员计划

加拿大首席研究员计划（Canada Research Chairs Program，CRCP）是为了帮助加拿大大学吸引和留住优秀的学生而设，于 2000 年成立。CRCP 是一个三机构的联合计划，是加拿大影响最大的人才计划。2000 年，加拿大联邦政府拨款九亿加元，目的是到 2005 年，支持加拿大大学设立 2000 个首席研究员职位。加拿大创新基金会（CFI）为该计划的实施也专门拿出 2.5 亿加元设立了相应的首席研究员基金，以支持首席研究员科研基础设施的建设。首席研究员计划总体目标是通过加强大学的研究和培训能力，加强大学的国际竞争力，改善加拿大人的生活质量，具体目标包括：通过吸引并留住顶尖研究人员，加强加拿大的研究能力；通过研究活动，改善高质量的人力资源培训；提高加拿大大学的创新能力及新知识的应用能力；通过不同领域、学科之间的合作，提高研究资源的使用效率。

2007 年，加拿大出台启动卓越首席研究员计划，专门吸引世界顶尖科学家，为此，政府向每位科学家提供总计 1000 万加元的资金，连续支持七年。产业研究首席通过加拿大自然科学与工程研究理事会申请获得资助，每年资助额度 10 万～20 万加元，资助年限为五年。这些产业研究首席的职责是使得大学有机会与当地企业共同开展研究，从而服务于研究者、企业和社会。资助的研究首席将建立产业和院校之间的伙伴关系，为当地企业提供能支持其竞争力、提升其创新能力的有价值的资源。

一、CRCP 的提出机制

20 世纪 90 年代，人才流失问题一直困扰着加拿大政府，由于邻国美国的报酬丰厚、赋税低、工作环境优越，不管是本土还是外来人才，大部分都流向了美国；加上美国拥有强大的高新技术产业和完善的风险投资市场，很多中小型高新技术产业在加拿大创立一段时间后就把总部迁往美国，带走了大批高科技人才；另外，尽管每年都有大量的发展中国家移民和留学生来到加拿大，但是当他们在加拿大工作几年或毕业后，就会去美国寻找更好的发展机会。这使得加拿大成为了一个人才中转站，移民政策没有起到应有的作用。人才流失越演越烈，加拿大面临着国际竞争力下降的局面，这也迫使加拿大必须在人才政策上做出变革。

2000 年，加拿大社会科学与人文研究理事会（SSHRC）、加拿大自然科学与工程研究理事会（NSERC）和加拿大卫生研究院（CIHR）三大联邦资助机构在加拿大工业部和 CFI 的协助下，发起了 CRCP，支持国内大学设立首席研究员职位（Canada Research Chairs，CRC），并且每年为获得该职位的科研人员提供 10 万或 20 万加元经费，到 2005 年达到 2000 个首席研究员职位，以帮助大学吸引和留住全世界最富盛名和最具有潜力的研究人员。

CRCP 的战略目标是为了帮助加拿大大学吸引和留住一批优秀的学者，增强加拿大的科研实力，维护其在国际上的地位，促进社会经济的发展，增加就业机会并最终提高加拿大人的生活水平。

为实现以上目标，CRCP 主要从以下四个方面努力，以提高加拿大大学及其附属机构的科研水平：①帮助加拿大大学吸引和留住优秀的科研人员；②帮助大学提高创造和应用新知识的能力；③强化对高素质人才的培养；④通过战略规划达到研究资源的优化配置[38]。

2014 年 12 月对首席研究员网站数据进行统计显示，目前首席研究员职位有 1736 个，具体如表 10-3 所示。

表 10-3　不同资助机构的首席研究员分布及级别

类别	在职首席研究员人数	占所有人数的比例
总计	1736	100%
一级研究员人数	819	47%
二级研究员人数	917	53%
CIHR	573	33%
一级研究员人数	302	17%

续表

类别	在职首席研究员人数	占所有人数的比例
二级研究员人数	271	16%
NSERC	783	45%
一级研究员人数	366	21%
二级研究员人数	417	24%
SSHRC	380	22%
一级研究员人数	151	9%
二级研究员人数	229	13%

资料来源：加拿大首席研究员计划数据库 .http：//www.chairs-chaires.gc.ca/chairholders-titulaires/index-eng.aspx［2014-12-4］

二、CRCP 的管理与协调机制

（一）科技计划管理

1. 科技计划管理结构

CRCP 有一秘书处负责计划的日常管理工作。该秘书处建立在 SSHRC 内部，负责 CRCP 的日常管理，向管理委员会报告；管理委员会又负责向指导委员会报告工作。

CRCP 指导委员会监督计划的管理，并为该计划的发展方向提出战略性建议，指导委员会由三大资助机构的主席、CFI 的主席、工业部的副部长组成（图 10-14）。

管理委员会对同行评议过程、沟通策略、计划结构、政策发展，以及预算等方面的管理提出具体的指导建议和原则；管理委员会由 CRCP 的执行主任、三大资助机构、CFI 和工业部的副主席和主任组成。

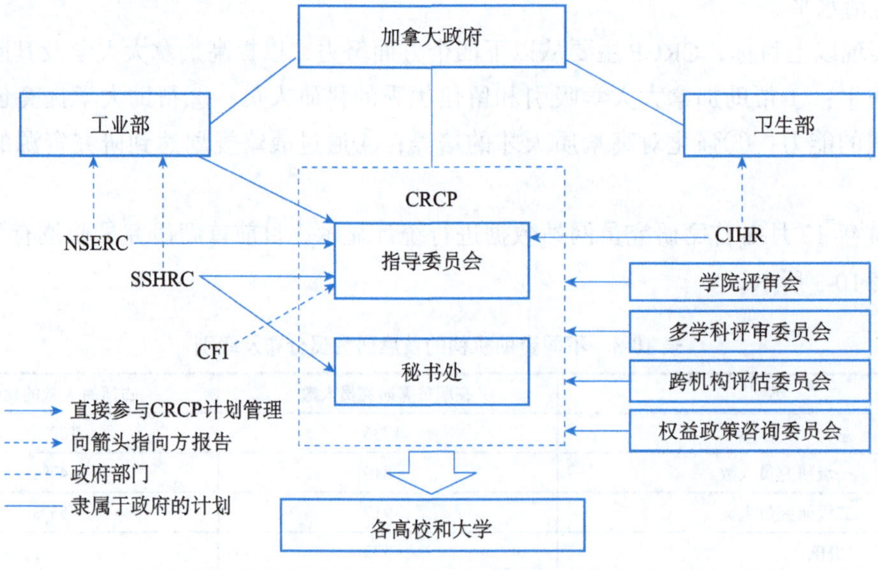

图 10-14　CRCP 的管理结构[39]

CRCP 设有学院评审会和多学科评审委员会。学院评审会负责评审每个首席研究员职位并对是否给予资助提出意见，多学科评审委员会则对所有申请首席研究员职位的人员进行评审。

2. 首席研究员职位管理

1）首席研究员职位分类

首席研究员分一类研究员和二类研究员两类：一类研究员是同行公认的世界杰出研究人员、专业领袖，至少为大学教授或副教授。该类人员可以维持职位七年，且可再次申请。对这类职位，学校在七年内每年可从 CRCP 获得 20 万加元拨款。二类研究员是表现突出，被同行公认有可能成为专业领袖的研究人员，一般为助教或专业领袖的研究人员。该类人员可维持职位五年，只可再次申请一次。对这类职位，学校在五年内每年从首席研究员计划获得 10 万加元拨款。

大学负责推荐首席研究员并管理首席研究员所获研究经费。那些已经取得在加拿大永久居留权或工作权的外籍研究人员也可以被提名申请首席研究员职位。被提名人的标准主要是看被提名人及其申报项目的水平和被提名人的研究与学校战略研究计划的一致性。具体标准如下。一类研究职位被提名人的条件：杰出研究人员，其造诣已经在其研究领域产生重要影响；被国际同行公认的学术带头人；具有招收和指导研究生、博士后的良好记录；被推荐从事高水平的创新研究项目。二类研究员职位被提名人的条件：已经有能力在未来 5～10 年成为国际上的学科带头人；被推荐从事高水平的创新研究项目；作为一名首席研究员职位持有者，有潜力吸引优秀被培训人员、学生和未来研究人员。

2）首席研究员职位分配与管理

CRCP 为各高校和科研机构设置 2000 个首席研究员职位，其中 90% 以上（1880 个）的名额是常规职位，过去三年每年从三大联邦资助机构中获得 10 万加元及以上的机构具有申请常规职位的资格。每两年，政府要重新计算分配到具有资格的研究机构的首席研究员职位数，并根据该机构在过去三年从三大资助机构获得的经费情况对其研究员职位数量进行调整，这一过程即为“首席研究员职位的重分配过程”。这些职位预先分配好学科领域和学校的，自然科学与工程约占 45%（846 个），健康科学约占 35%（658 个），社会科学与人才研究约占 20%（376 个）。

常规职位的分配方式[40]是各资助机构依据各研究领域的职位配比对达到要求的机构的首席研究员职位数进行分配，以交替的方式被分配到各大学中，首先是分配二类研究员职位，然后是一类研究员职位，然后是二类研究员职位，依次分配。

除了常规职位，还有一种特殊职位（special allocation），申请特殊职位的研究机构需要同时具备以下三个条件：①过去三年内从三大资助机构获得的总经费不超过三大资助机构所有经费的 1%（即为“1% 阈值”）；②过去三年内平均每年从三大资助机构获得的经费为 10 万加元以上；③拥有常规研究员职位的数量不超过 11 个。特殊职位不具有领域限制，各大学可以根据需求设置，具有灵活性，可以用一个一级研究员职位换取两个二级研究员职位，也可以用两个二级研究员职位换取一个一级研究员职位。

特殊职位的分配方式采取竞争的方式，大学提交申请，CRCP 秘书处和指导委员会依据过去三年的经费和常规首席研究员职位数的情况，计算三大资助机构能获得的特殊职位数额。

（二）首席研究员计划的协调机制

CRCP 是三大资助机构的联合计划，还涉及 CFI 关于基础设施方面的资助，但 CRCP 是联邦政府的专项计划，从设计之初就根据需求制订了良好的方案，各资助机构在研究领域之间的分工较为清晰，各自的任务也比较明晰。

CRCP 的秘书处设立在社会科学与人文研究理事会内部，但其指导委员会和管理委员会则是由三大资助机构、CFI 以及工业部的领导构成，CRCP 采用吸纳利益相关方组建委员会的方式共同商讨 CRCP 的战略方向、职位分配、高校遴选等工作，而各资助机构根据常规职位名额配比对独立组织评审，并进行资助。对于特殊职位，各大学需要向秘书处提交申请，由秘书处统一组织评审，根据大学的资质和申请进行评审，评审通过的则会分根据领域分配到不同的资助机构。

三、CRCP 的资金来源与管理

在 CRCP 设立之初，加拿大联邦政府拨款九亿加元专项启动资金，自 2005 年以来，每年拨款三亿加元专项资金支持该计划[41]。

CRCP 秘书处通过社会科学与人文研究理事会金融财务处按季度向各学校拨款，拨出的资金由所在大学负责管理。学校必须为每个首席研究员单独建立一个账号，并按要求清楚地分类记录每笔进账和开支。首席研究员必须按照计划指南的要求经由校长同意才能开支。经授权，首席研究员本人也可单项开支小额经费。CRCP 对开支内容作了详细规定[42]，具体如表 10-4 所示。

表 10-4　CRCP 经费使用的具体规定

（1）符合条件的开支
首席研究员本人的工资和规定的福利（包括奖金）
首席研究员团队成员（所有学生、博士后、合作研究员、技术人员、秘书和助理研究员）的工资和规定的福利（只要符合拨款机构的规定）
替代首席研究员教学的开支，包括给系里接手首席研究员一个或多个课程教学任务的员工的补偿，但数额不能超过一定限度
首席研究员本人及其团队成员的旅行、研讨会、计算机、日常消耗品、出版和有关材料的开支
邀请专家与会议或研讨会的旅行和食宿开支
参加与首席研究员研究领域相关协会的会员费
专业和技术服务开支
人员招聘开支，可向前追溯，但仅针对已获资助的首席研究员
家庭安置费，包括首席研究员本人及其直系家庭成员的交通和搬家费用，交通最高待遇可坐飞机经济舱
首席研究员及其团队成员研究用房和办公室的装修费
计算机软硬件和从事研究所需的与计算机相关的其他材料开支
研究机构或家庭专为研究用的每月上网费用
收集数据时发生的手机费用
首席研究员从自己家到休假地的一次性旅行费用
将研究设备从首席研究员的家或研究机构运至休假地的运输费用
研究设施的运行和维护费用（不含加拿大创新基金已经涵盖的费用）
与首席研究员职位相关的管理费用（如项目建议书的撰写、技术转让、图书管理员、研究服务、金融管理、人力资源等）
已建立学术联系为目的或与研究活动相关的杂食开支（不含酒、饮料及主食）

续表

（2）不符合条件的开支
首席研究员研究团队成员的研究津贴
非首席研究员研究团队的工资
与首席研究员及其家庭成员相关的非旅行和搬家费用
设备和研究用交通工具的保险费
有资格申请联邦拨款机构经费的学校正式教职员工所拥有的公司提供的技术服务费
死亡福利和任何不符合规定的福利
护照和移民费
随意拆分包裹非
因特网安装费
电话或接线月租费
接线或电话安装费
与自动咨询服务相关的费用和手机租用或购买费
向研究机构全体成员提供的图书馆图书、计算机或信息服务的购买费用
首席研究员休假期间的食宿费用
首席研究员家庭成员或研究团队从家或研究机构到休假地的旅行开支
首席研究员离开期间的教学替代费用
专利开支
与法规相关的费用，包括伦理评审、生物危害、辐射安全和环境评估等
联邦拨款机构财务部门和计划秘书处的官员将定期拜访学校，更新首席研究员的管理信息并审查财务账目，以确保学校按照拨款机构的规定和要求使用经费

四、CRCP 的报告评估机制

（一）CRCP 评估管理结构

CRCP 的评估遵循跨机构评估模式[41]，这就意味着与单一机构的计划相比，CRCP 的评估要涉及大量的利益相关者，利益相关者群体对评估方案具有直接的影响。

CRCP 指导委员会负责监管 CRCP 的管理过程，并提出该计划未来发展的大致方向，其中也包括对三个资助机构秘书处的监督，评估首席研究员提名，审查财务和年度报告，为财政盈余和赤字提供建议。评估工作也是其主要工作之一。

跨机构评估指导委员会（IESC）负责对所有的跨机构计划进行评估，主要是为计划评估提供来自利益相关组织和专家建议的信息，并监督整个评估过程。IESC 的成员来自 CIHR、NSERC、SSHRC 的评估领导，以及工业部、加拿大秘书处财政委员会、加拿大财政部，以及工业部计划协调处的高级评估代表。IESC 中设立观察员（observer）职位，担任着双重职责，一是收集来自跨机构计划信息，二是在 IESC 评估会议中提出专家建议，提高评估的有效性。

评估管理员（evaluation manager）是 SSHRC 的高级评估人员，负责管理整个评估过程。评估管理员对评估过程中的日常管理负责，并负责一些相关的任务。例如，审阅外部评估者的评估报告，在必要的情况下与计划管理者进行沟通，管理评估风险，确保所有利益相关方之间的有效沟通。

评估咨询委员会（EAC）包括来自各个资助机构的评估专家、CRCP 的工作人员，一位来自 CFI 的代表和一位来自工业部的代表组成。

EAC 的主席由 SSHRC 评估管理员担任，主要承担以下任务：参与对评估者的遴选；对评估计划和成果提出建议、指导和验证；在提交 IESC 和 CRCP 指导委员会之前对评估报告进行审阅；审查数据收集工具和其他的评估工具；在评估过程中针对问题及时提出反馈；协调各机构间的数据供应；根据需要适当提出额外的指导意见。

（二）年度报告

对大学的报告要求：大学必须提交其首席研究员职位使用和管理年度报告，汇报符合学校战略研究计划目的的研究进展。学校每年 11 月份收到报告表格，按要求必须于次年的 1 月 15 日前将报告上交计划秘书处，不按时上交报告者将会受到暂停拨款的处罚直至上交报告为止。对每个首席研究员的拨款，学校都必须按照拨款机构的标准填报年度资金使用报告。

首席研究员的报告要求：对首席研究员没有要求每年写进展报告，但首席研究员有责任向学校提供撰写学校年度报告所需的任何信息。如果首席研究员在其五年或七年任期临结束时希望再次申请，那么必须随申请同步上交研究进展报告。假如首席研究员不想再次申请研究职位，则首席研究员必须在任期结束前六个月内提交最终研究报告。

（三）对 CRCP 的评估

CRCP 运行 10 年时，加拿大 SSHRC 代表 CRCP 的评估咨询委员会委托 Science-Metrix 科技评估咨询公司对 CRCP 运行 10 年的成效进行了全面的评估。评估采取了文件和文档评审、面谈、团队审查、网络调查、案例分析和计量分析等多种方法，对继续资助的必要性和相关性、CRCP 运行是否成功、运行的效率和效果、项目的监管设计与运行、计划资助的平等性五个方面进行了评估，该报告于 2011 年 5 月发布[41]。

评估结果显示，就其既定目标和运行的广度和深度而言，CRCP 在加拿大都是独一无二的，并与研究和创新的联邦计划和有限资助战略相吻合。CRCP 已经达到了以下四个主要目标：①吸引 / 留住高级研究人员；②增强加拿大高等院校科技创新和新知识运用的能力；③在科研战略领域，协助高校发展比较优势；④促进高素质人才的培训。总体来看，CRCP 的管理是高效的，规划是合理的，秘书处对计划的生命周期做出适当调整，也得到了好评和支持；但 CRCP 在内部潜在的体制性弊端和特定群体平等性上存在一定问题，建议改进并推动该计划平稳向前发展。

五、CRCP 的知识产权及其他

CRCP 计划和联邦资助机构不要求保留研究成果的知识产权。研究成果的知识产权由各学校或学校与研究人员共同所有，具体由各学校自行规定。

首席研究员可以根据所在单位的政策请假暂时离开工作岗位，但请假期间不能超过一年。在一个任期内，首席研究员可以不能从一个学校转移至另一个学校，经费也不能从一个首席研究员转移至另一个首席研究员。

如果首席研究员、大学违反计划和拨款机构将提前终止合约，学校必须将研究人员的雇用合同清单和财务报告计划秘书处。一般情况下，结余的经费要退还给社会科学与人才研究理事会财务部，纳入联邦政府的统一收入基金。

六、经验与启示

（1）加拿大联邦政府的综合性专项科技计划通常是委托加拿大三大资助机构依据领域分工进行管理和组织实施，但每个联邦政府的专项计划都会设立由工业部牵头、各利益相关方组成的指导委员会和评估委员会进行协调，设立专门的秘书处进行管理，秘书处一般是设立在某一资助机构内部。一般综合性的科技计划的秘书处设在社会科学与人文研究理事会（与经费配比无直接关系），具有明显领域倾向则交由相对应的研究理事会进行管理。

（2）经费分配与使用管理条例非常明晰。加拿大专项计划对于申请条件和资助条件都有明确的规定，对于经费如何在各研究理事会之间分配也在设计之初给出了明确的比例，不存在谁负责总协调管理计划，谁就能多获得经费的情况；对于经费如何使用，可以用于什么项目，不能用于什么项目给出非常明细的规定，这样有利于经费的管理，也避免了乱用经费的情况。经费的管理不是一次性将经费全部拨给高校，而是由秘书处来控制经费的拨款与使用，每季度 CRCP 的秘书处将经费划拨给学校，学校再用于支持首席研究员。

（3）对于计划的评估从事后评估转变成事前主动规划。加拿大的大学在向 CRCP 秘书处提名首席研究员时，必须同时提交本校的科研战略规划。CRCP 的战略研究规划就要求大学必须说明其有关吸引人才的措施、学校的计划目标、人员的配置及管理、经费管理等涉及该计划执行情况的重要事宜。在各级评审过程中，战略研究规划是审核被提名人的重要依据。大学每年还必须向 CRCP 秘书处提交年度报告，汇报符合战略研究规划的研究进展。首席研究员也需要每年向大学提交汇报研究进展的报告。

（执笔：中国科学院文献情报中心　裴瑞敏）

第五节　美国小企业创新研究计划

小企业创新研究计划（Small Business Innovation Research，SBIR）是美国政府通过国家财政预算支持小企业竞争性地参与联邦研究计划和技术创新的一项重要举措，旨在为小企业在创新技术、产品和服务的起步与研发阶段提供资金支持，并推进科技成果产业化，激励创业、增加就业，最终促进经济发展。SBIR 具体目标包括如下四点：一是刺激技术创新；二是满足政府研发需要；三是弥补市场化失灵，培育和鼓励弱势群体参与创新创业；四是鼓励私营部门参与转化和商业化政府资金支持的科技成果。

美国国会责成美国小企业管理局（SBA）全权负责监管 SBIR，项目具体实施则由联邦政府各部门负责。按规定，凡外部研究预算（extramural research budgets）超过一亿美元的联邦部门，每年必须从研发经费中拨出一定比例，支持小企业的技术创新开发活动。目前共有 11 个部门参与 SBIR，包括美国国防部、农业部、商务部、能源部等。

一、SBIR 提出机制

美国政府历来重视企业发展。有分析表明，20 世纪以来美国政府对大型企业和中小企业的重视程度经历了一次转换。20 世纪 80 年代以前，美国政府对大企业的发展更为关注。而进入 80 年代，随着中小企业在经济社会发展中的作用日益凸显，美国政府将关注的焦点转向了中小型企业，尤其是高风险、高收益的科技型中小企业[43]。

1977 年，SBIR 被作为试点项目在 NSF 内部实施。由于 SBIR 试点项目在 NSF 实施颇具成效，美国国会于 1982 年颁布《小企业创新发展法》，批准正式实施 SBIR，并且 SBIR 的期限还得以多次延长[44]。1992 年，《小企业研究开发加强法案》延长 SBIR 计划至 2000 年 9 月，并大幅增加经费额度，加强了对小企业项目商业化潜力的评估和考察。2000 年，《小企业修订法案》再次将 SBIR 计划延长至 2008 年 9 月，并加强其在就业、医疗、国土安全等方面的影响。最近一次延期发生于 2012 年，《美国国防授权法案》进一步延长 SBIR 计划至 2017 年 9 月。图 10-15 展示了 SBIR 经立法批准实施和不断调整的情况。

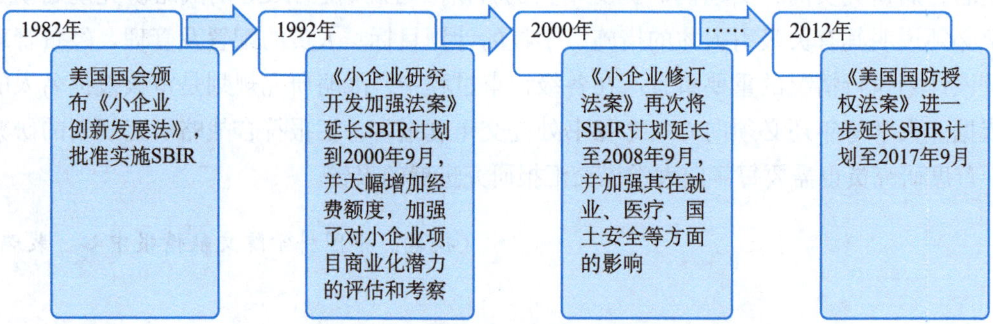

图 10-15 SBIR 经立法批准实施和调整

二、SBIR 管理与协调机制

美国国会责成美国 SBA 全权负责监管 SBIR，以避免参与 SBIR 的 11 个政府部门（图 10-16）在实施过程中各自为政。

SBA 成立于 1953 年，最初隶属联邦商务部，后又上升为直属的联邦政府机构，局长由总统任免。SBA 并不制订和管理具体领域的 SBIR 计划和项目，而是负责宏观管理和统一协调。2014 年 2 月，SBA 投资创新办公室根据《小企业法》的要求，发布最新版《SBIR 政策指导》，指导联邦政府各部门对 SBIR 项目进行常规管理。SBA 的组织结构如图 10-17 所示。

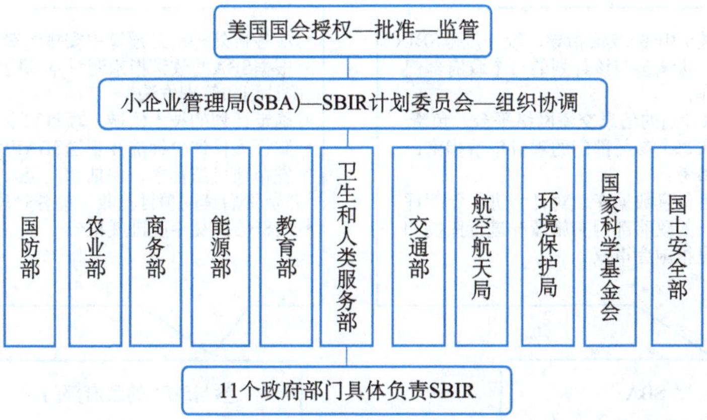

图 10-16 SBIR 的管理机构

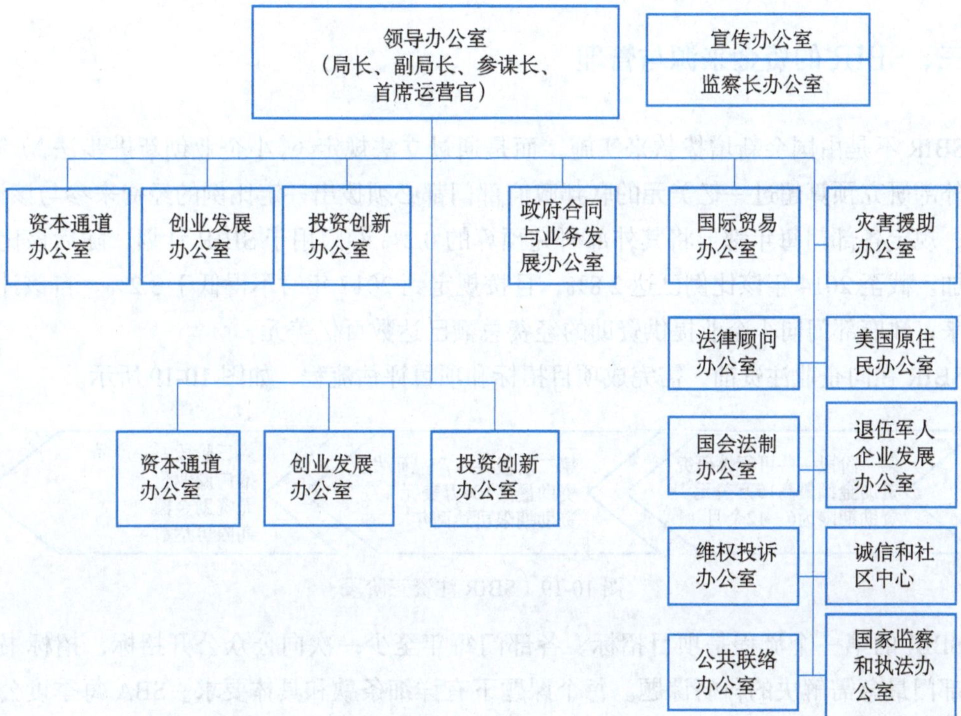

图 10-17 SBA 的组织结构

联邦政府各部门根据法律所规定的本部门研发经费的百分比，各自负责具体实施本部门的相关计划项目。SBA及参与SBIR计划的11个政府部门的相关职责[45]如图10-18所示。

SBIR是美国整个研究与开发计划的一个重要组成部分，是全美最大的伙伴计划。美国OSTP和SBA负责SBIR与国家其他科技计划（如小企业技术转移资助计划STTR）的统筹协调关系。

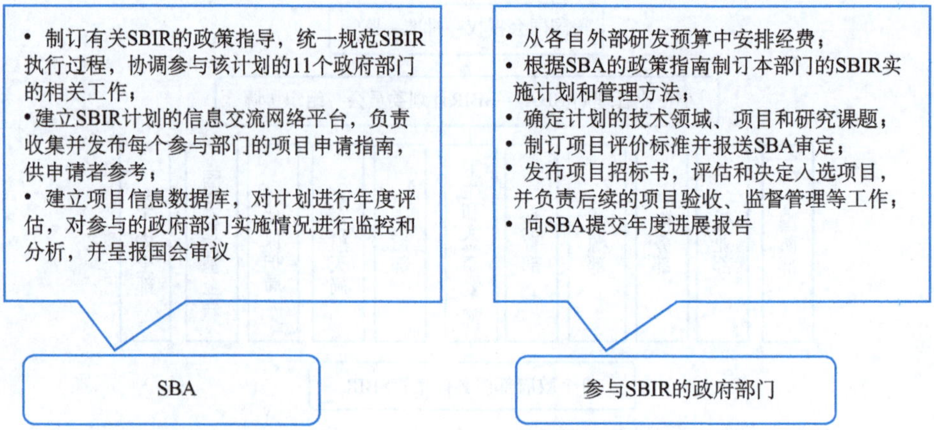

图 10-18　SBIR 管理机构的具体职责

三、SBIR 的资金来源与管理

SBIR 不是由国会新增拨款来实施，而是通过立法规定（《小企业创新进步法》）筹款，所有外部研究预算超过一亿美元的联邦政府部门都必须拨出一定比例的经费来参与该计划。最初，规定各部门每年都要将其外部研究预算的 0.2% 专门用于 SBIR 计划，随后该比例不断增加。截至 2014 年该比例已达 2.8%，且按规定到 2017 年时不得低于 3.2%。自该计划实施以来，政府部门向小企业提供资助的经费总额已达数百亿美元。

SBIR 在向企业注资前，需完成项目招标和项目评估流程，如图 10-19 所示。

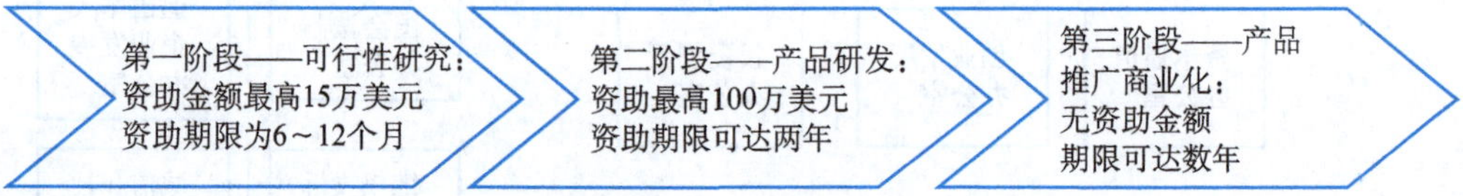

图 10-19　SBIR 注资三阶段

SBIR 的第一个流程是项目招标。各部门每年至少一次向公众公开招标，招标书中囊括本部门最急需解决的科研课题。每个课题下有详细条款和具体要求。SBA 每季度公开发布 SBIR 项目预招声明，公布各部门招标项目及申请条件。申请 SBIR 项目的小企业必须符合如下条件：必须是美国公民拥有的、独立的企业；必须是以营利为目的的企业；首席研究员必须是申请企业的员工；申请企业员工人数不得超过 500 人（否则不属于“小企业”范畴）。

SBIR 的第二个流程是项目评估。评估标准为：企业质量、创新程度、技术含量、市场潜力。各部门 SBIR 办公室在收到项目投标书后，交给本项目研究领域五位最权威的专家（通常是著名大学教授，或是各科学院的高级研究员）评估。这些专家享有很高荣誉，但没有报酬。专家们必须签字声明与受评估项目没有经济利益关联。

SBIR 的第三个流程是注资程序。如图 10-19 所示，SBIR 分为三个阶段向中标企业注资（前一阶段完成后，经过专家小组评估优选，才能够进入下一阶段）。

第一阶段：可行性研究阶段。资助额最高为 15 万美元，资助期限为 6 ～ 12 个月。该阶段的资金主要用来开发技术内涵，完成可行性研究。该阶段入选企业比例为 10% ～ 15%。

第二阶段：产品研发阶段。资助期限可达两年，资助金额最高可达 100 万美元，具体情况因部门不同而异。该阶段企业入选率为 40% ～ 50%，只有已获第一阶段资助的企业才有资格参选。

第三阶段：产品推广和商业化阶段。此阶段 SBIR 入选只具有名誉性，或象征性意义。资助金额原为 25 万美元以上，但现在小企业管理局规定 SBIR 对于该阶段入选企业不再给予任何资助，企业自找风险投资及其他私人资金来源。第二阶段获资助企业中 80% 可以继续进入第三阶段。

四、SBIR 报告评估机制

2012 年，《美国国防授权法案》责成机构间政策委员会（IPC）“制订一份标准化评估框架以系统地评估 SBIR 和 STTR，具体方法包括：改善项目资助和成果的跟踪，以及制订各联邦机构 SBIR 和 STTR 项目的绩效机制等”。该评估框架将着重解决如下关键问题：量化 SBIR 项目对妇女等劣势群体的投资促进、确定联邦机构是否遵守《SBIR 政策指导》、确定 SBIR 资助程序是否得以简化、提升商业化水平以及量化 SBIR 项目的整体价值。图 10-20 展示了 SBA、GAO、NAS、NRC 和 IPC 等机构对 SBIR 整体计划的监督、评估与建议机制。SBIR 评估框架流程如图 10-21 所示。[46]

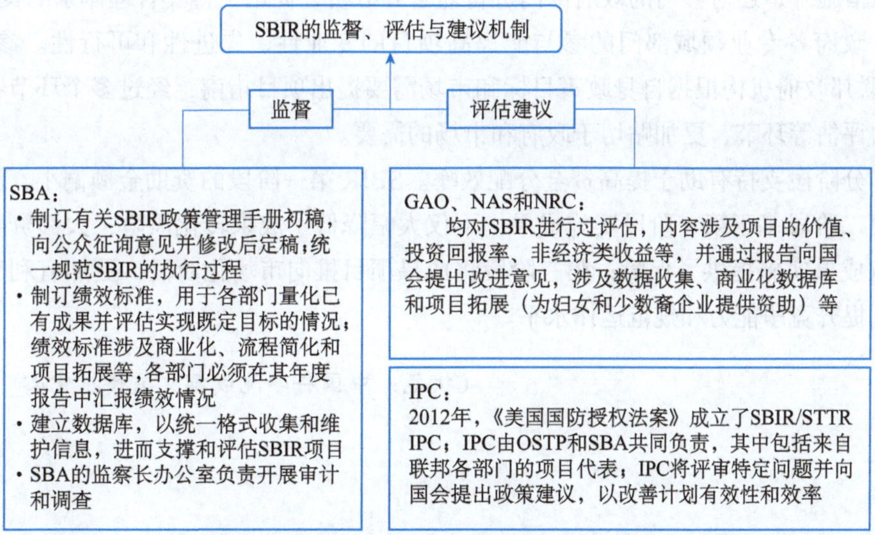

图 10-20 SBIR 的监督、评估与建议机制

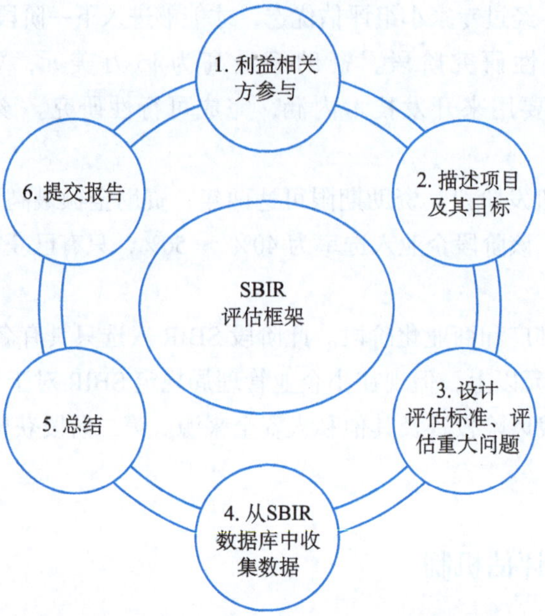

图 10-21　IPC 拟定的 SBIR 标准化评估框架图

五、经验与启示

SBIR 在项目宏观管理、多部门参与实施及分阶段注资等方面的机制健全，如下项目管理经验可供参考借鉴：

（1）设置统一宏观管理部门加强统筹协调管理。SBA 作为统一宏观管理部门，除制订相关政策措施外，还对参与的政府部门进行监督和分析，促进了整套管理体系的良性发展。

（2）政府各专业领域部门的参与能提高项目的专业性、先进性和可行性。参与 SBIR 的 11 家联邦政府机构根据自身政策目标和市场需要提出项目指南，经过多个环节特别是商业化潜力评估等环节，更加贴切于政府和市场的需要。

（3）分阶段支持有助于提高资金分配效率。SBIR 第一阶段的资助金额偏小，注重广泛支持；第二阶段基于第一阶段实施成果，不仅大幅降低了成果转化风险，大额资金的注入也为重点成果实施提供了保障；第三阶段将成果项目推向市场化阶段，更加有利于通过市场化机制提升竞争能力和规范运作水平。

（执笔：中国科学院成都文献情报中心　田倩飞）

第六节　美国国家制造业创新网络计划

金融危机之后，美国政府意识到仅靠服务业无法支撑美国经济走出泥潭，必须重振制造业。美国制造业的振兴不是传统制造业的复兴，而是新兴制造业的培育。为促进制造业科技创新和成果转化，联邦政府宣布组建国家制造业创新网络（National Network for Manufacturing Innovation，NNMI）。创新网络的概念源自德国“弗劳恩霍夫模式”①，但NNMI更倾向于“学术界（包括大学、社区学院）+企业”的模式。

一、NNMI的提出机制

NNMI的提出过程如图10-22所示。2011年6月，PCAST向奥巴马呈交了题为《确保美国在先进制造业的领先地位》的报告，针对美国制造业面临的困境，提出振兴高端制造业、确保制造强国霸主地位的战略部署和政策建议，并在PCAST下成立了先进制造伙伴关系计划（AMP）指导委员会[47]。2012年2月，在《美国竞争力再授权法案（2010）》的授权下，NSTC委托了一个跨部门的先进制造工作组撰写了《先进制造国家战略计划》报告，提出建立一个公私伙伴关系以促进先进制造技术的投资与开发[48]。2012年7月，先进制造伙伴关系指导委员会发布《赢得国内先进制造竞争力优势》报告，建议设立NNMI[49]。2012年4月，NIST主持的先进制造国家计划办公室（AMNPO）推出一项公众广泛参与策略，以帮助进行NNMI设计，包括向公众发布信息邀请书并召开了四次区域研讨会，收到来自学术界、企业、联邦/地方政府及其他研究与非营利组织的建议近900份。在此基础上，2013年1月，NSTC发布《国家制造业创新网络：初步设计》报告，确立了NNMI及其主要组成单元“制造业创新研究所”②（IMI）的资金来源、管理机制和运行模式等[50-52]。

在立法层面，由于NNMI的设立需要得到国会授权和资金支持。奥巴马总统在2013和2014财年预算案中两次请求设立NNMI，并申请10亿美元的“法定支出”（mandatory spending）对其予以支持，均未获得国会通过。2013年的国情咨文中，奥巴马表示要进一步推动NNMI的建设。作为对此的响应，2013年8月，民主党与共和党共同提出了《复兴美国制造业与创新法案》，并分别提交众议院和参议院。截至2014年10月24日，该法案已获得众议院全票通过，在参议院获得了商务委员会的通过[53]。

---

① 一般而言，该模式更多体现的是“政府+企业”模式，通过合同形式从政府和产业取得70%的资金，剩余30%基础资金根据9：1的比例，分别来自联邦政府和地方政府，通常用于产业化前期研究。

② 在《复兴美国制造业与创新法案》中，“制造业创新研究所”被称为“制造业创新中心”，本书统一使用IMI来指代这一机构。

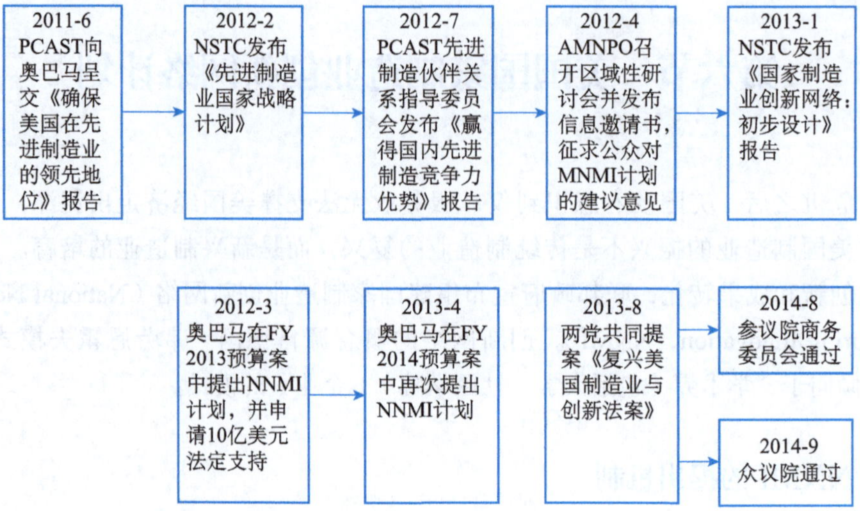

图 10-22 NNMI 的提出过程

资料来源：武汉文献情报中心整理

从对制造业的投入来看，美国对基础研究和产业化活动投入力度较大（图 10-23）：基础研究方面，能源部能源创新中心和 NSF 工程研究中心每年预算额度都在 100 万～ 1000 万美元；产业化方面，NIST 遍及全美各个州，以及波多黎各的 59 个制造业扩展伙伴关系计划（MEP）中心在 2011 财年的预算为 464 万美元。但是在应用环节投入力度较小，仅有小企业创新研究资助计划、小企业技术转移资助计划等，资助额度都在 10 万美元以下。美国政府希望通过在 NNMI 框架下建立制造业创新研究所，填补对制造业应用阶段投入严重不足，夯实制造业价值链中基础研究和产业化中间的应用研究环节。

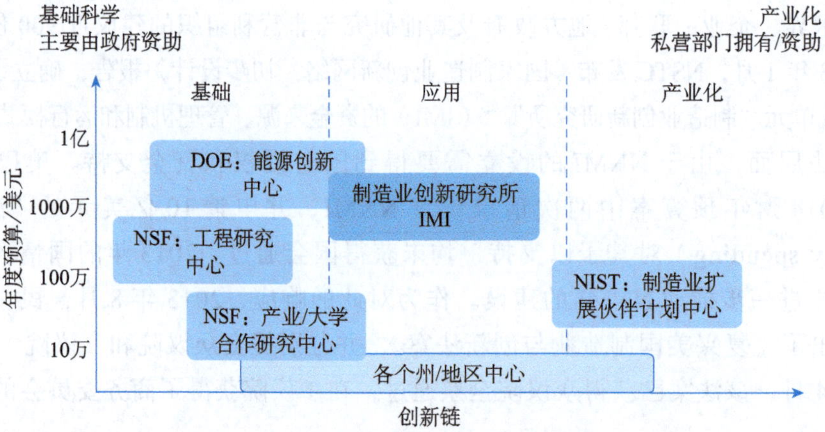

图 10-23 美国制造领域部分机构在“基础—应用—产业化”价值链上的分布

资料来源：武汉情报中心整理

隶属于 NIST 的“先进制造技术联盟”（AMTech）项目启动于 2013 年，特定目标是建立新的或加强现有的由工业界领导的技术联盟，识别并评估研究项目，减少掣肘美国先进制造发展的障碍。同样源自 NIST 的“技术创新计划”（TIP），为 NIST 及其工业合作伙伴对创新高风险技术的早期发展提供投资担保。

2013 年 7 月，参议院拨款委员会指出，AMTech 与 NNMI “并无显著差别”，建议两者进行合并；次年，该委员会指导 NIST 通过 AMTech 向 NNMI 提供资金资助。2014 年 8 月，美国国会在讨论《复兴美国制造业与创新法案》时，建议将 AMTech 和 MEP 计划与 NNMI 整合，并终止 TIP。

二、NNMI 管理与协调机制

（一）NNMI 的管理机制

众议院版本《复兴美国制造业与创新法案》授权美国商务部部长设立 NNMI。商务部部长需要通过计划主任来执行 NNMI 的各项行动并对其予以支持。

商务部部长还负责在 NIST 设立制造业创新网络计划国家办公室，用于监督和执行 NNMI。在向 IMI 申请者授予财政支持时，商务部部长需要通过国家计划办公室与其他相关联邦部门与机构合作[54]。

制造业创新网络计划国家办公室的职责包括：①监督、管理和协调 NNMI；②与联邦部门和机构订立谅解备忘录，以实现 NNMI 目标；③在法案获得通过后一年内制订一份战略规划，并每三年更新一次；④建立必要的程序、过程和标准，用以最大化实现 NNMI 与其他先进制造相关联邦政府部门和机构的计划或活动之间的协调与合作；⑤建立 NNMI 相关活动的公共信息交流中心；⑥作为 NNMI 的会议召集人。[55]

当前，NNMI 的管理实施是由设立在 NIST 的 AMNPO 负责的。该办公室的成员来自多个制造业相关联邦机构、制造业企业和大学的代表（图 10-24）。根据《确保美国在高端制造业的领先地位》报告，AMNPO 的职能是召集和推动企业主导的美国制造业创新公私伙伴关系，以及设计和实施综合性的政府先进制造计划，以促进跨联邦机构的合作和信息共享。

在对 NNMI 的管理上，NNMI 国家办公室与 AMNPO 在功能上有重合，前者主要是针对 NNMI 的，而后者除了拥有前者功能之外，还负责从宏观层面协调联邦部门对制造业的支持活动。但由于法案目前尚未生效，因此这两个办公室未来的关系仍存在变数。

（二）IMI 的管理机制

1. 遴选与组建

众议院版《复兴美国制造业与创新法案》授权商务部部长在 NNMI 下向个人或团体授予资金支持以计划、建设和支撑 IMI。寻求资金支持的个人或团体需要根据要求向部长提交申请。在对申请进行选择的过程中，部长需要采用竞争性的择优审查程序，由私营和公共部门的相关专家组成的多元化小组展开同行评议。政治任命者（political appointee）不能成为同行评议小组的成员。部长需要实施利益冲突（conflict of interest）政策，以保证公众透明度和问责制度，以及要求披露参与择优选举过程的个人之间任何真实和潜在的利益冲

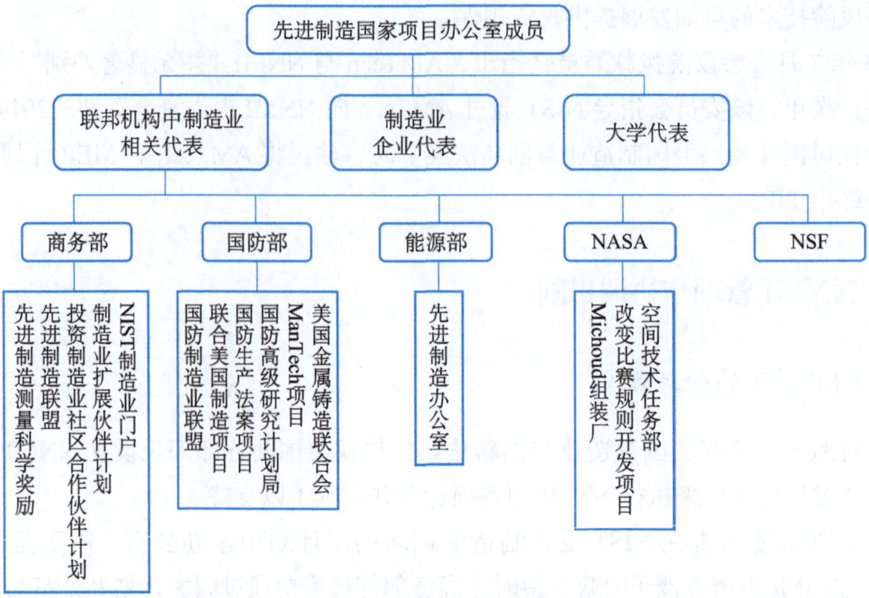

图 10-24 AMNPO 的组成

资料来源：武汉文献情报中心整理

突。对于每个获得财政支持的项目，部长需要公开项目的基本描述，包括解释成功申请者相对于其他申请者的优点。部长还需要制订和执行绩效指标，用于评估资助活动的成效。

当前，AMNPO 负责管理 IMI 的征集和选择过程。管理小组成员机构包括国防部、能源部、商务部（主要是 NIST）、教育部、NASA 和 NSF 等。具体遴选过程参见图 10-25。申请者需要在申请提案中提出未来创新中心的专注研究领域（增材制造研究所作为试点机构是例外，其专注研究领域由政府预先设定），还需要写明决策方法，包括管理决策、会员政策、知识产权政策、资金投入政策、项目选择政策、资金发放政策，以及可持续发展进程政策等。AMNPO 将组织审查小组对提案展开全面评估，涉及预提案、实地考察、经济与商业计划分析等。审查小组成员包括 AMNPO 代表、联邦政府机构合作代表，以及其他专家等[56]。

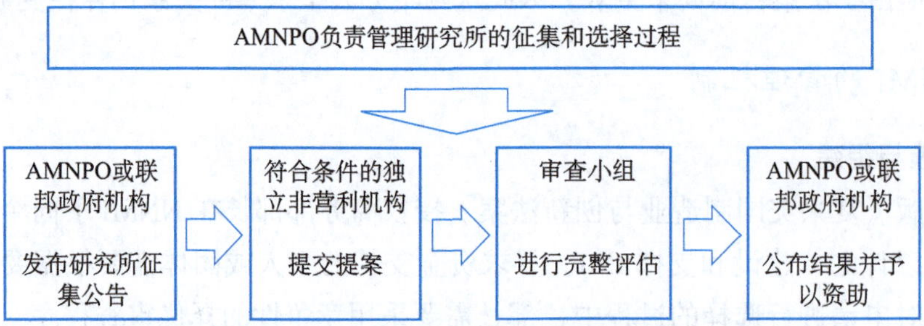

图 10-25 IMI 的遴选过程

资料来源：武汉文献情报中心整理

从迄今业已设立的六家 IMI 来看，目前负责发布研究所征集公告的联邦政府机构主要是国防部和能源部。由于目前法案尚未生效，NIST 也未正式获得国会拨款，因此先期设立的六家 IMI 的资金来自国防部和能源部当前预算中的自由支配资金（discretionary spending），这几家 IMI 的征集与管理也由相应的联邦部门负责。在《复兴美国制造业与创新法案》正式生效后，这些已成立的 IMI 将被纳入 NNMI 网络中，但不能获得 NNMI 的拨款，其管理和资金来源仍然由原联邦部门负责。

2. IMI 的管理

NNMI 规定，IMI 研究机构应当由一个美国本土的、独立的、非营利机构领导，该机构需要有能力组织产业技术研究和人力分配以及进行基础设施布局。

每个 IMI 都应当有很大的自主性，并应该有一个由业界代表组成的独立董事会。IMI 的领导作为执行董事，应负责日常运作。在联合治理模式中，NNMI 的三个关键利益相关者（产业界、学术界和政府）都需要维护其自身利益。

设立后的 IMI 之间将通过一个由研究所、联邦政府部门和其他机构形成的网络领导委员会（Network Leadership Council）联合起来。网络领导委员会将执行监督任务，推动诸如知识产权、合同、研究和绩效等共通制度的发展，并互相交流成功经验。每个 IMI 还将参与由 ANMPO 主办成立的制造业网站建设（www.manufacturing.gov），以实现部分信息与资源的公开与共享（图 10-26）。

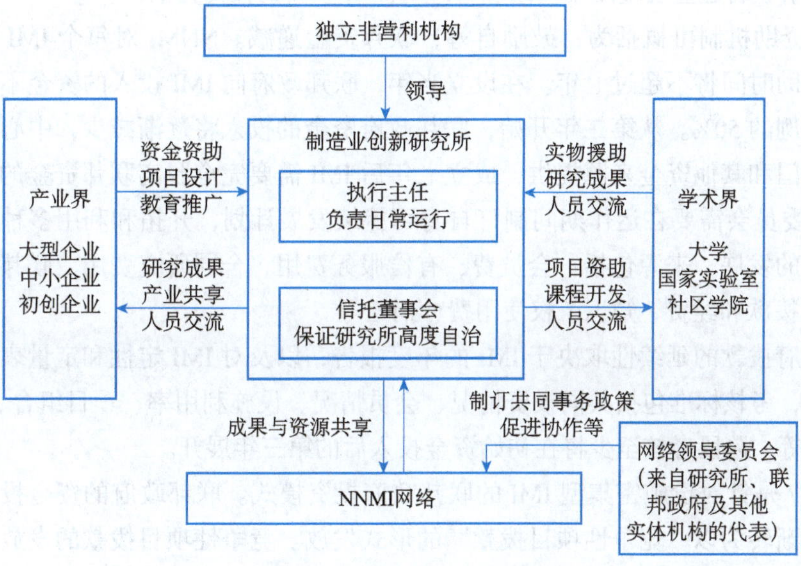

图 10-26　IMI 的管理与关联结构

资料来源：武汉文献情报中心整理

以 NNMI 试点机构——国家增材制造创新研究所为例，该研究所执行主任由国防制造及加工中心副主席兼任，负责研究所日常管理事务。同时设有四个副主任，分别从技术开发、技术转移、先进制造企业及劳动力 / 教育等方面协助工作。为保证研究所的高度自治和利益相关方之间的协调，研究所设有管理委员会、执行委员会和技术顾问委员会[57]。其人员组成和主要职责见表 10-5。

表 10-5 项目管理评审大会参会委员会及其职责

委员会	组成	主要职责
管理委员会	白金（一级）及黄金（二级）会员、小企业管理局代表、前政府官员	（从企业角度）包括制订技术战略及对项目运行进行指导等工作
技术顾问委员会	12 位 DoD、DOE 等政府部门代表	（从政府角度）负责与政府部门的沟通工作，也负责制订技术战略及对项目运行进行指导等工作
执行委员会	管理委员会和技术顾问委员会选出	包括制订 IMI 资助项目的标准、制订项目征集的流程及探索新项目、帮助所长管理事物等

三、NNMI 资金来源与管理

众议院版《复兴美国制造业与创新法案》仅授权 NIST 的工业技术服务（Industry Technology Services）账户和能源部的能效与可再生能源（Energy Efficiency and Renewable Energy）账户为 NNMI 拨款。除计划拨款外，商务部部长有权以合约、协议等方式从其他任何涵盖实体获得资金、人员、服务、设备、设施等用于 NNMI。同时，商务部部长也可以向其他联邦机构转付资金以执行 NNMI。获得资金的其他机构可以在同等条件以及部长的适当限制下，将这些资金用于资助和管理 NNMI 项目的任何方面。

IMI 的资助机制可概括为：鼓励自筹，联邦资金递减。NNMI 对每个 IMI 提供的联邦政府资金资助时间将不超过七年。在设立当年，联邦政府向 IMI 投入的资金不能超过该中心总资金比例的 50%。从第二年开始，联邦政府资金的投入将逐渐减少，中心的资金将逐渐由私营部门和其他资金来源提供，成立七年后 IMI 需要完全脱离联邦资金的支持。每个 IMI 的主任委员会需要在运作期间制订自身可持续发展计划，开拓和利用多种收入来源以支撑其未来的发展，来源包括：会员费、有偿服务费用、合同研究费用、联邦或其他来源的非 NNMI 拨款和经费、知识产权使用费、捐赠等。

联邦政府拨款的延续性取决于 IMI 的年度报告，以及对 IMI 定性和定量表现指标进行的阶段考核，考核标准包括共同投资情况、会员情况、设施利用率、项目组合、成功案例、技术商业化等。阶段考核至少将在初始资金投入后的第三年展开。

图 10-27 是针对设施密集型 IMI 的联邦政府投资模式。联邦政府的资金投入将逐年减少，并且逐渐转为以“竞争性项目拨款”的形式发放。竞争性项目拨款的发放取决于技术质量，研究所此前的表现，以及企业参与强度等。

四、NNMI 报告评估机制

众议院版《复兴美国制造业与创新法案》提出，每个 NNMI 财政支持的接受者需要每年向商务部部长提交一份报告，描述 IMI 的经济状况和绩效情况。直到 2024 年 12 月 31 日，商务部部长需要以不低于一年一次的频率向国会提交 NNMI 最近一年的绩效报告。美国政

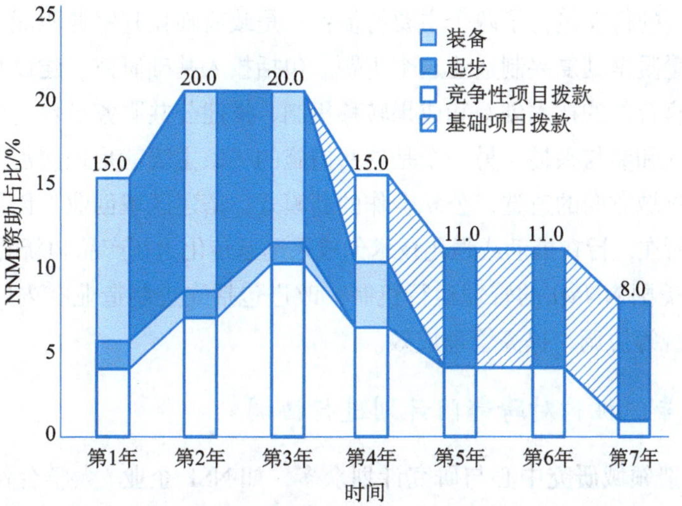

图 10-27　联邦政府在前七年对 IMI 的资金投入模式

资料来源：NNMI：A Preliminary Design

府问责办公室总审计长需要以不低于两年一次的频率向国会提交 NNMI 近两年的运行评估报告。2024 年 12 月 31 日前，总审计长需要向国会提交一份关于 NNMI 总体成功性的最终报告。

IMI 的绩效评估机制可认为是多指标、多层面的。2013 年 11 月，AMNPO 发布《NNMI 机构绩效评价标准草案》。该标准草案可服务于多种目的，如对研究所绩效评价、机构为加强管理进行自我评价等。该草案涉及的绩效评估指标涵盖了 IMI 的影响、工业价值、教育和劳动力发展、投资组合、财务状况和网络贡献等[50]。

在机构的内部项目评估层面，以增材制造研究所为例。2013 年 4 月 2 日和 10 月 8 日，该所召开了两次项目管理评审大会，会议分为两部分，首先是管理委员会、技术顾问委员会、执行委员会的联席会议，然后是全体会员和政府部门代表参加的项目评审会。该所得到国防制造技术计划（ManTech）的资助，其项目评估主要可分为政策和监督、业务协调以及项目执行三个层面。①政策和监督层面。2011 财年国防授权法案将 ManTech 的监管职能转交给国防部部长办公厅制造与工业基础政策办公室，负责对国防制造技术创新进行评估、投资；②业务协调层面。三军联合国防制造技术委员会下属委员会提交项目审查总结，每个项目用 1～5 级标准评估如下五个方面：用户需要和受益程度、技术度量、项目进程、技术转移、资源杠杆和共享；③项目执行层面：由美国空军研究实验室材料与制造理事会指定的项目经理负责对成本、进度、性能和技术转化目标等进行评估[57]。

五、经验与启示

美国政府搭建了一个以商务部领衔，国防部、能源部等相关部门配合，大学和企业参与的执行框架。商务部牵头负责落实联邦政府的政策或者制订相关政策，各部门正在全力以赴地为复兴制造业创造条件和营造氛围，已经形成一个“全政府响应”的局面和行动。这个“全政府响应”的行动包含了两个主要特征：一是政府强化其服务职能，牵头、整合、支持和促进相关力量凝聚到复兴制造业这个主题。包括投入基础研究、建设基础设施、建立公私合作或产学研官合作的技术创新和成果转移机制、搭建公共服务平台、提供研发项目以激发企业的研发投入和参与兴趣。另一个是这些措施的一条主线就是强调创新，包括管理机制的新方式，关注领域方向的遴选，公私合作的新模式，搭建区域创业、创新合作体等，都突出了创新的精髓所在，旨在推动或强化技术创成果迅速转化为新产品和新的竞争优势。

我国可借鉴美国 NNMI 的管理运行机制，改进包括先进制造业在内的相关行业的政策组织实施，实现统筹协调，提高管理成效。

（一）成立专门机构对跨部门计划进行协调

美国先进制造领域研究中心与研究计划众多，如 NSF 企业 / 大学合作研究中心、能源部能源创新中心、国防部制造业技术计划，以及 NIST 的 MEP、AMTech 等。其中，部分计划由多部门共同资助，为协调这些跨部门资助计划，避免重复投资，美国 NSTC 成立跨部门协调办公室 AMNPO，成员来自官产学研的多方代表。NNMI 作为一项跨部门的国家级战略计划，规划方案中也设有专门的计划办公室，专司各联邦机构之间的协调与统筹。我国可以参考其设计，组织政府、学界和企业界多方代表构成的跨部门协调小组，统一发展思路和重大规划，对跨部门科研计划和科研活动进行统筹协调，有效克服政出多门、“九龙治水”带来的资源浪费及效率低下等弊端。

（二）政府主管大方向及负责评审，独立机构提具体研究方向

NNMI 作为一项国家级制造业战略计划，其战略目标和导向由 AMNPO 研究确定，代表了政府意志。在具体的研究领域上，由申请加入 NNMI 的独立机构自己选择，政府通过组织多方参与的评审小组，在对申请进行审核的同时，结合独立机构的能力、影响等多方因素，对具体研究方向具有选择权。

这种由政府确立研究战略大方向，第三方独立机构自由确立中、小层面研究方向的做法，综合考虑了多方利益，一可确保科研领域的发展目标符合国家、社会、经济的整体利益；二能够发挥第三方研究机构的独立自主性，保证其充分利用现有资源与条件，沿着国家战略指导大方向开展自身最擅长、最有利于多方利益的科学研究。

（三）鼓励经费自筹，强化机构自身的可持续发展，推动机构与多个公私部门展开合作

NNMI 对成功申请者的资助期限最长为七年，资助额度从第一年起逐年下降。申请者作为第三方独立研究机构，在申请之初就必须与地方政府、学术界和产业界建立良好的联系，并在申请时阐明未来的独立可持续发展规划。NNMI 作为旨在解决基础研究与产业化之间的鸿沟应用型研究计划，其参与者的研究目标是为创新转化为产品服务。逐渐减少对政府资金的依赖，将促使申请者必须与企业建立关联，借助企业资源解决长期生存问题。

另外，这种联邦政府资源递减的机制也能够鼓励参与者从其他渠道利用政府提供的资源，如地方政府、与其他研究机构合作等，提高政府资源利用效率。在公私合作方面，NNMI强调中小企业的参与。我国也需要鼓励中小企业在制造业创新体系中发挥更大作用，与研究机构等共同开创产学研协同创新的新局面。

（四）培育制造业创新文化

《NNMI 机构绩效评价标准草案》将公众影响、教育及劳动力培养设为重要评价指标，试图通过制造业创新研究所来解决长期制造业空心化带来的社会制造文化缺失的问题。IMI 发挥着“教学工厂”和技术交流平台的作用，体现了美国一贯对人才培养的重视。我国虽是制造业大国，但制造文化却难与地位相称。我国需重视创新型人才队伍建设，改革工程教育人才培养模式，创新高校与行业企业联合培养人才的机制，积极培育制造业创新文化。

（执笔：中国科学院武汉文献情报中心　万勇）

第七节　欧盟创新与技术研究院计划

欧盟创新与技术研究院（The European Institute of Innovation and Technology，EIT）是欧盟第七框架计划下启动的计划，2009 年正式开始运行。EIT 建立的初衷是在全球舞台上与麻省理工学院竞争，但现实与初衷有所背离，除了名称由欧洲技术学院改为欧洲创新与技术研究院之外，实际上没有建立实体的学院，而是形成了若干欧洲大学、研究机构和企业构成的网络。

一、EIT 计划的提出机制

欧盟创新与技术研究院的构想最初由时任欧盟委员会主席巴罗佐提出。他认为，在研究和创新等领域，欧洲不仅落后于美国，也落后于一些新兴国家；虽然欧洲范围内已有各种各样的研究中心，但还没有一个欧洲规模的、以服务整个欧洲为目的的研究机构通过教育、研究和发明有机地融合来弥补欧盟研发方面的不足。为此，巴罗佐建议设立一所欧洲技术研究院作为欧盟支持创新的一项重要举措。

当初设想的欧洲技术研究院拟成为一个将教学、研究与创新机制融为一体的“卓越中心”，将仿效美国的麻省理工学院，汇集科研、工业和大专院校的精英进行研发的模式，整合全欧洲在研究和高等教育领域分散的人力、物力和财力，以寻求推动欧洲技术创新的道路。然而，该计划的设想在当初备受争议，相关方认为“自上而下”地建立一所大学是不现实的。因而经过多方协议和决策，最终形成了目前的总部加知识与创新中心（Knowledge and Innovation Community，KIC）的双层结构。

该计划的决策经历了2005～2008年漫长的概念形成及讨论阶段，于2009年正式启动，主要过程[58]如下：

（1）欧盟委员会主席巴罗佐和教育专员菲戈尔宣布，在广泛征求欧盟各界意见的基础上，欧盟将筹建EIT；

（2）在欧盟峰会的建议下，欧盟委员会拟定EIT提案；

（3）针对EIT的概念进行广泛意见征集，包括公开咨询，以及欧盟委员会、欧盟理事会与欧洲议会之间长达两年的争论；

（4）欧盟委员会正式通过创立EIT的建议，并得到各成员国政府首脑认可；

（5）欧盟理事会批准为EIT初期创建配备资金3.08亿欧元，意味着欧盟已对建立EIT达成共识并启动有关法律程序；

（6）欧洲议会和欧盟理事会通过关于成立EIT的条例；

（7）经成员国竞选，欧盟委员会确定EIT总部所在地为布达佩斯，并成立EIT理事会；

（8）2009年EIT正式运行，开始公开招标KIC，年底，首批三个KIC启动；

（9）2013年，欧盟修订EIT条例[59]，以适应新框架计划“地平线2020”的相应要求，并简化和明确EIT机构和管理职能。

以上述过程可以看出，EIT计划的动议过程类似于欧盟框架计划的提出与决策机制，首先在初始概念的基础上，由欧盟委员会提出计划初始提案，然后经过广泛意见征询，及欧盟委员会与欧盟理事会、欧洲议会间的漫长协议过程，最终形成正式条例，从而进入计划实施阶段。

二、EIT计划管理与协调机制

（一）EIT的组织管理机制

1. EIT的组织架构

EIT本身是欧盟的一个机构，通过教育与文化总署与欧盟机构相联系。其组织架构主要由一个理事会、一个支持总部和法律上独立且自治的若干KIC组成，见图10-28[60]。理事会是EIT的管理机构，由欧盟成员国企业界、科研界和高等教育界的专家组成，负责EIT的战略制订、评估及预算管理等。

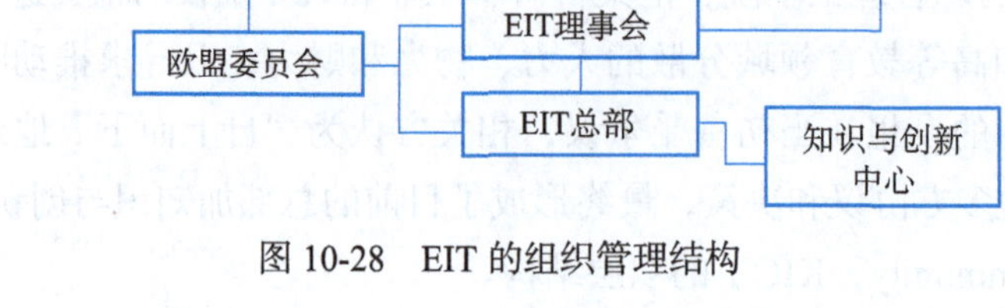

图10-28　EIT的组织管理结构

KIC 指高等教育机构、研究机构、公司和其他利益相关者在创新过程中形成的一种自主的合作伙伴关系。KIC 在特定主题下通过公开招标遴选产生，要求每个 KIC 至少应包括一个高等教育机构、一个研究机构和一个私营企业，紧密结合教学、研究和创新工作，从事全球性的、跨学科的战略性研究工作。

2. EIT 理事会

理事会是 EIT 的管理机构，主要负责指导 EIT 的活动，包括 KIC 的选择、指定和评价，以及其他所有战略决策，在决策方面具有独立自主性。

理事会由 15 名来自高等教育、科研、企业和创新领域的高级别成员组成，包括 12 名指定委员和三名代表委员，其中包括一名指定委员作为理事会主席，主席任期两年。指定委员的出现主要是为在企业、高等教育和研究方面有经验的人之间提供平衡，委员由欧盟委员会聘任，并就其选择和聘任过程通知欧洲议会和欧盟理事会，任期四年，不得连任；代表委员是从 KIC 的高等教育、研究与创新、技术与行政人员中选举产生，任期两年，其选举和更替的条件和程序需在主任的建议下由欧盟理事会修订。

理事会每年至少召开例行会议三次，经主席召集或应 1/3 成员要求可以召开特别会议。理事会的日常工作由执行委员会支持，负责监督 EIT 的运行和战略决策的实施；执行委员会由四名成员组成，包括理事会主席，及其他三名指定委员，后者由理事会遴选。

此外，欧盟委员会指定一名观察员参加理事会会议。

3. EIT 总部

EIT 的总部设在匈牙利首都布达佩斯，其运行由 EIT 主任负责管理，下设服务与财务、合作关系管理、政策与对外联络三个部门。

EIT 主任由理事会聘任并对其负责，任期四年，执行 EIT 行政和财务管理的职责，是 EIT 的法律代表。

（二）欧盟对 EIT 的监管机制

EIT 是欧盟框架计划的组成部分，接受计划经费的支持，在具体管理方面，欧盟委员会通过教育与文化总署与 EIT 建立联系。欧盟对 EIT 的监管主要体现在如下方面。

（1）指导 EIT 的战略方向。EIT 的战略规划主要体现在其七年期的战略创新议程（Strategic Innovation Agenda，SIA），及三年工作计划中，其中包括战略优先领域、工作方案及经费需求等。欧盟委员会在 EIT 提供的 SIA 草案的基础上形成正式提案，并需经欧洲议会和欧盟理事会表决通过；EIT 工作计划应送交欧洲议会、理事会和委员会、欧洲经济和社会委员会，以及区域委员会，以便于其掌握相关信息。

（2）对 EIT 计划的合同管理。作为 EIT 科技计划的执行主体 KIC，其建立是通过公开招标遴选确定的，遴选确定的 KIC 需与 EIT、欧盟委员会教育与文化总署三方签订协议，包括框架合作协议和年度资助协议，提供 KIC 运作的框架及 KIC 与 EIT 间关系的合同基础。

（3）监督评价。除欧盟委员会指定观察员参加 EIT 理事会会议之外，欧盟委员会有权启动对 EIT 运作的独立的外部评价，特别是在拟定 SIA 的过程中。在适当的情况下，欧盟委员会还可提出建议，修订 EIT 建设的条例。

（三）EIT 计划的组织实施机制

EIT 计划的组织实施主要是通过确定战略优先领域，并在此之下遴选 KIC 来开展的[61]。

1. 确定优先领域

EIT 通过制订 SIA，提出 EIT 的长期优先领域，包括对其社会经济影响以及创造最佳创新增值的能力的评估。鉴于 EIT 未来的运作、长期的发展和资金筹集的需要，战略研究议程还要包括资金需求和来源的估计。它还包括覆盖整个财政框架期间的指示性财务计划。SIA 需由欧洲议会和理事会表决通过。

2. 制订工作计划

EIT 应该在 SIA 的基础上形成的三年滚动工作计划。一旦被批准，应包含一个声明，说明其主要优先事项和计划实施的举措，其中包括对资金需求和来源的估计。

3. 在优先领域中选择知识与创新共同体

EIT 依据 SIA 中提出的优先领域和时间计划进行 KIC 的遴选和确定。KIC 的形式是基于中长期创新计划的战略网络，由首席执行官负责管理，设立联合中心（co-location center）作为 KIC 活动的联络点。

EIT 基于竞争、公开和透明的程序选择和指定合作伙伴成为 KIC。KIC 遴选的详细标准须建立在卓越性和创新实用性原则的基础上，由 EIT 表决通过并发布；外部专家和独立专家参与遴选过程。

组成 KIC 的基本条件是：至少有三个合作机构的参与，这些机构分别来自至少三个不同的成员国。依照欧共体第 1906/2006 号条例第 6 条的规定，所有这些合作机构必须是独立的。KIC 若包括来自第三国的合作机构，须经理事会的批准。组成 KIC 的 2/3 合作机构应建立在成员国。每个 KIC 包括至少一个高等教育机构和一个私营公司。

对 KIC 的管理主要是通过合同的方式明确规定其权利和义务，主要包括：为其提供适当的支持；应用适当的质量控制措施；不断监督和定期评估其活动；确保它们之间能实现适当的协调。

依据定期评估结果和特定领域的特点，一个 KIC 的存在期限通常是 7 ～ 15 年。若其有利于 EIT 目标实现，理事会可决定延长 KIC 的时间期限。如果 KIC 的评估结果不理想，理事会可以采取适当措施，包括减少、修改或撤回其财政支持或终止协议。

三、EIT 计划的资金来源与管理

EIT 的资金来源为欧盟及成员国的官方投资和产业界投入。建设初期，欧盟委员会给予 EIT 到 2013 年的经费为 3.087 亿欧元，其中 EIT 对单个 KIC 经费的支持力度不到 25%，其余经费要由产业界、教育机构和科研机构的合作者来提供（图 10-29）。

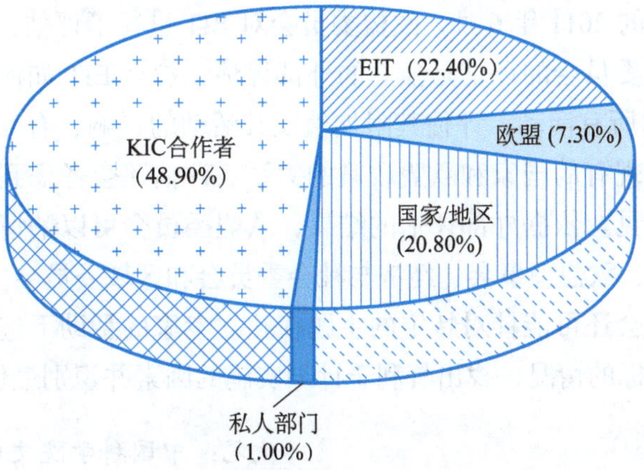

图 10-29　KIC 的经费来源构成

欧盟给予 EIT 的拨款主要负担 EIT 和 KIC 的建立、管理和协调活动的费用。在 EIT 建立条例中规定，为避免双重资助，这些活动不应同时从其他欧盟计划中获得捐助，如欧盟框架计划、竞争力与创新框架计划、终身学习计划或结构基金等。

EIT 预算的执行由理事会主席负责。

四、EIT 计划报告评估机制

EIT 的报告评估机制主要包括以下形式。

（一）年度自评估及规划

EIT 条例规定，EIT 应撰写年度报告，说明 EIT 在前一年所开展的活动，对结果完成目标的情况和时间进度的评估，以及开展活动的风险、资源的利用和 EIT 的全面运作状况。年度报告中还应提出三年滚动工作计划，描述未来将要开展的活动，使 EIT 对科学、技术、高等教育、创新和其他相关领域的内外部发展做出回应。这些文件应送交欧洲议会、欧盟理事会、欧盟委员会、欧盟审计院、欧洲经济和社会委员会，以及区域委员会，以便于他们了解相关信息。

（二）EIT 对 KIC 的持续监测及独立评估

EIT 应与欧盟委员会一道，基于关键绩效指标和 SIA，对 KIC 的产出、成果和影响进行持续的监测和定期的外部评估，以保障获得最高质量的成果、实现科学的卓越性和对资源最有效的利用。评估的结果应向欧洲议会和欧盟理事会报告，并向公众公开。

（三）欧盟委员会的评估

在计划实施初期的 2011 年 6 月，欧盟委员会对 EIT 进行了评估，并提出之后每三年要进行一次评估。欧盟委员会的评估是独立的外部评估，检查 EIT 如何完成其任务，评估内容涵盖 EIT 和 KIC 的所有活动，评估其附加值及其活动的影响、有效性、可持续性、效率和相关性，以及其与现有的国家和欧盟政策的关系。评估还会考虑到欧洲层面或是国家层面上利益相关者的意见。依据外部评估的结果，欧盟委员会可以酌情提出 EIT 条例修改意见，并转交欧洲议会、欧盟理事会、经济与社会委员会和区域委员会。

此外，欧盟委员会还可能针对特定的主题在独立专家的帮助下进行进一步评估，以检查 EIT 实现其既定目标的情况，找出有利于计划实施的因素并识别最佳实践。

（执笔：中国科学院文献情报中心　王建芳）

参考文献

［1］LTER Network. Network Overview. http：//www.lternet.edu/network［2014-11-12］

［2］朱高儒，John H. Porter，许学工 . 美国长期生态研究计划三十年：特点、效果与启示——以弗吉尼亚海岸带保护区为例 . 应用生态学报，2011，22（6）：1615-1622

［3］Hobbie，J. E. Scientific Accomplishments of the Long Term Ecological Research Program：Anintroduction.BioScience，2003，53：17-20

［4］NSF. Long Term Ecological Research Network Office. http：//www.nsf.gov/awardsearch/showAward?AWD_ID=0832652［2015-12-6］

［5］LTER. Integrative Science for Society and Environment：A Strategic Research Initiative. http：//intranet2.lternet.edu/sites/intranet2.lternet.edu/files/documents/LTER%20History/Planning%20Documents/ISSE_complete_30April.pdf［2015-12-6］

［6］Long Term Ecological Research Network. Strategic and Implementation Plan Long-term Ecological Research Network（LTER）：Research and Education 2011. http：//intranet2.lternet.edu/sites/intranet2.lternet.edu/files/documents/LTER%20History/Planning%20Documents/LTER_SIP_Dec_05_2010.pdf［2015-12-6］

［7］The Long Term Ecological Research Network. LTER Strategic and Implementation Plan. http：//intranet2.lternet.edu/sites/intranet2.lternet.edu/files/documents/LTER%20History/Planning%20Documents/LTER_SIP_Dec_05_2010.pdf［2015-12-6］

［8］中国生态系统研究网络综合研究中心 . 美国长期生态学研究网络的战略规划 . 生态系统研究与管理简报，2006，（5）：4-13

［9］NSF. Grant Proposal Guide（GPG）.http：//www.nsf.gov/publications/pub_summ.jsp?ods_key=gpg［2015-12-6］

［10］LTER Intrannet. Ten-Year Review of National Science Foundation’s Long-term Ecological Reserch Program. http：//intranet2.lternet.edu/sites/intranet2.lternet.edu/files/documents/LTER_History/Review_

Documents/ten-year-review-of-LTER.pdf［2015-12-6］

［11］The Long Term Ecological Research Network. LTER 20 Year Review Report. http：//www.lternet.edu/node/23［2015-12-6］

［12］NSF. Long-Term Ecological Research Program：A Report of the 30 Year Review Committee. http：//intranet2.lternet.edu/sites/intranet2.lternet.edu/files/documents/LTER%20History/30%20Year%20Review/bio12001.pdf［2015-12-6］

［13］赵士洞 . 美国长期生态研究计划：背景、进展和前景 . 地球科学进展，2004，19（5）：840-844.

［14］LTER Ad Hoc Communication Committee. LTER Strategic Communication Plan. http：//intranet2.lternet.edu/sites/intranet2.lternet.edu/files/documents/LTER%20History/Planning%20Documents/Final%20LTER%20Strategic%20Communication%20Plan%20-%20Nov%2011%202010.pdf［2015-12-6］

［15］白星碧，施俊法 . 美国地球探测计划 . 地球科学进展，2005，20（5）：584-586

［16］EarthScope Working Group. EarthScope Project Plan. http：//www.earthscope.org/assets/uploads/pages/es_proj_plan_lo.pdf［2015-12-6］

［17］Gregory，E.& van der Vink. EarthScopeY1 Annual Report. http：//www.earthscope.org/assets/uploads/pages/Year1AnnualReport.pdf［2015-12-6］

［18］文部科学省 . 世界トップレベル研究拠点プログラム（WPI）の概要，http：//www.mext.go.jp/a_menu/kagaku/toplevel/index.htm［2007-10-30］

［19］日本学術振興会 . 世界トップレベル研究拠点プログラム .http：//www.jsps.go.jp/j-toplevel/Index.html［2007-10-20］

［20］日本学術振興会 . 平成 22 年度世界トップレベル研究拠点プログラムの採択拠点の決定について .http：//www.mext.go.jp/a_menu/kagaku/toplevel/index.htm［2010-7-14］

［21］文部科学省 . 平成 24 年度世界トップレベル研究拠点プログラム（WPI）の採択拠点の決定について .http：//www.mext.go.jp/a_menu/kagaku/toplevel/index.htm［2012-10-30］

［22］日本学術振興会 . 平成 23・24 年度補助金交付決定額を掲載しました .http：//www.jsps.go.jp/j-toplevel/index.html［2007-10-20］

［23］文部科学省 . 東京大学カブリ数物連携宇宙研究機構（Kavli IPMU）. http：//www.mext.go.jp/a_menu/kagaku/toplevel/index.htm［2012-10-20］

［24］文部科学省 . 東京工業大学地球生命研究所 .http：//www.mext.go.jp/a_menu/kagaku/toplevel/dex.htm［2014-12-16］

［25］文部科学省 . 京都大学物質 - 細胞統合システム拠点，http：//www.mext.go.jp/a_menu/kagaku/toplevel/index.htm［2014-10-28］

［26］日本学術振興会 . 世界トップレベル研究拠点プログラム .http：//www.jsps.go.jp/wpi /［2014-12-6］

［27］文部科学省 . 東京工業大学地球生命研究所 .http：//www.mext.go.jp/a_menu/kagaku/toplevel/index.htm［2014-12-10］

［28］筑波大学 . 筑波大学国際統合睡眠医科学研究機構 . http：//wpi-iiis.tsukuba.ac.jp/japanese/［2014-12-8］

[29] 名古屋大学 . 名古屋大学トランスフォーマティブ生命分子研究所 . http：//www.itbm.nagoya-u.ac.jp/ [2014-12-10]

[30] 东京工业大学 . 東京工業大学地球生命研究所 .http：//www.elsi.jp/ [2014-12-15]

[31] 日本学術振興会 . 平成 24 年度拠点構想進捗状況報告書 .http：//www.jsps.go.jp/j-toplevel/index.html [2014-12-16]

[32] 日本学術振興会 . 中間評価結果及び平成 22 年度フォローアップ結果 .http：//www.jsps.go.jp/j-toplevel/index.html [2014-12-14]

[33] 东北大学 . 東北大学原子分子材料科学高等研究機構 .http：//www.wpi-aimr.tohoku.ac.jp/jp/indexhtml [2014-10-4]

[34] 东北大学 . 東京大学カブリ数物連携宇宙研究機構 .http：//www.ipmu.jp/ja [2014-10-4]

[35] 京都大学 . 京都大学物質 − 細胞統合システム拠点 .http：//www.icems.kyoto-u.ac.jp/j/index.html [2014-10-6]

[36] 九州大学 . カーボンニュートラル· エネルギー国際研究所 .http：//i2cner.kyushu-u.ac.jp/ja/ [2014-12-8]

[37] 日本学術振興会 . 平成 24 年度拠点構想進捗状況報告書 .http：//www.jsps.go.jp/j-toplevel/index.html [2014-12-16]

[38] 彭伟，乌云其其格 . 加拿大首席研究员计划及其启示 . 科技管理研究，2013（1）：28-31

[39] Ganada Research Chairs. Governance.http：//www.chairs-chaires.gc.ca/about_us-a_notre_sujet/governance-gouvernance-eng.aspx [2014-12-5]

[40] Ganada Research Chairs. Method Used to Allocate Regular Chairs. http：//www.chairs-chaires.gc.ca/program-programme/allocation-attribution-eng.aspx [2014-12-10]

[41] Ganada Research Chairs. Tenth-Year Evaluation of the Canada Research Chairs Program Final Evaluation Report. http：//www.chairs-chaires.gc.ca/about_us-a_notre_sujet/publications/ten_year_evaluation_e.pdf [2014-12-5]

[42] 李铄 . 加拿大《首席研究员计划》. 全球科技经济瞭望，2004（12）：19-21

[43] 夏孝瑾 . 美国 “小企业创新研究计划”（SBIR）：经验与启示 . 科技经济市场，2011（12）：39-42

[44] Link，A.N. Public Support of Innovation in Entrepreneurial Firms. Edward Elgar Publishing Limited，2013：267-268

[45] 付剑峰 . 美国 SBA 小企业技术创新服务模式及其对我国的启示 . 科技日报，2014-4-20.（02）

[46] SBIR/STTR. Interagency Policy Committee. Standard Evaluation Framework. http：//www.sbir.gov/sites/default/files/5_standard_evaluation_framework-ipc_report.pdf [2015-1-6]

[47] Executive Office of the President，President's Council of Advisors on Science and Technology. Report to the President on Ensuring American Leadership in Advanced Manufacturing. http：//www.whitehouse.gov/sites/default/files/microsites/ostp/pcast-advanced-manufacturing-june2011.pdf [2015-1-6]

[48] Executive Office of the President，National Science and Technology Council. A National Strategic Plan for Advanced Manufacturing. http：//www.whitehouse.gov/sites/default/files/microsites/ostp/iam_

advancedmanufacturing_strategicplan_2012.pdf［2015-1-6］

［49］Executive Office of the President，President's Council of Advisors on Science and Technology. Report to the President on Capturing Domestic Competitive Advantage in Advanced Manufacturing. http：//www.whitehouse.gov/sites/default/files/microsites/ostp/pcast_amp_steering_committee_report_final_july_17_2012.pdf［2015-1-6］

［50］Molnar，M. Blueprint for Action. The Proposed Design：National Network for Manufacturing Innovation. http：//manufacturing.gov/docs/huntsville_proposed_nnmi_design.pdf［2015-1-6］

［51］高攀．聚焦美国制造业创新研究所．半月谈，2014（5）：88-89

［52］Bello，M. NSTC Releases Planned Design for Manufacturing Innovation Network. http：//www.nist.gov/director/nnmi-012313.cfm［2015-1-6］

［53］Senate. H.R.2996-Revitalize American Manufacturing and Innovation Act of 2014. https：//www.congress.gov/bill/113th-congress/house-bill/2996［2015-1-6］

［54］Office of Public Affairs. U.S. Secretary of Commerce Penny Pritzker Delivers Remarks at NNMI Day on the Hill. http：//www.commerce.gov/news/secretary-speeches/2014/09/18/us-secretary-commerce-penny-pritzker-delivers-remarks-nnmi-day-hi［2015-1-6］

［55］Advanced Manufacturing Portal. About the Advanced Manufacturing National Program Office（AMNPO）. http：//manufacturing.gov/amnpo.html［2015-1-6］

［56］墨宏山．美国构建先进制造创新网络谋求引领制造业变革．全球科技经济瞭望，2014，29（2）：4-7

［57］Deutsch，S. NAMII to Hold Its First Program Management Review and Project Kickoff Meetings April 2-3 at the Williamson College of Business Administration at Youngstown State University. https：//americamakes.us/news-events/press-releases/item/285-namii-to-hold-its-first-program-management-review-and-project-kickoff-meetings-april-2-3-at-the-williamson-college-of-business-administration-at-youngstown-state-university［2015-1-6］

［58］高玉梅，欧阳桥．支持创新的一项重要举措：欧洲创新与技术研究院综述．云南科技管理，2010（4）：51-52

［59］European Commission. REGULATION（EU）No 1292/2013 OF THE EUROPEAN PARLIAMENT AND OF THE COUNCIL of 11 December 2013 amending Regulation（EC）No 294/2008 establishing the European Institute of Innovation and Technology.http：//eur-lex.europa.eu/LexUriServ/LexUriServ.do?uri=OJ：L：2013：347：0174：0184：EN：PDF［2015-1-6］

［60］EIT. External Evaluation of the European Institute of Innovation and Technology，2011-5.http：//ec.europa.eu/dgs/education_culture/evalreports/education/2011/eitreport_en.pdf［2015-1-6］

［61］European Commission. REGULATION（EC）No 294/2008 OF THE EUROPEAN PARLIAMENT AND OF THE COUNCIL of 11 March 2008 establishing the European Institute of Innovation and Technology. http：//eur-lex.europa.eu/LexUriServ/LexUriServ.do?uri=OJ：L：2008：097：0001：0012：EN：PDF［2015-1-6］

第十一章 发达国家科技计划的专业管理机构

第一节 概 述

科技计划是政府合理配置科技资源，调节市场和科学研究之不足，促进科技进步和经济社会发展的有效手段[1]，世界各国都组织并实施了不同形式的国家科技计划以推动科技发展[2]。成功实施科技计划项目对实现国家重要发展战略、提高科技水平、推动社会经济发展、增强市场竞争和国际接轨的能力等具有重大意义[3]。然而，我国科技计划管理过程中存在诸多问题，而国外的科技计划一般实施决策、管理、咨询与评价相互分离的计划运行模式，即由政府各部门进行科技计划的决策，由各部门委托下属科研机构或者专业管理机构进行项目的管理，社会相关组织共同参加计划项目的咨询和评价[4]。我国目前处于科技体制深化改革的攻坚阶段，亟待重整建立规范独立的专业管理机构来管理科技计划，改变原有政府部门直接管理具体项目的局面，即除了本身已存在的专业管理机构外，还要改革过程中组建若干项目管理的专业管理机构。

一、专业管理机构的分析要素

项目管理的专业管理机构是科研项目的实施载体，国外的专业管理机构主要包括基金会、研究机构、非营利机构等。图 11-1 给出了专业管理机构的主要分析要素，包括法人地位、职责范围、类型、经费来源、与政府部门的关系等，专业机构的性质则可以从这些要素进行分析。

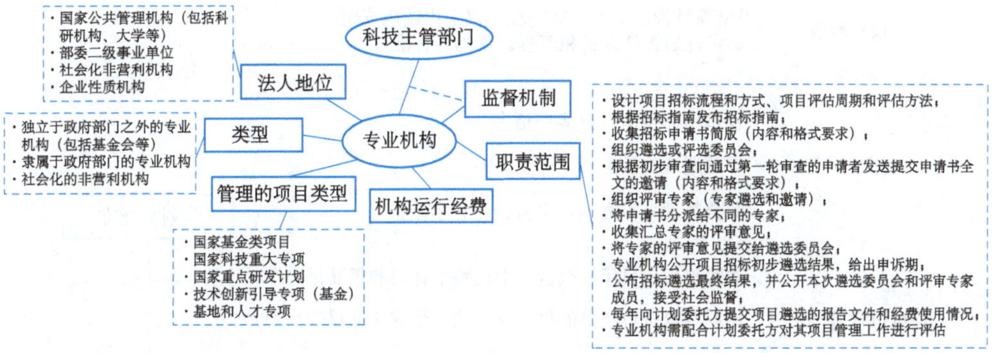

图 11-1　专业机构分析要素

二、专业管理机构的法人地位

专业管理机构是否具有法人地位，以及具有怎样的法人地位，决定了科技主管部门与专业机构委托协议的类型和内容。专业管理机构首先不能是政府部门，因此，其组织类型可能是：①国家的公共管理机构，如国家基金会、有专业科研管理能力的科研机构和大学等；②部委的二级事业单位，此种组织类型的专业机构具有独立法人资格，但是本身就受到上级部委的考核和监管，并且预算从上级部门划拨，其独立性较差；③社会化的非营利机构，这类机构如学（协）会、私立基金会等，其特征是完全独立于政府部门，对政府部门具有咨询和监督的作用，具有独立的法人地位，自筹经费自行运行；④企业性质的机构，此类专业机构主要是以经济绩效为目标的科研项目管理模式，德国的一些部委有将科研项目委托给企业类型的专业机构管理，但这种机构是否能在中国得以运行有待商榷。

三、专业管理机构的职责范围

不管是直接隶属于部委的，还是受部委委托的专业管理机构；也不管是公共管理机构，还是非营利组织性质的专业管理机构，在管理科研项目过程中，都应履行以下职责，如图 11-2 所示。

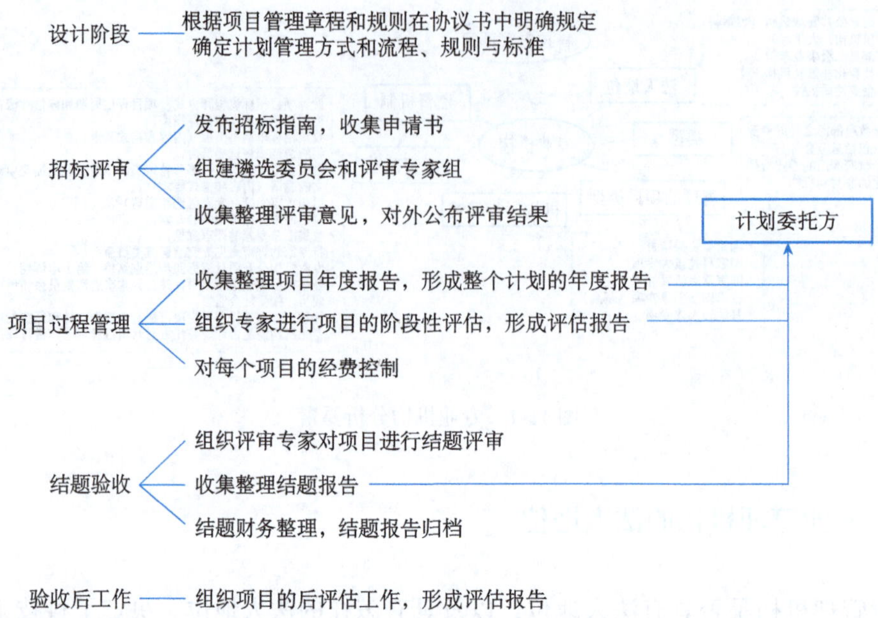

图 11-2　专业机构的职责示意图

具体来讲，专业管理机构的职责主要包括：

- 设计招标流程和方式、评估周期和评估方法；
- 根据招标要求发布招标指南；
- 收集招标申请书简版（设计简版应提交的内容和格式要求）；
- 组织遴选或评选委员会（在专业机构内部还是需要外部人员进行资质审查）；
- 根据遴选委员会的初步审查向通过第一轮审查的申请者发送提交申请书全文的邀请（设计申请书全文应提交的内容和格式要求）；
- 组织评审专家（包括专家的遴选和邀请，在此过程中是否具有独立性，是否会有计划委托方参与其中）；
- 将申请书分派给不同的专家，给专家一定的评审时间；
- 在评审过程中实时与专家进行沟通，解答专家的问题，到评审结束时间前提醒专家提交评审结果，并收集汇总专家的评审意见；
- 将专家的评审意见提交给遴选委员会（或评选委员会，注意，每次评审的评审委员会成员组成都需要重新组织），经专家遴选委员会通过后给出资助清单（这个是否需要经过计划委托方来审核，或者计划委托方需要怎么监督专业机构的评审流程同时保证不干预该过程）；
- 专业机构公开项目招标初步遴选结果，给出七日的申诉期；
- 七日后专业机构公开发布招标遴选最终结果，并公开本次遴选委员会和评审专家成员，接受社会的监督；
- 专业机构每年向计划委托方提交项目遴选的报告文件和经费使用情况；

- 专业机构需要配合计划委托方对其项目管理工作进行评估。

在科技计划专业管理机构中，有一些关键的问题如下：

- 专业管理机构的类型及其组织特点？
- 如何保证专业管理机构按照国家战略进行管理？
- 如何保证专业管理机构的管理与协调能力？
- 如何保证专业管理机构的客观与公正？
- 如何评价专业管理机构的绩效？

第二节　发达国家专业管理机构分类

从性质和功能上看，发达国家科技计划专业管理机构大致可分为四种类型：独立的国家专业管理机构、挂靠部门但独立运行的专业管理机构、兼具研究与对外资助功能的专业管理机构、接受委托的社会化非营利管理机构。

一、国家专业管理机构

国家专业管理机构属于由中央政府直接授权和监管的独立法人机构，主要支持自由探索的基础科学研究。这些机构深度参与科技计划的制订，有些还负责细化科技计划内容。各国科学基金会均属此类机构，如美国国家科学基金会（NSF）、德国科学基金会（DFG）、法国科研署（ANR）和韩国国家研究基金会（NRF）等。以下将以美国国家自然科学基金会为例，介绍此类专业管理机构的组织特点。

（一）依法成立、资助自由探索基础研究为主的独立法人机构

NSF 依据《国家科学基金法案》于 1950 年成立，主要是通过资助研究和教育等确保美国科学与工程领域各学科的发展，对基础研究的投入占美国联邦政府基础研究投入的 1/4。NSF 的经费来自政府，据美国联邦政府 1993 年制订的政府绩效和成果法，要求 NSF 等联邦机构每年制订年度绩效计划和财务预算，提交国会批准。

DFG 为独立自治的法人机构，经费主要来自联邦和州政府的拨款，所占比例接近 100%，其他来源如欧盟拨款或私人捐助的比例极小。

（二）具有科技计划的决策功能

NSF 设有专门的决策机构——国家科学委员会（NSB），作为独立的、向总统和国会负责的国家科技与教育政策的顾问机构，其 24 名成员由总统提名，国会通过，任期六年，每两年轮换其中 1/3 成员。NSF 主任是国家科学委员会的职务成员，由总统任命。NSF 设有

七个学部、三个管理办公室和六个职能办公室。其中，总监察长办公室直接向 NSB 和国会报告，并直接向国会申报经费（图 11-3）[5]。

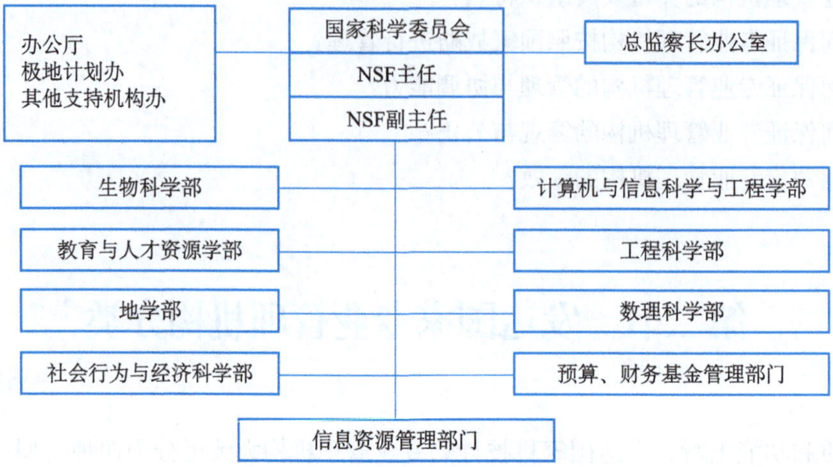

图 11-3 美国 NSF 的组织结构图

与德国的民主体制一致，DFG 也采用民主的方式解决科学决策问题，如图 11-11 所示，会员大会是 DFG 最高权力机构，由每个会员机构委派的代表组成，DFG 的会员机构包括 69 所研究型高校、16 个非高校科研机构、八家科学院，以及三个科研协会。会员大会负责确定 DFG 工作方针，选举主席、副主席和评议会成员。DFG 的核心决策部门是总委员会，成员包括评议会成员、联邦和州政府代表，以及德国科学资助者联合会代表。总委员会在评议会决议的基础上就 DFG 的主要科学政策做出最终决定，包括 DFG 财务规划、设立新资助政策或变更现有资助计划等。主席团由 DFG 主席、副主席和德国科学资助者联合会主席组成，负责制订 DFG 战略规划方向。主席团下设执行委员会，负责科研资助等日常业务的开展，由 DFG 主席和秘书长组成。DFG 设有 48 个学科组，包含 209 个专业，600 余名科学家负责对资助申请进行科研评审。除项目评审外，学科组还负责为 DFG 其他委员会就科研资助提供战略咨询。

（三）完全独立招标的科技计划专业管理机构

NSF 不隶属于任何政府部门，NSF 承担国家基金类计划的管理工作，对项目指南编制、项目组织招标、专家遴选，以及项目评估都具有完全的独立权，对项目遴选结果具有决策权和审批权，而不需要向相关部门进行审批。NSF 的基金组织工作采取定期组织招标的方式，NSF 每年集中组织两次面向全国进行项目招标。研究者（或课题组）提交申请后，各学部对相关领域的申请书组织同行评议（函评）和专家评审会审查。

（四）国家重要科技计划的决策者与管理者

除常规基金管理外，NSF 还承担国家重点研发计划的管理，根据该重点研发计划的战略需求和优先领域编制预算，由相关计划的跨部门协调组进行协调后报国会审批；内部主要是组织相关领域的学部对该计划进行管理。以NSF对国家纳米技术计划的管理为例，NSF根据纳米科学、工程和技术分委员会（NSET）协调后确定的NSF所承担的方向，发布项目指南资助跨学科研究小组进行纳米技术的研发。例如，“2020年之后的纳米电子学”，主要由NSF的工程学部、数理学部和计算机与信息科学技术学部，及半导体行业的“纳米电子学计划”联合资助，由跨学科研究小组负责管理。NSF发布项目申请指南，招标评审流程遵循NSF标准基金管理模式进行，项目由14个项目官员组成的小组审定，其中13人来自NSF的数理学部、工程学部和计算机与信息科学技术学部，一人是半导体行业的“纳米电子学计划”主任[6]。

DFG是德国最重要的科研资助机构，资助领域涉及自然科学、工程科学、生物学和医学、人文社会科学在内的所有学科，资助类型主要有一般性个人资助、科学家小组、特殊研究领域、重大计划、青年科学家资助、科研基础设施、科研奖项和国际项目等，资助对象主要是德国大学和公共科研机构的科研人员。除常规基金管理外，DFG还受联邦和州的委托，从2006年起承担对德国重要资助计划“精英大学计划”的管理工作，负责该计划的项目招标与遴选、划拨资助经费、监督项目执行以及计划评估等任务。

二、挂靠部门但独立运行的专业管理机构

挂靠部门但独立运行的专业管理机构在性质上属于政府部门内的二级机构，负责人多由总统或总理任命，获得法律授权，相对独立地管理特定科技计划，并接受政府、议会或第三方机构的监督评估。这类机构以美国国防部的DARPA、美国能源部的ARPA-E最为典型。

DARPA和ARPA-E是美国为解决领域内重大的攻关项目而设立，虽然建立在政府部门内部，但独立运行。美国国防部的DARPA成立于1958年，是国防部下属的重大科技攻关项目组织、协调、管理机构和军用高技术预研工作的技术管理部门，所负责的项目多为风险大而潜在军事价值也大的项目，尤其是投资大、跨军种的中、远期项目。美国能源部ARPA-E效仿DARPA模式，于《美国竞争力法案（2007）》授权美国能源部创建，使命是快速支持高风险、高回报的能源技术早期开发，帮助受资助者跨越创新价值链上的技术鸿沟和商业化鸿沟。

在运行模式上，DARPA和ARPA-E都充分调动外部专家和团队的力量，采用扁平化的组织管理模式，具有灵活的机构设置特点和创新的项目经理制度[7]，即DARPA和ARPA-E组织运行管理模式的最大特点是其独立性、扁平化和流动性。

（一）预算与运作的独立性

DARPA和ARPA-E的独立性体现在其具有预算和运作管理的自主性。DARPA和ARPA-E每年的预算编制虽然纳入国防部和能源部的体系中，但实际上其预算编制以及最

终的预算划拨都是相对独立的，而与国防部和能源部其他业务相关性不大。

此外，DARPA 和 ARPA-E 运作与管理都不受国防部和能源部的层级管理，而是具有自己一套独特的管理模式。

（二）组织结构的扁平化

DARPA 和 ARPA-E 采用扁平化的管理模式，极大地提高了组织管理的效率和民主性。以 DARPA 为例，DARPA 的扁平化组织[8]体现在从上到下只有局长、办公室主管、项目经理三个层级。目前，组织机构包括技术办公室和职能办公室，其中技术办公室主要负责从各自负责的领域内遴选合适的项目进行自主和跟踪管理，DARPA 项目都由外部专家和团队进行研发，内部没有研究实验室，由 DARPA 管理研究进程，避免行政开支庞大、管理困难、官僚主义滋生等问题。

（三）项目经理负责与轮换制度

项目经理管理是“科学家管理科技计划”的一种形式，DARPA 和 ARPA-E 都实行项目经理负责和项目经理轮换制度，项目经理由办公室主管遴选。在项目经费的管理和安排上，项目经理具有很强的自主性，发现可能项目、组织公开招标，并可将属于同一领域的不同方案的优点集合起来合成同一个资助项目。每位项目经理任期 3～5 年，所负责的项目基本要在任期内完成，防止项目经理的思维定式与个人偏好影响，也对权力进行制约。

在 ARPA-E 中，管理人员中政府公务员占少数，主要从科学、工程和商业领域招聘若干顶尖人才，担任限定期限（通常为三年）的项目经理（program director），负责主题计划的设计、实施和项目具体管理[9]；聘用若干研究员（fellow），协助开展独立的技术和经济分析，研究员不开展实验室研究，不直接参与决策，聘期通常为两年[10]；聘用限定期限（至少两年）的“技术到市场”专业顾问（technology to market advisor），负责向承担方提供技术转化的培训和关键商业信息，帮助受资助项目实现技术商业化，这些顾问的另一职责是基于全球市场分析为计划主管设立新主题计划提供协助[11]。

三、兼具研究与资助功能的专业管理机构

兼具研究与资助功能的专业管理机构除承担国家科技计划的项目资助与管理外，自身还拥有科研机构或研究部门，开展某些领域的科研工作。这类机构的国家计划管理和自身机构管理相分离，其最大的特点是严格区分对内资助和对外资助，其对外资助按照上级政府或议会规定的机制运行。典型的有美国国立卫生研究院（NIH）、美国国家标准与技术研究院（NIST）等，尽管这两个机构分别隶属于美国卫生部和商务部，与第二种类型的专业管理机构有所相似，但他们最大的特点在于其具有自己的研究机构，资助分为对内和对外两种模式。

（一）对内资助与对外资助的严格区分

美国国立卫生研究院（NIH）设在美国卫生与人类服务部（HHS），直接由国会拨款，科技计划经费包括院内研究资助和对外研究资助，都以各研究所为单位具体组织，研究所经费也分为对外资助经费和对内运行经费，后者支持本所研发工作。NIH 总经费中的 80% 左右用于支持院外研究，每年受理约四万项院外项目申请，通过同行评议审批，倾向资助自主选题、基础性和自由探索的研究；院内研究经费主要支持高风险、高回报且较易实现成果转化的研究方向。院内外研究的结合既稳定了院内国际一流的研究力量，又保证了 NIH 对全美生物医学研究的宏观协调，保持美国在国际上的领先地位。

NIST 设在美国商务部，但属于独立的联邦机构。NIST 负责的科技计划包括由 NIST 下属六个实验室完成的内部计划和主要面向中小企业的竞争性外部计划，后者包括技术创新计划（TIP）、制造业扩展伙伴计划（MEP）、中小企业创新研究计划（SBIR）与中小企业技术转移计划（SBTT）。NIST 提交的预算申请中内部计划与外部计划分列。内部计划由 NIST 负责实验室科学计划的副院长负责，外部计划由负责创新与企业服务的副院长负责。外部计划分设负责先进制造、经济分析、技术创新与技术伙伴关系的主管，负责相关计划的具体管理。每个外部计划设顾问委员会，一般由私营部门代表组成，负责对计划的监督。NIST 外部科技计划的评估机制由国会在设立时确定[12]。

（二）设立独立的对内、对外资助管理机制

NIH 下设计划办公室、院外研究办公室和院内研究办公室等。计划办公室主要负责跨所研究项目的规划、资助和特殊研究领域的启动等；院外研究办公室负责所有与院外研究管理有关的政策制订、组织实施、监督检查及沟通协调等业务，包括基金管理、项目评审、设施管理、成本核算、财务管理、数据共享等。院内研究办公室主要负责监管、协调院内中心和实验室开展的研究、培训与技术转移活动。下属各研究所均设有院外研究办公室或部门专门负责院外研究科技计划的组织实施，设有基金管理官员和基金管理专员。NIH 院外评审的组织工作由 NIH 学术评审中心（CSR）负责，受理申请项目、组织初步学术性评审（包括审查小组评审、研究所初评小组评审和特别评审三种模式），之后按研究领域分送到 NIH 相关研究所组织院内外专家对申请项目进行正式评审，评议结果由各研究所批准。各研究所基金项目管理人员对批准的项目进行后期管理[13]。

NIST 通过创新与企业服务办公室专门负责管理外部计划，项目日常的运行监管由相关计划主管负责。NIST 每两年组织一次对项目的内外部评估，内部评估主要由各计划的顾问委员会和计划主管对其绩效和预算进行评估；外部评估主要由国会和国家研究理事会进行评估。

四、社会化非营利的专业管理机构

有些国家将一些科技计划的具体管理工作委托给社会化的非营利机构，这些机构必须符合特定的资质要求，通过周期性竞标获得计划管理资格，遵循规范的项目管理流程，接受政府、科技界和第三方的监督评估。例如，德国联邦部门的计划或者跨部门计划大都委托给一些建立在研究机构、大学或私营企业中的项目管理机构来管理；澳大利亚大陆结构与演化计划由政府授权建立的一个非营利企业进行管理等。

（一）德国计划委托管理机制与项目管理机构

为减轻政府内部项目管理的负担，德国联邦和州将科技计划的具体管理工作委托给具有科技专业知识和科研创新管理能力的项目管理机构（Projektträger）代管。项目管理机构协助政府执行科技资助计划，承担科研项目管理，与政府共同承担科研项目经费流向的责任，在科技计划委托方——联邦和州政府与科技计划承担方——高校、科研机构和企业之间发挥中介作用[14]。

项目管理机构主要负责组织实施政府科研资助计划，管理科研项目，具体职责包括对资助计划感兴趣者、项目申请者和获得资助者提供专业和行政上的咨询；预备项目遴选（部分项目管理机构有权就一些资助计划自主决定遴选结果）；项目跟进；项目成果检查及项目成果应用。除管理科研项目外，项目管理机构还承担政府部门的一些其他任务，如协助政府部门制订科研资助计划、组织研讨会促进信息交流、推进专业领域内国际合作、向公众传播专业知识等任务[14]。

德国目前有 12 家项目管理机构，以德国航空航天中心（DLR）项目管理机构为例，简要介绍项目管理机构与政府部门之间的委托管理机制。

DLR 项目管理机构主要承担教研部、经济部等部门在健康、创新、环境、文化、教育、关键技术等方面的项目管理，同时承担一些科技政策咨询工作，其 80% ～ 90% 的项目管理工作来自教研部。DLR 项目管理机构设在 DLR 内部，但与 DLR 内部研究所相互独立，具有独立的执行权和财会制度，财务方面不受 DLR 的约束，但是否接受教研部、经济部的计划委托等战略决策则需要通过 DLR 的董事会批准（图 11-4）。

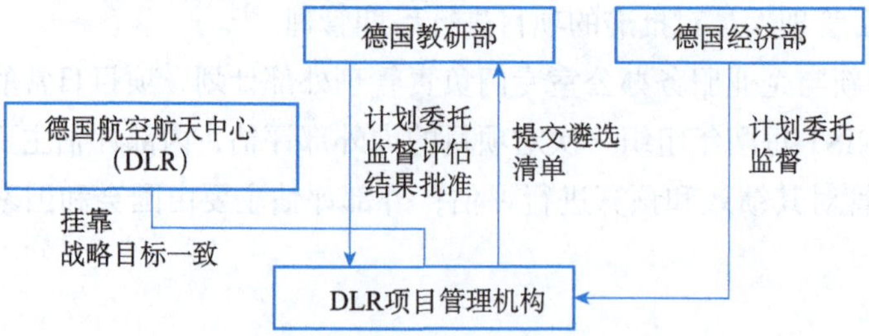

图 11-4　德国航空航天中心项目管理机构关系图

DLR 项目管理机构的运行经费和人员经费则需要根据竞标所承担的科技计划来支付，

即承担每一项计划的管理则由相应的委托方支付一定的经费作为项目管理机构的运行费用。DLR 项目管理机构根据教研部的计划招标指南进行招标，负责申请初审和同行评议后，将评审后的最终遴选清单提交教研部审批，最后以教研部名义发布[14]。

为提高管理水平，DLR 项目管理机构引入质量管理系统，并致力于实现科研项目的依法管理和可靠、公平、透明、独立的项目管理。

（二）澳大利亚企业化运营的科技计划管理机构

澳大利亚的重要科技计划开始探索企业化的运作管理模式，如澳大利亚大陆结构与演化计划（AuScope），是澳大利亚国家合作研究基础设施战略（NCRIS）资助的十大领域之一，旨在地理空间和地球科学领域建立一个世界级的地球科学基础设施系统[15]。

在批准的 AuScope 计划中，NCRIS 指导委员会建议以公司模式来负责对 AuScope 计划的投资管理。随后，依照公司法建立了一个非营利担保有限公司 AuScope Limited，负责管理来自政府提供的计划资金。AuScope Limited 由 NCRIS 指导委员会任命的一个独立董事会进行管理，AuScope Limited 还建立了一个科学咨询委员会，由来自 AuScope Limited 的成员、项目参加单位，以及用户群体的科学家组成，为董事会提供有关 AuScope 基础设施机遇与挑战的建议。日常工作由 AuScope Limited 的首席执行官协调，每一个子计划都设有相应的计划主管[16]。

总之，尽管专业管理机构组织模式多样，但其核心职能基本相同，都包括：制订发布项目指南与规范，设计项目招标流程和规范，组织项目评选委员会、项目评审、项目进展检查与验收、项目成果公开发布，组织或协助第三方进行项目评估，提交周期性计划进展报告，协助政府、议会或第三方对计划管理绩效进行评估。

第三节　主要发达国家科技计划专业管理机构布局

根据以上对发达国家科技计划专业管理机构进行的分析，本书针对美、日、英、德、法等主要发达国家的科技计划专业管理机构布局进行总结。

一、美国科技计划专业管理机构

美国科技计划专业管理机构比较多样化（图 11-5），主要包括：支持自由探索基础研究的 NSF；一些分领域的基础研究管理机构（如 NIH）和支持技术创新与产业发展的专业管理机构（如 NIST）；根据具体计划挂靠在相关联邦部门的具体管理部门，如国防部的 DARPA 和能源部的 ARPA-E。除 NSF 外，很多领域的专业管理机构挂靠在部门但独立运行，严格区分对内资助和对外资助计划。

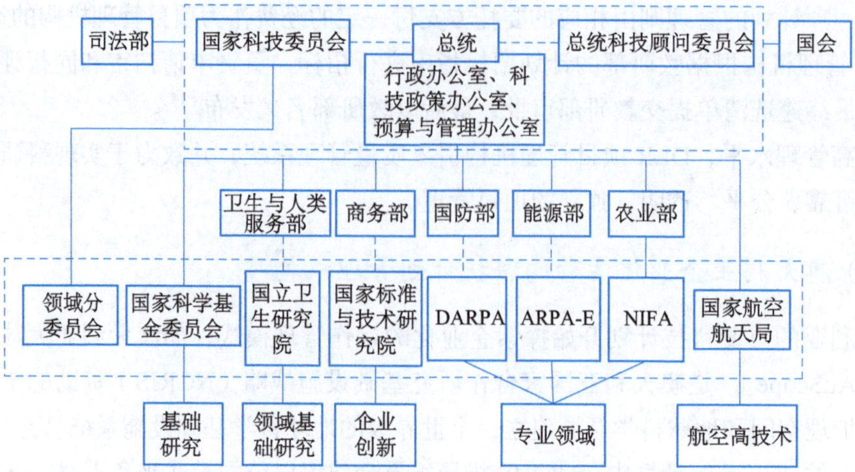

图 11-5　美国科技计划专业管理机构布局

资料来源：作者根据美国政府网站和内部调研资料整理

二、日本科技计划专业管理机构

日本科技计划专业管理机构主要包括日本学术振兴会（JSPS）、日本科技振兴机构（JST）和新能源产业技术综合开发机构（NEDO），其中 JSPS、JST 受文部科学省监管，NEDO 受经济产业省监管（图 11-6）。三个机构均为独立行政法人，独立运行。

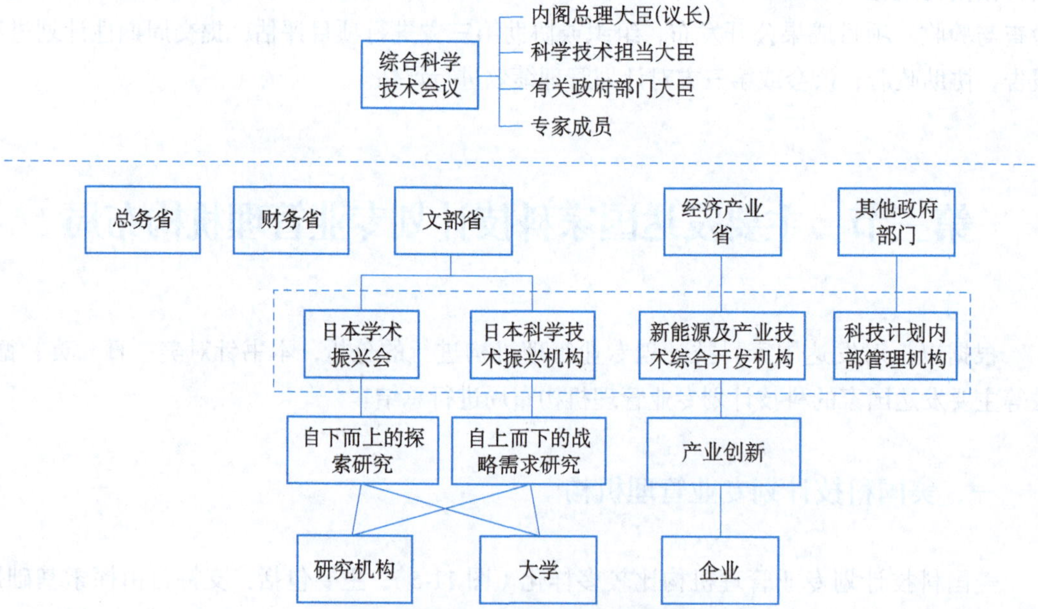

图 11-6　日本科技计划专业管理机构布局

资料来源：作者根据日本政府网站和内部调研资料整理

JSPS 主要支持自下而上的自由探索研究，JST 主要支持自上而下的战略需求研究，这两个机构并不承担研究职能，主要面向研究机构和大学；NEDO 主要面向企业招标，支持产业创新，并且NEDO内部有研究中心，承担一定的研究职能，但NEDO严格区分其研究部门的经费来源和对外资助经费。

三、英国科技计划专业管理机构

英国科技计划专业管理机构主要包括英国研究理事会（RCUK）、高等教育拨款委员会（HEFCE）和技术战略理事会（TSB），见图11-7。研究理事会根据资助领域不同设立七个研究理事会，各研究理事会具有独立的执行权，以科技项目的方式资助研究机构和大学的自由探索基础研究和科技基础设施建设。高等教育拨款委员会负责对高等学校的常规研发拨款，支持自由探索，通过定期的研究卓越性评价来调整拨款。技术战略理事会负责国家重大技术领域发展的咨询、规划并推进执行。

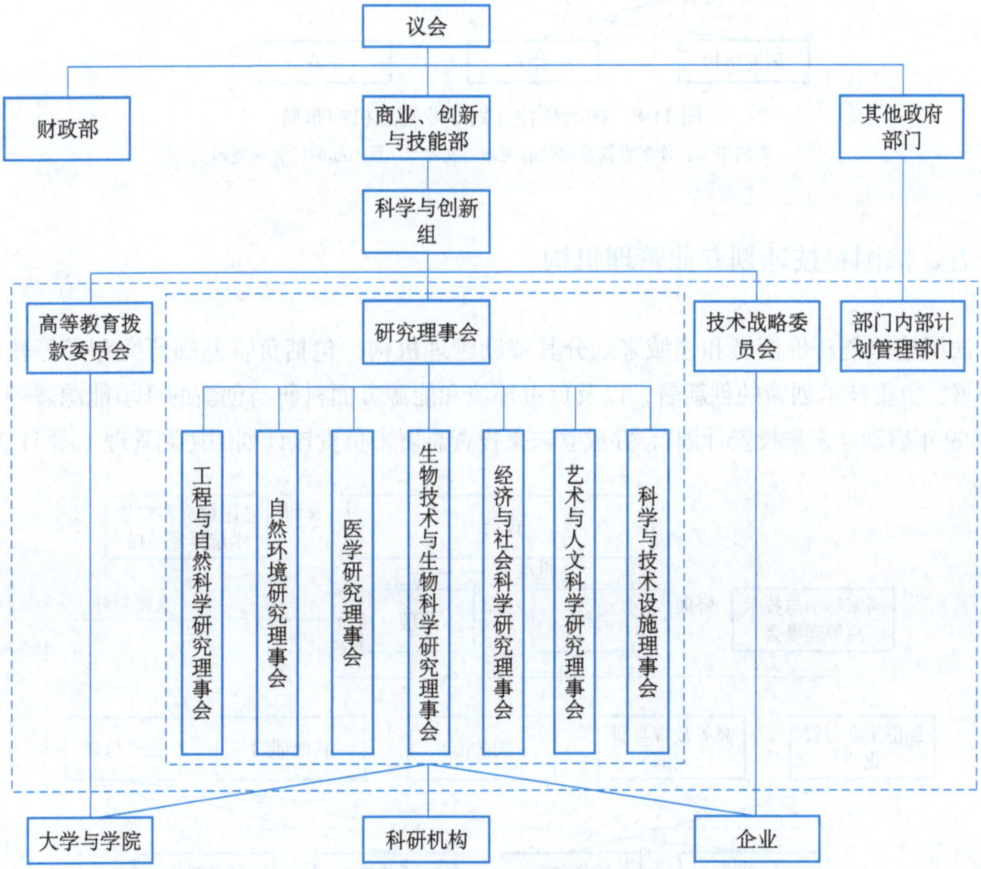

图11-7　英国科技计划专业管理机构布局

资料来源：作者根据英国政府网站整理

四、德国科技计划专业管理机构

德国的专业管理机构包括国家级的专业管理机构和社会化的项目管理机构。国家级的专业管理机构主要是德国研究基金会（DFG），承担国家支持自由探索基础研究的基金类项目的管理（图 11-8）。社会化的项目管理机构主要负责教研部、经济部等部门的科技计划管理。

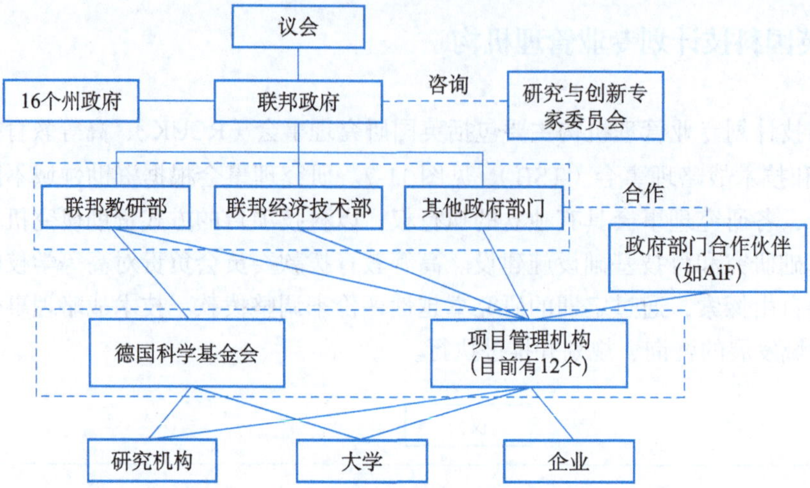

图 11-8　德国科技计划专业管理机构布局

资料来源：作者根据德国政府网站、文献[14]及内部调研资料整理

五、法国科技计划专业管理机构

法国按照创新价值链和领域来划分其资助管理机构，包括负责基础研究和高等教育的科研署、负责技术创新的创新署，以及负责环境和能源方面科研与创新的环境能源署等。法国 2009 年启动“未来投资计划”，并成立未来投资总署来负责该计划的协调管理（图 11-9）。

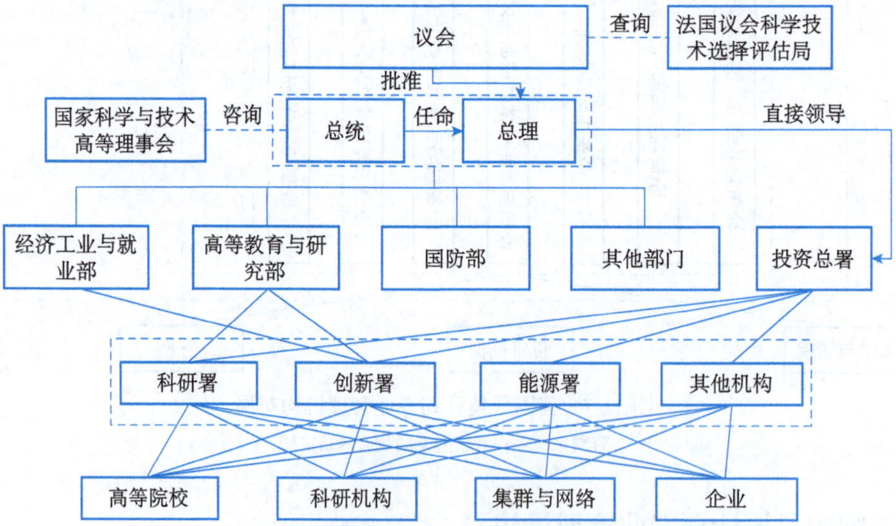

图 11-9　法国科技计划专业管理机构布局

资料来源：作者根据法国政府网站及内部调研资料整理

第四节　专业管理机构与我国科技计划分类的对应关系

结合我国科技计划体系改革新五类科技计划（专项、基金等）的定位，与国外四类专业管理机构承担的职能相对照，大致形成图 11-10 所示的相应关系。需要说明的是，目前国际上并没有类似于我国国家科技重大专项的组织形式。

第五节　特点分析

通过上述分析可以看出，国家体制不同，科技计划管理体系也有所差别，项目管理的具体执行者也不尽相同，但发达国家的科技计划管理专业机构各成体系，具有完善的制度规范和严谨的管理程序，本节将总结主要发达国家科技计划专业管理机构的特点，以期能对我国构建完善科技计划专业管理机构提供借鉴。

一、科技计划专业管理机构具有独立性和专业化

从国外的科技计划项目管理来看，无论是政府部门建立专业管理机构，还是政府委托的非营利机构性质的专业管理机构；无论是专业的资助机构，还是带有科研性质的专业管理机构；无论是国家法人机构，还是企业化运营的专业管理机构，其在科技项目的管理上都是独立运营、接受外部监督，且是专业的管理机构。

而我国目前很多科技项目的受理申请、评审、立项、过程管理及结题验收都是由政府部门直接管理或者由“二政府”代为管理的，没有实现科技项目管理上的独立性，也难以实现科技项目管理的专业管理，导致诸多问题。因此，我国应发展和新建一系列针对不同类型的科技计划专业管理机构，实现科技项目管理的独立与专业化。

二、科技计划专业管理机构多样化且自成体系

国外科技计划专业管理机构的体系都是与各国的国情相一致，由科技计划管理本身的特征不断演化发展而来的，首先是对科技计划管理本身的问题进行了深入的研究，在不断尝试过程中形成了现有的多样化的专业管理机构体系。

在借鉴国外科技计划专业管理机构组织模式的同时，我国首先应对我国科技计划的类型、特征、组织模式、管理特点、国家体制等问题进行深入分析，再从我国现有的科技体制改革目标和科技战略的发展目标，针对不同类型科技计划的特征，构建多样化的科技计划专业管理体系。

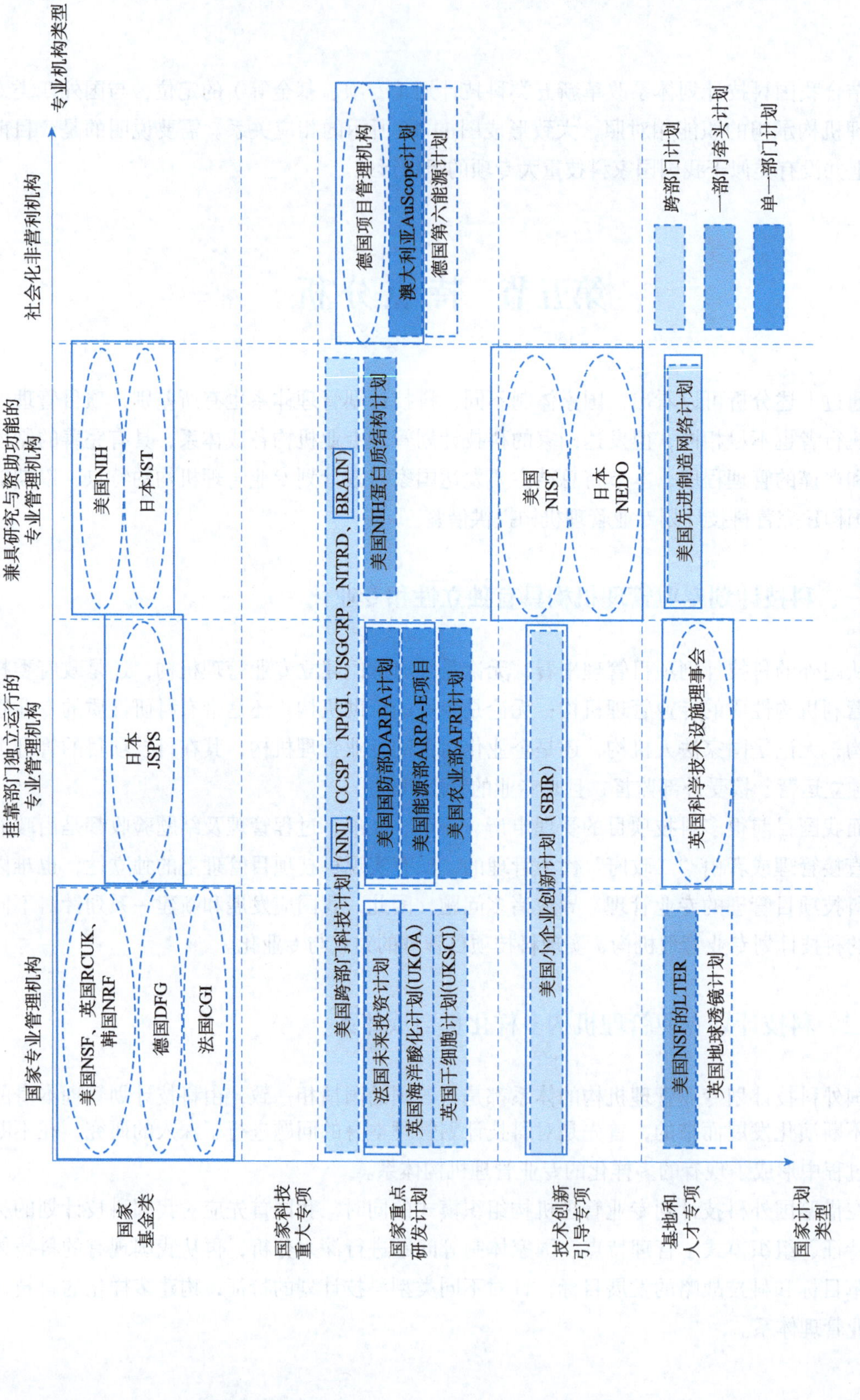

图 11-10 发达国家主要科技计划类型及其专业管理机构

三、科技计划的委托管理与市场化竞争机制

国外科技计划主要是通过委托的方式来管理，这样能减轻政府部门在管理项目中的负担，防止政府部门权力过大。然而，固定的委托关系往往会导致科技计划专业管理机构成为政府部门的“二政府”，也失去了委托的意义。国外科技计划委托管理中主要采用了三种方式解决此问题：①加强外部对专业管理机构的监管；②实行项目经理负责制和项目经理轮换制；③建立专业管理机构的市场化选择与淘汰机制。这三点正是我国目前科技项目管理中的不足之处，因此，我国应建立相应的机制来完善科技计划专业管理机构的运行机制和遴选机制，以解决原有科技计划管理中的诸多问题，并加强科技计划管理的专业化程度。

（执笔：中国科学院文献情报中心　裴瑞敏、张晓林、胡智慧）

参考文献

［1］邓心安，王世杰．现代科技管理．北京：经济管理出版社，2002

［2］苏竣．公共科技政策导论．北京：科学出版社，2014

［3］胡骏红．科技计划项目全过程管理研究．北京交通大学硕士学位论文，2007

［4］余迎新，李子彪，胡宝民．浅析国外科技计划特点及对我国的启示．企业经济，2009（8）：29-31

［5］NSF. About NSF. http：//www.nsf.gov/about/［2015-8-18］

［6］NNIN.Homepage. http：//www.nnin.org［2015-8-18］

［7］王烨，张福勇，安家康．DARPA 科技创新的管理实践与经验启示研究．军民两用技术与产品，2014（3）：14-17

［8］朱启超，黄仲文，匡兴华．DARPA 及其项目管理方略与启示．世界科技研究与发展，2002（06）：92-99

［9］ARPA-E. Job Opportunities—Program Director. http：//arpa-e.energy.gov/?q=arpa-e-site-page/job-opportunities#op-3442-program-director［2015-7-10］

［10］ARPA-E. Fellows. http：//arpa-e.energy.gov/?q=about/arpa-e-team/fellowsandscholars［2015-7-10］

［11］ARPA-E. Technology-to-market Team. http：//arpa-e.energy.gov/?q=about/arpa-e-team/tech-to-market-team.［2015-7-10］

［12］NIST.About NIST. http：//www.nist.gov/tip/index.cfm［2015-7-15］

［13］NIH. NIH Grants Policy Statement. http：//grants.nih.gov/grants/policy/nihgps_2010/nihgps_ch8.htm#_Toc271264923［2015-7-15］

［14］葛春雷，裴瑞敏．德国科技计划管理机制与组织模式研究．科研管理，2015，36（6）：128-136

［15］AuScope. About AnScope. http：//www.auscope.org.au/site/auscope.php［2015-8-15］

［16］AuScope. AuScope Investment Plan.http：//www.auscope.org.au/userfiles/file/Sidebar%20files/AuScope%20Investment%20Plan.pdf［2015-8-15］

第十二章 发达国家科技计划项目管理机制的优化

近年来，特别是2008年全球金融危机之后，主要发达国家都在逐步改进自己的科技计划项目管理机制，意图提高科技计划的运行效率，克服经济衰退和停止所造成的经费短缺的困难。各国所采取相应的优化措施主要包括本章所提出的四个小节的内容。

第一节 优化科技计划的项目指南制订程序

项目指南是规定科技计划的编制、定位、具体申报和管理要求的总框架，是引导着科技计划的创新方向的总纲。经过多年来的发展，发达国家的科技计划已经大致可分为两种：①单一部门（可能有其他部门或机构参与）的科技计划；②大型跨部委、跨机构计划。对后者而言，各部门、机构之间的有效任务分解是科技计划能否细化和落实的基础，也是项目指南的主要功能之一。

一、跨部委、跨机构科技计划的任务分解

目前，各国的大型跨部委、跨机构科技计划从计划的总体编制和设计角度看大体分化为自上而下和自下而上两种类型。前者如德国的“第六能源研究”是由联邦政府建立的，是国家高技术战略内的一个重要领域。后者以美国为典型，美国几个主要的跨部门计划已

经逐步发展为将各参与部门相关预算汇总到一个大的计划下，再由各方共商分解优先领域和预算的方式。表 12-1 呈现了各国目前典型的跨部委、跨机构计划的对比与分析。

表 12-1　各国典型跨部委、跨机构计划的对比与分析

对比方面＼国家	美国	日本	德国	英国
典型计划名称	国家纳米计划（NNI）	氢利用与燃料电池计划	第六能源研究计划	“数字经济”（DE）主题计划
计划形成机制	自下而上	自上而下	自上而下	自下而上
参与部门、机构	DOE、NSF、DOD、NIST、NIH、NASA、EPA	总务省、经济产业省、国土交通省、环境省、文部科学省	联邦经济与能源部、环境部、农业部、教研部、各州	英国 AHRC、EPSRC、ESRC、MRC 研究理事会、技术战略委员会（TSB）
计划的总体管理或协调机构	国家纳米科学、工程和技术分委会（NSET）	计划协调员（该领域杰出专家）与工作组（WG）	联邦经济与能源部	计划执行委员会（PEC）与计划咨询委员会（PAB）
上级机构	国家科技委员会（NSTC）	综合科学技术会议（负责指定协调员，并听取其回报）		英国工程与自然科学研究理事会（EPSRC）
总体管理或协调机构的定位及属性	NSTC 直属的常设机构，定期召开各部门联合会议	WG 由相关部门主管和专家组成；由协调员牵头召开 WG 会议	计划的责任主管部门	PEC 位于 EPSRC 内部，直接负责项目管理；并定期咨询专家组成的 PAB
总体管理或协调机构的职能	制订 NNI 战略规划和政策；共商并分解研究优先领域；协调预算；总体评估	制订计划的总体目标、重点领域、管理方法；对计划进行跟踪、评价	依据国家《高技术战略》确定优先领域，协调各部的领域分工以及与各州的合作	PEC 直接管理项目；PAB 负责制订计划的总体规划、重点领域及评估
预算方式	各部门根据总体规划，各自制订相关预算，NSET 进行汇总与协调	由综合科学技术会议向各部门征求意见后，统一提出建议；协调后由综合科学技术会议决定	联邦政府预算案直接确定、划拨；具体分为项目资助、机构资助两类	各机构根据总体规划中的领域和任务划分，各自制订相关预算，由 EPSRC 进行汇总与协调
研究领域及任务分解方式	各部门根据自己的预算和 NSET 的建议，各自资助与本部门使命有关的领域和项目	根据 WG 的建议将不同领域或项目划分给各部门，由各部门分别管理相应项目	由各部门分工的领域，分别管理计划中的相应的机构及项目预算	各机构根据自己的预算和总体规划，各自资助与本机构负责领域的项目

通过以上的对比与分析可以发现，现在各国的跨部门、跨机构计划无论是自上而下还是自下而上的，都要设立总体的管理或协调机构。这些机构有虚有实：或由计划的一个参与方直接承担；或成为常设机构；或是各方定期召开的联合会议。

但是，它们的主要功能都是：

（1）组织或推动制订计划的总体规划；

（2）确定重点研究领域；

（3）协调各方的领域分工。

而重点领域及其分工则是科技计划进行任务分解的最主要依据，一旦通过就会得到各参与方的遵守和执行（表 12-2）：

（1）对于自下而上的计划而言，各参与方自行提出的相关预算就已经分解了各自的任务。

（2）对于自上而下的计划而言，计划的总体管理或协调机构需要根据总体规划和各方分工，定期分配研究预算，从而分解任务。这往往需要政府主管机构给予相应的授权，如德国第六能源研究计划的责任机构就是经济与能源部；日本氢利用与燃料电池计划的计划协调员是由综合科学技术会议直接任命的。

表 12-2　各国典型计划的总体规划的制订和重点领域分工方式

对比方面＼国家	美国	日本	德国	英国
典型计划名称	国家纳米计划（NNI）	氢利用与燃料电池计划	第六能源研究计划	“数字经济”（DE）主题计划
计划形成机制	自下而上	自上而下	自上而下	自下而上
最新规划	2014 NNI 战略规划	2004 年“科学技术重点政策计划”	依据 2010 年“高技术战略 2020”	2012 评估报告；2011 ~ 2015 行动规划
规划制订机构	NSET	综合科学技术会议	联邦教研部	计划咨询委员会（PAB）
人员构成	两位联合主席，一位 OSTP，一位来自参加 NNI 的联邦部门；其他成员由来自 20 多个参加 NNI 的联邦部门的代表组成	首相担任会长，科技政策推进担当大臣等六名内阁成员、五名科技界人士、两名企业家；依托七个专项调查会（由不同领域专家构成）开展工作		九名来自大学、三名来自企业和咨询公司、一名来自智库的专家和教授（由各参与方推荐，EPSRC 确定）
咨询机构、机制	“纳米技术环境与健康影响”（NEHI）工作组和“纳米制造、产业联络和创新”（NILI）工作组	计划协调员（该领域杰出专家）与工作组	教研部战略对话机制；研究与创新专家委员会（EFI）	PAB 授权的评估小组（成员由 PAB 确定）
参与人员	成员主要来自参加 NNI 的联邦部门和机构	各部门专家、专业委员会、各部门主管人员、外部专家	来自政界、学术界、经济界以及社团的专家；六名科技政策专家	四名来自大学、五名来自企业和咨询公司、三名来自智库的专家和教授
是否对重点领域进行了分工	未明确分工，各参与方依据自身使命自行选择	明确分工	明确分工（由经济与能源部协调）	明确分工
协调及商讨机制	NSET 建立纳米技术协调办公室（NNCO）负责公共宣传与公众参与；NSET 在四个主题领域指定了协调者，参与规划制订，帮助确立重点和新兴领域	以协调员为中心，通过工作组实地考察项目实施情况、听取汇报、召开报告会和公开讨论等方式了解各项目实际进展情况，提出相关建议	由经济与能源部协调其他部门	PAB 根据 PEC 的要求每年至少召开三次会议，对 PEC 的工作进行咨询和指导；每个政府财政周期，组织独立的外部评估专家小组对计划进行全面评估

二、单一部委或大型机构内进行领域选择和研究内容细化的方式

跨部委、跨机构科技计划进过任务分解后，在单一部委或大型机构内仍需进行领域选择和研究内容细化。经过多年的探索，各国单一部委或大型机构内对科技计划研究领域和内容进行选择与细化方面主要趋向于采取以下两种方式（表 12-3）：

（1）开展开放式申请。支持自由探索型项目，避免固定主题研究限制创新思想的发展。这类计划多为自下而上进行编制和设计的计划。对于此类科技计划，研究领域和内容的选择与细化是被动型的，主要来自创新者的申请。

（2）主动细化研究领域和主题内容。在主题计划下采用指向性资助模式，以支持创新者组织和推进高风险、突破性项目。目前，采取这种方式的科技计划越来越多，还有许多两种方式混合的科技计划。

表 12-3 典型计划的领域选择和研究内容细化方式

对比方面 \ 国家	美国	欧盟	美国
典型计划名称	农业与食品研究计划(AFRI)	欧洲空间生命和物理科学计划（ELIPS）	ARPA-E 计划
主管部门	美国农业部（USDA）	欧洲空间局（ESA）	美国能源部（DOE）
管理机构、机制	国家食品与农业研究院（NIFA，农业部下属，下设四个领域的政策研究所）	ESA 理事会及其下属的载人飞行、微重力和探索计划委员会	DOE 的 ARPA-E
优先领域的设定方式	NIFA 领导定期汇总国家项目负责人（NPL）们的建议。参考 OMB、受资助者、合作机构的意见，每三年确定一次资助研究重点(针对机构)，每年确定一次基础领域的资助研究重点	由 ESA 理事会广泛征集科学界意见，并通过欧洲科学基金会（ESF）、欧洲空间科学委员会（ESSC）等外部咨询；每三年进行一次总体评估，并制订新的周期实施规划，提出战略性建议，确定新的优先研究领域	由 ARPA-E 公开招聘具备能源技术背景的主题计划主管首先召集科学、技术和商业领域专家参与开放式技术研讨会展开严格的辩论；汇总建议形成主题计划草案；然后，ARPA-E 高级技术顾问小组与所有其主题计划主管进行建设性辩论；最后由 ARPA-E 署长审批
领域细化及管理机制	NIFA 为每个领域任命一名 NPL；NPL 负责对计划的优先领域和研究重点提出建议，还负责对该领域内项目的组织管理	由 ESA 理事会及其下属委员会在每个领域设立：专题小组，组织科学家培育新的项目建议；专家工作组，通过召开会议开展研究项目规划；此外还会通过发布机会公告征集项目建议，进行补充	主题计划主管负责相应主题计划(领域）的设计、实施和其中项目的具体管理，直接就主题计划的进展情况定期向 ARPA-E 署长汇报工作

表 12-3 中的三个较为成功的、目前人在进行的案例表明：

（1）科技计划的管理机构应定期咨询各方意见，补充或更新计划的优先研究领域或主题。

（2）科技计划的管理机构应主动为每个研究领域或主题设立固定的负责人或工作小组，由其来负责具体细化领域或主题的研究内容甚至具体项目，负责人或工作小组在这一过程中应听取科学家和其他项目合作方的意见。

三、科技计划项目指南的最终统筹与制订

当前，发达国家科技计划的项目指南制订者一般分为两类：科技计划的专业管理机构；由专业管理机构委托的项目主管或专题小组（表 12-4）。

表 12-4 当前两种典型的项目指南制订机制

典型计划	美国“2020 年之后的纳米电子学”计划	法国未来投资计划资助下的科技计划	美国农业与食品研究计划（AFRI）	美国 ARPA-E 主题计划
类型	由专业管理机构直接制订招标指南		由委托管理者制订招标指南	
项目指南编制者	NSF 各学部的项目管理官员	法国科研署各司、处的项目管理官员	每个领域的国家项目负责人（NPL）和 NIFA 的计划编制专家组成指南撰写组	ARPA-E 主题计划主管负责制订指南
主要意见咨询方	DOD、DOE、NSF、NASA、NIST 等参与方	参与计划的各部委以及投资方——未来投资总署	负责对具体项目进行管理的各项目经理及外部专家	科学、技术和商业领域顶尖专家
对外咨询机制	学部指南编制官员咨询各参与方专家	高等教育与研究部组织部际间反复讨论和修改	由 NIFA 组织利益相关者意见听取会议	主题计划主管组织专家的开放式研讨会

续表

典型计划	美国“2020年之后的纳米电子学”计划	法国未来投资计划资助下的科技计划	美国农业与食品研究计划（AFRI）	美国ARPA-E主题计划
审批机构	NSF学部主任审定后，交NSF拨款与协议部、总律师办公室等管理部门通过	高等教育与研究部、未来投资总署	NIFA科学领导委员会、政策办公室、首席研究员办公室	ARPA-E署长
发布机构	NSF（并通过美国政府Grants.gov网站）	法国科研署	国家食品与农业研究院（NIFA）	ARPA-E

现在由专业管理机构制订项目指南的典型是法国未来投资计划的项目招标指南（图12-1）。这类科技计划的项目指南是在法国高等教育研究部提出招标建议后，通过部际间讨论修改，由法国科研署各司局组织项目官员实际编写项目招标指南。该指南在经高等教育研究部审议、未来投资总署确认后，由法国科研署公开发布。这种方式的优点在于专业管理机构的官员由于长期从事项目管理工作，他们所制订的项目指南目标更为明确、条款更为严密，更能够体现国家科技计划的研究目标。

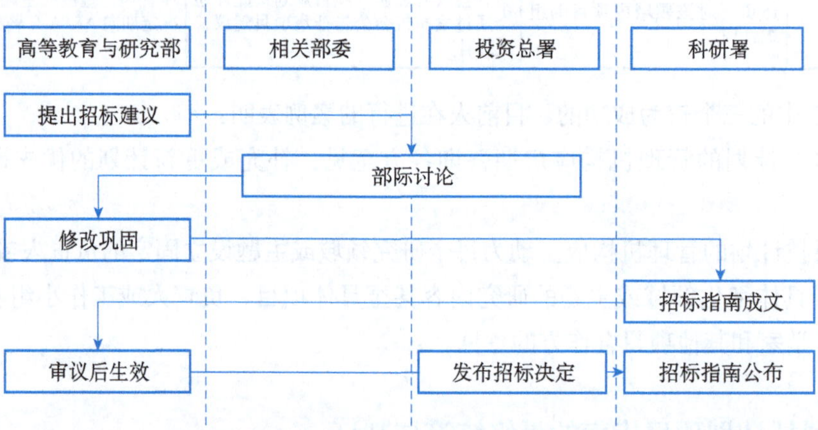

图12-1　法国未来投资计划高等教育研究领域招标指南制订流程[2]

由专业管理机构授权项目主管或专题小组具体负责制订项目指南的情况目前在发达国家逐渐变得更为常见。这种方式的优点在于指南制订过程更接近于各相关方，但项目指南的最终确定仍需专业管理机构来审批。由于项目主管或专题小组在项目指南制订过程中的权力较大，需要对其做出制约。例如，日本“革新的研究开发推进项目”（ImPACT）计划就要求其项目管理人员（PM）明确界定自己的利益攸关方，在项目招标和管理中进行回避（表12-5）[1]。

表12-5　日本ImPACT计划规定的项目管理人员利益攸关方条款

——PM本人是ImPACT计划内研究项目负责人
——与PM有亲戚关系，或者与亲戚关系等同的亲密的个人关系
——在PM工作过或即将调任的大学、研究机构或企业工作的人
——目前或过去五年内与PM有过密切的共同研究的人
——过去10年内与PM有过密切的师生关系，或者是有过直接的雇佣关系
——其他被日本综合科学技术会议认定为利害关系者的情况

项目指南是科技计划研究内容的具体体现，也是公正规范开展项目征集和评审的起点。归纳各国的发展趋势，当前制订项目指南时需要遵循的控制要点主要包括：

（1）由专业管理机构定期咨询各方意见，细化、补充优先领域；

（2）建制化、规范化听取科学家和其他项目合作方的意见；

（3）可根据具体情况为每个分领域或主题设立相对固定的负责人或工作小组，负责具体领域或主题的内容细化和指南编制，但负责人与未来可能的项目执行方应没有利益关系；

（4）涉及技术创新、商业开发和社会应用的计划，在指南制订中应吸收来自行业、企业和社会的专家参与；

（5）项目指南编制过程信息及其阶段结果公开并提供反馈渠道。

第二节　优化科技计划项目评审专家的组织方法

一直以来，发达国家科技计划的项目评审多采取专家评审制。近年来，为了规范专家评审制的运行，又逐步建立了以下机制和规范来对科技计划项目评审专家的组织方式，以保证评审的公正性。

一、科技计划的评审专家遴选制度

为避免同行专家形成小圈子，许多国家的科技计划专业管理机构开始规定从各种角度平衡专家的来源。例如，美国农业与食品研究计划（AFRI）在评议项目时，明确要求评审小组成员在地理位置（不能只来自一个州）、机构（不能只来自一个机构）、性别、职级及种族等方面保持均衡分布。

对于技术创新、商业开发和社会应用类科技计划，为考察科研项目对社会和经济的可能贡献，科技计划的专业管理机构扩大了评审专家的遴选范围，有意识地选取来自企业和社会的专家，专门从可转移性、可应用性，以及社会经济价值等方面进行评价。例如，英国“数字经济”主题计划的评估小组包括四名来自大学、五名来自企业和咨询公司、三名来自智库的专家和教授。而英国自然环境研究理事会（NERC）的同行评议院虽然大部分成员来自大学和研究机构，但通过不断招聘使科学研究最终用户代表和私营企业代表的比例一直保持在 12% ～ 15%。

二、科技计划的评审专家轮换制度

为避免少数专家把持项目评审工作，许多科技计划的专业管理机构都设立广泛专家数据库，对项目评审定期实行专家轮换。例如，美国农业与食品研究计划（AFRI）的评审专家小组每年都重新组建，只邀请30%～50%的前一年评审专家，且尽量不邀请已连续参加三年以上的专家继续参与。英国自然环境研究理事会的同行评议院建立于2003年，取代了之前的五个固定的同行评议委员会，目前有大约600名成员，每年都通过严格的审查吸收新成员，随着旧成员的退休或违规辞退，其组成人员保持着流动性。德国科学基金会（DFG）则采用每四年一次的学会推荐和匿名投票选举方式来推选专家。

三、科技计划的评审专家回避制度

利益关联或冲突将极大影响专家对科技计划项目评审的公正性，多数专业的科技计划管理机构建立了相应的评审专家回避制度。

例如，在美国AFRI计划的项目评审中，评审专家必须避免与项目申请人有利益关联与冲突关系（表12-6）。

表12-6 美国AFRI计划规定的评审专家利益关联与冲突种类

——曾经或正在作为项目申请者及其机构的咨询顾问
——最近三年内曾经是项目申请者的合作伙伴或论文合作者
——最近12个月内曾为项目申请者及其机构所雇用，或与之接触过有求职意向
——最近三年内曾参加过项目申请者的咨询工作，或与其有经济往来关系
——与项目申请者有配偶、子女、兄弟姐妹、父母、情侣、密友或其他可能影响公正判断的关系，或可预见地因评议活动而有可能发展出新的个人亲密关系

美国NSF的项目申请人需要说明自己的导师、曾合作对象、曾就业机构等，作为审查程序监督人员选定评审人员的重要参考意见。为规避利益关联或冲突，NSF专门制订了《NSF雇员利益冲突及道德行为准则》，还在各学部设立由学部负责人担任的利益冲突咨询官员，对工作人员提供利益冲突情境下如何行动的指导。英国各研究理事会也制订了《同行评议框架》，建立了自己的评审专家回避制度。

第三节　优化科技计划的项目评审过程管理

除建立相应制度来规范对科技计划项目评审专家的组织方式，发达国家的还采取多种措施对科技计划的项目评审过程进行管理，以纠正专家评审可能出现的偏差，进行事后检验和问责。

一、科技计划项目评审结果抗辩

对技术创新、商业开发和社会应用类的科技计划，一些科技计划专业管理机构开始支持项目评审专家与申请者之间进行沟通与反馈，允许科技计划的项目申请者对评审专家的意见进行抗辩。例如，美国 ARPA-E 主题计划通过 eXCHANGE 项目管理平台记录项目评审的全过程信息，并在不同阶段反馈给申请者，允许申请者进行抗辩[3]。

（1）科技计划项目招标公告发布后，申请者在线提交 5 ～ 7 页的概要文件，经由多个专家按照影响力、技术突破、人才培养、社会经济效益等要素进行初步评议后，通过平台将意见反馈给申请者。

（2）初审通过的申请者在线提交完整申请书，由多个外部专家进行同行评议，并会商形成评议结果，通过平台将评议意见和存在的问题反馈给申请方，具体意见仅对申请方公开。

（3）此过程中较为独特的环节是申请者可进行抗辩，将其对评议结果的回应提交给专家考虑，也供相应的主题计划主管做出最终资助决定时参考。

二、科技计划的二级项目评审

近年来，一些科技计划的专业管理机构对部分项目实施二级评审制度（表 12-7），即先由科学家组成的评议小组对申请项目的学术水平进行审议，淘汰不合格的项目；再由专业管理机构，根据科技计划的目标对初步入选的项目进行选择，做出最终资助决策。这一机制可避免临时参与的评审专家由于对项目招标的战略目标不够了解，而做出有偏差的决策。

表 12-7 典型的科技计划二级评审案例

典型计划 / 级别	美国农业与食品研究计划（AFRI）	英国海洋酸化研究（UKOA）计划	英国研究伙伴投资基金（UKRPIF）资助计划
一级评审者	评审专家小组	专家评议小组（来自 NERC 同行评议专家库）	独立评估小组
一级评审内容	根据评估标准进行书面评审，淘汰获得一致差评者	项目书评阅，申请者有机会对评议意见回复	对各大学提出的初步申请进行评估
二级评审者	每个领域的国家项目负责人（NPL）和小组经理	协调小组（国内外专家及计划成果使用方）	英格兰高等教育资助委员会（HEFCE）
二级评审内容	对具体项目做出是否资助的决策建议	综合考虑申请书、同行评议结论，以及申请者对评议结论的回复	审核评估第一阶段入选者的完整执行规划及获得匹配资金的融资能力

英国 NERC 对其资助并管理的所有科研项目的同行评议都采取了包括专家评议（expert review）和科学协调组（moderating panel）的二级评审[4]：

（1）对每个项目的评议专家为 3 ～ 6 人，来自同行评议院，采取背对背的独立评议；

（2）按领域组织不同的科学协调组，成员多为同行评议院的资深成员，负责协调和选择专家背对背评议中得到多数人认可的项目，做出最终资助决策建议。

三、科技计划项目评审全过程的记录与监督

目前，各国的科技计划专业管理机构大多不对外公开项目评审具体过程的信息，主要是为了保障评审工作不受干扰。但一些国家的科研评议机构已经开始采取多种方式强化对申请内容、评审过程、评审专家的表现、各阶段的评审意见等内容的详细记载，以保留完整的评审信息，形成可准确溯源的全过程记录，以支持以后对评审决策的检验和问责。

例如，美国 NIH 通过设立与研究所同等级别的学术评审中心（CSR）来执行和监管各研究所进行同行评议活动的全过程。英国 NERC 通过定期收集同行评议专家数据（表 12-8）对他们的工作表现进行考核。

表 12-8　英国 NERC 定期收集的同行评议专家工作数据

——评议专家被邀请参与评审的项目数量是多少？
——评议专家信息是否提交？
——是否及时提交评估结果？
——评估结果是否达到 NERC 的质量要求期望值？表格是否完整填写？评估结果是否支撑最终结论？
——评议专家是否持续给出高分或持续给出低分？
——评议专家评估分数与最终分数的相关性有多大？
——评议专家被邀请参加的会议数量？
——评议专家是否参加了被邀请的会议？
——评议专家是否为 NERC 提供了有效的信息？

第四节　优化科技计划的项目全过程监管

目前，发达国家科技计划的专业管理机构正在逐步推广对项目的全过程监管，项目监管方式以及组建发展为：直接监管、外部专家监管、第三方机构监管等三种类型。

一、专业管理机构直接监管

最早出现的科技计划项目监管方式是由专业管理机构官员直接进行科研项目的过程监管。例如，法国科研署的科技计划由项目专员进行管理（图 12-2），这些项目专员虽然也是相应领域的专家，但其第一身份是科研署官员。这种方式可能会造成项目监管的官僚化，所以目前在发达国家已经不多见了。

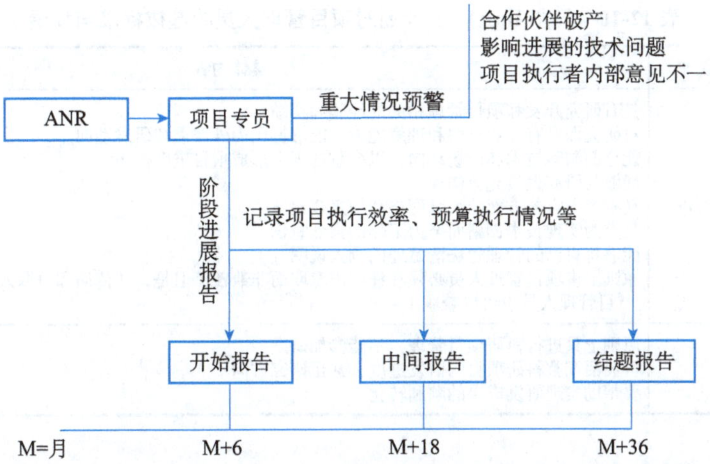

图 12-2　法国科研署重大项目的跟踪管理机制（以三年期项目为例）

二、外部专家监管

目前，发达国家已经逐渐发展为由专业管理机构为科技计划的每个项目（或多个项目共享）任命一个外部专家担任项目主管或协调人，负责对项目进度、成果和财务情况的监控，向专业管理机构及时提供有关项目发展、调整与延续或终止的建议。

例如，美国 ARPA-E 的主题计划主管要对各项目进行“参与式”管理，确保科研项目按照合作协议的预定方向执行（表 12-9）。美国农业与食品研究计划（AFRI）在每个领域设立国家项目协调人（NPL），负责管理项目进程并协助规划项目的研究内容。

表 12-9　美国 ARPA-E 的项目监管机制

机制	内容
项目监管的法律基础	资助方与项目承担方合作协议
项目监管人	主题计划主管
项目监管人的责任	与项目负责人密切联系，实时掌握项目进展，确定是否继续资助
专业管理机构	能源部先进能源研究计划署
专业管理机构的责任	对项目的财务管理、知识产权管理等分别由专业管理机构的合同顾问、法律顾问、专利顾问团队负责提供支持
进度跟踪监管方式	书面报告：季度进展与财务汇报、年度汇报、中期汇报、结题汇报 现场汇报：现场考察 会议汇报：年度峰会报告

负责监管的外部专家需要对所属领域有相应学术知识并在科技计划的项目管理方面有工作经验（表 12-10）。外部专家可以深度参与项目进程，对针对项目发展中出现的新情况进行及时反应和调整，有利于项目的有效推进。目前，发达国家较多采用这种方式对科技计划的项目进行监管。

表 12-10　日本 ImPACT 计划对项目管理人员的选拔标准与权责

对项目管理人员的要求	具体内容
项目管理人员的选拔标准	具有研究开发和项目管理相关的经验和实绩 对研究课题有专业见解和理解能力，能够握国内外需求和研发动向 能全面洞察技术和市场动向，以多重的视点形成项目进度构想 能够与研究人员充分沟通 具有产学官各方面的人脉网络和信息收集能力 具有为实现技术创新而努力工作的强烈意识 能够将自己的管理想法清楚地向别人说明 原则上讲项目管理人员必须在任期内专职而非兼任（但是，从待遇和争取人才的角度看，部分项目管理人员也可以兼职）
项目管理人员的权责	原则上只进行科研项目管理，不能参加研发 可灵活调整科研项目的研发进度，甚至研究方向 要帮助实现研发成果的顺利转化

三、第三方机构监管

第三方机构监管是发达国家针对科技计划项目过程监管发展出来的一种较新的形式。目前看来有着独立、公正、不受干扰等优点，但也存在着成本高、不灵活、外行管理内行等问题。

在发达国家，有些专业管理机构依据法律规范、有关政策、科研合同和科研监理合同等，邀请特定机构（独立咨询机构或监理企业）以相对独立的第三方身份，对其科研项目的质量、进度、效率和效益等进行监管。例如，英国“数字经济”主题计划由其专业管理机构 EPSRC 委托第三方独立监理机构——英国共享业务服务有限公司（UK SBS）监管其资助的部分项目的研究进度与财务执行情况。根据协议，受 UK SBS 监管的项目研究团队要向 UK SBS 在线即时提供其研究进度与财务状况数据，UK SBS 在分析的基础上及时向 EPSRC 管理执行机构提供监管报告（表 12-11）[5]。

表 12-11　UK SBS 公司的科研监管服务内容

类别	具体内容
服务项目	监管科研项目及其执行团队的财务执行过程 代理科研项目相关研究设备、材料、通用服务的集中采购 承担对科研项目及其执行机构的知识产权管理及保护服务 承担对科研项目及其执行机构的绩效评价及人力资源管理工作 代理专业管理机构对科研项目实行进度监控，代行阶段性拨款工作 帮助科研项目及其执行机构设计和建立电子事务管理平台
实施第三方科研监理的法律基础	专业管理机构委托 UK SBS 进行项目监理的法律协议 专业管理机构与项目执行团队间签署的项目任务协议
具体监管内容 UK SBS 主要通过网络平台及时执行以下监管工作	科研项目及其成员是否在正常工作日内长时间停止了项目工作；如果科研项目及其成员停止项目工作 10 个工作日，且无科研资助机构的允许，UK SBS 将向专业管理机构汇报 项目临近任务协议结点时，提醒专业管理机构进行财务结算和评估 项目成员临近聘任期结束时，提醒项目执行机构续聘或聘用新人 根据专业管理机构要求，随时停止对科研项目及其成员的资助拨款（例如在项目需要调整、项目成员脱离工作时） 监控项目成员及项目工作环境的显著变化，如研究环境、工作条件等的变化 为项目执行团队或机构提供潜在的新成员人选建议 为项目执行团队或机构提供可能的恐怖主义和其他犯罪破坏的预警 即时监控科研项目及其执行团队的财务执行情况

专业管理机构邀请第三方机构参加项目监管一般是因为研究成果密集、庞杂，计划投资规模巨大，研究项目涉及学科众多、创新性强，研究结果不确定性较大。有资质的独立第三方机构参与项目监管能够强化监管过程的公正性和专业性。例如，欧盟框架计划中也曾在部分规模较大的研究项目中采用由专门管理公司进行项目监管的方式。

（执笔：中国科学院文献情报中心　李宏）

参考文献

［1］IMPACT Japan. http：//impactjapan.org/［2015-12-11］

［2］CGI. Investissement d'avenir. http：//www.gouvernement.fr/les-investissements-d-avenir. 2014-10-17］

［3］ARPAE. http：//www.arpa-e.energy.gov/［2015-12-11］

［4］NERC. Peer Review College. http：//www.nerc.ac.uk/funding/application/peerreview/［2014-10-17］

［5］UK SBS. About UK SBS. http：//www.uksbs.co.uk/about/Pages/default.aspx［2014-10-17］

第十三章 启示与借鉴

国家科技计划是实施创新驱动发展战略、促进经济社会发展的重要工具，但我国科技计划在体系布局、管理体制、运行机制、总体绩效等方面还存在不少问题，突出表现在科技计划碎片化和科研项目目标聚焦不够两个问题上。发达国家主要通过国家统筹协调机制、专业化科技计划管理机构和建立公平规范的项目评审与管理制度来对国家科技计划进行全过程管理，给我们提供了重要的经验和启示。

一、基本经验

（一）在国家层面设置科技计划统筹协调机构

为保证科技计划聚焦国家重大需求、有效统筹协调各类科技计划，尤其是跨部门科技计划，无论是分散型还是集中型科技体制的国家，都在国家层面设置专门机构来负责重大科技计划决策和统筹协调。例如，美国的白宫科技政策办公室与国家科学技术委员会、英国的政府科学办公室、日本的综合科学技术创新会议、韩国的国家科学技术审议会、法国的科技战略理事会等，都直接隶属于总统或总理，从国家层面负责重大科技计划咨询与决策、编制年度优先领域指南、统筹协调各部门科技计划预算。许多国家还利用国家科学院等机构持续开展战略前瞻研究，如英国在政府科学办公室专门设立科技前瞻和战略情报研究部门，协助支撑国家科技计划的制订工作。

多数发达国家通过高配协调机构对跨部门计划进行有效协调。例如，美国国家纳米技术计划直接由国家科学技术委员会下设的纳米科技工程分委员会和国家协调办公室负责协调，英国“数字经济”主题计划设置了由计划各参与方组成的计划执行委员会负责宏观协调，日本氢利用与燃料电池计划由参与各省厅组成工作组进行从开发到应用的连贯协调机制，法国未来投资计划甚至成立专门的投资总署对所有参与执行计划的政府部门进行协调。多数发达国家对科技计划采取独立第三方评估方式，邀请国家科技计划统筹协调机构、国家科学院或重要学会（协会）及社会化的第三方机构进行评估。

（二）建立依法设立、管理和调整科技计划的机制

多数发达国家实行科技计划"依法设立"，包括通过专门法案，如法国的"未来投资计划"，但更为常见的是在"预算法定"机制下实行科技计划的依法设立和管理，议会通过的拨款法案具有强制法律效力，授权（或终止授权）政府开展某个科技计划。这些国家新设立的科技计划都必须列入议会拨款法案，经过议会审批才能立项和拨款。在列入预算法案时，都要明确规定计划目标、核心内容、资源配置机制、预算期限、执行机制和评估机制。例如，2003年美国国会通过的国家纳米技术计划法案，明确规定了计划的四大领域及其主要子领域，指定国家科学技术委员会（NSTC）为其管理机构并向参众两院相关委员会提供年度进展报告，规定在NSTC下建立国家纳米计划协调办公室，指定建立直接向总统报告的国家纳米科技咨询委员会，指定国家科学院的国家研究理事会（NRC）作为计划的第三方评估者，每三年对计划进行独立评估并向参众两院相关委员会提出调整建议；法案同时规定了各个参与部门的任务、三年预算、报告与评估要求。该法案最后被纳入国会批准的年度拨款法案后成为正式计划，并在每年讨论年度拨款时和拨款期结束时，根据评估报告来考虑是否调整方向和预算，甚至是否重新纳入拨款法案。将计划设立及其管理设计纳入年度预算法案中，既保证了科技计划"依法立项"，又提高了及时设置和调整计划的灵活性。

（三）建立多类型专业管理机构负责科技计划的具体组织实施

发达国家科技计划决策权掌握在上述国家层面的战略规划与统筹机构，执行权以委托方式交给科技计划专业管理机构，监督权则由第三方评估机构和政府管理部门行使。专业管理机构依法管理，并充分发挥其专业化能力和相关领域的广泛联系。例如，由基金会负责管理自由探索性研究资助，由相对独立的科研组织受委托管理重大研发计划，由行业部门受委托管理重大创新及应用研发计划。

委托专业管理机构进行管理时，保证专业管理机构的独立性成为各国非常关注的问题，国家专业管理机构的领导人任命、预算安排、绩效评估都由中央政府或议会确定，即使由政府部门内专业管理机构负责的计划，通过负责人由政府领导任命、预算单审单列、高配协调机制和建立第三方评估机制等，保证其独立于所在部门进行管理。一些国家还委托社会化非营利专业管理机构对科技计划进行管理。

专业管理机构也存在利益固化和寻租可能，因此多数国家都规定了详细的独立咨询协调机制、外部专家参与机制、信息公开机制、第三方评估机制、市场竞争机制等，对科技计划管理进行全过程监督。在委托自身也有科学研究功能的专业机构进行管理时，在预算、评估、人员与机构设置上明确区分内部项目和外部项目，以保证科技计划管理的独立性。

（四）建立公开、规范、可问责的项目评审与管理机制

科技计划的实施是通过具体的项目征集、评审和管理来实现的，多数发达国家建立了公开、规范和严格的管理制度，保证科技计划的项目评审和管理的高效、廉洁和公平。一方面，在将科技计划任务细化为项目征集指南的过程中规定了公开咨询意见，公布项目指南，吸收行业和社会专家参与制订指南，提供畅通的公共意见反馈渠道等机制。另一方面，高度重视评审专家遴选的科学、公正和高效，持续更新和公开专家库，规定平衡选择专家的规范，打破固定专家组机制，实行评审专家轮换，建立专家利益冲突评价规范和回避制度，选取来自企业和社会的专家和最终用户代表参与项目评审。

发达国家建立了完整、可溯源、可问责的评审信息制度，对项目申请、评审、拨款、检查等信息进行全过程全覆盖，包括评审专家在各个阶段的意见、项目执行过程中阶段性和最终成果，形成完整详细的可溯源、可审计、可问责的评审信息证据链，并根据政府信息管理公开的要求，长期保存以供评估机构、审计机构和公众进行查询。

针对许多科研项目时间跨度大、投入经费多、涉及部门广的情况，为避免项目执行中出现偏离、失误或失控，许多国家建立了科研项目全过程监管制度，由专人对项目进度、成果和财务情况进行监控，并及时向管理机构提供预警和调整建议。为避免专业管理机构负担过重和利益寻租，许多机构聘请外部专家担任项目监管主管，或者聘请第三方专业监理机构对项目运行进行监管，保证管理公正和效率。

二、若干启示

（一）应建立高层次的科技计划统筹协调机构

负责国家科技计划统筹协调的机构，应由国务院主要领导直接领导，各相关部门尤其是经济与产业部门参加，保证科技计划的设立、调整能够从国家战略高度聚焦重大需求，实现跨部门统筹协调。该机构应配置具体协调工作部门；建立由科技界、产业界和应用部门广泛参加的建制化科技战略咨询委员会；充分发挥科技智库的作用，建立常规的科技前瞻机制，开展前瞻展望、科技计划动议和咨询评议。

（二）应建立与预算统筹编制结合的科技计划依法立项和管理机制

发挥“预算法定”效力、加强预算统筹编制的刚性协调能力，要求国家各类科技计划在国家统筹协调机构组织下建立详细预算书，明确目标、内容、承担部门或管理部门、任务分工、预算分配、协调与评估机制，由国家统筹协调机构统一审核后纳入各部门预算，上报全国人大批准，相应的详细预算书作为全国人大批准预算的法定附件，具有法律效力。承担部门或管理部门和授权的第三方评估机构在申请下一年度预算时需提交相应的评估报告，由国家统筹协调机构先行组织评估，提出继续、调整或终止等建议以及具体的预算安排建议。

（三）针对不同类型科技计划建立多种类型的专业管理机构

健全国家自然科学基金委员会管理自由探索型科学研究的功能；选择具备能力的科研机构或独立的专业管理机构，或试点委托行业部门的相对独立机构，受权管理重点研发计划或基地和人才专项；积极探索委托社会化非营利机构管理科技计划的方式。

对于专业管理机构，应建立法定授权和合约管理的机制，任何专业管理机构都要通过前述“依法立项”机制授予有限期的管理权限，严格区分专业管理机构内部运行经费和受权管理的科技计划经费，通过与国务院（或其授权的部门）签订合约在授权期限和预算范围内管理科技计划。同时，应建立针对专业管理机构的流程规范、行为规范、信息公开规范和绩效评估标准，严格实行专业管理机构高层领导任期制，建立专业管理机构项目管理专业人员资质、信息公开规范、利益冲突披露等监管标准。建立对专业管理机构的定期第三方评估机制和必要的公开征询意见机制，可试验专业管理机构尤其是社会化非营利管理机构的定期竞争获得授权的机制。

（四）建立公开、公平和规范的评审管理机制

建立公开、规范的评审专家遴选规范及其更新机制，建立广泛、规范和公开的评审专家库，尤其是吸收企业和社会利益相关界别代表担任评审专家；取消固定式评审专家组，建立评审专家轮换制度；建立利益冲突条件规范，要求评审专家进行利益冲突声明并予以公布，支持计划管理方和审计方对评审行为进行检查，建立重大失误或不端行为责任追溯机制。

建立覆盖所有科技计划的项目评审信息系统，形成互通互联、可溯源、可审计的科研项目评审全过程信息系统，建立科研项目重复申报预警指标与通报机制，建立评审专家评审异常行为分析统计机制，支持管理方、监管方对项目评审的检查及问责，尽可能公开评审信息，加强科技界和社会对项目评审过程的公共监督。

建立规范和公开的项目监管机制。建立项目阶段性执行信息和阶段性成果披露要求，并与经费拨付挂钩；探索聘任有授权限期的专家担任独立的项目监管员或协调人，加强对项目的全过程监管；探索建立独立的第三方监管机构或委托相关机构，独立对科技计划管理机构所批准的项目进行全过程监管，初期可集中于项目执行过程和经费，逐步扩展到在外部专家支持下监管项目内容和成果发布与应用。

（执笔：中国科学院文献情报中心 张晓林、裴瑞敏）

附录

附录 1　主要研究机构中外文名称及缩写对照表

国家 / 组织	中文名称	外文名称	外文缩写
澳大利亚	创新、工业与科研部	Department of Innovation, Industry, Science and Research	DIISR
德国	德国电子同步加速器研究所	Deutsches Elektronen-Synchrotron	DESY
德国	德国科学基金会	Deutshe Forschugsgemeinschaft	DFG
德国	德国科学联席会	Gemeinsame Wissenschaftskonferenz	GWK
德国	德国宇航研究中心	Deutsches Zentrum für Luft- und Raumfahrt	DLR
德国	卡尔斯鲁厄研究所	Karlsruher Institut für Technologie	KIT
德国	联邦教研部	Bundesministerium für Bildung und Forschung	BMBF
德国	联邦经济与能源部	Bundesministerium für Wirtschaft und Energie	BMWi
德国	于利希研究中心	Forschungszentrum Jülich	FZJ
法国	国家科研署	Agencenationale de la recherche	ANR
法国	环境与能源控制署	Agence de l'environnement et de la maîtrise de l'énergie	ADEME
法国	投资总署	Commissariat général à l'investissement	CGI
韩国	国家研究基金会	National Research Foundation	NRF
韩国	韩国科学技术计划评价院	Korea Institute of S&T Evaluation and Planning	KISTEP
韩国	未来创造科学部	Ministry of Science, ICT and Future Planning	MSIP
加拿大	加拿大创新基金会	Canada Foundation for Innovation	CFI
加拿大	加拿大科学创新与经济发展部	Innovation, Science and Economic Development Canada	ISEDC
加拿大	加拿大卫生研究院	Canadian Institutes of Health Research	CIHR
加拿大	加拿大自然科学与工程研究理事会	Natural Sciences and Engineering Research Council of Canada	NSERC
加拿大	社会科学与人文研究理事会	Social Sciences and Humanities Research Council	SSHRC
美国	白宫科技政策办公室	Office of Science and Technology	OSTP
美国	管理与预算办公室	Office of Management and Budget	OMB
美国	国防部	Department of Defense	DOD
美国	国防部先进研究计划署	Defense Advanced Research Projects Agency	DARPA
美国	国会政府问责办公室	Government Accounting Office	GAO
美国	国家安全委员会	National Security Council	NSC
美国	国家标准与技术研究院	National Institute of Standards and Technology	NIST
美国	国家大气与海洋管理局	National Oceanic and Atmospheric Administration	NOAA

续表

国家 / 组织	中文名称	外文名称	外文缩写
美国	国家航空航天局	National Aeronautics and Space Administration	NASA
美国	国家经济委员会	National Economic Council	NEC
美国	国家科技委员会	National Science and Technology	NSTC
美国	国家科学基金会	National Science Foundation	NSF
美国	国家纳米技术顾问委员会	National Nanotechnology Advisory Panel	NNAP
美国	国家纳米科学、工程与技术分委员会	Nanoscale Science, Engineering and Technology	NEST
美国	国家情报总监	Director of National Intelligence	DNI
美国	国家生态分析及合成中心	National Center for Ecological Analysis and Synthesis	NCEAS
美国	国家食品与农业研究院	National Institute of Food and Agriculture	NIFA
美国	国家协调办公室	National Coordination Office	NCO
美国	国家研究理事会	National Research Council	NRC
美国	国立卫生研究院	National Institutes of Health	NIH
美国	国土安全部	Department of Homeland Security	DHS
美国	国务院	Department of State	DOS
美国	环境、自然资源和可持续性委员会	Committee on Environment, Natural Resources, and Sustainability	CENRS
美国	环境保护局，简称“环保局”	Environmental Protection Agency	EPA
美国	交通部	Department of Transportation	DOT
美国	美国国际开发总署	United States Agency for International Development	USAID
美国	美国农业部	United States Department of Agriculture	USDA
美国	美国生态学会	Ecological Society of America	ESA
美国	能源部	Department of Energy	DOE
美国	能源前沿研究中心	Energy Frontier Research Center	EFRC
美国	商务部	Department of Commerce	DOC
美国	食品与药品管理局	Food and Drug Administration	FDA
美国	史密森尼学会	Smithsonian Institution	SI
美国	卫生与人类服务部	Department of Health and Human Services	HHS
美国	小企业管理局	Small Business Administration	SBA
美国	中央情报局	Central Intelligence Agency	CIA
美国	总监察长办公室	Office of the Inspector General	OIG
美国	总统科技顾问委员会	President’s Council of Advisors on Science and Technology	PCAST
欧盟	创新与网络执行局	Innovation & Networks Executive Agency	INEA
欧盟	科研执行局	Research Executive Agency	REA
欧盟	欧盟创新与技术研究院	The European Institute of Innovation and Technology	EIT
欧盟	欧洲空间局	European Space Agency	ESA
欧盟	欧洲空间研究和技术中心	European Space Research and Technology Centre	ESTEC
欧盟	欧洲空间应用与远程通信中心	European Centre for Space Applications and Telecommunications	ECSAT
欧盟	欧洲空间运行中心	European Space Operations Centre	ESOC

续表

国家 / 组织	中文名称	外文名称	外文缩写
欧盟	欧洲研究顾问委员会	European Research Advisory Board	EURAB
欧盟	欧洲研究理事会	European Research Council	ERC
欧盟	欧洲研究区	European Research Area	ERA
欧盟	欧洲研究区理事会	European Research Area Board	ERAB
欧盟	欧洲研究区委员会	European Research Area and Innovation Committee	ERAC
欧盟	中小企业执行局	Agency for Small and Medium-sized Enterprises	EASME
日本	经济产业省	Ministry of Economy, Trade and Industry	METI
日本	日本科技振兴机构	Japan Science and Technology Agency	JST
日本	日本科技政策研究所	National Institute of Science and Technology Policy	NISTEP
日本	日本学术振兴会	Japan Society for the Promotion of Science	JSPS
日本	文部科学省	Ministry of Education, Culture, Sports, Science and Technology	MEXT
日本	新能源产业技术综合开发机构	New Energy and Industrial Technology Development Organization	NEDO
日本	综合科学技术创新会议	Council for Science, Technology and Innovation	CSTI
英国	高等教育拨款委员会	Higher Education Funding Council	HEFC(s)
英国	工程与自然科学研究理事会	Engineering and Physical Sciences Research Council	EPSRC
英国	技术与创新中心	Technology Innovation Center	TIC
英国	技术战略委员会	Technology Strategy Board	TSB
英国	经济与社会研究理事会	Economic and Social Research Council	ESRC
英国	科学技术设施研究理事会	Science and Technology Facilities Council	STFC
英国	生物技术和生物科学研究理事会	Biotechnology and Biological Sciences Research Council	BBSRC
英国	医学研究理事会	Medical Research Council	MRC
英国	艺术和人文科学研究理事会	Arts and Humanities Research Council	AHRC
英国	英国商业、创新与技能部	Department for Business, Innovation & Skills	BIS
英国	英国研究理事会	Research Councils UK	RCUK
英国	政府科学办公室	Government Office for Science	GOS
英国	自然环境研究理事会	Natural Environment Research Council	NERC

附录 2　主要科技计划中外文名称及缩写对照表

国家 / 组织	中文名称	外文名称	外文缩写
澳大利亚	澳大利亚大陆结构与演化计划	Structure and Evolution of the Australian Continent	AuScope
澳大利亚	国家合作研究基础设施战略	National Collaborative Research Infrastructure Strategy	NCRIS
法国	未来投资计划	Programme Investissement d’Avenir	PIA
加拿大	加拿大首席研究员计划	Canada Research Chairs Program	CRCP
美国	长期生态研究计划	Long Term Ecological Research Program	LTER
美国	蛋白质结构计划	Protein Structure Initiative	PSI
美国	国家纳米技术计划	National Nanotechnology Initiative	NNI
美国	国家植物基因组计划	National Plant Genome Initiative	NPGI
美国	国家制造业创新网络	National Network for Manufacturing Innovation	NNMI
美国	技术创新计划	Technology Innovation Program	TIP
美国	美国全球变化研究计划	U.S. Global Change Research Program	USGCRP
美国	能源部先进能源研究署	Advanced Research Projects Agency-Energy	ARPA-E
美国	农业与食品研究计划	Agriculture and Food Research Initiative	ARFI
美国	通过推动创新型神经技术开展大脑研究计划，简称“脑科学计划”	Brain Research through Advancing Innovative Neurotechnologies	BRAIN
美国	网络与信息技术研发计划	Networking and Information Technology Research and Development Program	NITRD
美国	先进技术计划	Advanced Technology Program	ATP
美国	小企业创新研究计划	Small Business Innovation Research	SBIR
美国	制造业扩展伙伴计划	Manufacturing Extension Partnership	MEP
美国	总统科技顾问委员会	President’s Council of Advisors on Science and Technology	PCAST
欧盟	竞争与创新框架计划	Competitiveness and Innovation Framework Programme	CIP
欧盟	欧盟创新与技术研究院	European Institute of Innovation and Technology	EIT
欧盟	欧盟研究与创新框架计划	Framework Programme	FP
欧盟	欧洲空间生命和物理科学研究计划	European Programme for Life and Physical Sciences	ELIPS
欧盟	欧洲整合结构生物学重大研究计划	Integrated Structural Biology Infrastructure for Europe	INSTRUCT
日本	“革新的研究开发推进项目”计划	Impulsing Paradigm Change through Disruptive Technologies Program	ImPACT
日本	超大规模集成电路计划	Large-Scale Integration	LSI
日本	世界顶级研究中心计划	World Premier International Research Center	WPI
英国	英国干细胞计划	UK Stem Cell Initiative	UKSCI
英国	英国海洋酸化研究计划	UK Ocean Acidification Research programme	UKOA